高职高专土木与建筑规划教材

建筑装饰装修工程监理
（第 2 版）

胡建琴　骆　军　主　编
袁维红　杨振秦　副主编

清华大学出版社
北　京

<h1 style="text-align:center">内容简介</h1>

本书以现行建筑工程法律法规和《建设工程监理规范》(GB/T 50319—2013)为基础,以建筑装饰装修工程施工阶段监理的"三控两管一协调"为主线,以解决监理实际工程问题为重点,以典型案例项目引入方式,对建筑装饰装修工程监理的基础理论和监理工作的重点问题进行了较为全面的阐述。

本书分上、下两篇。上篇主要介绍建筑装饰装修工程监理概论,包括建筑装饰装修工程监理与相关法规、监理企业和监理人员、建筑装饰装修工程目标控制、建筑装饰装修工程质量控制、建筑装饰装修工程进度控制、建筑装饰装修工程投资控制、建筑装饰装修工程合同管理、建筑装饰装修工程信息管理。下篇为建筑装饰装修工程监理实务,包括建筑装饰装修工程资料编写、监理综合实训等内容。

本书编写中兼顾不同地域、不同专业、不同学时的要求,具有体例新颖、内容充实、案例实用、重点突出,集教材与资料于一体,组织构成立体化的特点。

本书可作为高职高专院校建筑装饰装修类教材,也可作为岗位培训教材和相关专业人员的参考书。

图书在版编目(CIP)数据

建筑装饰装修工程监理/胡建琴,骆军主编. --2 版. --北京:清华大学出版社,2016(2025.1 重印)
高职高专土木与建筑规划教材
ISBN 978-7-302-42968-5

Ⅰ.①建… Ⅱ.①胡… ②骆… Ⅲ.①建筑装饰—建筑工程—施工监理—高等职业教育—教材
Ⅳ.TU712

中国版本图书馆 CIP 数据核字(2016)第 030528 号

责任编辑:桑任松
装帧设计:刘孝琼
责任校对:周剑云
责任印制:宋 林

出版发行:清华大学出版社
    网 址:https://www.tup.com.cn, https://www.wqxuetang.com
    地 址:北京清华大学学研大厦 A 座   邮 编:100084
    社 总 机:010-83470000   邮 购:010-62786544
    投稿与读者服务:010-62776969, c-service@tup.tsinghua.edu.cn
    质量反馈:010-62772015, zhiliang@tup.tsinghua.edu.cn
    课件下载:https://www.tup.com.cn, 010-62791865
印 装 者:涿州市般润文化传播有限公司
经 销:全国新华书店
开 本:185mm×260mm   印 张:21.25   字 数:517 千字
版 次:2009 年 10 月第 1 版 2016 年 3 月第 2 版 印 次:2025 年 1 月第 7 次印刷
定 价:49.00 元

产品编号:067820-02

前　　言

我国自推行工程监理制度以来，对工程建设项目和大量建筑装饰装修工程实施了监理，对保证建设工程质量、进度，投资目标控制和加强建设工程安全生产管理方面发挥了重要作用。随着我国工程建设管理改革的不断深化，工程建设对监理工作的要求也在不断提高。

本书分上、下两篇。上篇主要介绍建筑装饰装修工程监理的基础知识，下篇介绍建筑装饰装修工程监理实务。本书在编写中兼顾了不同地域、不同专业的特点，提高了教材的兼容性和实用性。

本书以现行建筑工程法律法规为基础，以施工阶段监理的"三控两管一协调"为主线，以解决建筑装饰装修工程监理的实际工程问题为重点，以典型案例项目引入方式，对建筑装饰装修工程监理的基本理论和监理工程重点问题作了全面的阐述，将监理理论知识学习与解决监理工程实际问题相结合，充分体现学生能力培养和工学结合的要求。

编写过程中，在沿用同类教材类似内容的基础上，力求使内容与监理岗位的需要紧密结合，力求与现行《建设工程监理规范》(GB/T 50319—2013)的内容相一致，体现了当前监理工作的科学性、规范性。为了便于组织教学和学生自学，本书在上篇的章前设有内容提要和教学目标；章中穿插课堂活动、知识拓展和工程实践等内容；章后附有总结和自测题。下篇主要以监理实务为主，由监理日志、监理工作总结、监理竣工总结、会议纪要等监理资料的编制和监理规划案例、监理综合实训及相关监理参考资料等内容组成。本书具有体例新颖、内容充实、案例实用、重点突出，集教材与资料于一体，组织结构立体化的特点。

参与本书编写的人员如下：主编由兰州石化职业技术学院胡建琴(注册监理工程师) (第2、3、7、9、10 章)、甘肃第七建设集团股份有限公司骆军(注册建造工程师) (第 1、6、8章)担任，副主编由兰州石化职业技术学院袁维红(注册监理工程师、注册建造工程师)(第 4章)、甘肃建筑职业技术学院杨振秦(注册监理工程师)(第 5 章)担任。

在本书的编写过程中，参阅和借鉴了一些优秀教材、专著和国家现行的法律法规、规范等资料及高职院校相关专业教学资料，在此一并致以诚挚的感谢！

限于编者的水平和时间所限，书中难免存在错误和不妥之处，敬请读者批评指正。

编　者

目　　录

上篇　建筑装饰装修工程监理概论

下篇　建筑装饰装修工程监理实务

上篇　建筑装饰装修工程监理概论

第1章　建筑装饰装修工程监理与相关法规

内容提要

本章简述了建设项目及建设程序、建设工程管理制度、建筑装饰工程监理的概念、建筑装饰工程监理实施程序和原则、装饰工程监理的特点及与工程建设监理有关的法律法规和相关规定。

教学目标

- 熟悉建设项目的建设程序。
- 掌握建筑装饰工程监理的概念、建筑装饰工程监理的实施程序和原则，以及装饰工程监理的特点。
- 了解与建设监理有关的法律法规及相关规定。

项目引例

建设单位计划将拟建的某会展中心工程的装饰项目委托某建设监理公司进行实施阶段的监理。建设单位参照《建设工程委托监理合同(示范文本)》预先起草了一份装饰监理合同(草案)，其部分内容如下。

(1) 除业主原因造成的工程延期外，对其他原因造成的工程延期，监理单位应支付相当于对施工单位罚款额的 20%给业主；如工期提前，监理单位可得到相当于对施工单位工期提前奖的 20%奖金。

(2) 工程设计图纸出现设计质量问题，监理单位应付给建设单位相当于给设计单位的设计费的 5%赔偿。

(3) 在施工期间，每发生一起施工人员重伤事故，对监理单位罚款 1.5 万元人民币；发生一起死亡事故，对监理单位罚款 3 万元人民币。

(4) 凡因监理工程师出现差错、失误而造成的经济损失，监理单位应按实际费用付给建设单位赔偿费。

(5) 监理单位负责审查施工组织设计中的安全技术措施或者专项施工方案是否符合工程建设设计标准。工程监理单位在实施监理过程中，发现存在安全事故隐患的，应当要求施工单位暂时停止施工。

经过双方协商，对监理合同(草案)中的一些问题进行了修改、调整和完善，最后确定了建设工程委托监理合同的主要条款。其中包括：监理的范围和内容、双方的权利与义务、监理费的计取与支付、违约责任、双方约定的其他事项。

分析思考

1. 该监理合同(草案)部分内容中哪些条款不妥,为什么?

2. 如果该监理合同是一个有效的经济合同,它应具备什么条件?

我国自推行工程监理制度以来,对一大批工程建设项目(包括装饰装修工程)实施了监理,有效地保证了工程质量,控制了工程造价和建设工期,提高了工程投资效益。监理人员不断探索监理工作的方法与规律。随着我国工程建设管理改革的不断深化,尤其是《建设工程监理规范》颁布以后,工程建设对监理工作的要求也在不断提高。引例中的问题表明了以现行的监理规范、施工验收规范和有关监理工作的法规为依据,以建筑装饰装修工程项目为对象,学习装饰装修工程监理的工作程序、性质和与监理相关的法律法规问题。

1.1 建设项目及建设程序

1.1.1 建设项目

1) 建设工程项目

项目是在一定约束条件(资金、质量和时间)下具有特定目标的有组织的一次性工作或任务。项目来源于人类有组织的活动。人类有组织的活动分为两类:①连续不断、周而复始的活动,称为作业或运作;②临时性、一次性的活动,称为项目。

建设工程项目是指在一定的约束条件(资源、时间和质量)下,具有完整的组织机构和明确目标的一次性工程建设工作或任务。建设工程项目是最常见、最典型的项目类型,既有投资行为又有建设行为,是项目管理的重点。

2) 建设工程项目的特点

建设工程项目具有以下特点。

(1) 具有特定的对象。工程项目的对象确定了项目的最基本特性,并把自己与其他项目区别开来,同时它又确定了项目的工作范围、规模及界限。工程项目的对象通常由可行性研究报告、项目任务书、设计图纸、规范、实物模型等定义和说明。

(2) 建设目标的约束性。时间限制、资金限制和经济性要求。

(3) 一次性和不可逆性。

(4) 影响的长期性。

(5) 投资的风险性。

(6) 管理的复杂性和系统性。

现代工程项目具有规模大、范围广、投资大,新颖而技术复杂,由多专业组成、多单位协作,实施时间长、多目标限制等特点。

1.1.2 建设程序

1) 基本概念

工程项目建设程序是指一项工程建设项目在从设想、选择、评估、决策、设计、施工到竣工验收、投入生产或交付使用的整个建设过程中，各项工作必须遵循的先后次序的法则，是工程建设项目科学决策和顺利进行的重要保证。

2）　工程项目建设程序

现阶段，我国建立并实施项目业主责任制、建设监理制、工程招标制和项目咨询评估制，建立了科学、完善的建设程序。目前我国工程项目建设程序如图 1.1 所示。

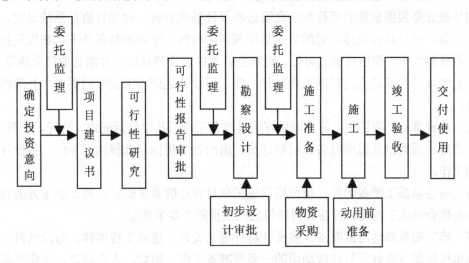

图 1.1　我国工程项目建设程序

(1)　项目决策阶段。

建设项目决策阶段的工作主要是编制项目建议书，进行可行性研究和编制可行性研究报告。

①　项目建议书。项目建议书是建设某一项目的建议性文件，是对拟建项目的轮廓设想。项目建议书的主要作用是为推荐拟建项目提出说明，论述建设拟建项目的必要性，以便供有关部门选择并确定是否有必要进行可行性研究工作。项目建议书经批准后，方可进行可行性研究。

②　可行性研究。可行性研究是在项目建议书批准后开展的一项主要的决策准备工作。可行性研究是对拟建项目的技术和经济的可行性分析和论证，为项目投资决策提供依据。

承担可行性研究的单位应当是经过资质审定的规划、设计、咨询和监理单位。它们对拟建项目进行经济、技术方面的分析论证和多方案的比较，提出科学、客观的评价意见，确认可行后，编写可行性研究报告。

③　编制可行性研究报告。编制可行性研究报告是确定建设项目、编制设计文件的基本依据。可行性研究报告要选择最优建设方案进行编制。批准的可行性报告是项目最终的决策文件和设计依据。

可行性研究报告经有资格的工程咨询等单位评估后，由计划或其他有关部门审批。经批准的可行性研究报告不得随意修改和变更。

可行性研究报告经批准后，组建项目管理班子，并着手项目实施阶段的工作。

(2) 项目实施阶段。

立项后,建设项目进入实施阶段。项目实施阶段的主要工作包括设计、建设准备、施工安装、动用前准备、竣工验收等阶段性工作。

① 设计。对一般项目,设计按初步设计和施工图设计两个阶段进行。有特殊要求的项目,可在初步设计之后增加技术设计阶段。

初步设计是根据批准的可行性研究报告和设计基础资料,对项目进行系统研究、概略计算和估算,作出具体安排。它的目的是在规定的时间、空间限制条件下,在投资控制额度内和质量要求下,作出技术上可行、经济上合理的设计和规定,并编制项目总概算。

在初步设计的基础上进行施工图设计,使工程设计达到施工安装的要求,并编制施工图预算。

② 建设准备。项目施工前必须做好建设准备工作。其中包括征地、拆迁、平整场地、通水、通电、通路以及组织设备、材料订货,组织施工招标,选择施工单位,报批开工报告等项工作。

施工前各项施工准备由施工单位根据施工项目管理的要求做好。属于业主方的施工准备,如提供合格施工现场、设备和材料等也应根据施工要求做好。

③ 施工安装和动用前准备。按设计进行施工安装,建成工程实体。与此同时,业主在监理单位协助下做好项目建成动用的一系列准备工作。例如,人员培训、组织准备、技术设备和物资准备等。

④ 竣工验收。竣工验收是项目建设的最后阶段。它是全面考核项目建设成果、经验设计和施工质量,实施建设过程后控制的主要步骤。同时,也是确认建设项目能否动用的关键步骤。

申请验收做好整理技术资料、绘制项目竣工图纸、编制项目决算等准备工作。

对大中型项目应当经过初验,然后再进行最终的竣工验收。简单的小型项目可以一次性进行全部项目的竣工验收。

1.1.3 工程项目建设管理体制

实施建设监理的重要目的之一是改革我国传统的工程(项目)建设管理体制。同时,它的实施也意味着一个新的工程(项目)建设管理体制在我国的出现。这个新型工程建设管理体制就是在有关部门的监督管理下,由项目业主、承建商、监理单位直接参加的"三方"管理体制。

1. 概述

现行的项目管理体制是在政府有关部门的监督管理下,由项目业主、承建商、监理单位直接参加的"三方"管理体制。建设监理制实施以后,我国工程项目建设管理体制如图1.2所示。这种管理体制的建立,使我国项目管理体制与国际惯例实现了接轨,它比我国传统的管理体制具有更多的优点。

(1) 现行的项目管理体制,使直接参加项目的业主、承建商、监理单位通过承发包关系、

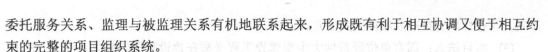

委托服务关系、监理与被监理关系有机地联系起来,形成既有利于相互协调又便于相互约束的完整的项目组织系统。

(2) 现行的项目管理体制既有利于加强项目的宏观监督管理,又便于加强项目的微观监督管理。

(3) 现行的管理体制将政府有关部门摆在宏观监督管理的位置,从而对项目业主、承建商和监理单位实施了纵向的、强制性的宏观监督管理。

(4) 现行的管理体制在直接参加项目监理单位与承建商之间又存在着横向、委托性的微观监督管理,使项目的全过程在监理单位的参与下得以科学、有效的监督管理,加强了项目的微观监督管理。这种政府与民间相结合、强制与委托相结合、宏观与微观相结合的项目监督管理模式,对提高我国项目管理水平起到了重要的作用。

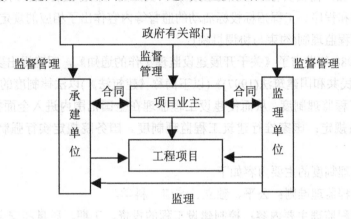

图 1.2　工程项目建设管理组织格局

2. 工程建设领域的主要管理制度

工程建设领域的主要管理制度如图 1.3 所示。

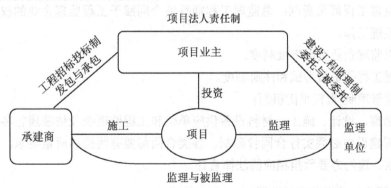

图 1.3　工程项目建设管理体制

1) 项目法人责任制

(1) 项目法人责任制(需求机制)是项目法人对项目的策划、资金筹措、建设实施、生产经营、债务偿还以及资产的保值增值负责,实行全过程负责的制度。

(2) 设立(项目立项审批制):立项建议书批准筹建,可行性研究报告提出项目法人组建方案，可行性研究批准后项目正式成立。

(3) 项目法人：国有单位经营性大中型建设工程必须在建设阶段组建项目法人。项目法人可按《中华人民共和国公司法》的规定设立有限责任公司(包括国有独资公司)和股份有限公司等。

(4) 项目法人责任制与建设工程监理制具有如下关系。

① 项目法人责任制是实行建设工程监理制的必要条件。

② 建设工程监理制是实行项目法人责任制的基本保障。

2) 工程招标投标制(竞争机制)

为了在工程建设领域引入竞争机制，择优选定勘察单位、设计单位、施工单位以及材料、设备供应单位，需要实行工程招标投标制。我国的《招标投标法》对招标范围和规模标准、招标方式和程序、工程招标投标活动的监督等内容作出了相应的规定。

3) 建设工程监理制(约束与协调机制)

建设部于1988年发布了《关于开展建设监理工作的通知》，明确提出要建立建设监理制度，《中华人民共和国建筑法(1997)》(以下简称《建筑法》)以法律制度的形式作出规定，国家推行建设工程监理制度，从而使建设工程监理在全国范围内进入全面推行阶段。《建筑法》第三十条规定：国家推行建筑工程监理制度。国务院规定实行强制性监理的工程范围。

建设工程监理制度的主要内容如下。

(1) 建设工程监理准则：公平、独立、诚信、科学。

(2) 建设工程监理主要内容：控制建设工程的投资、工期、质量和安全生产管理；进行建设工程合同管理和信息管理；协调有关单位的工作关系。

(3) 项目监理机构：由总监理工程师、专业监理工程师和监理员组成，必要时可以配备总监理工程师代表。

(4) 总监理工程师负责制：总监理工程师行使合同赋予工程监理企业的权限，全面负责受委托的监理工作。

(5) 工程监理企业资质审批制度。

(6) 监理工程师资格考试和注册制度。

4) 合同管理制(责权平衡机制)

为了使勘察、设计、施工、材料设备供应单位和工程监理企业依法履行各自的职责和义务，在工程建设中必须实行合同管理制。各类合同都要有明确的质量要求，履约担保和违约处罚条款。违约方要承担相应的法律责任。

3. 建设程序与建设监理的关系

建设程序与建设监理具有如下关系。

(1) 建设程序为工程建设行为提出了规范化要求。

建设监理制的基本任务之一是对工程建设行为进行监督管理，使之规范化。因此，规范建设项目的建设行为，是项目建设程序的一项重要工作。它必然成为建设监理制的重要组成部分。

（2）建设程序为工程建设监理提出了具体的任务和服务内容。

工程建设监理的基本任务是通过建设项目的一项项具体工作的完成来实现的，而这些具体的工作都来自项目建设程序。

在项目实施阶段，工程建设监理的主要目标是在明确的项目目标内来建成工程项目。这就决定了本阶段工程建设监理的基本任务是投资、进度、质量控制。

（3）建设程序具体而明确地确立了监理单位在项目建设中的重要地位。

目前，大多数项目建设程序中都给予监理单位和监理工程师以明确而重要的地位。在项目建设程序中的每一个阶段都清楚地列出了监理单位和监理工程师应做的工作以及他们的工作职责和拥有的基本权利。监理单位和监理工程师作为建设监理制所规定的工程建设的参与方，必须在建设程序上赋予他们基本的权利和责任。

（4）严格遵守、模范执行建设程序是每位监理工程师的职业准则。

严格按建设程序办事是所有从事工程建设人员的行为准则，而对监理工程师则应有更高的要求。

（5）严格执行我国现行建设程序是结合中国国情推行建设监理制的具体表现。

1.2　建筑装饰装修工程监理

1.2.1　建筑装饰装修工程监理的基本概念和指导思想

1. 建筑装饰装修工程监理的基本概念

监理通常是指有关执行者根据一定的行为准则，对某些行为进行监督管理，使这些行为符合准则要求，并协助行为主体实现其行为目的。建筑装饰装修工程监理是指针对建筑装饰装修工程项目，监理单位受建设单位委托，根据法律法规、工程建设标准、勘察设计文件及合同，在施工阶段对建设工程质量、进度、造价进行控制，对合同、信息进行管理，对工程建设相关方的关系进行协调，并履行建设工程安全生产管理法定职责的服务活动。

建筑装饰装修工程监理是建设工程监理的重要组成部分，建筑装饰装修工程监理活动与建设工程监理活动具有相同的条件和特点。

建筑装饰装修工程监理活动的实现需要具备的基本条件是：应当有明确的监理"执行者"，也就是必须有监理的组织；应当有明确的行为"准则"，它是监理的工作依据；应当有明确的被监理"行为"和被监理"行为主体"，它是被监理的对象；应当有明确的监理目的和行之有效的思想、理论、方法和手段。

1）建筑装饰装修工程监理概念的要点

（1）建筑工程监理是针对建筑装饰装修工程项目所实施的监督管理活动。

建筑装饰装修工程监理的对象包括新建和改建的各种建筑装饰装修工程项目。工程建设监理的行为载体是建筑装饰装修工程项目，工程建设监理主要是针对建筑装饰装修工程项目的要求开展的，工程建设监理是直接为建筑装饰装修工程项目提供管理服务的行业，监理单位是建筑装饰装修工程项目管理服务的主体，而非建筑装饰装修工程项目管理主体，也非施工项目和设计项目管理的主体和服务主体。

(2) 建筑装饰装修工程监理的行为主体是监理单位。

建筑装饰装修工程监理的行为主体是明确的，即监理单位。监理单位是具有独立性、社会化、专业化特点的专门从事建筑装饰装修工程监理和其他技术服务活动的组织。只有监理单位才能按照独立、自主的原则，以"公正的第三方"的身份开展工程建设监理活动。非监理单位所进行的监督管理活动一律不能称为工程建设监理。例如，政府有关部门所实施的监督管理活动就不属于建筑装饰装修工程监理范畴；项目业主进行的所谓"自行监理"，以及不具备监理单位资格的其他单位所进行的所谓"监理"都不能纳入建筑装饰装修工程监理范畴。

(3) 建筑装饰装修工程监理的实施需要业主委托和授权。

这是由建筑装饰装修工程监理特点决定的，是市场经济的必然结果，也是建设监理制的规定。

建筑装饰装修工程监理的产生源于市场经济条件下社会的需求，始于有业主的委托和授权，而发展成为一项制度。通过业主的委托和授权方式来实施建筑装饰装修工程监理是建筑装饰装修工程监理与政府对建筑装饰装修工程所进行的行政性监督管理的重要区别。在实施工程建筑装饰装修工程监理的项目中，业主与监理单位的关系是委托与被委托关系，监理工程师的权利主要是由作为建筑装饰装修工程管理主体的业主通过授权而转移过来的。在建筑装饰装修工程建设过程中，业主始终是以工程管理主体身份掌握着建筑装饰装修工程管理的决策权，并承担着主要风险。

(4) 建筑装饰装修工程监理是有明确依据的工程建设行为。

建筑装饰装修工程监理是严格地按照有关法律法规和其他有关准则实施的。建筑装饰装修工程监理的依据是国家批准的建筑工程建设文件，有关工程建设的法律法规和规范，建筑装饰装修工程监理合同和其他工程建设合同等。

(5) 现阶段建筑装饰装修工程监理主要发生在建筑装饰装修工程的实施阶段。

建筑装饰装修工程监理这种监督管理服务活动主要出现在建筑装饰装修工程的设计阶段(含设计准备)、招投标阶段、施工阶段以及竣工验收和保修阶段。当然，在建筑装饰装修工程实施阶段，监理单位的服务活动是否为监理活动还要看业主是否授予监理单位监督管理权。这主要是因为建筑装饰装修工程监理是"第三方"的监督管理行为，它不仅需要与项目业主建立委托与服务关系，而且要有被监理方，需要与只在项目实施阶段才出现的设计、施工和材料设备供应单位等承建商建立监理与被监理关系。同时，建筑装饰装修工程监理的目的是协助业主在预定的投资、进度、质量目标内建成项目，它的主要内容是进行投资、进度、质量控制，合同管理，组织协调，安全生产管理，这些活动主要发生在项目建设的实施阶段。

(6) 建筑装饰装修工程监理是微观性质的监督管理活动。

建筑装饰装修工程监理活动是针对一个具体的工程项目展开的投资活动和生产活动所进行的监督管理。项目业主委托监理的目的就是期望监理单位能够协助他们实现项目投资目的。它注重建筑装饰装修工程的实际效益。当然，在开展这些活动的过程中应维护社会利益和国家利益。

2)　建筑装饰装修工程监理的性质

建筑装饰装修工程监理是一种特殊的工程建设活动，它与其他工程建设活动有明显的区别和差异。建筑装饰装修工程监理具有以下性质。

(1)　服务性。

监理为建设单位提供的是管理服务，即以控制建设工程投资、进度、质量为目的，以协助业主在计划的目标内将建筑装饰装修工程建成为目标。

建筑装饰装修工程监理既不直接进行设计，也不直接进行施工；它也不同于业主的直接投资活动。在建筑装饰装修工程中，监理人员利用自己的知识、技能和经验、信息以及必要的试验、检测手段，为建设单位提供管理服务。

建设工程监理的主要方法是规划、控制、协调，主要任务是控制建筑装饰装修工程的投资、进度和质量，最终应当达到的基本目的是协助建设单位在计划的目标内将建筑装饰装修工程建成并投入使用。

建筑装饰装修工程监理是监理单位接受项目业主的委托而开展的技术服务活动。因此，它的直接服务对象是委托方——项目业主。这种服务性的活动是按建筑装饰装修工程监理合同来进行的，是受法律约束和保护的。建筑装饰装修工程监理的服务性使它与政府对工程建设的行政管理活动区别开来，也使它与承建商在建筑装饰装修工程建设中的活动区别开来。

(2)　独立性。

独立性是监理单位开展建筑装饰装修工程监理工作的重要原则。监理的独立性是公正性的基础和前提，对监理工程师独立性的要求也是国际惯例。

从事建筑装饰装修工程监理活动的监理单位是直接参与建筑装饰装修工程建设的，它与项目业主、承建商之间的关系是平等的、横向的，监理单位是独立的一方。我国的有关法规明确指出，监理单位应按照独立、自主的原则开展建筑装饰装修工程监理工作。监理单位在监理的过程中依法行使成立的委托合同中确认的职权，承担相应的职业道德责任和法律责任。

(3)　公正性。

公正性是咨询监理业的国际惯例，是社会公认的职业准则，也是监理单位和监理工程师的基本职业道德准则。监理单位和监理工程师在提供监理服务的过程中，不受他方非正常因素的干扰，依据与工程相关的合同、法规、规范、设计文件等，基于事实，维护和保障业主的合法利益，也不能损害承包商的合法权益。

对公正性的要求，首先，建设监理制是对建筑装饰装修工程监理进行约束的条件。实施建设监理制的基本宗旨是建立适合社会主义市场经济的建筑装饰装修工程建设新秩序，创造安定、和谐的环境，为投资者和承包商提供公平竞争的条件。其次，实施建设监理制，使监理单位和监理工程师在工程建设中具有非常重要的地位。一方面，使项目法人可以摆脱具体项目管理的困扰；另一方面，由于得到专业化的监理公司的有力支持，使业主与承建商可以在业务能力上达到一种制衡。

公正性还是建筑装饰装修工程监理正常和顺利开展的基本条件。由于建设监理制赋予监理单位在建筑装饰装修工程建设中具有监督管理的权力，被监理方必须接受监理方的监督管理。所以，承建商迫切要求监理单位能够办事公道，公正地开展工程建设监理活动。监理工程师进行目标规划、动态控制、组织协调、合同管理、信息管理等工作都是为力争在预定目标内实现建筑装饰装修工程建设任务这个总目标服务的。

注意 引例合同条款第(1)条：建设工程监理的性质是服务性的，监理单位和监理工程师不能成为任何承包商的工程承保人或保证人。若将设计、施工出现的问题与监理单位直接挂钩，这与监理工作的性质不符。

第(2)条：监理单位与建设单位和承包商是相互独立、平等的第三方。为了保证其独立性与公正性，监理单位不得承包工程，不得经营建筑材料、构配件和建筑机械、设备。在合同中若写入上述条款，势必将监理单位的经济利益与承包商的利益联系起来，不利于监理工作的公正性。

知识拓展 国际顾问工程师联合会(FIDIC)的土木工程施工合同条件(红皮书)第 2.6 款、FIDIC 的业主/咨询工程师标准服务协议书(白皮书)第五条，FIDIC 的基本原则之一就是监理工程师在管理合同时应公正无私。

美国建筑师协会(AIA)的土木工程施工合同通用条件第 4.2.12 款、英国土木工程师学会(ICE)的土木工程施工合同条件第 2(8)款、《中华人民共和国建筑法》第三十四条规定：工程监理单位应当在其资质等级许可的监理范围内，承担工程监理业务。工程监理单位应当根据建设单位的委托，客观、公正地执行监理任务。工程监理单位与被监理工程的承包单位以及建筑材料、建筑构配件和设备供应单位不得有隶属关系或者其他利害关系。工程监理单位不得转让工程监理业务。

---

(4) 科学性。

科学性包含了管理能力、建设经验、管理制度、管理手段、管理理论、管理方法、工作态度、工作作风等内容。

建筑工程监理的科学性是由其任务所决定的，建筑工程监理以协助业主实现其投资目的为己任，力求在预定的投资、进度、质量目标内完成工程项目。只有不断地采用新的更加科学的思想、理论、方法、手段，才能驾驭建筑装饰装修工程建设，这就要求监理单位和监理工程师应当具有更高的素质和水平。其科学性主要表现在以下几方面。

① 工程监理企业应当由组织管理能力强、工程建设经验丰富的人员担任领导。

② 应当有由足够数量的、有丰富的管理经验和应变能力的监理工程师组成的骨干队伍；在开展监理活动的过程中，监理工程师要把维护社会最高利益当作自己的天职。

③ 要有一套健全的管理制度。

④ 要有现代化的管理手段，要掌握先进的管理理论、方法和手段，要积累足够的技

术、经济资料和数据。

⑤ 要有科学的工作态度和严谨的工作作风，要实事求是、创造性地开展工作。

3) 建筑装饰装修工程监理的作用

建筑工程监理具有以下作用。

(1) 有利于提高建筑工程投资决策科学化水平。尤其是前期阶段介入，参与咨询机构的选择，进行项目建议书、可行性研究报告的评估，或者直接做前期咨询服务。

(2) 有利于规范参与建设各方的行为。监理单位在监督业主履行合同的同时，能最大限度地避免不当的建设行为发生；最大限度地减少不当建设行为造成的不良后果；同时又是政府监管的补充。

(3) 有利于促使承建单位保证工程质量和使用安全。在生产过程中，以专家的经验，从用户的角度，对工程项目进行监督管理。

(4) 有利于促进建筑工程项目投资效益的最大化。具体表现在：①在满足建筑装饰装修工程预定功能和质量标准的前提下，保证建设投资额最少。②在满足建筑工程预定功能和质量标准的前提下，保证建筑工程寿命周期费用(或全寿命费用)最少。③建筑工程本身的投资效益与社会、环境效益的综合效益最大化。

2．建筑装饰装修工程监理的指导思想

1) 建筑装饰装修工程监理的中心任务

建筑装饰装修工程监理的中心任务就是控制建筑装饰装修工程项目目标，即控制经过科学的规划所确定的建筑装饰装修工程项目的投资、进度和质量目标，这三大目标是相互关联、互相制约的目标系统。

任何建筑装饰装修工程项目都不仅要在一定的投资限额内实现，而且要受到时间的限制，要有明确的进度和工期要求，要实现它的功能要求、使用要求和其他有关的质量标准，这是投资建设一项工程最基本的要求。实现建筑装饰装修工程项目并不是很困难，而要使建筑装饰装修工程项目能够在计划的投资、进度和质量目标内实现则是困难的，这就是社会需求建筑装饰装修工程监理的原因。

2) 建筑装饰装修工程监理的基本方法

建筑装饰装修工程监理的基本方法是一个系统，它由不可分割的若干子系统组成。它们相互联系、相互支持、共同运行，形成一个完整的方法体系。这就是目标规划、动态控制、组织协调、信息管理、合同管理。

(1) 目标规划。

目标规划是以实现目标控制为目的的规划和计划，是围绕建筑装饰装修工程项目投资、进度和质量目标，进行研究确定、分解、安排计划、风险管理、制定措施等项工作的集合。目标规划是目标控制的基础和前提，只有做好目标规划，才能有效实施目标控制。

建筑装饰装修工程项目目标规划的过程是一个由粗到细的过程，随着建筑装饰装修工程项目按规定的建设程序不断进展，分阶段地根据获得的工程信息对规划进行细化、补充、修改和完善。

目标规划工作包括科学合理地确定投资、进度、质量目标或对已经初步确定的目标进行论证；按照目标控制的需要将各目标进行分解，使每个目标都形成一个既能分解又能综合的满足控制要求的目标划分系统，以便实施控制，把建筑装饰装修工程项目实施的过程、目标和活动编制成计划，用动态的计划系统来协调和规范工程项目的实施，为实现预期目标构筑一座桥梁，使项目协调有序地达到预期目标；对计划目标的实施进行风险分析和管理，以便采取有针对性的措施实施主动控制；制定各项目标的综合控制措施，力保项目目标的实现。

(2) 动态控制。

动态控制是开展建筑装饰装修工程监理活动时采用的基本方法。动态控制工作贯穿于建筑装饰装修工程项目的整个监理过程中。

所谓动态控制，就是在建筑装饰装修工程项目的实施过程中，通过对建筑工程目标和活动的跟踪，全面、及时、正确地掌握建设信息，将实际目标与计划目标进行对比，如果偏离了计划和标准的要求，就采取措施加以纠正，以便达到计划总目标的实现。这是一个不断循环的过程，直至建成交付使用，这种控制是一个动态的过程。建筑装饰装修工程项目的实施总要受到外部环境和内部因素的各种干扰，因此，必须采取动态的控制措施。计划的不变是相对的，计划总是在调整中进行，控制就要不断地适应计划的变化，从而达到有效的控制。

(3) 组织协调。

在实现建筑装饰装修工程项目目标的过程中，监理工程师要不断地进行组织协调，它是实现项目目标不可缺少的方法和手段。组织协调与目标控制是密不可分的，协调的目的就是为了实现建筑装饰装修工程项目目标。

为了开展好建筑装饰装修工程监理工作，要求项目监理组织内的所有监理人员都能主动地在自己负责的范围内进行协调，并采用科学有效的方法。为了搞好组织协调工作，需要对经常性的协调事项进行程序化，事先确定协调内容、协调方式和具体的协调流程；需要经常通过监理组织系统和项目组织系统，利用权责体系，采取指令等方式进行协调；需要设置专门机构或专人进行协调；需要召开各种类型的会议进行协调。

(4) 信息管理。

建筑装饰装修工程监理离不开工程信息，信息管理对建筑装饰装修工程监理来说是十分重要的。在实施监理的过程中，监理工程师要对所需要的信息进行收集、整理、处理、存储、传递、应用等一系列工作，这些工作总称为信息管理。

(5) 合同管理。

监理单位在建筑装饰装修工程建设过程中的合同管理主要是根据监理合同的要求对工程承包合同的签订、履行、变更和解除进行监督、检查，对合同双方的争议进行调解和处理，以保证合同的依法签订和全面履行。合同管理对于监理单位完成监理任务是非常重要的，合同管理产生的经济效益往往大于技术优化所产生的经济效益。合同管理直接关系着投资、进度、质量控制，是工程建设监理方法系统中不可分割的组成部分。

监理工程师在合同管理中应当着重于以下几方面的工作。

①　合同分析。通过对合同条款进行分门别类的认真研究和解释，找出合同缺陷和弱点，发现和提出需要解决的问题。合同分析对于促进合同各方正确履行义务和行使合同赋予的权利、监督工程的实施、解决合同争议、预防索赔和处理索赔等工作都是必要的。

②　建立合同目录、编码和档案。合同目录和编码是采用图表方式进行合同管理的很好工具，使计算机辅助合同管理成为可能。合同档案建立时可以把合同条款分门别类地加以存放，便于查询、检索合同条款。合同资料的管理应当起到为合同管理提供整体性服务的作用。

③　合同履行的监督、检查。通过检查发现合同执行中存在的问题，并根据法律法规和合同的规定加以解决，以提高合同的履约率，使工程项目能够顺利地建成。合同监督包括经常性地对合同条款进行解释，以促使承包方能够严格地按照合同要求实现工程进度、工程质量和费用要求。按合同的有关条款做出工作流程图、质量检查表和协调关系图等，可以帮助我们有效地进行合同监督。合同监督需要经常检查合同双方往来的文件、信函、记录、业主指示等，以确认它们是否符合合同的要求和对合同的影响，以便采取相应对策。根据合同监督、检查所获得的信息进行统计分析，以发现费用金额、履约率、违约原因、纠纷数量、变更情况等问题，向有关监理部门提供情况，为目标控制和信息管理服务。

④　索赔。索赔是合同管理中的重要工作，监理单位应当首先协助业主制定并采取防止索赔的措施，以便最大限度地减少无理索赔的数量和索赔影响量。其次，要处理好索赔事件。对于索赔，监理工程师应当以公正的态度对待，同时按照事先规定的索赔程序做好处理索赔的工作。

3)　建筑装饰装修工程监理的目的

建筑装饰装修工程监理的目的是为了实现业主的装饰意图以及投资、质量、工期的最优控制目标，因此，装饰工程的监理极为重要，并非可有可无，否则难以实现项目的三大控制。

由于建筑装饰装修工程监理具有委托性，监理单位可以根据业主的意愿并结合其自身的情况来协商确定监理范围和义务内容。因此，具体到某监理单位的建筑装饰装修工程监理活动要达到什么目的，取决于其服务范围和内容。

建筑装饰装修工程监理是一种技术服务性的活动。在监理工程中，监理单位只承担服务的相应责任。它不直接进行设计、施工，也不直接进行材料、设备的采购、供应工作。因此，它不承担设计、施工、物资采购方面的直接责任。建筑装饰装修工程监理是提供脑力劳动服务或智力服务的行业。因此，监理单位只承担整个建筑装饰装修工程的监理责任，也就是在监理合同中确定的职权范围内的责任。

在预定的目标内实现建筑装饰装修工程项目是参与项目建设各方共同的任务。监理方的责任就是"力求"通过目标规划、动态控制、组织协调、合同管理，与业主和承建单位一起共同实现这一任务。在实现建筑装饰装修工程的过程中，外部环境潜伏着各种风险，会带来各种干扰。而这些干扰和风险并非监理工程师完全能够驾驭的。他们只能力求减少或避免这些干扰和风险造成的影响，对于提供监理服务的监理单位来说，它不承担其专业以外的风险责任。

> **注意** 引例合同条款第(3)条中对于施工期间施工单位发生施工人员伤亡，按《建筑法》第四十五条规定："施工现场安全由建筑施工企业负责。"监理单位的责、权、利主要来源于建设单位的委托与授权，建设单位并不承担的责任，合同中要求监理单位承担也是不妥的。
>
> 《建筑工程安全管理条例》第十四条规定：工程监理单位和监理工程师应当按照法律法规和工程建设强制性标准实施监理，并对建设工程安全生产承担监理责任。

1.2.2 建筑装饰装修工程监理实施程序和原则

1. 建筑装饰装修工程监理实施程序

建筑装饰装修工程监理的实施应遵循以下程序。

(1) 确定项目总监理工程师，成立项目监理机构。监理单位应根据建筑装饰装修工程的规模、性质、业主对监理的要求，委派称职的人员担任项目总监理工程师。总监理工程师是一个建筑装饰装修工程监理工作的总负责人，他对内向监理单位负责，对外向业主负责。

监理机构的人员构成是监理投标书中的重要内容，是业主在评标过程中认可的，总监理工程师在组建项目监理机构时，应根据监理大纲内容和签订的委托监理合同内容组建，并在监理规划和具体实施计划执行中进行及时调整。

(2) 编制建筑装饰装修工程监理规划。装饰装修工程监理规划是工程监理单位签订监理合同之后，由总监理工程师主持，根据委托监理合同，在装饰装修工程监理大纲的基础上，结合项目工程的实际情况，广泛收集工程信息和资料的情况下制定的指导整个项目监理机构开展监理工作的技术组织文件。

(3) 制定各专业监理实施细则。监理实施细则是由总监理工程师组织相关专业监理工程师编写，针对建筑装饰装修工程项目中某一专业或某一方面监理工作的操作性文件，经总监理工程师批准并报送业主后批准实施的操作性文件。

(4) 规范化地开展监理工作。监理工作的规范化体现在以下几个方面。

① 工作的时序性。这是指监理的各项工作都应按一定的逻辑顺序先后展开。

② 职责分工的严密性。建筑装饰装修工程监理工作是由不同专业、不同层次的专家群体共同来完成的，他们之间严密的职责分工是协调监理工作的前提和实现监理目标的重要保证。

③ 工作目标的确定性。在职责分工的基础上，每一项监理工作的具体目标都应是确定的，完成的时间也应有时限规定，从而能通过报表资料对监理工作及其效果进行检查和考核。

(5) 参与验收，签署建筑装饰装修工程监理意见。建筑装饰装修工程施工完成以后，监理单位应在正式验收前组织竣工预验收，在预验收中发现的问题，应及时与施工单位沟通，提出整改要求。监理单位应参加业主组织的工程竣工验收，签署监理单位意见。

(6) 向业主提交建设工程监理档案资料。建筑装饰装修工程监理工作完成后，监理单位向业主提交的监理档案资料应在委托监理合同文件中约定。

(7) 监理工作总结。监理工作总结有工程竣工总结、专题总结和月报总结三类，具体内容详见 9.3 节。

2. 建筑装饰装修工程监理实施原则

监理单位受业主委托对建筑装饰装修工程实施监理时，应遵守以下基本原则。

1) 公正、独立、诚信、科学的原则

监理工程师在建筑装饰装修工程监理中必须尊重科学，尊重事实，组织各方协同配合，维护有关各方的合法权益。为此，必须坚持公正、独立、诚信、科学的原则。工程监理单位在实施建设工程监理与相关服务时，要公平地处理工作中出现的问题，独立地进行判断和行使职权，科学地为建设单位提供专业化服务，既要维护建设单位的合法权益，也不能损害其他有关单位的合法权益。

2) 权责一致的原则

监理工程师承担的职责应与业主授予的权限相一致，体现在业主与监理单位之间签订的委托监理合同之中，作为业主与承建单位之间建设工程合同的合同条件。总监理工程师是由工程监理单位法定代表人书面任命，应体现权责一致的原则，履行建设工程监理合同、主持项目监理机构工作的注册监理工程师，代表监理单位全面履行建筑装饰装修工程委托监理合同，承担合同中确定的监理应承担的权利和义务。

3) 总监理工程师负责制的原则

总监理工程师负责制是指总监理工程师是工程监理单位法定代表人书面任命的项目监理机构负责人，是工程监理单位履行建设工程监理合同的全权代表。要建立和健全总监理工程师负责制，就要明确权、责、利关系，健全项目监理机构，具有科学的运行制度、现代化的管理手段，形成以总监理工程师为首的高效能的决策指挥体系。

总监理工程师负责制的内涵包括以下几点。

(1) 总监理工程师是工程监理的责任主体。责任是总监理工程师负责制的核心，它构成了总监理工程师的工作压力与动力，也是确定总监理工程师权力和利益的依据。

(2) 总监理工程师是工程监理的权力主体。根据总监理工程师承担责任的要求，总监理工程师全面领导建筑装饰装修工程的监理工作，包括组建项目监理机构，主持编制建筑装饰装修工程监理规划，组织实施监理活动，对监理工作进行总结、监督和评价。

4) 严格监理、热情服务的原则

严格监理，就是各级监理人员要严格按照国家政策、法规、规范、标准和合同控制建筑装饰装修工程的目标，依照既定的程序和制度，认真履行职责，对承建单位进行严格监理。

监理工程师还应为业主提供热情的服务，"应运用合理的技能，谨慎而勤奋地工作"。由于业主一般不熟悉建筑装饰装修工程管理与技术业务，监理工程师应按照委托监理合同的要求多方位、多层次地为业主提供良好的服务，维护业主的正当权益。但是，不能因此而一味地向各承建单位转嫁风险，从而损害承建单位的正当经济利益。

　　5)　综合效益的原则

　　建筑装饰装修工程监理活动既要考虑业主的经济效益，也要考虑与社会效益和环境效益的有机统一。建筑装饰装修工程监理活动虽经业主的委托和授权才得以进行，但监理工程师应首先严格遵守国家的建设管理法律法规和标准等，以高度负责的态度和责任感，既对业主负责，又要对国家和社会负责。只有在符合宏观经济效益、社会效益和环境效益的条件下，业主投资项目的微观经济效益才能得以实现。

1.2.3　建筑装饰装修工程监理的特点

　　建筑装饰装修工程监理的特点是由建筑装饰工程项目的特点决定的。建筑装饰装修工程除了有一般建筑工程的一次性、固定性和单件性等特点外，还有许多显著的有别于土建项目的如下特点。

　　(1)　装饰工程工期短、任务量大，一般为几个月，但工作任务可能包括招投标设计和施工等。

　　(2)　受天气状况影响大。由于装饰工程所用的大部分材料、木料、复合性材料等受空气、潮湿、温度高低等因素影响，施工应尽量避免多雨季节。

　　(3)　现场防火安全问题突出。装饰材料多为复合型材料、天然木材和油漆涂料等易燃物质，因此，现场吸烟、动用明火和用电需要采取严密的防范措施。

　　(4)　材料品种、类型和规格多。装饰工程的材料可能涉及数百种，而一般土建项目的主要材料仅包括钢材、水泥、木材、砖瓦、砂石、玻璃和沥青等。

　　(5)　设计效果是工程质量控制的主要部分。装饰效果的好坏是直接评价项目成功与否的关键指标，而土建项目注重设计的结构安全和施工质量。

　　(6)　工程变更频繁。由于不同的审美观导致人们对设计效果的不同理解，因此，设计变更频繁。而且由于装饰材料类型多样，选用材料的变更也经常发生。

　　(7)　装饰工程施工顺序比较固定。施工顺序必须从吊顶到墙面，然后才能进行地面施工。

1.3　与建筑工程监理有关的法规

1.3.1　建设工程法律法规体系

　　建设工程法律法规体系是指根据《中华人民共和国立法法》的规定，制定和公布施行的有关建设工程的各项法律、行政法规、地方性法规、自治条例、单行条例、部门规章和地方政府规章的总称。

1.　建设工程法律法规规章的制定机关和法律效力

　　建设工程法律是指由全国人民代表大会及其常务委员会通过的规范工程建设活动的法

律规范，由国家主席签署主席令予以公布，如《中华人民共和国建筑法》《中华人民共和国招标投标法》《中华人民共和国合同法》《中华人民共和国政府采购法》《中华人民共和国城市规划法》等。

建设工程行政法规是指由国务院根据宪法和法律制定的规范工程建设活动的各项法规，由国务院总理签署国务院令予以公布，如《建设工程质量管理条例》《建设工程勘察设计管理条例》等。

建设工程部门规章是指建设部按照国务院规定的职权范围，独立或同国务院有关部门联合根据法律和国务院的行政法规、决定、命令制定的规范工程建设活动的各项规章，属于建设部制定的由部长签署建设部令予以公布，如《工程监理企业资质管理规定》《监理工程师资格考试与注册试行办法》《建设工程监理范围和规模标准的规定》等。

法律法规及其规章的效力是法律的效力高于行政法规，行政法规的效力高于部门规章。

2．与建设工程监理有关的部分建设工程法律法规规章

1） 法律

与建设工程监理有关的部分建设工程法律是：《中华人民共和国建筑法》《中华人民共和国合同法》《中华人民共和国招标投标法》和《中华人民共和国环境保护法》等。

2） 行政法规

与建设工程监理有关的部分建设工程行政法规是：《建设工程质量管理条例》《建设工程勘察设计管理条例》和《中华人民共和国土地管理法实施条例》等。

3） 部门规章

与建设工程监理有关的部分建设工程部门规章是：《工程监理企业资质管理规定》《监理工程师资格考试和注册试行办法》《建设工程监理范围和规模标准规定》《建筑工程设计招标投标管理办法》《房屋建筑和市政基础设施工程施工招标投标管理》《评标委员会和评标方法暂行规定》《建筑工程施工发包与承包计价管理办法》《建筑工程施工许可管理办法》《实施工程建设强制性标准监督规定》《房屋建筑工程质量保修办法》《建设工程施工现场管理规定》《建筑安全生产监督管理规定》《工程建设重大事故报告和调查程序规定》和《城市建设档案管理规定》等。

监理工程师应当了解和熟悉我国建设工程法律法规规章体系，熟悉和掌握与监理工作关系比较密切的法律法规规章，以便依法规范自己的工程监理行为。

1.3.2 建设工程部分法律法规、规定简介

由于篇幅所限，本节仅简要介绍《建筑法》《建设工程质量管理条例》《工程建设监理规定》《建设工程监理规范》和《房屋建筑工程施工旁站监理管理办法(试行)》的基本情况。

1．《建筑法》

《建筑法》(中华人民共和国主席令第 91 号发布，1998 年 3 月 1 日起施行)是我国工程

建设领域的一部大法。全文分 8 章共计 85 条。整部法律内容是以建筑市场管理为中心，以建筑工程质量和安全为重点，以建筑活动监督管理为主线形成的。规范了总则、建筑许可、建筑工程发包与承包、建筑工程监理、建筑安全生产管理、建筑工程质量管理、法律责任、附则等内容，并确定了建筑活动中的一些基本法律制度。

2. 《建设工程质量管理条例》

《建设工程质量管理条例》(中华人民共和国国务院令第 279 号发布，2000 年 1 月 30 日起施行)以建设工程质量责任主体为基线，规定了建设单位、勘察单位、设计单位、施工单位和工程监理单位的质量责任和义务，明确了工程质量保修制度、工程质量监督制度等内容，并对各种违法行为的处罚原则作了规定。

3. 《工程建设监理规定》

《工程建设监理规定》(建监〔1995〕第 737 号文)于 1996 年 1 月 1 日起实施。规定了工程建设监理的管理机构及职责、监理范围及内容、监理合同与监理程序、监理单位与监理工程师、罚则等内容。

(1) 从事工程建设监理活动应当遵循"守法、诚信、公正、科学"的原则。

(2) 工程建设监理的基本依据是国家批准的工程项目建设文件，有关工程建设的法律、法规，工程建设监理合同及其他工程建设合同。

(3) 工程建设监理管理机关及职责。

(4) 工程建设监理范围包括：大中型工程项目；市政、公用工程项目；政府投资新建和开发建设的办公楼、社会发展事业项目和住宅工程项目；外资、中外合资、外国贷款、赠款、捐款建设的工程项目。其他工程项目是否委托工程建设监理由投资者自行决定。政府鼓励投资者委托监理单位实施工程建设监理。

(5) 工程建设监理的主要内容是控制工程建设的投资、建设工期、工程质量；进行工程建设合同管理，协调有关单位的工作关系。

(6) 工程建设监理实施的主要内容如下。

① 业主委托监理的方式。项目业主委托监理单位实施监理的方式有直接指明委托和竞争择优委托两种，一般应通过招标投标方式择优选定监理单位。

② 签订工程建设监理合同。监理单位承担监理业务应当与项目法人签订书面工程建设监理合同。监理合同的主要条款详见第 7 章。

③ 组建项目监理组织。监理单位在工程项目上实施建设监理时，应组建监理机构(项目监理组织)。

④ 工程建设监理程序。工程建设监理的开展程序为：编制项目监理规划；按工程建设进度，分专业编制工程建设监理细则；根据项目监理规划和监理细则开展工程建设监理活动；参与工程预验收并签署意见；完成监理义务后，向项目法人提交监理档案资料。

⑤ 通知被监理单位有关监理的事项。在开展工程建设监理业务之前，项目业主应当将所委托的监理单位、监理范围和内容、总监理工程师姓名及权限书面通知被监理单位。项目总监理工程师应将各专业监理工程师的权限书面通知被监理单位。

⑥ 被监理单位必须接受监理。凡实施工程建设监理的项目，被监理单位应当按建设监理制的有关规定以及它与业主签订的工程建设合同接受监理。

⑦ 监理单位与业主、被监理单位的关系。

(7) 监理单位实行资质审批制度。

(8) 监理工程师实行资格考试和注册制度。

(9) 关于外资、中外合资和国外贷款、赠款、捐款建设的工程建设监理。

4．《建设工程监理规范》

《建设工程监理规范》(GB/T 50319—2013)于 2014 年 1 月 1 日起施行，分总则，术语，项目监理机构及其设施，监理规划及监理实施细则，工程质量、造价、进度控制及安全生产管理的监理工作，工程变更、索赔及施工合同争议，监理文件资料的管理，设备采购与设备监造，相关服务共计九部分，另附有施工阶段监理工作的基本表式。

1) 总则

总则包括制定目的、适用范围、建设工程监理应实行总监理工程师负责制的规定、监理准则等内容，详见表 1.1《建设工程监理规范》中的相关内容。

2) 术语

《建设工程监理规范》对工程监理单位、建设工程监理、相关服务、项目监理机构、注册监理工程师、总监理工程师、总监理工程师代表、专业监理工程师、监理员、监理规划、监理实施细则、工程计量、旁站、巡视、平行检验、见证取样、工程延期、工程延误、工程临时延期批准、工程最终延期批准、监理日志、监理月报、设备监造、监理文件资料等 24 个常用术语作出了解释。

3) 项目监理机构及其设施

项目监理机构及其设施包括项目监理机构的建立，配备专业配套、数量满足工程项目监理工作需要的监理人员，监理人员的职责和监理设施等内容。

4) 监理规划及监理实施细则

监理规划和监理实施细则的主要内容。

5) 工程质量、造价、进度控制及安全生产管理的监理工作

包括如召开第一次工地会议、施工组织设计审查、开工报审等一般规定和工程质量、造价、进度控制的监理工作等内容。

6) 工程变更、索赔及施工合同争议

包括工程暂停及复工、工程变更、费用索赔、工程延期及工程延误、合同争议和解除等内容。

7) 监理文件资料管理

包括如监理日志、监理月报、监理工作总结等监理文件资料内容和归档等内容。

8) 设备采购监理与设备监造

包括与设备采购和设备监造监理有关的委托监理合同，项目监理机构，监理人员和职责，设备采购方案、招标和订货合同，设备监造过程的质量控制和监理资料等内容。

9) 相关服务

明确了工程监理单位在工程勘察设计阶段和保修阶段开展相关服务的工作依据、内容、程序、职责和要求。

5. 《房屋建筑工程施工旁站监理管理办法(试行)》

为了提高建设工程质量，建设部于 2002 年 7 月 17 日颁布了《房屋建筑工程施工旁站监理管理办法(试行)》(2003 年 1 月 1 日起施行)。该规范性文件要求在工程施工阶段的监理工作中实行旁站监理，并明确了旁站监理的工作程序、内容及旁站监理人员的职责。

旁站是项目监理机构对工程的关键部位或关键工序的施工质量进行的监督活动，是控制工程施工质量的重要手段之一，也是确认工程质量的重要依据。

1.3.3 部分法律法规中涉及监理方面的内容

部分法律法规中涉及监理方面的内容如表 1.1 所示。

表 1.1 部分法律法规中涉及监理方面的内容

法律法规规章	涉及监理方面的内容
《建筑法》	① 国家推行建筑工程监理制度。 ② 实行监理的建筑工程，建设单位应委托具有相应资质条件的工程监理单位，并签订书面委托监理合同。 ③ 工程监理应当依照法律、法规及有关的技术标准、设计文件和建筑工程承包合同，对承包单位在施工质量、工期和建设资金使用等方面，代表建设单位实施监督。 ④ 有权要求施工企业改正不符合要求的施工；有权要求设计单位改正不符合要求的设计。 ⑤ 工程监理单位应根据建设单位的委托，客观、公正地执行监理任务。 ⑥ 工程监理单位不能与被监理工程的承包单位以及建筑材料、建筑构件和设备供应单位有隶属关系和其他利害关系
《建设工程质量管理条例》	① 监理企业应具备监理资质，并在监理资质等级证书规定的范围内承担监理业务，且不允许他人借用本单位的名义承接监理任务，监理业务不能转让。 ② 工程监理单位不能与被监理工程的承包单位以及建筑材料、建筑构件和设备供应单位有隶属关系和其他利害关系。 ③ 工程监理应当依照法律、法规及有关的技术标准、设计文件和建筑工程承包合同，代表建设单位对承包单位在施工质量方面实施监督，并对工程质量承担监理责任。 ④ 监理单位应选派具备相应资格的总监和专业监理工程师进驻项目施工现场。 ⑤ 未经监理工程师签字认可，不得将材料、设备及构件用于工程；不得进行下一道工序施工；不得支付工程款；不得进行竣工验收

续表

法律法规规章	涉及监理方面的内容
《建设工程监理规范》	① 为规范建设工程监理与相关服务行为，提高建设工程监理与相关服务水平，制定本规范。 ② 适用范围：本规范适用于新建、扩建、改建建设工程监理与相关服务活动。 ③ 实施建设工程监理前，建设单位必须以书面形式与工程监理单位订立建设工程监理合同，包括监理工作的范围、内容、服务期限和酬金，以及双方的义务、违约责任等相关条款。 ④ 规范对项目监理机构及其设施、监理人员的职责、监理规划及监理实施细则、工程质量、造价、进度控制及安全生产管理的监理工作、工程变更、索赔及施工合同争议、监理文件资料、设备采购与设备监造作出了具体的规定。 ⑤ 监理单位应公平、独立、诚信、科学地开展建设工程监理与相关服务活动。 ⑥ 建设工程监理应符合建设工程监理规范和国家其他有关强制性标准、规范的规定

提示　以上相关法律法规内容请从出版社网站下载。

引例问题 1 答案：该监理合同(草案)部分内容的几条均不妥。原因如下。

第(4)条：《建设工程委托监理合同(示范文本)》监理人责任第二十六条规定，监理人员在责任期内，如果因监理人员过失而造成了委托人的经济损失，应当向委托人赔偿。累计赔偿总额不应超过监理报酬总额(除去税金)(或赔偿金 = 直接经济损失 × 报酬比率(扣除税金))。

第(5)条：《建筑工程安全管理条例》第十四条规定，工程监理单位应当审查施工组织设计中的安全技术措施或者专项施工方案是否符合工程建设强制性标准。工程监理单位在实施监理过程中，发现存在安全事故隐患的，应当要求施工单位整改；情况严重的，应当要求施工单位暂时停止施工，并及时报告建设单位。施工单位拒不整改或者不停止施工的，工程监理单位应当及时向有关主管部门报告。

引例问题 2 答案：若该合同是一个有效的经济合同，应满足以下基本条件。

(1) 主体资格合法。即建设单位和监理单位作为合同双方当事人，应当具有合法的资格。

(2) 合同内容合法。即其内容应符合国家法律、法规，真实表达双方当事人的意思。

(3) 订立程序合法，形式合法。

1.4　本章小结

　　本章简述了建设项目的建设程序、建设工程管理制度。主要阐述了建筑装饰装修工程监理的概念、建筑装饰装修工程监理实施程序和原则，以及建筑装饰装修工程监理的特点。在学习与建筑装饰装修建设监理有关的法律法规和相关规定时，应及时对照相关法规原文，并结合本书后续章节的学习，才能全面理解、深刻体会其精神实质。

自 测 题

一、单选题

1. 工程建设监理的行为主体是(   )。
   A. 监理人员   B. 监理单位
   C. 监理法规   D. 监理项目

2. 工程建设监理的中心任务是(   )。
   A. 控制工程项目目标   B. 控制工程项目建设
   C. 控制监理单位的职责   D. 控制工程进度

3. 在工程建设监理中，要达到的目的是(   )。
   A. "力求"实现项目的完美   B. "力求"实现监理的公正
   C. "力求"实现项目的目标   D. "力求"实现监理的目标

4. 工程建设监理的实施(   )。
   A. 需要业主的委托   B. 需要监理人员的委托
   C. 需要业主的授权   D. 需要监理人员的授权

5. 工程建设监理的性质如下。
   (1) 监理单位是工程建设活动的"第三方"意味着工程建设监理具有(   )。
   (2) 工程建设监理是一种高智能的技术服务，主要强调(   )。
   (3) 从工程建设监理的业务内容上看，它具有(   )。
   A. 服务性   B. 独立性   C. 公正性   D. 科学性

6. 建筑工程监理应依据相关法律法规及有关标准和承包合同，对承包单位在施工质量、建设工期和建设资金使用等方面，代表建设单位实施监督。工程监理人员可正确行使的权力有(   )。
   A. 工程监理人员认为工程施工不符合合同约定，需报告建设单位要求施工企业改正
   B. 工程监理人员发现工程设计不符合质量要求，需报告建设单位要求设计单位改正
   C. 工程监理人员认为施工不符合工程设计要求，无权要求建筑施工企业改正
   D. 工程监理人员发现工程设计不符合合同约定的质量要求的，有权要求设计单位改正

7. 工程建设监理单位的服务对象是(   )。
   A. 项目法人和承建商   B. 项目法人
   C. 承建商   D. 政府管理部门

二、多选题

1. 工程建设监理实施的对象是(   )。
   A. 工程建设项目   B. 工程设计项目
   C. 工程施工项目   D. 工程勘察项目

2. 工程建设监理的性质有(   )。

    A. 独立性   B. 服务性   C. 科学性

    D. 美观性   E. 公正性

3. 从事建筑活动的建筑施工企业、勘察单位、设计单位和工程监理单位，应当具备的条件包括(   )。

    A. 符合国家规定的注册资本

    B. 有保证工程质量和安全的具体措施

    C. 有与其从事的建筑活动相适应的具有法定执业资格的专业技术人员

    D. 有从事相关建筑活动所应有的技术装备

    E. 法律、行政法规规定的其他条件

4. 工程监理人员认为施工不符合(   )的，有权要求建筑施工企业改正。

    A. 施工质量   B. 工程设计要求   C. 施工技术标准

    D. 合同约定   E. 施工进度

三、思考题

1. 我国现行工程项目建设程序是什么？

2. 何谓建设工程监理？何谓建筑装饰装修工程监理？

3. 如何理解建设工程监理的性质？

四、案例分析

【背景材料】

某建筑装饰装修工程项目在设计文件完成后，业主委托了一家建筑装饰装修监理企业协助业主进行施工招标和实施施工阶段监理。监理合同签订后，总监理工程师分析了工程项目的规模和特点，拟按照组织结构设计、确定管理层次、确定监理工作内容、确定监理目标和制定监理工作流程等步骤，来建立本项目的监理组织机构。

【问题】

(1) 施工招标前，监理单位编制了招标文件，其中有关主要内容包括设计图纸和技术资料：①工程量清单；②施工方案；③主要材料和设备供应方式；④保证工程质量、进度、安全的主要技术组织措施；⑤特殊工程的施工要求；⑥施工项目管理机构；⑦合同条件……

请问施工招标文件内容中哪几条不正确？为什么？

(2) 总监理工程师根据本项目合同结构特点，组建了监理机构，绘制了业主、监理、被监理单位三方关系示意图，如图1.4所示。请问图1.4所示的三方关系是否正确？为什么？请用文字加以说明。

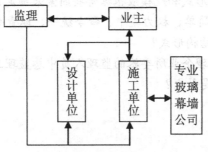

图1.4 三方关系示意图

第2章 监理企业和监理人员

内容提要

本章主要介绍组织的基本原理、监理企业和监理人员三个方面的内容。重点是装饰装修项目监理机构的组织形式、优缺点；项目监理机构的组建，监理企业的资质与管理、经营管理和组织协调；监理人员职责、综合素质和监理工程师的资格考试、注册与继续教育等内容。本章法规性特别强，在学习和教学的同时应及时对照相关法规原文全面理解，才能深刻地体会其精神实质。

教学目标

- 要求能解释组织和组织结构的概念、组织设计的原则；掌握项目监理机构的组织形式、优缺点、适用条件，能绘制出组织结构图。
- 要求能写出装饰装修项目监理机构组建的程序，写出各监理岗位的工作职责，能处理组织协调过程中出现的具体问题。
- 能配备专业齐全、数量够用、业务能力较强的监理人员，理解监理工程师注册执业的特点，根据各监理岗位的工作职责处理装饰装修监理事务中出现的问题。
- 掌握组织协调的工作内容，能运用组织协调的工作方法，处理装饰装修项目监理过程中出现的问题。

项目引例

某单位宾馆工程建筑面积 10 964 m²。室内装修工程投资概算约为 120 万元，施工工期为 100 天。该工程在开工准备阶段需要通过招标方式选择一家监理公司。A 监理单位中标后，与业主签订了委托监理合同。A 监理单位在实施装修工程之前按以下步骤编制监理规划：①确定监理工作内容；②确定项目监理机构目标；③制定工作流程和信息流程；④设计项目监理机构的组织结构，建立了项目监理机构。

分析思考

1. 符合该工程监理要求的企业必须具备哪些资质条件？

2. 项目监理机构的组织形式和规模应根据哪些因素来确定？组建项目监理机构时的步骤是否妥当？若想建立结构简单、权力集中、命令统一、职责分明、隶属关系明确的项目监理机构，应选择哪种组织结构形式？

3. 参加该工程投标的监理企业所委派的监理人员中总监理工程师需要具备哪些资格条件？各监理岗位的工作职责是什么？

2.1　组织的基本原理

组织管理的一项重要职能是建立精干、高效的监理组织，并使之得以运行，这是实现监理目标的前提条件。因此，组织理论是监理工程师必备的基础知识。

组织理论分为两个相互联系的分支学科，即组织结构学和组织行为学。组织结构学侧重于组织的静态研究，以建立精干、合理、高效的组织结构为目的；组织行为学侧重组织的动态研究，以建立良好的人际关系为目的。本节重点介绍组织结构学。

组织就是为了使系统达到它的特定的目标，使全体参加者经分工与协作以及设置不同层次的权力和责任制度而构成的一种人的合体。它含有三层意思：①目标是组织存在的前提；②组织需要分工与协作；③实现组织活动和组织目标需要建立不同层次的权力和责任制度。组织作为生产的要素之一，与其他要素相比具有的特点是：组织不能替代其他要素，也不能被其他要素所替代，而其他要素可以互相替代，如增加机器设备等劳动手段可以替代劳动力。它只是使其他要素合理配合而增值的要素，即组织可以提高其他要素的使用效益。组织在提高经济效益方面的作用也更加显著。

2.1.1　组织结构

组织结构就是组织内部各构成部分和各部分间所确立的较为稳定的相互关系和联系方式。组织结构的基本内涵：①确定正式关系与职责的形式；②向组织各个部门或个人分派任务和各种活动的方式；③协调各分离活动和任务的方式；④组织中权力、地位和等级关系。

1.　组织结构与职权、职责的关系

(1) 组织结构与职权的关系。组织结构与职权形态之间存在着一种直接的相互关系。因为结构与职位以及职位间关系的确立密切相关，为职权关系提供了一定的格局。职权指的是组织中成员间的关系，而不是某一个人的属性。职权关系的格局就是组织结构，但它不是组织结构含义的全部。职权的概念与合法地行使某一职权是紧密相关的，而且是以下级服从上级的命令为基础的。

(2) 组织结构与职责的关系。组织结构与组织中各个部门的职责和责任的分派直接相关。有了职位也就有了职权，从而也就有了职责。组织结构为责任的分配和确定奠定了基础，而管理是以结构和人员职责的分派和确定为基础的，利用组织结构可以评价成员的功过，从而使各项活动有效地开展。

2.　组织结构图

组织结构图是组织结构简化了的抽象模型。尽管它不能准确地、完整地表述组织结构，如它不能说明一个上级对其下级所具有的职权的程度，以及平级职位之间相互作用的横向关系，但它仍不失为一种表示组织结构的好方法。描述组织结构的典型办法是通过绘制能表明组织的正式职权和联系网络的图来进行的。

2.1.2 组织设计

组织设计就是对组织活动和组织结构的设计过程。有效的组织设计对提高组织活动效能方面起着重大的作用。组织设计时应注意：组织设计是管理者在系统中建立最有效相互关系的一种合理化的、有意识的过程，这个过程既要考虑系统的外部要素，又要考虑系统的内部要素，形成组织结构是组织设计的最终结果。

1. 组织构成因素

组织构成一般是上小下大的形式，由管理层次、管理跨度、管理部门、管理职责四大因素组成。各因素是密切相关、相互制约的。在组织结构设计时，必须考虑各因素间的平衡与衔接。

1) 合理的管理层次

管理层次是指从最高管理者到实际工作人员等级层次的数量。管理层次通常分为决策层、协调层、执行层和操作层。①决策层的任务是确定管理组织的目标和大政方针，它必须精干、高效；②协调层主要是参谋、咨询职能，其人员应有较高的业务工作能力；③执行层是直接调动和组织人力、财力、物力等具体活动的内容的，其人员应有实干精神并能坚决贯彻管理指令；④操作层是从事操作和完成具体任务的，其人员应有熟练的作业技能。这四个层次的职能和要求不同，标志着不同的职责和权限，同时也反映出组织系统中的人数变化规律。它犹如一个三角形，从上至下权责递减，人数递增。

管理层次不宜太多，否则是一种浪费，也会使信息传递慢、指令走样、协调困难。

2) 合理的管理跨度

管理跨度是指一名上级管理人员所直接管理的下级人数。这是由于每一个人的能力和精力都是有限度的，所以一个上级领导人能够直接、有效地指挥下级的数目是有一定限度的。管理跨度的大小取决于需要协调的工作量。

下式说明了下级数目按算术级数增长，其直接的领导者需要协调的关系数目则按几何级数增长。

$$\text{领导者需协调的关系数目} = n\left(\frac{2^n}{2} + n - 1\right)$$

式中，n——下级数目。

管理跨度的大小弹性很大，影响因素也很多，它与管理人员的性格、才能、个人精力、授权程度以及被管理者的素质关系很大。此外，还与职能的难易程度、工作地点远近、工作的相似程度、工作制度和程序等客观因素有关。确定适当的管理跨度，需积累经验并在实践中进行必要的调整。

3) 合理设置部门

组织中各个部门的合理划分对发挥组织效应是十分重要的，如果部门划分不合理，会造成控制、协调的困难，也会造成人浮于事，浪费人力、物力、财力。部门的划分要根据组织目标与工作内容确定，形成既有相互分工又有相互配合的组织系统。

4) 合理确定职能

组织设计中确定各部门的职能，应使纵向的领导、检查、指挥灵活，达到指令传递快，信息反馈及时；要使横向各部门间的相互联系、协调一致，使各部门能够有职有责、尽职尽责。

2. 监理组织设计原则

现场监理组织设计关系到装饰装修项目监理工作的成败，建立项目监理组织应根据组织理论，应遵循一定的组织原则。

1) 目的性原则

从"一切为了确保装修监理目标实现"这一根本目的出发，因目标而设事，因事而设人，设机构、分层次，因事而定岗定责，因责而授权。如果离开装修监理目标，或者颠倒了这种客观规律，组织机构设置就会走偏方向。

2) 集权与分权统一的原则

集权是指把权力集中在主要领导手中；分权是指经过领导授权，将部分权力交给下级掌握。事实上，在组织中不存在绝对的分权，只是相对集权和相对分权的问题。在现场监理组织设计中，采取集权形式还是分权形式，要根据工作的重要性、特点、地理位置，总监理工程师的能力、精力及下属监理工程师的工作经验、工作能力等综合考虑确定。

3) 专业分工与协作统一的原则

分工就是按照提高监理的专业化程度和工作效率的要求，把现场监理组织的目标、任务，特别是投资控制、进度控制、质量控制三大目标分成各级、各部门以及各监理人员的目标、任务，明确干什么、怎么干。

在分工中应强调：①尽可能按照专业化的要求来设置组织机构；②工作上要有严格分工，每个人所承担的工作，应力求达到较熟悉的程度，这样才能提高效率；③要注意分工的经济效益。

在组织中有分工就必须有协作，明确部门之间和部门内的协调关系与配合方法。在协作中应强调：①主动协调是至关重要的。要明确各部门之间是什么关系，在工作中有什么联系与衔接。找出易出矛盾之点，加以协调。②对于协调中的各项关系，应逐步规范化、程序化，应有具体可行的协调配合办法。

4) 管理跨度与管理分层统一的原则

管理跨度与管理层次成反比例关系。即当组织结构中的人数一定时，管理跨度加大，那么管理层次就可以适当减少；反之亦然。一般来说，应该在通盘考虑决定管理跨度的因素后，在实际运用中根据具体情况确定管理层次。适当的管理跨度，加上适当的层次划分和适当的授权是建立高效率组织的基本条件。

5) 责、权、利对应的原则

责、权、利对应的原则就是在监理组织中明确划分职责、权力和利益(待遇)，且职责、权力、利益(待遇)是对应关系。同等的岗位职务赋予同等的权力，享受同等待遇。权大于责就很容易产生瞎指挥、滥用权力的官僚主义；责大于利益就会影响管理人员的积极性、主动性和创造性，使组织缺乏活力。在装修监理组织等级链上的每一环节，都应该无例外地

贯彻权、责、利对应的原则。

6) 才能、职务相称的原则

每项工作都可以确定完成该工作所需要的知识技能。进行组织设计时可以考察每个人的学历与经历，了解其知识、经验、才能、特长等，使每个人员能够做到他现有或可能的才能与职务上的要求相适应，做到才职相称、人尽其才、才得其用。

7) 效率原则

现场监理组织设计必须将效率原则放在重要地位，必须坚持组织的高效化。一个组织办事效率的高低是衡量这个组织中的结构是否合理的主要标准之一。在保证组织结构目标有效完成的前提下，组合成最适宜的组织结构形式，实行最有效的内部协调，减少重复和扯皮，提高管理效率和效益。

8) 动态弹性原则

组织结构要有相对的稳定性，不能总是轻易变动，但又必须随组织内部和外部条件的变化，根据长远目标做出相应的调整与变化，使组织结构具有一定的弹性，以提高组织结构的适应性。

2.1.3　组织活动的基本原理

为保障装修监理组织活动效果，装修监理组织活动应遵循以下基本原则。

1) 要素有用性原则

组织系统的基本要素有人力、财力、物力、信息等，这些要素都是有作用的，这是要素的共性，然而要素还有个性。由于监理工程师的专业、知识、能力、经验等水平的差异，他们所起的作用也就不同。因此，管理者应充分发挥人的决定性作用，在装修监理组织活动中，应注意坚持以人为本、利益协调、行为激励、适度控制、权责对等、参与管理等原则，以充分发挥人的积极性和创造性。

2) 动态的相关性原则

组织系统处在静止状态是相对的，处在运动状态则是绝对的。组织系统内部各要素之间既相互联系又相互制约，既相互依存又相互排斥，这种相互作用推动组织活动的进步与发展。这种相互作用的因子叫作相关因子。充分发挥相关因子的作用是提高组织管理效应的有效途径。事物在组合过程中，由于相关因子的作用，可以发生质变。可以 $1+1 \geq 2$，也可以 $1+1 < 2$。例如，"三个臭皮匠，顶个诸葛亮"，就是相关因子起了积极作用；"一个和尚挑水吃，两个和尚抬水吃，三个和尚没水吃"，就是相关因子起了内耗作用。整体效应不等于其各局部效应的简单相加，各局部效应之和与整体效应不一定相等，这就是动态相关性原理。它启发管理者重视组织管理的整体效应，在进行决策和处理管理问题时应以整体效应为重，从系统整体功能的角度分析组织系统内部各部分之间相互联系和相互制约的关系，从整体出发协调好要素之间的关系，做到各部分的目标服从于组织整体目标。

3) 主观能动性原则

人和宇宙中的各种事物是客观存在的物质，运动是其共有的根本属性。不同的是，人是有生命、有思想、有感情、有创造力的，是生产力中最活跃的因素。组织活动的效果关键在于人的主观能动性的发挥。管理者应注重组织内部人的主观能动性的发挥。

4) 规律效应性原则

规律就是客观事物的内在本质的必然联系。组织管理者在管理过程中要掌握规律，按规律办事，把注意力放在抓事物内部的、本质的、必然的联系上，以达到预期的目标，取得良好的效应。

2.2 工程监理单位

建筑装饰装修工程作为一门新兴的独立学科和行业，不仅涉及面广，而且在装饰材料、施工工艺和组织管理各方面都有自身的特殊性。工程监理单位依法成立并取得建设主管部门颁发的工程监理企业资质证书，从事建设工程监理与相关服务活动。工程监理单位是受建设单位委托为其提供管理和技术服务的独立法人或经济组织。工程监理单位不同于生产经营单位，既不直接进行工程设计和施工生产，也不参与施工单位的利润分成。它的责任主要是向业主提供智能技术服务，对装饰装修工程项目的质量、造价、进度和安全生产进行管理。本节所提到的监理单位(企业)均指从事建筑装饰装修工程项目的监理单位。下面从监理单位的组织形式开始，对它的设立、资质管理、经营活动进行说明。

2.2.1 监理单位的组织形式

监理单位的组织形式是指从事装饰装修工程监理业务并取得监理企业资质证书，受业主委托，对装饰装修工程提供管理和技术服务的独立法人或经济组织。它是指为了实现装饰装修监理目标，对所需一切资源进行合理配置而建立的一次性临时组织机构，它的建立是监理工程师完成业务委托的重要前提，也是监理工程师的执业机构。

每一个拟监理的装饰装修项目，监理单位都应根据装饰装修项目的规模、性质，业主对装修监理的要求，任命注册监理工程师担任项目的总监理工程师，代表监理单位全面负责该装饰装修项目的监理工作。在总监理工程师的具体领导下，组建装饰装修项目的监理机构。项目监理机构组织形式应根据装饰装修工程项目的特点、项目承发包模式、业主委托的任务以及监理单位自身情况而确定。常用的项目监理组织形式特点和优缺点如表2.1所示。

表2.1 监理单位常用的组织形式

组织形式	特 点	优 缺 点	适 用 于
直线制监理组织形式	组织形式最简单，组织中各种职位是按照垂直系统直线排列的，一个下级只接受一个上级的命令，监理机构中不再另设职能部门。项目监理组织主要采用这一形式	优点：组织机构简单，权力集中，命令统一，职责分明，决策迅速，隶属关系明确。 缺点：对总监理工程师要求高。实行没有职能机构的"个人管理"，这就要求总监理工程师博晓各种义务，通晓多种知识技能，成为"全能"式人物	装饰监理项目能划分为若干相对独立的大中型项目(见图2.1)。如果业主委托监理单位对装饰装修工程实施全过程监理，项目监理机构的部门还可按不同的建设阶段分解设立直线制监理组织形式(见图2.2)。对于小型装饰装修工程，可采用按专业内容分解的现场作业管理

续表

组织形式	特 点	优 缺 点	适 用 于
职能制监理组织形式	依据管理业务设立职能部门，各职能机构在本职能范围内对下级行使管理职责，提高管理的专业化程度，适应大型化和复杂化管理需要	优点：目标控制分工明确，能够发挥职能机构的专业管理作用，专家参加管理，提高管理效率，减轻总监理工程师的负担。 缺点：多头领导，易造成职责不清；相互协调困难；信息难于畅通，影响上层管理	在职能不多的情况下，这种组织形式能适应管理的需求，但在职能部门较多的情况下，会对下级形成多个领导，不符合统一指挥的要求；在装修监理业务不太复杂的条件下，可以选择这种形式。这种监理组织形式如图2.3所示
直线职能制监理组织形式	具有直线制组织形式和职能制组织形式的优缺点而构成的一种组织形式	优点：保持了直线制组织集中指挥、职责清楚，又保持了职能制组织目标管理专业化的优点。 缺点：职能部门与指挥部门易产生矛盾；信息传递路线长，不利于互通情报	这种监理组织形式如图2.4所示。
矩阵制监理组织形式	由纵横两套管理系统组成矩阵性组织结构，一套是纵向的职能系统，另一套是横向的子项目系统	优点：加强了各职能部门的横向联系，具有较大的机动性和适应性；把上下左右集权与分权实行最优的结合；有利于解决复杂难题；有利于监理人员业务能力的培养。 缺点：纵横向协调工作量大，处理不当会造成扯皮现象，产生矛盾命令	有利于强化各子项装饰监理工作责任制，有利于总监理工程师对整个项目实施规划、组织和指导，有利于统一装饰监理工作的要求和装修监理工作的规范化。适用于特大型项目。这种监理组织形式如图2.5所示

注：引例问题2在此可以解答。

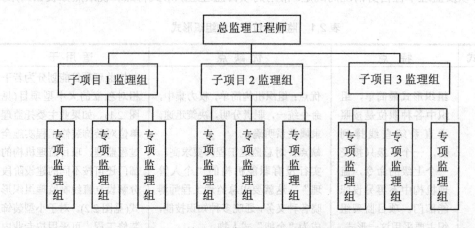

图2.1 按子项分解的直线制监理组织形式

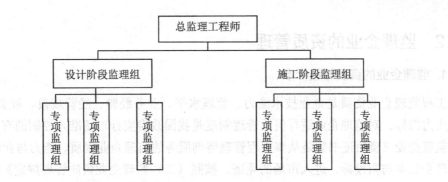

图 2.2　按建设阶段设立的直线制监理组织形式

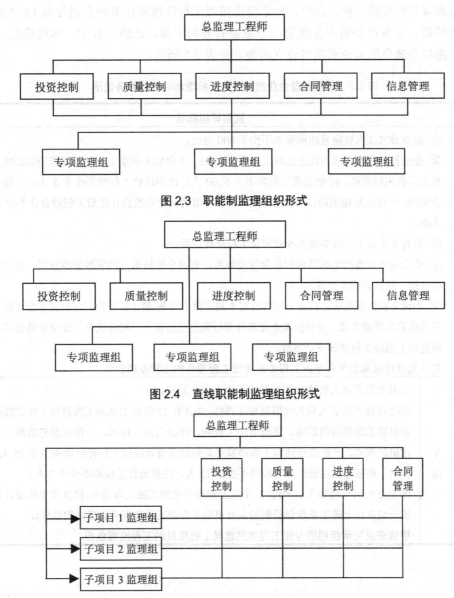

图 2.3　职能制监理组织形式

图 2.4　直线职能制监理组织形式

图 2.5　矩阵制监理组织形式

2.2.2 监理企业的资质管理

1. 监理企业的资质等级标准

工程监理企业资质是企业技术能力、管理水平、业务经验、经营规模、社会信誉等综合性实力指标。对监理企业进行资质管理制度是我国政府实行市场准入控制的有效手段。

监理企业《资质证书》是从事工程管理咨询服务的监理企业素质、能力与业绩的证明，是监理企业参与招投标、进入市场的凭证。按照《工程监理企业资质管理规定》(中华人民共和国建设部令第158号，自2007年8月1日起施行)，工程监理企业资质分为综合资质、专业资质和事务所资质三种。其中，专业资质按照工程性质和技术特点划分为14个工程类别。综合资质、事务所资质不分级别。专业资质分为甲级、乙级；其中，房屋建筑、水利水电、公路和市政公用专业资质可设立丙级，如表2.2所示。

表2.2　工程监理企业的资质等级标准和许可的业务范围

资　　质		资质等级标准
综合资质标准		① 具有独立法人资格且注册资本不少于600万元。 ② 企业技术负责人应为注册监理工程师，并具有15年以上从事工程建设工作的经历或者具有工程类高级职称。注册监理工程师不少于60人，注册造价工程师不少于5人，一级注册建造师、一级注册建筑师、一级注册结构工程师或者其他勘察设计注册工程师合计不少于15人次。 ③ 具有5个以上工程类别的专业甲级工程监理资质。 ④ 企业具有完善的组织结构和质量管理体系，有健全的技术、档案等管理制度。企业具有必要的工程试验检测设备。 ⑤ 申请工程监理资质之日前一年内没有本规定第十六条*禁止的行为。没有因本企业监理责任造成重大质量事故。没有因本企业监理责任发生三级以上工程建设重大安全事故或者发生两起以上四级工程建设安全事故。 **综合资质可以承担所有专业工程类别建设工程项目的工程监理业务**
专业资质标准	甲级	①具有独立法人资格且注册资本不少于300万元。 ②企业技术负责人应为注册监理工程师，并具有15年以上从事工程建设工作的经历或者具有工程类高级职称。注册监理工程师、注册造价工程师、一级注册建造师、一级注册建筑师、一级注册结构工程师或者其他勘察设计注册工程师合计不少于25人次。其中，相应专业注册监理工程师不少于15人，注册造价工程师不少于2人。 ③企业近两年内独立监理过3个以上相应专业的二级工程项目(但具有甲级设计资质或一级及以上施工总承包资质的企业申请本专业工程类别甲级资质的除外)。 **甲级资质可承担相应专业工程类别建设工程项目的工程监理业务**

资　质		资质等级标准
专业资质标准	乙级	①具有独立法人资格且注册资本不少于 100 万元。 ②企业技术负责人应为注册监理工程师，并具有 10 年以上从事工程建设工作的经历。 ③注册监理工程师、注册造价工程师、一级注册建造师、一级注册建筑师、一级注册结构工程师或者其他勘察设计注册工程师合计不少于 15 人次。其中，相应专业注册监理工程师不少于 10 人，注册造价工程师不少于 1 人。 ④⑤与综合资质中的④⑤相同。 **乙级资质可承担相应专业工程类别二级以下(含二级)建设工程项目的工程监理业务**
	丙级	①具有独立法人资格且注册资本不少于 50 万元。 ②企业技术负责人应为注册监理工程师，并具有 8 年以上从事工程建设工作的经历。 ③相应专业的注册监理工程师不少于 5 人。 ④与综合资质中的④相同。 **丙级资质可承担相应专业工程类别三级建设工程项目的工程监理业务**
事务所资质标准		①取得合伙企业营业执照，具有书面合作协议书。 ②合伙人中有 3 名以上注册监理工程师，合伙人均有 5 年以上从事建设工程监理的工作经历。 ③有固定的工作场所。 ④与综合资质中的④相同。 **事务所资质可承担三级建设工程项目的工程监理业务，但国家规定必须实行强制监理的工程除外。可开展相应类别建设工程的项目管理、技术咨询等业务**

*：《工程监理企业资质管理规定》中第十六条，工程监理企业不得有下列行为：①与建设单位串通投标或者与其他工程监理企业串通投标，以行贿手段谋取中标；②与建设单位或者施工单位串通弄虚作假、降低工程质量；③将不合格的建设工程、建筑材料、建筑构配件和设备按照合格签字；④超越本企业资质等级或以其他企业名义承揽监理业务；⑤允许其他单位或个人以本企业的名义承揽工程；⑥将承揽的监理业务转包；⑦在监理过程中实施商业贿赂；⑧涂改、伪造、出借、转让工程监理企业资质证书；⑨其他违反法律法规的行为。

　　资质等级标准中监理企业的注册资本不仅是企业从事经营活动的基本条件，也是企业清偿债务的保证。监理企业所拥有的专业技术人员数量主要体现在注册监理工程师的数量上，这反映企业从事监理工作的工程范围和业务能力。工程监理业绩则反映工程监理企业开展监理业务的经历和成效。

注意　引例中问题 1 在此可以得到解答。

2. 监理企业的资质管理

　　监理企业资质管理，主要是指对装饰装修企业的设立、定级、年检、变更、撤销等的资质审查或批准，以及资质证书的管理等。

1)　监理企业的设立

设立监理企业应具备两个条件：①是否具备开展监理业务的能力；②是否具备办理营

业执照法人资格的基本条件。核定其装修监理业务范围并出具资质审查合格的书面材料。

新设立的监理企业申请资质，应当先到工商行政管理部门登记注册并取得企业法人营业执照后，才能到建设行政主管部门办理资质申请手续。监理企业营业执照的签发日期为装饰装修监理单位的成立日期。

(1) 申请资质。

设立监理企业，必须向相应的资质审批部门提出书面申请。应提交下列文件：①监理企业资质申请表(一式三份)及相应电子文档；②从业法人营业执照及企业验资证明材料；③从业章程、管理制度、国际国内企业品质认证文件；④从业法定代表人、技术负责人、财务及专业技术人员的身份证、资格证书、任职文件等；⑤监理企业资质申请表中所列注册监理工程师及其他注册执业人员的注册执业证书；⑥从业工作场所使用的证明文件；⑦从业完成的监理业绩及所监理的样板工程竣工资料；⑧其他有关资料。

资质审批部门接到书面申请后，根据资质条件进行审查。对于审查合格的，发给"装修监理申请批准书"。凡取得该证书的装饰装修监理单位，一般在两年内不定等级，两年后可向原资质审批部门申请定级。

(2) 提交申请核定资质等级时所核的材料。

申请核定资质等级时需提交下列材料：①定级申请书；②监理申请批准书和营业执照副本；③法定代表人与技术负责人的有关证件；④监理业务手册；⑤其他有关指明文件。

资质管理部门根据申请材料，对申请监理企业的人员素质、专业技能、管理水平、资金数量以及实际业绩进行综合评审。经审核符合等级标准的，发给相应的资质等级证书。

申请综合资质、专业甲级资质的，应当向企业工商注册所在地的省、自治区、直辖市人民政府建设主管部门提出申请。省、自治区、直辖市人民政府建设主管部门应当自受理申请之日起20日内初审完毕，并将初审意见和申请材料报国务院建设主管部门。国务院建设主管部门应当自省、自治区、直辖市人民政府建设主管部门受理申请材料之日起60日内完成审查，并公示审查意见，公示时间为10日。国务院有关部门应当在20日内审核完毕，并将审核意见报国务院建设主管部门。国务院建设主管部门根据初审意见审批。

申请专业乙级、丙级资质和事务所资质需由企业所在地的省、自治区、直辖市人民政府建设主管部门审批。

工程监理企业资质证书分为正本和副本，每套资质证书包括1本正本、4本副本。正、副本具有同等法律效力。工程监理企业资质证书的有效期为5年，由国务院建设主管部门统一印制并发放。

2) 专业乙级、丙级资质和事务所资质许可

延续的实施程序由省、自治区、直辖市人民政府建设主管部门依法确定。省、自治区、直辖市人民政府建设主管部门应当自做出决定之日起10日内，将准予资质许可的决定报国务院建设主管部门备案。

资质有效期届满，工程监理企业需要继续从事工程监理活动的，应当在资质证书有效期届满60日前，向原资质许可机关申请办理延续手续。

对在资质有效期内遵守有关法律、法规、规章、技术标准，信用档案中无不良记录，

且专业技术人员满足资质标准要求的企业，经资质许可机关同意，有效期延续5年。

装饰监理业务跨部门的监理单位的设立，应按隶属关系先由省、自治区、直辖市人民政府建设行政主管部门或国务院工业、交通等部门进行资质初审，初审后合格的再报国务院建设行政主管部门审批。

3) 监理企业定级管理

监理企业成立后，从事装修监理工作满两年可以申请定级；每三年进行一次例行性资质等级审定。除了按照规定对各项都进行审查外，主要是审查装修监理业绩。对于达到上一个资质等级的给予升级；对于在装修监理活动中由于过错而造成严重事故，影响较大的，要予以降级，或者核销其相应的装修监理业务范围。被降低资质等级的监理企业，要经过一年以上时间的整改、考察，经过资质管理部门核查确认，达到预期目标时，可恢复其原来的资质等级。监理企业首次定级、升级、降级都实行资质公告制度。

4) 资质变更

(1) 资质变更的管理。

工程监理企业在资质证书有效期内名称、地址、注册资本、法定代表人等发生变更的，应当在工商行政管理部门办理变更手续后30日内办理资质证书变更手续。

综合资质、专业甲级涉及资质证书中企业名称变更的，由国务院建设主管部门负责办理，并自受理申请之日起3日内办理变更手续。

除综合资质、专业甲级规定以外的资质证书变更手续，由省、自治区、直辖市人民政府建设主管部门负责办理。省、自治区、直辖市人民政府建设主管部门应当自受理申请之日起3日内办理变更手续，并在办理资质证书变更手续后15日内将变更结果报国务院建设主管部门备案。

申请资质证书变更，应当提交以下材料：①资质证书变更的申请报告；②企业法人营业执照副本原件；③工程监理企业资质证书正、副本原件。

工程监理企业改制的，除按资质变更规定提交材料外，还应当提交企业职工代表大会或股东大会关于企业改制或股权变更的决议，以及企业上级主管部门关于企业申请改制的批复文件。

(2) 监理企业合并或分立时的资质管理。

工程监理企业合并的，合并后存续或者新设立的工程监理企业可以继承合并前各方中较高的资质等级，但应当符合相应的资质等级条件。

工程监理企业分立的，分立后企业的资质等级，应根据实际达到的资质条件，按照本规定的审批程序核定。

(3) 终止监理业务时的资质管理。

监理单位歇业或终止装修监理业务时，监理企业应当及时向资质许可机关提出注销资质的申请，交回资质证书，国务院建设主管部门应当办理注销手续，公告其资质证书作废。

(4) 增补或补办资质证书的管理企业需增补监理企业资质证书的(含增加、更换、遗失补办)，应当持资质证书增补申请及电子文档等材料向资质许可机关申请办理。遗失资质证书的，在申请补办前应当在公众媒体刊登遗失声明。资质许可机关应当自受理申请之日起3

日内予以办理。

    5) 工程监理企业不得有下列行为

(1) 与建设单位串通投标或者与其他工程监理企业串通投标，以行贿手段谋取中标；

(2) 与建设单位或者施工单位串通弄虚作假、降低工程质量；

(3) 将不合格的建设工程、建筑材料、建筑构配件和设备按照合格签字；

(4) 超越本企业资质等级或以其他企业名义承揽监理业务；

(5) 允许其他单位或个人以本企业的名义承揽工程；

(6) 将承揽的监理业务转包；

(7) 在监理过程中实施商业贿赂；

(8) 涂改、伪造、出借、转让工程监理企业资质证书；

(9) 其他违反法律法规的行为。

2.2.3 建筑装饰装修项目监理机构的建立

    监理单位履行施工阶段的委托监理合同时，必须在施工现场建立装饰装修项目监理机构。项目监理机构在完成委托监理合同约定的监理工作后可撤离施工现场。装饰装修项目监理机构的组织形式和规模，应根据委托监理合同规定的服务内容、服务期限、工程类别、规模、技术复杂程度、工程环境等因素确定。

    无论装饰装修工程项目大小，监理企业在组织成立项目监理机构时，一般按如图2.6所示的步骤进行。

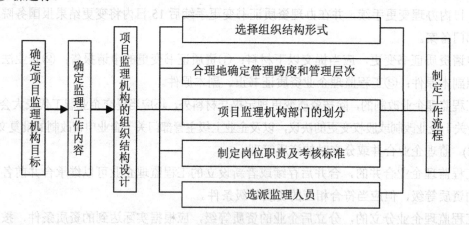

图2.6 装饰监理机构建立步骤示意图

1. 确定项目监理机构目标

    建设监理目标是项目监理机构设立的前提，项目监理机构的建立应根据委托监理合同中确定的监理目标制定总目标。为了使目标控制工作具有可操作性，应将监理总目标进行分解，明确划分监理机构的分解目标。

2.　确定监理工作内容

根据装饰监理目标和装饰监理合同中规定的监理任务，明确列出监理工作内容，并考虑装修监理项目的具体情况，以及装饰装修监理单位人员的数量、技术业务水平等制约因素，进行分类归并及组合，这是一项重要的组织工作。

对各项工作进行归并及组合应以便于装饰监理目标控制为目的，并综合考虑装饰监理项目的规模、性质、工期、工程复杂程度、工程特点、管理特点、技术特点以及装饰监理单位的自身技术业务水平、装饰装修监理单位人员的数量、组织管理水平等因素，制定总目标并明确划分监理机构的分解目标。

3.　项目监理机构的组织结构设计

项目监理机构的组织结构设计一般包括以下内容。

(1)　选择组织结构形式。由于项目规模、性质和装修监理工作要求的区别，应根据组织原则和装修监理业务的具体要求，选择适当的组织结构形式和配备必要的工作机构。选择组织结构形式主要应考虑有利于工程合同管理，有利于监理目标控制，有利于决策指挥，有利于信息沟通等因素。

(2)　合理地确定管理跨度和管理层次。项目监理机构中一般应有三个层次：决策层，由总监理工程师和其他助手组成；中间控制层(协调层和执行层)，由各专业监理工程师组成；作业层(操作层)，主要由监理员、检查员等组成。

(3)　项目监理机构部门的划分。项目监理机构中应按监理工作内容形成相应的管理部门。

(4)　制定岗位职责及考核标准。主要是规定各类人员的工作职责和考核要求。

(5)　选派监理人员。监理人员的选择除应考虑个人素质外，还应考虑人员总体构成的合理性与协调性。人员的配备既要考虑职能的落实，又要考虑人员的精简。

监理企业应于委托监理合同签订后按合同约定将项目监理机构的组织形式、人员构成及对总监理工程师的任命书面通知建设单位。当总监理工程师需要调整时，监理企业应征得建设单位同意；当专业监理工程师需要调整时，总监理工程师应书面通知建设单位和承包单位。

4.　制定工作流程和信息流程

装修监理工作流程要根据装修监理工作制度对装修监理工作程序进行规定，它是保证装修监理工作有序、有效和规范化的重要措施。可分阶段编制设计阶段监理工作流程和施工阶段监理工作流程。监理工作流程如图 2.7 所示。

各阶段内还可进一步编制若干细部监理工作流程。例如，工序交接检查程序、隐蔽工程验收程序、工程变更处理程序、索赔处理程序、工程质量事故处理程序、工程支付核签程序、工程竣工验收程序等。详见第 10 章监理规划案例的有关内容。

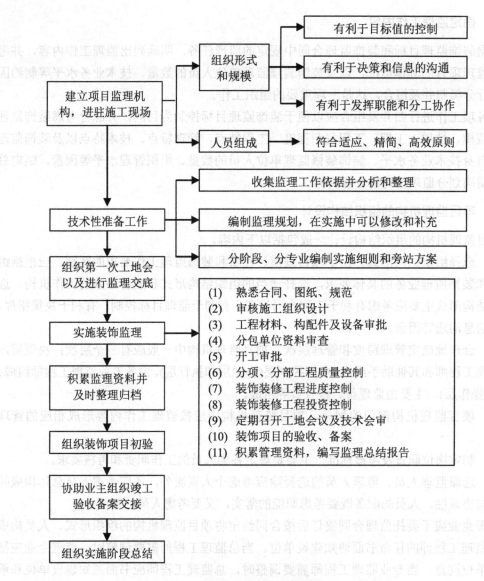

图 2.7　监理工作流程

【课堂活动】

案情介绍

某监理公司中标承担某项目施工监理及设备采购监理工作。该项目由 A 设计单位总承包、B 施工单位施工总承包，其中幕墙工程的设计和施工任务分包给具有相应设计和施工资质的 C 公司，门窗工程分包给 D 公司，主要设备由业主采购。

该项目总监理工程师组建了直线职能制监理组织机构，分析参建各方的关系后画出了如图 2.8 所示的示意图。

在工程的施工准备阶段，总监理工程师审查了施工总承包单位现场项目管理机构的质量管理体系和技术管理体系，并指令专业监理工程师审查施工分包单位的资格，分包单位

为此报送了企业营业执照和资质等级证书两份资料。

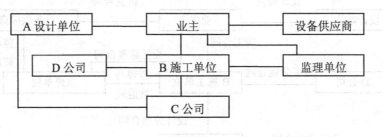

图 2.8　参建各方的关系

问题

1.　请画出直线职能制监理组织机构示意图，并说明在监理工作中这种组织形式容易出现的问题。

2.　在图 2.8 所示的装饰装修工程各方关系示意图上，标注出各参建方之间的关系(凡属合同关系，按《建设工程合同》注明是何种合同关系)。

3.　C 公司能否在幕墙工程变更设计单上以设计单位的名义签认，为什么？

4.　总监理工程师对总承包单位质量管理体系和技术管理体系的审查应侧重什么内容？

5.　专业监理工程师对分包单位进行资格审查时，分包单位还应提供什么资料？

分析思考

1.　直线职能制监理组织机构如图 2.9 所示。直线职能制监理组织机构易出现的问题是：职能部门与指挥部门易产生矛盾，信息传递路线长，不利于互通情报。

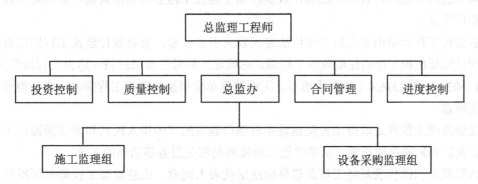

图 2.9　直线职能制监理组织机构示意图

2.　装饰装修工程各方关系如图 2.10 所示。

3.　C 公司在幕墙工程变更设计单上不能以设计单位的名义签认。因 C 公司为设计分包单位，所以设计变更应通过设计总承包单位 A 办理。

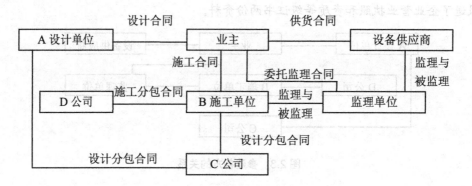

图2.10　参建各方的关系

4.　总监理工程师应侧重审查：质量管理、技术管理的组织机构；质量管理、技术管理的制度；专职管理人员和特种作业人员的资格证、上岗证。

5.　分包单位还应提供：分包单位业绩；拟分包工程内容和范围；专职管理人员和特种作业人员的资格证、上岗证。

2.3　监　理　人　员

工程监理单位实施监理时，应在施工现场派驻项目监理机构。项目监理机构的组织形式和规模，可根据建设工程监理合同约定的服务内容、服务期限，以及工程特点、规模、技术复杂程度、环境等因素确定。项目监理机构的监理人员应由总监理工程师、专业监理工程师和监理员组成，且专业配套，数量应满足建设工程监理工作需要，必要时可设总监理工程师代表。

总监理工程师是由工程监理单位法定代表人书面任命，负责履行建设工程监理合同、主持项目监理机构工作的注册监理工程师。总监理工程师任命书应按《建设工程监理规范》(GB/T 50319—2013)A.0.1的要求填写。工程监理单位调换总监理工程师时，应征得建设单位书面同意。

注册监理工程师是取得国务院建设主管部门颁发的《中华人民共和国注册监理工程师注册执业证书》和执业印章，从事建设工程监理与相关服务等活动的人员。

总监理工程师代表是经工程监理单位法定代表人同意，由总监理工程师书面授权，代表总监理工程师行使其部分职责和权力，具有工程类注册执业资格或具有中级及以上专业技术职称、3年及以上工程实践经验并经监理业务培训的人员。

专业监理工程师是由总监理工程师授权，负责实施某一专业或某一岗位的监理工作，有相应监理文件签发权，具有工程类注册执业资格或具有中级及以上专业技术职称、两年及以上工程实践经验并经监理业务培训的人员。调换专业监理工程师时，总监理工程师应书面通知建设单位。

监理员是从事具体监理工作，具有中专及以上学历并经过监理业务培训的人员。

2.3.1 项目监理机构的人员配备及职责分工

1. 装饰装修项目监理机构的人员配备

装饰装修项目监理机构人员的配备一般应考虑专业结构、人员层次、工程建设强度、工程复杂程度和监理单位的业务水平等因素。

(1) 专业结构。装饰装修项目监理专业结构应针对装饰监理项目的性质和委托项目监理合同进行设置。专业人员的配备要与所承担的装饰监理任务相适应。在监理人员数量确定的情况下，应作出适当的调整，保证装饰监理组织结构与任务职能分工的要求得到满足。

(2) 人员层次。监理人员根据其技术职称分为高、中、低级三个层次，合理的人员层次结构有利于管理和分工。监理人员层次结构的分工如表 2.3 所示。

表 2.3 监理人员层次结构

监理组织层次		主要职能	要求对应的技术职称
项目监理部	总理监理工程师 专业监理工程师	项目监理的策划、项目监理实施的组织与协调	高级
子项监理组	子项监理工程师 专业监理工程师	具体组织子项的监理业务	中级
现场监理员	质监员、计量员、预算员、计划员等	监理实务的执行与作业	初级

根据经验，一般高、中、低人员配备比例为 10%、60%、20%，此外还有 10%左右的人员为行政管理人员。一般来说，决策阶段、设计阶段的监理，具有高级职称及中级职称的人员应占绝大多数；施工阶段的监理，可有较多的初级职称人员从事实际操作。

(3) 工程建设强度。工程建设强度是指单位时间内投入的工程建设资金的数量。它是衡量一项工程紧张程度的标准。其计算公式为

$$工程建设强度=投资/工期$$

其中，投资和工期是指由监理单位所承担工程的建设投资和工期。一般投资额是按合同价，工期是根据进度总目标及分目标确定的。显然，工程建设强度越大，投入的监理人力就越多，工程建设强度是确定人数的重要因素。

(4) 工程复杂程度。每项工程都具有不同的复杂程度。工程地点、位置、气候、性质、空间范围、工程地质、施工方法、后勤供应等不同，则投入的人力也就不同。根据一般工程的情况，工程复杂程度要考虑的因素有：设计活动多少、气候条件、地形条件、工程地质、施工方法、工程性质、工期要求、材料供应和工程分散程度等。

(5) 监理单位的业务水平。每个装饰监理单位的业务水平有所不同，业务水平的差异影响着监理效率的高低。对于同一份委托监理合同，高水平的监理单位可以投入较少的人力去完成监理工作，而低水平的监理单位则需投入较多的人力。各监理单位应当根据自己的实际情况对监理人员的数量进行适当的调整。

2．监理人员的确定方法

项目监理机构人员数量的确定方法可按如下步骤进行。

(1) 监理人员需要量定额。根据监理工程师的监理工作内容和工程复杂程度等级，测定、编制项目监理机构监理人员需要量定额。

(2) 确定工程建设强度。

(3) 确定工程复杂程度。按构成工程复杂程度的因素，根据本工程实际情况分别打分。

(4) 根据工程复杂程度和工程建设强度套用监理人员需要量定额。

(5) 根据实际情况确定监理人员数量。

施工阶段项目监理机构的监理人员数量一般不少于 3 人。项目监理机构的监理人员数量和专业配备应随工程施工进展情况进行相应的调整，从而满足不同阶段监理工作的需要。

3．装饰装修项目监理机构各类人员的基本职责

监理人员的基本职责应按照工程建设阶段和装饰装修工程的情况确定。

施工阶段，按照《建设工程监理规范 GB/T 50319—2013》的规定，项目总监理工程师、总监理工程师代表、专业监理工程师和监理员应分别履行的职责如表 2.4 所示。

表 2.4 监理人员的基本职责

监理人员	基本职责
总监理工程师	(1)确定项目监理机构人员及其岗位职责。
	(2)组织编制监理规划，审批监理实施细则。
	(3)根据工程进展及监理工作情况调配监理人员，检查监理人员工作。
	(4)组织召开监理例会。
	(5)组织审核分包单位资格。
	(6)组织审查施工组织设计、(专项)施工方案。
	(7)审查开复工报审表，签发工程开工令、暂停令和复工令。
	(8)组织检查施工单位现场质量、安全生产管理体系的建立及运行情况。
	(9)组织审核施工单位的付款申请，签发工程款支付证书，组织审核竣工结算。
	(10)组织审查和处理工程变更。
	(11)调解建设单位与施工单位的合同争议，处理工程索赔。
	(12)组织验收分部工程，组织审查单位工程质量检验资料。
	(13)审查施工单位的竣工申请，组织工程竣工预验收，组织编写工程质量评估报告，参与工程竣工验收。
	(14)参与或配合工程质量安全事故的调查和处理。
	(15)组织编写监理月报、监理工作总结，组织整理监理文件资料
	不得将下列工作委托给总监理工程师代表:
	(1)组织编制监理规划，审批监理实施细则。
	(2)根据工程进展及监理工作情况调配监理人员。
	(3)组织审查施工组织设计、(专项)施工方案。

监理人员	基本职责
总监理 工程师	(4)签发工程开工令、暂停令和复工令。 (5)签发工程款支付证书,组织审核竣工结算。 (6)调解建设单位与施工单位的合同争议,处理工程索赔。 (7)审查施工单位的竣工申请,组织工程竣工预验收,组织编写工程质量评估报告,参与工程竣工验收。 (8)参与或配合工程质量安全事故的调查和处理
总监理工 程师代表	(1)负责总监理工程师指定或交办的监理工作。 (2)按总监理工程师的授权,行使总监理工程师的部分职责和权力
专业监理 工程师	(1)参与编制监理规划,负责编制监理实施细则。 (2)审查施工单位提交的涉及本专业的报审文件,并向总监理工程师报告。 (3)参与审核分包单位资格。 (4)指导、检查监理员工作,定期向总监理工程师报告本专业监理工作实施情况。 (5)检查进场的工程材料、构配件、设备的质量。 (6)验收检验批、隐蔽工程、分项工程,参与验收分部工程。 (7)处置发现的质量问题和安全事故隐患。 (8)进行工程计量。 (9)参与工程变更的审查和处理。 (10)组织编写监理日志,参与编写监理月报。 (11)收集、汇总、参与整理监理文件资料。 (12)参与工程竣工预验收和竣工验收
监理员	(1)检查施工单位投入工程的人力、主要设备的使用及运行状况。 (2)进行见证取样。 (3)复核工程计量有关数据。 (4)检查工序施工结果。 (5)发现施工作业中的问题,及时指出并向专业监理工程师报告。

注:引例中问题 3 在表 2.4 中分别予以解答。

2.3.2　监理工程师执业资格考试

1. 监理工程师的概念

监理工程师是指经全国监理工程师执业资格统一考试合格,取得监理工程师执业资格证书,经注册从事监理活动的专业人员。

2. 监理工程师的执业特点

由于装饰装修工程监理业务是工程管理服务,从业人员应具有较高的学历和多学科的专业知识,必须学习、掌握一定的经济、法律和组织管理学方面的理论知识;要有丰富的装饰装修工程实践经验;要有良好的品德及健康的体魄和充沛的精力,因此,从事装饰装修工程的监理工程师是一种复合型人才。

3. 监理工程师执业资格考试

执业资格是政府对某些责任较大、社会通用性强、关系公共利益的专业技术工作实行的市场准入控制，是专业技术人员依法独立开业或独立从事某种专业技术工作所必备的学识、技术和能力标准。监理工程师是新中国成立以来在工程建设领域设立的第一个执业资格。

1) 监理工程师执业资格考试制度

实行监理工程师执业资格考试制度的意义：①促进监理人员努力钻研监理业务，提高业务水平；②统一监理工程师的业务能力标准；③有利于公正地确定监理人员是否具备监理工程师的资格；④合理建立工程监理人才库；⑤便于同国际接轨，开拓国际工程监理市场。

2) 报考监理工程师的条件

我国根据对监理工程师业务素质和能力的要求，对参加监理工程师执业资格考试的报名条件也从两方面作出了限制：一是要具有一定的专业学历；二是要具有一定年限的工程建设实践经验。即参加监理工程师资格考试者，必须具备以下条件：具有高级专业技术职称，或取得中级专业技术职称后具有 3 年以上工程技术或施工装修监理的实践经验，均可参加监理工程师资格考试。

3) 考试内容

由于监理工程师的业务主要是控制工程的质量、投资、进度，监督管理建设工程合同，协调工程建设各方的关系，所以，监理工程师执业资格考试的内容主要是工程建设监理基本理论、工程质量控制、工程进度控制、工程投资控制、工程合同管理和涉及工程监理的相关法律法规等方面的理论知识和实务技能。

4) 考试方式

监理工程师执业资格考试是一种水平考试，是对考生掌握监理理论和监理实务技能的抽检。为了体现公开、公平、公正原则，考试实行全国统一考试大纲、统一命题、统一组织、统一时间、闭卷考试、分科记分、统一录取标准的办法，一般每年举行一次。考试所用语言为汉语。对参加监理工程师执业资格考试的合格人员，由省、自治区、直辖市人民政府人事行政主管部门颁发由国务院人事行政主管部门和建设行政主管部门共同印发的《中华人民共和国监理工程师执业资格证书》。我国对监理工程师执业资格考试工作实行政府统一管理。中国建设监理协会负责组织有关专业的专家拟定考试大纲，组织命题，编写培训教材工作。

知识拓展　美国工程建设项目管理人员资格考试简介

项目管理是 20 世纪 80 年代初迅速发展起来的一门学科。在其发展过程中，美国项目管理学会(PMI)为了维持这一学科的深化发展，提出了必须探索使该学科专职化的正规途径。为此，该学会建立了项目管理专职机构——PMBOK(the Project Management Body of Knowledge)，并于 1984 年提出了一个认证项目管理专职资格的程序。项目管理机构(PMBOK)负责组织项目管理专职人员(PMP)资格考试、复习考试和制定学位教育标准。

(1) 考试内容。

考试内容参见表2.5。

(2) 报考手续。

报考者要如实地填写"资格审查表"。该表有三项内容：一是学历，填写受过何种正规教育，受过多少与项目管理有关的培训；二是工作经历，填写参加过多少具体项目的管理工作，担任什么职务；三是专职活动，主要是指经历过哪些与项目管理有关的实践活动及职务，发表过哪些与项目管理有关的论著。报考者要在考试前8周内把申请费寄达指定地点，还要在考试前4周寄送考试费。

(3) 资格的确认。

确认项目管理专业资格，必须满足两项要求：①资格审查合格(按资格审查表的内容考核记分)；②考试合格。若资格检查不合格，考试合格者，需再有7年的项目管理实践或相关经历，才能获得PMP资格。

表2.5　考试内容

序　号	分　类	考试内容
1	项目目标管理	①概念；②目标的含义；③任务的定义；④任务的执行；⑤目标变更管理
2	项目质量管理	①质量规划；②质量控制；③质量改进措施；④质量控制图
3	项目费用管理	①费用估算；②预算；③费用控制
4	项目合同管理	①项目招标投标；②签订合同；③合同管理
5	项目进度管理	①进度计划；②持续时间的计算；③网络原理；④进度控制
6	项目风险管理	①风险识别；②风险确定；③风险处理；④风险控制
7	项目资源管理	①作用与责任；②资源配置和组织；③人员组织
8	项目信息管理	①信息管理规划；②信息技术；③信息系统；④应用

2.3.3　监理工程师注册和继续教育

所谓注册监理工程师，是指取得国务院建设主管部门颁发的《中华人民共和国注册监理工程师注册执业证书》和执业印章，从事建设工程监理与相关服务等活动的人员。

监理工程师注册制度是政府对监理从业人员实行市场准入控制的有效手段。未取得注册证书和执业印章的人员，不得以注册监理工程师的名义从事工程监理及相关业务活动。

1. 申请监理工程师注册

由拟聘用申请者的监理企业统一向单位工商注册所在地的省、自治区、直辖市人民政府建设主管部门提出注册申请。监理工程师注册机关收到申请后，依照《注册监理工程师管理规定》(中华人民共和国建设部令第147号，2006年4月1日起施行)的规定进行审查。对符合条件的，根据全国监理工程师注册管理机关批准的注册计划择优予以注册，由国务院建设行政主管部门核发注册证书和执业印章。注册证书和执业印章是注册监理工程师的执业凭证，由注册监理工程师本人保管、使用，有效期为3年。

1) 申请初始注册应当具备的条件

申请初始注册，应具备以下条件。

(1) 经全国注册监理工程师执业资格统一考试合格，取得资格证书。

(2) 达到继续教育要求；受聘于一个相关单位。

(3) 没有《注册监理工程师管理规定》第十三条中所列的情形。

知识拓展　《注册监理工程师管理规定》中第十三条的规定

申请人有下列情形之一的，不予初始注册、延续注册或者变更注册：(1)不具有完全民事行为能力的；(2)刑事处罚尚未执行完毕或者因从事工程监理或者相关业务受到刑事处罚，自刑事处罚执行完毕之日起至申请注册之日止不满两年的；(3)未达到监理工程师继续教育要求的；(4)在两个或者两个以上单位申请注册的；(5)以虚假的职称证书参加考试并取得资格证书的；(6)年龄超过65周岁的；(7)法律、法规规定不予注册的其他情形。

---

2) 初始注册需要提交的材料

初始注册需要提交下列材料。

(1) 申请人的注册申请表。

(2) 申请人的资格证书和身份证复印件。

(3) 申请人与聘用单位签订的聘用劳动合同复印件。

(4) 所学专业、工作经历、工程业绩、工程类中级及中级以上职称证书等有关证明材料。

(5) 逾期初始注册的，应当提供达到继续教育要求的证明材料。

2．监理工程师变更

1) 变更情况

根据《注册监理工程师管理规定》和《工程建设监理单位资质管理试行办法》的规定，注册监理工程师有下列情况变化时，应及时办理变更注册手续：①监理工程师调换装修监理企业；②监理工程师职称或专业发生变化；③装修监理企业名称变更；④装修监理企业撤销、合并等。

2) 变更注册需要提交的材料

变更注册需要提交下列材料。

(1) 申请人变更注册申请表，申请人与新聘用单位签订的聘用劳动合同复印件。

(2) 申请人的工作调动证明(与原聘用单位解除聘用劳动合同或者聘用劳动合同到期的证明文件、退休人员的退休证明)。

3) 变更注册程序和要求

变更注册程序和要求如下。

(1) 经本人提出变更申请，填写监理工程师变更注册申请表，附监理工程师资格证书和身份证(复印件)及其他有关证明材料。

(2) 原聘用企业签署意见并加盖公章。

(3) 原注册地注册主管部门签署意见，加盖公章，并在"监理工程师岗位证书"上加盖"作废"章。

(4) 现聘用企业签署意见并加盖公章。

(5) 现注册地注册主管部门收回原"监理工程师岗位证书"，签署意见并加盖公章。将变更注册申请表、原"监理工程师注册岗位证书"送监理工程师注册管理部门。

(6) 监理工程师注册管理部门对变更注册申请材料进行审查，符合变更条件的，一般在两个工作日内完成人员变更手续并发放新注册证书。

在注册有效期内，注册监理工程师变更执业单位，应当与原聘用单位解除劳动关系，并按规定的程序办理变更注册手续，变更注册后仍延续原注册有效期。

4) 注册监理工程师的注册证书和执业印章失效

注册监理工程师有下列情形之一的，其注册证书和执业印章失效。

①聘用单位破产的；②聘用单位被吊销营业执照的；③聘用单位被吊销相应资质证书的；④已与聘用单位解除劳动关系的；⑤注册有效期满且未延续注册的；⑥年龄超过 65 周岁的；⑦死亡或者丧失行为能力的；⑧其他导致注册失效的情形。

3．延续注册

注册监理工程师每一注册有效期为 3 年，注册有效期满需继续执业的，应当在注册有效期满 30 日前，按照规定的程序申请延续注册。延续注册有效期为 3 年。延续注册需要提交下列材料：①申请人延续注册申请表；②申请人与聘用单位签订的聘用劳动合同复印件；③申请人注册有效期内达到继续教育要求的证明材料。

对申请变更注册、延续注册的，省、自治区、直辖市人民政府建设主管部门应当自受理申请之日起 5 日内审查完毕，并将申请材料和初审意见报国务院建设行政主管部门。国务院建设行政主管部门自收到省、自治区、直辖市人民政府建设主管部门上报材料之日起，应当在 10 日内审批完毕并作出书面决定。

4．继续教育

注册监理工程师在每一注册有效期内应当达到国务院建设行政主管部门规定的继续教育要求。继续教育作为注册监理工程师逾期初始注册、延续注册和重新申请注册的条件之一。

《注册监理工程师管理规定》第二十四条规定：继续教育分为必修课和选修课，在每一注册有效期内各为 48 学时。

2.3.4　监理人员的综合素质

1．监理工程师的综合素质

监理工程师要承担对整个装饰装修项目实施进行全面监督和管理的责任。为了适应装

修监理工作岗位的责任需要，监理工程师应比一般工程师具有更好的素质。

(1) 要有较高的学历和复合型的知识结构。现代装修投资比重逐步在加大，要求多功能兼备，应用科技门类多，施工工艺复杂，组织协调的工作量大，如果没有深厚的现代科技理论知识、经济管理理论知识和法律知识作基础，是不可能胜任装修监理工作的。

(2) 要有丰富的工程建设实践经验。

(3) 要具有良好的品德。具体表现为：热爱本职工作；具有科学的工作态度；具有廉洁奉公、为人正直、办事公道的高尚情操；能够听取不同方面的意见，冷静分析问题；要具有健康的体魄和充沛的精力。

2．监理工程师的职业道德与工作纪律

1) 监理工程师的职业道德

监理工程师应具有如下职业道德。

(1) 维护国家的荣誉和利益，按照"守法、诚信、公正、科学"的准则执业。

(2) 执行有关装修工程的法律、法规、标准、规范、规程和制度，履行装修监理合同规定的义务和职责。

(3) 努力学习专业技术和装修监理知识，不断提高业务能力和监理水平。

(4) 不损害工程建设各方的合法利益。

(5) 不同时在两个或两个以上监理单位注册和从事装修监理活动，不在政府部门和施工、材料设备的生产供应等单位兼职。不以个人名义承揽装修监理业务。

(6) 不为所监理项目指定承建商，不指定建筑构配件、设备、材料生产厂家和施工方法。

(7) 不收受被装饰装修监理单位的任何礼金。

(8) 不泄露所装修监理工程各方认为需要保密的事项。

(9) 坚持独立自主地开展工作。

2) 监理工程师的工作纪律

监理工程师应遵守国家的法律和政府的有关条例、规定和办法等；认真履行装修监理合同所承诺的义务和承担的责任；坚持公正的立场，公平地处理有关各方的争议；坚持科学的态度和实事求是的原则；坚持按照装修监理合同的规定向业主提供技术服务的同时，帮助施工承包单位完成其担负的装修任务；不以个人名义在报刊上刊登承揽业务的广告；不得损害他人名誉；不泄露所装修监理工程需保密的事项；不在任何承建商或材料设备供应商中兼职；不擅自接受业主的额外津贴，也不接受施工承包单位的任何津贴，不接受可能导致判断不公的报酬。监理工程师违背职业道德或违反工作纪律，由政府部门没收非法所得，收缴"监理工程师岗位证书"，并处以罚款。监理单位还要根据企业内部的规章制度给予处罚。

3．监理工程师的法律地位

监理工程师的法律地位是由国家法律法规确定的，并建立在委托监理合同的基础上。《中华人民共和国建筑法》明确提出国家推行工程监理制度。《建设工程质量管理条例》

赋予监理工程师多项签字权，并明确规定了监理工程师的多项职责，从而使监理工程师执业有了明确的法律依据，确立了监理工程师作为专业人员的法律地位；监理工程师的主要业务是受建设单位委托从事监理工作，其权利和义务在合同中有具体约定，如表 2.6 所示。

表 2.6　监理工程师的权利与义务

分　类	主要内容
权利	①使用监理工程师称谓；②在规定范围内从事执业活动；③依法签署工程监理及相关文件并加盖执业印章；④对本人执业活动进行解释和辩护；⑤接受继续教育，获得相应的劳动报酬；⑥对侵犯本人权利的行为进行申诉
义务	①遵守法律、法规，履行管理职责，执行技术标准、规范和规程；严格依照相关的技术标准和委托监理合同开展工作。②恪守职业道德，维护社会公共利益；在执业中保守委托单位申明的商业秘密。③保证执业活动成果的质量，并承担相应责任；在本人执业活动所形成的工程监理文件上签字，加盖执业印章。④不得同时受聘于两个及以上单位执行业务；不得以个人名义承接工程监理及相关业务。⑤不得出借"监理工程师执业资格证书"、"监理工程师注册证书"和执业印章。⑥在规定的执业范围和聘用单位业务范围内从事执业活动；协助注册管理机构完成相关工作。⑦接受职业继续教育，不断提高业务水平

4. 监理工程师的法律责任

监理工程师的法律责任与其法律地位密切相关，同样是建立在法律法规和委托监理合同基础上的。因而，监理工程师法律责任的表现行为主要有两方面：一是违反法律法规的行为；二是违反合同约定的行为。

1) 违法行为

为了能够有效地规范、指导监理工程师的执业行为，提高监理工程师的法律责任意识，引导监理工程师公正守法地开展监理业务，《注册监理工程师管理规定》对监理工程师的法律责任专门作出了如下具体规定。

(1) 隐瞒有关情况或者提供虚假材料申请注册的，建设主管部门不予受理或者不予注册，并给予警告，1 年之内不得再次申请注册。

(2) 以欺骗、贿赂等不正当手段取得注册证书的，由国务院建设主管部门撤销其注册，3 年内不得再次申请注册，并由县级以上地方人民政府建设主管部门处以罚款，其中没有违法所得的，处以 1 万元以下罚款，有违法所得的，处以违法所得 3 倍以下且不超过 3 万元的罚款；构成犯罪的，依法追究刑事责任。

(3) 违反本规定，未经注册，擅自以注册监理工程师的名义从事工程监理及相关业务活动的，由县级以上地方人民政府建设主管部门给予警告，责令停止违法行为，处以 3 万元以下罚款；造成损失的，依法承担赔偿责任。

(4) 违反本规定，未办理变更注册仍执业的，由县级以上地方人民政府建设主管部门给予警告，责令限期改正；逾期不改的，可处以 5000 元以下的罚款。

(5) 注册监理工程师在执业活动中有下列行为之一的，由县级以上地方人民政府建设主管部门给予警告，责令其改正，没有违法所得的，处以 1 万元以下罚款，有违法所得的，处以违法所得 3 倍以下且不超过 3 万元的罚款,造成损失的,依法承担赔偿责任,构成犯罪的,依法追究刑事责任:①以个人名义承接业务的;②涂改、倒卖、出租、出借或者以其他形式非法转让注册证书或者执业印章的;③泄露执业中应当保守的秘密并造成严重后果的;④超出规定执业范围或者聘用单位业务范围从事执业活动的;⑤弄虚作假提供执业活动成果的;⑥同时受聘于两个或者两个以上的单位,从事执业活动的;⑦其他违反法律、法规、规章的行为。

(6) 有下列情形之一的,国务院建设主管部门依据职权或者根据利害关系人的请求,可以撤销监理工程师注册:①工作人员滥用职权、玩忽职守颁发注册证书和执业印章的;②超越法定职权颁发注册证书和执业印章的;③违反法定程序颁发注册证书和执业印章的;④对不符合法定条件的申请人颁发注册证书和执业印章的;⑤依法可以撤销注册的其他情形。

2) 违约行为

监理工程师一般主要受聘于监理企业,从事监理业务。监理企业是订立委托监理合同的当事人,是法定意义的合同主体。但委托监理合同在具体履行时,是由监理工程师代表监理企业来实现的,因此,如果监理工程师出现工作过失,违反了合同约定,其行为将被视为监理企业违约,由监理企业承担相应的违约责任。当然,由监理工程师个人过失引发的合同违约行为,监理工程师应当与监理企业承担一定的连带责任。其连带责任的基础是监理企业与监理工程师签订的聘用协议或责任保证书,或监理企业法定代表人对监理工程师签发的授权委托书。一般来说,授权委托书应包含职权范围和相应责任条款。

【课堂活动】

案情介绍

某装饰装修工程项目在设计文件完成后,业主委托了一家装饰监理单位协助业主进行施工招标和施工阶段监理。监理合同签订后,总监理工程师分析了工程项目的规模和特点,拟按照组织结构设计,确定管理层次、监理工作内容、监理目标和制定监理工作流程等步骤,来建立本项目的监理组织机构。为了使监理工作能够规范化进行,总监理工程师拟以工程项目建设条件、监理合同、施工合同、施工组织设计和各专业监理工程师编制的监理实施细则为依据,编制施工阶段监理规划。

监理规划中规定各监理人员的主要职责如下。

(1) 总监理工程师职责:①审核并确认分包单位资质;②审核签署对外报告;③负责工程计量、签署原始凭证和支付证书;④及时检查、了解和发现总承包单位的组织、技术、经济和合同方面的问题;⑤签发开工令。

(2) 项目监理机构设总监理工程师代表,其职责包括:①负责日常监理工作;②审批监理实施细则;③调换不称职的监理人员;④处理索赔事宜,协调各方的关系。

(3) 专业监理工程师职责:①主持建立监理信息系统,全面负责信息沟通工作;②对所负责控制的目标进行规划,建立实施控制的分系统;③检查确认工序质量,进行检验;④签发停工令、复工令;⑤实施跟踪检查,及时发现问题,及时报告。

(4) 监理员职责:①负责检查和检测材料、设备、成品和半成品的质量;②检查施工

单位人力、材料、设备、施工机械投入和运行情况，并做好记录；③记好监理日志。

问题

1. 项目监理机构设置步骤有何不妥，应如何改正？
2. 常见的监理组织结构形式有哪几种？若想建立机构简单、权力集中、命令统一、职责分明、隶属关系明确的监理组织机构，应选择哪种组织结构形式？
3. 监理规划编制依据有何不恰当，为什么？
4. 以上各监理人员主要职责的划分有哪几条不妥，如何调整？

分析思考

1. 项目监理机构设置步骤中不应包括确定管理层次，其步骤顺序也不对。正确的步骤应是：确定监理目标、确定监理工作内容、组织结构设计和制定监理工作流程。
2. 常见的组织结构形式有直线制、职能制、直线职能制和矩阵制。应选择直线制组织结构形式。
3. 监理规则编制依据中不恰当之处是：监理规划编制依据中不应包括施工组织设计和监理实施细则。因为施工组织设计是由施工单位(或承包单位)编制的指导施工的文件；而监理实施细则是根据监理规划编制的。
4. 各监理人员职责划分中的不妥之处有如下几点。
(1) 总监理工程师职责中的③、④条不妥。③条中的工程计量、签署原始凭证，应是监理员职责；④条应为专业监理工程师职责。
(2) 总监理工程师代表职责中的②、③、④条不妥，这几条均是总监理工程师职责。
(3) 专业监理工程师职责中的①、③、④、⑤条不妥。③、⑤条应是监理员的职责；①、④条应是总监理工程师的职责。

2.4　建筑装饰装修工程监理组织协调

2.4.1　装饰装修工程监理组织协调的概念及范围和层次

1. 组织协调的概念

协调就是联结、联合、调和所有的活动及力量使各方配合得适当，其目的是促使各方协同一致以实现预定目标。协调工作应贯穿于整个装饰装修工程实施及其管理过程中。

装饰装修工程的协调一般有三大类：①人员/人员界面；②系统/系统界面；③系统/环境界面。

装饰装修项目实施组织可看作一个系统，由各类人员和机构(子系统)组成。由于每个人的性格、能力、工作岗位和任务的不同，只要有两个人以上工作，就有潜在的人员矛盾或危机，这种人和人之间的隔阂，就是所谓的"人员/人员界面"。

装饰装修项目组织系统是由若干个子项目(子系统)组成的完整体系，由于子系统的功能、目标不同，容易产生各自为政的趋势和相互推诿的现象，这种子系统和子系统之间的隔阂就是所谓的"系统/系统界面"。

　　装饰装修项目组织系统是一个典型的开放系统，它具有环境适应性，能主动地向外部取得各种必要的资源和信息，在搜取的过程中，不可能没有障碍和阻力，这种系统与环境之间的隔阂就是所谓的"系统/环境界面"。

　　协调工作也称协调管理，在国外也称为"界面管理"。装饰装修工程项目协调管理就是在这三大类界面之间，对所有的活动及力量进行联结、联合、调和的工作。系统方法强调要把系统作为一个整体来研究和处理，因为总体的作用规模要比各子系统的作用规模之和大。为了顺利地实现装饰装修项目建设系统的目标，必须重视协调管理，发挥系统的整体功能。

2. 装饰装修项目监理组织协调的范围和层次

　　在工程项目建设监理中，要保证装饰装修项目的各参与方围绕项目开展工作，使装饰装修项目目标顺利实现，组织协调最为重要、最为困难，也是监理工作成功与否的关键。只有通过积极地组织协调，才能实现整个系统全面协调的目的。

　　装饰装修项目主要包含三个主要的组织系统，即项目业主、承建商和监理。而整个建设项目又处在社会的大环境之中，项目的组织协调工作包括系统的内部协调，即项目业主、承建商和监理之间的协调，也包括系统的外部协调，如政府部门、金融组织、社会团体、服务单位、新闻媒体以及周边群众等的协调。

　　协调的目的是为了实现质量高、投资少、工期短的三大目标。按工程合同做好协调工作，可以为三大目标的实现创造良好的条件。但还需要通过更大范围的协调，创造良好的人际关系、组织关系以及与政府和社团组织的良好关系等多方面的内外条件。

2.4.2　装饰装修项目监理机构组织协调的工作内容

　　从系统方法的角度看，装饰装修项目监理机构协调的范围分为系统内部的协调和系统外部的协调，系统外部的协调又分为近外层协调和远外层协调。近外层和远外层的主要区别是：装饰装修工程与近外层关联单位一般有合同关系，与远外层关联单位一般没有合同关系。

1. 装饰装修项目监理机构内部的协调

　　(1) 项目监理机构内部人际关系的协调。装饰装修项目监理机构的工作效率在很大程度上取决于人际关系的协调，总监理工程师应首先抓好人际关系的协调，激励装饰装修项目监理机构成员。做到在人员安排上量才录用，在工作委任上职责分明，在成绩评价上实事求是，在矛盾调解上恰到好处。

　　(2) 装饰监理机构内部组织关系的协调。装饰装修项目监理机构内部组织关系的协调可从以下几方面进行：①在职能划分的基础上设置组织机构，明确规定每个部门的目标、职责和权限，最好以规章制度的形式进行明文规定；②事先约定各个部门在工作中的相互关系，建立信息沟通制度，通过工作例会、业务碰头会、发会议纪要、工作流程图或信息传递卡等方式来沟通信息，使局部了解全局，服从并适应全局需要，采用公开的信息政策；③总监理工程师应采取民主的作风，经常性地指导工作，多倾听意见和建议，激励各个成员的工作积极性，及时消除工作中的矛盾或冲突。

(3) 装饰装修项目监理机构内部需求关系的协调。内部需求关系的协调主要是搞好监理设备、材料的平衡以及监理人员的平衡。装饰装修工程项目监理开始时，要做好装饰监理规划和装饰监理实施细则的编写工作，提出合理的监理资源配置，要注意抓好期限上的及时性、规格上的明确性、数量上的准确性和质量上的规定性。

2. 与业主的协调

监理实践证明，监理目标的顺利实现和与业主协调的好坏有很大的关系。监理工程师应从以下几方面加强与业主的协调。

(1) 要理解装饰装修项目总目标，理解业主的意图。

(2) 利用工作之便做好监理宣传工作，增进业主对监理工作的理解，特别是对装饰装修工程管理各方职责及监理程序的理解；主动帮助业主处理装饰装修工程中的事务性工作，以自己规范化、标准化、制度化的工作去影响和促进双方工作的协调一致。

(3) 尊重业主，让业主一起投入装饰装修工程全过程。必须执行业主的指令，使业主满意。对业主提出的某些不适当的要求，只要不属于原则问题，都可先执行，然后适时择机地应用适当方式加以说明或解释；对于原则性问题，可采取书面报告等方式说明原委，尽量避免发生误解，以使装饰装修项目顺利实施。

3. 与承包商的协调

监理工程师对装饰装修项目质量、进度和投资的控制都是通过承包商的工作来实现的，所以做好与承包商的协调工作也是监理工程师组织协调工作的重要内容。监理工程师应从以下几方面做好与承包商的协调。

(1) 坚持原则，实事求是，严格按规范、规程办事，讲究科学态度。监理工程师应强调各方面利益的一致性和装饰装修项目总目标；应鼓励承包商将装饰装修工程实施状况、实施结果和遇到的困难和意见如实汇报，以寻找对目标控制可能的干扰。

(2) 采用适当的协调方法。协调不仅是方法、技术问题，更多的是语言艺术、感情交流和用权适度问题。要注意协调的方式方法，避免激化矛盾。高超的协调能力往往能起到事半功倍的作用。

(3) 装饰施工阶段的协调工作内容：与承包商项目经理关系的协调；进度、质量问题的协调；对承包商违约行为的处理；合同争议的协调；分包单位的管理以及处理好人际关系。

知识拓展　分包合同中的有关问题

对分包合同中的装饰装修工程质量、进度进行直接跟踪监控，通过总包商进行调控、纠偏。分包商在施工中发生的问题，由总包商负责协调处理，必要时监理工程师帮助协调。当分包合同条款与总包合同发生抵触时，以总包合同条款为准。分包合同不能解除总包商对总包合同所承担的任何责任和义务。分包合同发生的索赔问题一般由总包商负责，涉及总包合同中业主的义务和责任时，由总包商通过监理工程师向业主提出索赔，由监理工程师进行协调。

4. 与设计单位的协调

监理企业与装饰设计单位的协调工作主要体现在以下几个方面。

(1) 真诚尊重设计单位的意见，在装饰设计单位向承包商介绍工程概况、装饰设计意图、技术要求、施工难点等时，注意标准过高、设计遗漏、图纸差错等问题，应在施工之前解决。施工阶段，严格按图施工；分部、分项工程验收，竣工验收等工作，邀请设计代表参加；若发生质量事故，认真听取装饰设计单位的处理意见等。

(2) 如果施工中发现设计问题，应及时向设计单位提出，以免造成大的直接损失。若监理企业掌握比原设计更先进的新技术、新工艺、新材料、新设备时，可主动与设计单位沟通；协调各方达成协议，约定一个期限，争取设计单位、承包商的理解和配合。

(3) 注意信息传递的及时性和程序性。监理工程师联系单、设计单位申报表或设计变更通知单传递，要按设计单位(经业主同意)→监理单位→承包商之间的程序进行。

需要注意，监理企业和装饰设计单位没有合同关系，监理企业主要是和装饰设计单位做好交流工作，协调要靠业主的支持。装饰设计单位应就其装饰设计质量对建设单位负责，工程监理人员发现装饰装修工程设计不符合建筑工程质量标准或者合同约定的质量要求时，应当报告建设单位并要求装饰设计单位改正。

5. 与政府部门及其他单位的协调

1) 与政府部门的协调

(1) 工程质量监督站是由政府授权的工程质量监督的实施机构，对委托监理的工程，质量监督站主要是核查勘察设计、施工单位的资质和工程质量检查。监理企业在进行工程质量控制和质量问题处理时，要做好与工程质量监督站的交流和协调工作。

(2) 发生重大质量事故后，应敦促承包商立即向政府有关部门报告情况；装饰装修工程建设的有关工作要争取政府有关部门的支持和协作。

(3) 装饰装修工程合同应送公证机关公证，并报政府建设管理部门备案；现场消防设施的配置，宜请消防部门检查认可，要敦促承包商在施工中注意防止环境污染，坚持做到文明施工。

2) 协调与社会团体的关系

争取社会各界对工程的关心和支持是一种争取良好社会环境的协调。从组织协调的范围来看这是属于远外层的管理。对远外层关系的协调，应由业主主持，监理企业主要是协调近外层关系。如果业主将部分或全部远外层关系协调工作委托监理企业承担，则应在委托监理合同专有条件中明确委托的工作和相应的报酬。

2.4.3 装修项目监理组织协调的方法

监理工程师组织协调可采用会议协调法、交谈协调法、书面协调法、访问协调法、情况介绍法等方法。

1. 会议协调法

会议协调法是装饰装修工程监理中最常用的一种协调方法，实践中常用的会议协调法包括：第一次工地会议、监理例会、专题会议等。有关内容、程序详见第 9 章内容。

2.　交谈协调法

在实践中，并不是所有问题都需要开会来解决，有时可采用"交谈"这一方法。交谈包括面对面的交谈和电话交谈两种形式。无论是内部协调还是外部协调，这种方法使用频率都是相当高的。其作用表现在以下几个方面。

(1) 保持信息畅通。交谈协调法本身没有合同效力，并且具有方便性和及时性，所以装饰装修工程参与各方之间及监理机构内部都愿意采用。

(2) 寻求协作和帮助。采用交谈方式请求协作和帮助比采用书面方式实现的可能性要大。

(3) 及时发布工程指令。监理工程师一般都采用交谈方式先发布口头指令，这样，一方面可以使对方及时地执行指令，另一方面可以和对方进行交流，了解对方是否正确地理解了指令。随后再以书面形式加以确认。

3.　书面协调法

当会议或者交谈不方便或不需要时，或者需要精确地表达自己的意见时，就会用到书面协调的方法。书面协调方法的特点是具有合同效力，一般常用于以下几个方面。

(1) 不需双方直接交流的书面报告、报表、指令和通知等。

(2) 需要以书面形式向各方提供详细信息和情况通报的报告、信函和备忘录等。

(3) 事后对会议记录、交谈内容或口头指令的书面确认。

4.　访问协调法

访问法主要用于外部协调中，有走访和邀访两种形式。①走访是指监理工程师在装饰装修工程施工前或施工过程中，对与工程施工有关的各政府部门、公共事业机构、新闻媒介或工程毗邻单位等进行访问，向他们解释工程的情况，了解他们的意见。②邀访是指监理工程师邀请上述各单位(包括业主)代表到施工现场对工程进行指导性巡视，使其了解现场工作。

多数情况下，有关各方不了解工程、不清楚现场的实际情况，一些不恰当的干预会对工程产生不利影响，此时访问协调法会相当有效。

5.　情况介绍法

情况介绍法通常是与其他协调方法紧密结合在一起的，它可能是在一次会议前，或是一次交谈前，或是一次走访或邀访前向对方进行的情况介绍。形式上主要是口头的，有时也伴有书面的。介绍往往作为其他协调的引导，目的是使别人首先了解情况。

总之，组织协调是一种管理艺术和技巧，监理工程师尤其是总监理工程师需要掌握领导科学、心理学、行为科学方面的知识和技能，如激励、交际、表扬和批评的艺术，开会的艺术，谈话的艺术，谈判的技巧等。只有这样，监理工程师才能进行有效的协调。

工程实践　工程常见协调问题解析

施工阶段经常需要协调哪些内容？遇到有关进度、质量、承包商违约行为、合同争议等问题该如何协调？

(1) 协调工作内容。

协调工作内容包括：与承包商项目经理关系的协调、进度问题的协调、质量问题的协调、对承包商违约行为的处理、合同争议的协调、对分包单位的管理以及处理好人际关系。

(2) 有关进度、质量、承包商违约行为、合同争议等问题的协调。

① 与承包商项目经理关系的协调。从承包商项目经理及其工地工程师的角度来说，他们最希望监理工程师是公正、通情达理并容易理解别人的；希望从监理工程师处得到明确而不是含糊的指示，并且能够对他们所询问的问题给予及时的答复；希望监理工程师的指示能够在他们工作之前发出；他们可能对本本主义者以及工作方法僵硬的监理工程师最为反感。这些心理现象，对于监理工程师来说，应该非常清楚。一个既懂得坚持原则，又善于理解承包商项目经理的意见，工作方法灵活，随时可能提出或愿意接受变通办法的监理工程师肯定是受欢迎的。

② 进度问题的协调。由于影响进度的因素错综复杂，因而进度问题的协调工作也十分复杂。实践证明，有两项协调工作很有效：一是业主和承包商双方共同商定一级网络计划，并由双方主要负责人签字，作为工程施工合同的附件；二是设立提前竣工奖，由监理工程师按一级网络计划节点考核，分期支付阶段工期奖，如果整个工程最终不能保证工期，由业主从工程款中将已付的阶段工期奖扣回并按合同规定予以罚款。

③ 质量问题的协调。在质量控制方面，应实行监理工程师质量签字认可制度。对没有出厂证明、不符合使用要求的原材料、设备和构件，不准使用；对工序交接实行报验签证；对不合格的工程部位不予验收签字，也不予计算工程量，不予支付工程款。在装饰装修工程实施过程中，设计变更或工程内容的增减是经常出现的，有些是合同签订时无法预料和明确规定的。对于这种变更，监理工程师要认真研究，合理计算价格，与有关方面充分协商，达成一致意见，并实行监理工程师签证制度。

④ 对承包商违约行为的处理。在施工过程中，监理工程师对承包商的某些违约行为进行处理是一件很慎重而又难免的事情。应该考虑自己的处理意见是否是监理权限以内的；要有时间期限的概念。对不称职的承包商项目经理或某个工地工程师，证据足够可正式发出警告，万不得已时有权要求撤换。

⑤ 合同争议的协调。对于工程中的合同争议，监理工程师应首先采用协商解决的方式，协商不成时才由当事人向合同管理机关申请调解。只有当对方严重违约而使自己的利益受到重大损失且不能得到补偿时才采用仲裁或诉讼手段。如

果遇到非常棘手的合同争议问题，不妨暂时搁置等待时机，另谋良策。

⑥ 对分包单位的管理。主要是对分包单位明确合同管理范围，分层次管理。将总包合同作为一个独立的合同单元进行投资、进度、质量控制和合同管理，不直接和分包合同发生关系。

⑦ 处理好人际关系。在监理过程中，监理工程师处于一种十分特殊的位置。业主希望得到独立、专业的高质量服务，而承包商则希望监理单位能对合同条件有一个公正的解释。因此，监理工程师必须善于处理各种人际关系，既要严格遵守职业道德，礼貌而坚决地拒收任何礼物，以保证行为的公正性，也要利用各种机会增进与各方面人员的友谊与合作，以利于工程的进展。否则，便有可能引起业主或承包商对其可信赖程度的怀疑。

2.5 本章小结

本章主要介绍了组织的基本原理、监理企业和监理人员三个方面的内容。监理企业在履行委托监理合同的同时必须建立现场监理机构，其核心就是要配备专业齐全、数量足够、业务能力强的监理人员，实行总监理工程师负责制。本章的教学重点是监理企业的组织形式、资质与管理、经营管理和组织协调的内容和工作方法；要深刻理解如何建立项目监理机构；熟悉监理人员职责、综合素质和监理工程师的资质管理与继续教育；能运用组织协调的工作方法，处理装饰装修项目监理过程中出现的问题等内容。在学习和教学的同时应及时对照《建设工程监理规范 GB/T 50319—2013》《工程监理企业资质管理规定》《注册监理工程师管理规定》等，对相关法规原文进行全面理解，才能深刻地体会其精神实质。

自 测 题

一、单选题

1. 由于组织机构内部各要素之间既相互联系、相互依存，又相互排斥、相互制约，所以组织机构活动的整体效应不等于其各局部效应的简单相加，这反映了组织机构活动的（　　）基本原理。

    A. 规律效应性　　B. 主观能动性　　C. 要素有用性　　D. 动态相关性

2. FIDIC 道德准则指出：加强"按照能力进行选择"的观念是监理工程师应该具备的（　　）。

    A. 对社会和职业的责任　　　　B. 能力　　　　C. 正直性

    D. 公正性　　　　E. 对他人的公正

3. 根据《建设工程监理规范》的规定，核查进场材料、设备、构配件的原始凭证和检测报告等质量证明文件，是（　　）的职责。

    A. 总监理工程师　　　　　　　B. 总监理工程师代表

    C. 专业监理工程师　　　　　　D. 监理员

4. 监理单位应依据委托监理合同约定的工程质量保修期监理工作的时间、( )开展工作。

    A. 范围、内容   B. 程序、方法

    C. 范围、监理合同   D. 内容、方法

5. 根据注册内容的不同,监理工程师的注册分为三种形式,其中初始注册有效期为( )年,续期注册的有效期为( )年。

    A. 2 4   B. 3 3   C. 1 2   D. 2 5

6. 监理单位应公正、( )地开展监理工作,维护建设单位和承包单位的合法权益。

    A. 公平、独立   B. 独立、自主   C. 公平、自由   D. 认真、负责

二、多选题

1. 违反《建设工程质量管理条例》规定,( )等执业人员因过错造成质量事故的,责令停业( )年;造成重大质量事故的,吊销执业资格证书,5年以内不予注册;情节特别恶劣的,终身不予注册。

    A. 质量监督工程师和造价工程师   2年

    B. 注册建筑和注册结构工程师   1年

    C. 监理工程师   1年

    D. 监理工程师和造价工程师   2年

    E. 造价工程师   1年

2. 影响项目监理机构人员数量的主要因素有( )。

    A. 工程的复杂程度   B. 监理单位的业务范围

    C. 监理人员的专业结构   D. 监理人员的技术职称结构

    E. 监理机构的组织结构和任务职能分工

3. 根据《工程监理企业资质管理规定》,甲级工程监理企业的技术负责人应当( )。

    A. 具有10年以上从事工程建设工作的经历

    B. 具有15年以上从事工程建设工作的经历

    C. 具有高级技术职称

    D. 取得"监理工程师注册证书"

    E. 取得"监理工程师资格证书"

4. 建设行政主管部门对工程监理企业资质实行年检制度。年检内容是检查工程监理企业的( )。

    A. 企业资质条件是否符合资质等级标准

    B. 企业负责人资格条件是否符合要求

    C. 企业是否存在质量、市场行为等方面的违法违规行为

    D. 企业从事监理业务的人员比例是否达到规定要求

    E. 是否将不合格的装饰装修工程、建筑材料、建筑构配件和设备按照合格签字

5. 《建设工程监理规范》规定,( )都必须是监理工程师。

    A. 总监理工程师   B. 总监理工程师代表

    C. 专业监理工程师   D. 监理员

E. 监理企业负责人

6. 下列各项中，应列入监理费的直接成本的是( )。

A. 监理业务培训费 B. 监理单位职工福利费

C. 监理单位经营活动费用 D. 开展项目监理活动的办公设施购置费

E. 监理人员的医疗费

7. 根据项目法人责任制原则，在实施装饰装修工程监理的工程项目中，建设单位应当负责完成( )工作。

A. 组织编写工程招标文件、投标资格预审、开标、评标

B. 选择确定设计、施工单位

C. 确定工程项目投资、进度、质量总目标

D. 筹集项目所需资金

E. 实施目标控制

F. 签订工程建设合同

三、思考题

1. 组织设计要遵循哪些基本原则？

2. 工程监理企业经营活动的基本准则是什么？监理协调工作有哪些方法？

3. 项目监理机构的组织形式分别是什么？优点、缺点、适用情况各是什么？

4. 监理工程师应具备什么样的知识结构？监理工程师应当履行哪些义务？

5. 某监理单位与业主签订委托监理合同后，在实施装饰装修工程之前应建立项目监理机构。监理机构在组建项目监理机构时，按以下步骤进行：①确定监理工作内容；②确定项目监理机构目标；③制定工作流程和信息流程；④设计项目监理机构的组织结构。

问题：

(1) 组建项目监理机构时的步骤是否妥当？请写出正确的步骤。

(2) 项目监理机构的组织形式和规模应根据哪些因素来确定？

(3) 组织机构形式选择的基本原则是什么？

四、案例分析

案例1

【背景材料】

某监理单位承担了某宾馆工程的施工阶段监理任务，该工程由甲施工单位总承包。甲施工单位选择了经建设单位同意并经监理单位进行资质审查合格的乙施工单位作为装修工程分包商。施工过程中发生了以下事件。

事件1：专业监理工程师在熟悉图纸时发现，装饰工程部分设计内容不符合国家有关工程质量标准和规范。总监理工程师随即致函设计单位要求改正并提出更改建议方案。设计单位研究后，口头同意了总监理工程师的更改方案，总监理工程师随即将更改的内容写成监理指令通知甲施工单位执行。

事件2：施工过程中，专业监理工程师发现乙施工单位施工的分包工程部分存在质量隐

患,为此,总监理工程师同时向甲、乙两施工单位发出了整改通知。甲施工单位回函称,乙施工单位施工的工程是经建设单位同意进行分包的,所以本单位不承担该部分工程的质量责任。

事件3:专业监理工程师在巡视时发现,甲施工单位在施工中使用未经报验的建筑材料,若继续施工,该部位将被隐蔽。因此,立即向甲施工单位下达了暂停施工的指令(因甲施工单位的工作对乙施工单位有影响,乙施工单位也被迫停工)。同时,指示甲施工单位将该材料进行检验,并报告了总监理工程师。总监理工程师对该工序停工予以确认,并在合同约定的时间内报告了建设单位。检验报告出来后,证实材料合格,可以使用,总监理工程师随即指令施工单位恢复了正常施工。

事件4:乙施工单位就上述停工自身遭受的损失向甲施工单位提出补偿要求,而甲施工单位称,此次停工系执行监理工程师的指令,乙施工单位应向建设单位提出索赔。

事件5:对上述施工单位的索赔建设单位称,本次停工系监理工程师失职造成,且事先未征得建设单位同意。因此,建设单位不承担任何责任,由于停工造成施工单位的损失应由监理单位承担。

【问题】

针对上述各个事件,分别提出如下问题。

(1) 请指出总监理工程师上述行为的不妥之处并说明理由。总监理工程师应如何处理?

(2) 甲施工单位的答复是否妥当?为什么?总监理工程师签发的整改通知是否妥当?为什么?

(3) 专业监理工程师是否有权签发本次暂停令?为什么?下达工程暂停令的程序有无不妥之处?请说明理由。

(4) 甲施工单位的说法是否正确?为什么?乙施工单位的损失应由谁承担?

(5) 建设单位的说法是否正确?为什么?

案例2

【背景材料】

某工程项目业主委托一家监理单位实施施工阶段监理。监理合同签订后,组建了项目监理机构。为了使监理工作规范化进行,总监理工程师拟以工程项目建设条件、监理合同、施工合同、施工组织设计和各专业监理工程师编制的监理实施细则为依据,编制施工阶段监理规划。监理规划中规定各监理人员的主要职责如下。

(1) 总监理工程师职责:①审查和处理工程变更;②审定承包单位提交的开工报告;③负责工程计量,签署原始凭证;④及时检查、了解和发现总承包单位的组织、技术、经济和合同方面的问题;⑤主持整理工程项目的监理资料。

(2) 监理工程师职责:①主持建立监理信息系统,全面负责信息沟通工作;②检查进场材料、设备、构配件的原始凭证、检测报告等质量证明文件;③对承包单位的施工工序进行检查和记录;④签发停工令、复工令;⑤实施跟踪检查,及时发现问题及时报告。

(3) 监理员职责：①担任旁站工作；②检查施工单位的人力、材料、主要设备及其使用、运行状况，并做好记录；③做好监理日记。

【问题】

(1) 监理规划编制依据有何不恰当？为什么？

(2) 监理人员的主要职责划分有哪几条不妥？如何调整？

(3) 常见的监理组织结构形式有哪几种？

(4) 请写出组建项目监理机构的步骤。

第3章 建筑装饰装修工程
目标控制

内容提要

本章介绍建设工程目标控制的概念、基本流程及其控制系统；建设工程目标控制相互之间的关系及其任务和措施；建筑装饰装修工程目标控制的内容；监理安全生产的责任和控制内容。

教学目标

- 熟悉目标控制的基本流程，了解控制系统。
- 熟悉目标控制的相互关系以及任务和措施。
- 理解和掌握建筑装饰装修工程目标控制的内容；重点掌握质量、进度、投资系统控制，全方位、全过程控制内涵。
- 了解监理安全生产的责任和控制内容，做好安全监理工作。

项目引例

某办公楼装饰工程通过招标选择了施工承包单位和监理单位。在施工准备阶段，由于资金紧缺，建设单位向设计单位提出了修改设计方案并降低设计标准，以便降低工程造价的要求。设计单位为此把原装饰设计的标准降低了，按期交图。监理单位审查施工承包单位的施工组织设计时发现缺少安全措施，要求施工承包单位补充其内容。为此在合同约定开工日期的前5天，施工承包单位书面提交了延期10天开工的申请。在施工阶段，施工单位发现部分图纸设计不当，随即报告总监，致函提出了工程变更索赔报告。建设单位负责采购一批门窗，供货方提供了质量合格证，但在使用前的抽检试验中材质检验不合格。由于以上原因，整体施工进度严重滞后。

分析思考

1. 针对以上发生的情况，监理工程师应该如何处理？
2. 本工程施工过程中发生的问题关系到工程质量、进度和投资控制的一系列问题，监理单位应该如何处理，如何控制？

控制是建筑工程监理的一项重要的管理活动。在管理学中，控制通常是指管理人员按计划标准来衡量所取得的成果，纠正所发生的偏差，以保证计划目标得以实现的管理活动。管理首先开始于制订计划，继而进行组织和人员配备，并实施有限的领导，一旦计划运行，就必须进行控制，以检查计划实施情况，找出偏离计划的误差，确定应采取的纠正措施，并采取纠正行动。工程建设监理的中心工作是进行项目目标控制。因此，监理工程师必须掌握有关目标控制的基本思想、理论和方法。

3.1　目 标 控 制

3.1.1　目标控制概述

1. 控制流程及其基本环节

1) 控制流程

建设工程的目标控制是一个有限循环过程，而且一般表现为周期性的循环过程。通常，在建设工程监理的实践中，投资控制、进度控制和常规质量控制问题的控制周期按周或月计，而严重的工程质量问题和事故，则需要及时加以控制。目标控制也可能包含着对已采取的目标控制措施的调整或控制。控制程序如图 3.1 所示。

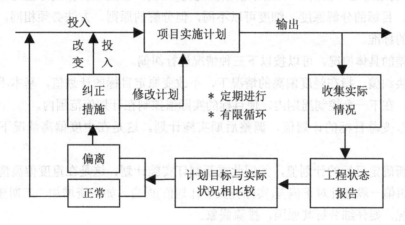

图 3.1　控制流程图

2) 控制流程的基本环节

控制流程可以进一步抽象为投入、转换、反馈、对比和纠偏五个基本环节。控制过程各项基本环节工作之间的关系如图 3.2 所示。

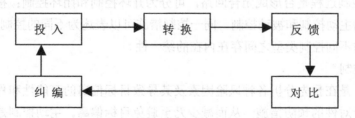

图 3.2　控制过程的基本环节工作

投入，首先涉及的是传统的生产要素，还包括施工方法、信息等。要使计划能够正常实施并达到预定的目标，就应当保证将质量、数量符合计划要求的资源按规定时间和地点投入到建设工程实施过程中去。

转换，是指由投入到产出的转换过程，通常表现为劳动力(如管理人员、技术人员、工人等)运用劳动资料(如施工机具等)将劳动对象(如建筑材料、工程设备等)转变为预定的产出品。在转换过程中，计划的运行往往受到许多因素干扰，同时，由于计划本身不可避免地存在一定问题，从而造成实际状况偏离预定的目标和计划。对于可以及时解决的问题，应及时采取纠偏措施，避免"积重难返"。

反馈，是指控制部门和控制人员需要设计信息反馈系统，全面、及时、准确地确定反馈信息的内容、形式、来源、传递等，使每个控制部门和人员都能及时获得他们所需要的信息。信息反馈方式可以分为正式和非正式两种。要重视非正式信息反馈方式的积极作用。

对比，是将目标的实际值与计划值进行比较，以确定是否发生偏离。

在对比工作中要注意以下几点：①明确目标实际值与计划值的内涵。从目标形成的时间来看，前者为计划值，后者为实际值。②合理选择比较的对象。常见的是相邻两种目标值之间的比较。结算价以外各种投资值之间的比较都是一次性的，而结算价与合同价(或设计概算)的比较则是经常性的，一般是定期(如每月)比较。③建立目标实际值与计划值之间的对应关系。目标的分解深度、细度可以不同，但分解的原则、方法必须相同。④确定衡量目标偏离的标准。

根据偏差的具体情况，可以按以下三种情况进行纠偏。

(1) 直接纠偏。指在轻度偏离的情况下，不改变原定目标的计划值，基本不改变原定的实施计划，在下一个控制周期内，使目标的实际值控制在计划值范围内。

(2) 不改变总目标的计划值，调整后期实施计划。这是在中度偏离情况下所采取的对策。

(3) 重新确定目标的计划值，并据此重新制订实施计划。这是在重度偏离情况下所采取的对策。纠偏一般是针对正偏差(实际值大于计划值)而言，如投资增加、工期拖延。对于负偏差的情况，要仔细分析其原因，排除假象。

2．控制类型

根据划分依据的不同，可将控制分为不同的类型。按照控制措施作用于控制对象的时间，可分为事前控制、事中控制和事后控制；按照控制信息的来源，可分为前馈控制和反馈控制；按照控制过程是否形成闭合回路，可分为开环控制和闭环控制；按照控制的方式与方法，可分为主动控制和被动控制。同一控制措施可以表述为不同的控制类型，或者说，不同划分依据与不同控制类型之间存在内在的统一性。

1) 主动控制

主动控制，是在预先分析各种风险因素及其导致目标偏离的可能性和程度的基础上，拟订和采取有针对性的预防措施，从而减少乃至避免目标偏离。主动控制是事前控制、前馈控制、开环控制，是面对未来的控制。主动控制措施如下。

(1) 详细调查并分析研究外部环境条件，以确定那些影响目标实现和计划运行的各种有利和不利因素，并将它们考虑到计划和其他管理职能当中。

(2) 识别风险，努力将各种影响目标实现和计划执行的潜在因素揭示出来，为风险分析和管理提供依据，并在计划实施过程中做好风险管理工作。

(3) 用科学的方法制订计划。做好计划可行性分析，消除那些造成资源、技术、经济和财务不可行的各种错误和缺陷，保障工程的实施能够有足够的时间、空间、人力、物力和财力，并在此基础上力求使计划优化。事实上，计划制订得越明确、完善，就越能设计出有效的控制系统，也就越能使控制产生出更好的效果。

(4) 高质量地做好组织工作，使组织与目标和计划高度一致，把目标控制的任务与管理职能落实到适当的机构和人员，做到职权与职责明确，使全体成员能够团结协作，为实现共同目标而努力。

(5) 制定必要的备用方案，以应对可能出现的影响目标或计划实现的情况。一旦发生这些情况，则通过应急措施作保障，从而可以减少偏离量，或避免发生偏离。

(6) 计划应有适当的松弛度，即"计划应留有余地"。这样，可以避免那些经常发生，又不可避免的干扰对计划的不断影响，减少"例外"情况产生的数量，使管理人员处于主动地位。

(7) 沟通信息流通渠道，加强信息收集、整理和研究工作，为预测工程未来发展状况提供全面、及时、可靠的信息。

2) 被动控制

被动控制是从计划的实际输出中发现偏差，通过对产生偏差原因的分析，研究制定纠偏措施，以使偏差得以纠正，工程实施恢复到原来的计划状态，或虽然不能恢复到计划状态但可以减少偏差的严重程度。被动控制是事中控制和事后控制、反馈控制(见图 3.3)、闭环控制(见图 3.4)，是面对现实的控制。对监理工程师来讲，被动控制仍然是一种积极的、十分重要的控制方式，而且是经常运用的控制形式。被动控制的具体措施如下。

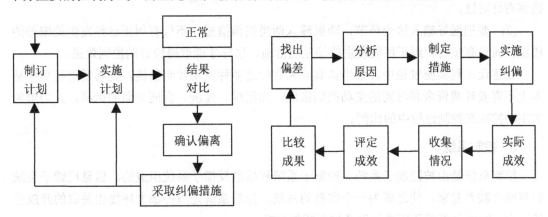

图 3.3　反馈过程图　　　　　图 3.4　被动控制的闭合回路

(1) 监督。即从项目的各个活动中收集信息，准确掌握项目施工活动状况。

(2) 比较。把收集到的信息加以处理并与装修目标联系起来，按项目计划进行对比评价。

(3) 调整。根据评价结果，决定对目标、项目计划或项目实施活动进行调整。

3) 主动控制与被动控制的关系

在建设工程实施过程中，如果仅仅采取被动控制措施，则难以实现预定的目标。对于建设工程目标控制来说，主动控制和被动控制两者缺一不可，应将主动控制与被动控制紧

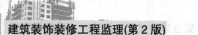

密结合起来；既要实施前馈控制又要实施反馈控制，既要根据实际输出的工程信息又要根据预测的工程信息实施控制，并将它们有机融合在一起，就是要通过各种途径找出偏离计划的差距，以便采取纠正潜在偏差和实际偏差的措施，来确保计划取得成功。主动控制与被动控制的关系如图3.5所示。两者都是监理工程师实施目标控制所必须采取的控制方式。

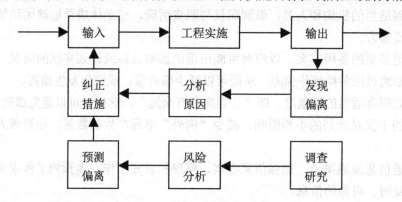

图3.5 主动控制与被动控制的关系

注：图中"纠正措施"包括主动控制采取的纠正措施和被动控制采取的纠正措施。

实际上，要做到主动控制与被动控制相结合，关键在于处理好以下两方面问题。

(1) 要扩大信息来源，即不仅要从本工程获得实施情况的信息，而且要从外部环境获得有关信息，包括已建同类工程的有关信息，这样才能对风险因素进行定量分析，使纠偏措施有针对性。

(2) 要把握好输入这个环节，即要输入两类纠偏措施，不仅有纠正已经发生的偏差的措施，而且有预防和纠正可能发生的偏差的措施，这样才能取得较好的控制效果。

在建设工程实施过程中，应当认真研究并制定多种主动控制措施，尤其要重视那些基本上不需要耗费资金和时间的主动控制措施，如组织、经济、合同方面的措施，并力求加大主动控制在控制过程中的比例。

3. 控制系统

控制系统是由被控制子系统、控制子系统和信息反馈子系统组成的。信息反馈子系统把前两者联系起来，使之成为一个完整的系统。控制系统是与外部大环境相关联的开放系统，它不断地与外部环境进行着各种形式的交换。

1) 被控制子系统

被控制子系统即工程实施系统，由装饰装修项目实施过程中的全部环节、全部方面组成。

2) 控制子系统

控制子系统由存储分子系统和调整分子系统组成。它具有制定标准、评定绩效、纠正偏差等控制基本功能。

存储分子系统存储目标规划和计划、控制程序、评价标准控制报告等资料，并将被控制子系统输出的实际目标值和计划运行情况与本系统内存储的各方面控制标准加以对比，将结果送达调整分子系统中。

调整分子系统根据存储分子系统输出的信息以及外部环境变化情况进行分析研究，提出解决问题的方案。经过调整的目标规划和计划系统，存储分子系统将变化了的目标规划和计划、控制程序和评价偏差标准等重新存储起来以备下一循环用于控制。

3) 信息反馈子系统

信息反馈子系统是将控制子系统内各分子系统(调整分子系统和存储分子系统)，以及将控制子系统与被控制子系统、外部环境相联系的系统。

信息反馈子系统通过纠正信息和工程状况信息把控制系统与被控制系统联系起来。又通过向外部环境收集信息，将控制系统乃至整个项目系统与外部环境联系起来，使控制系统成为开放系统。控制系统各组成部分及与外部环境之间的示意关系如图 3.6 所示。

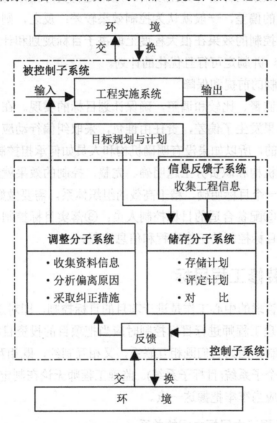

图 3.6　控制子系统各部分及与环境关系图

4．目标控制的前提工作

监理工程师开展目标控制工作有两项重要的前提工作：一是目标规划和计划，二是组织。

1) 目标规划和计划是目标控制的前提和依据

目标规划和计划是装饰装修项目实施的指导纲领，也是评价装饰装修项目实施情况的标准。目标规划和计划越明确、越具体、越全面，目标控制的效果就越好。

(1) 目标规划和计划与目标控制的关系。

与控制的动态性相一致，在项目运行的整个过程中目标规划和计划也是处于动态变化之中。工程的实施既要根据目标规划和计划实施控制，力求使之符合目标规划和计划的要求，同时又要根据变化了的内部和外部环境情况适当地调整目标规划和计划，使之适应控制的要求和工程的实际。由此可见，目标规划和计划与目标控制之间表现出一种交替出现的循环关系。

(2) 目标控制的效果在很大程度上取决于目标规划和计划的质量。

目标控制的效果直接取决于目标控制的措施是否得力，是否将主动控制与被动控制有机地结合起来，以及采取控制措施的时间是否及时等。但是，虽然目标控制的效果是客观的，但人们对目标控制效果的评价却是主观的，通常是将实际结果与预定的目标和计划进行比较。如果出现较大的偏差，一般就认为控制效果较差；反之，则认为控制效果较好。从这个意义上讲，目标控制的效果在很大程度上取决于目标规划和计划的质量。因此，必须合理确定并分解目标，并制定可行且优化的计划。

2) 组织是目标控制的前提和保障

控制的目的是通过监督、比较和调整，确保计划目标的实现。在实施计划的过程中，管理人员必须知道，如果发生了偏差，责任由谁负，采取纠偏行动应由谁实施。由于所有控制活动都是人来实施的，所以如果没有明确机构和人员如何承担控制的各项工作和职能，控制就无法进行。组织机构和职责分工越明确、完整，控制的效果就越好。为了有效地进行目标控制，需要建立一个目标明确、精干高效的组织体系。需要做好以下几方面的工作：①设置目标控制机构；②配备合适的目标控制人员；③落实目标控制机构和人员的任务和职能分工；④合理组织目标控制的工作流程和信息流程。

3.1.2　建筑装饰装修工程目标

建筑装饰装修工程管理的中心工作是进行项目的目标控制，即对工程项目投资、进度、质量目标实施控制。监理工程师进行目标控制时应当把项目的投资目标、进度目标和质量目标当作一个整体来控制。因为它们既相互联系，又相互制约，既相互对立，又相互统一，是整个项目系统中的一个子系统(目标子系统)。监理工程师无论在制定目标规划过程中，还是在目标控制过程中都应当牢牢把握这一点。

1. 建筑装饰装修工程三大目标之间的关系

1) 建筑装饰装修工程三大目标之间的对立统一关系

从建筑装饰装修工程业主的角度出发，往往希望该工程的投资少、工期短(或进度快)、质量好。如果采取某种措施可以同时实现其中两个要求(如既投资少又工期短)，则该两个目标之间就是统一的关系；反之，如果只能实现其中一个要求(如工期短)，而另一个要求不能实现(如质量差)，则这两个目标(即工期和质量)之间就是对立的关系。

(1) 建筑装饰装修工程三大目标之间的对立关系。

建筑装饰装修工程三大目标之间的对立关系比较直观，易于理解。不能奢望投资、进度、质量三大目标同时达到"最优"，即既要投资少，又要工期短，还要质量好。所有这些表现都反映了工程项目三大目标关系存在着矛盾和对立的一面。

(2) 建筑装饰装修工程三大目标之间的统一关系。

对于建筑装饰装修工程三大目标之间的统一关系，需要从不同的角度分析和理解。例如，全寿命费用(或寿命周期费用)、价值工程等。这一切都说明了工程项目投资、进度、质量三大目标关系之中存在着统一的一面。

对投资、进度、质量三大目标之间的统一关系进行分析时要注意以下三方面问题：掌握客观规律，充分考虑制约因素；对未来的、可能的收益不宜过于乐观；将目标规划和计划结合起来。监理工程师明确了项目投资、进度、质量三大目标之间的关系，就能正确地指导开展目标控制工作。

2) 目标控制应着眼于整个系统的实现

认识到项目质量、进度、投资目标的对立统一关系，明确了三大目标是一个不可分割的系统，监理工程师在进行目标控制时需要将投资、进度、质量三大目标作为一个系统统筹考虑，需要反复协调和平衡，力求实现整个目标系统最优。

(1) 监理工程师在对工程项目进行目标规划时，要注意统筹兼顾，合理确定投资、进度、质量三大目标的标准。需要在需求与目标之间、三大目标之间进行反复协调，力求做到需求与目标的统一，三大目标的统一。

(2) 要针对整个目标系统实施控制，防止发生盲目追求单一目标而冲击或干扰其他目标的现象。

(3) 以实际项目目标系统作为衡量目标控制效果的标准，追求目标系统整体效果，做到各目标的互补。例如，实际工期拖延了，能否通过罚款得到费用方面的补偿；投资超了，能否在进度和质量方面得到比计划目标更好的结果。

2．建筑装饰装修工程目标确定的依据

在施工图设计完成之后，目标规划的依据就会比较充分，目标规划的结果也就比较准确和可靠。而对于施工图设计完成以前的各个阶段来说，建筑装饰装修工程数据库具有十分重要的作用。

建立建筑装饰装修工程数据库，至少要做好以下几方面工作：一是按照一定的标准对建筑装饰装修工程进行分类；二是对各类建筑装饰装修工程采用的结构体系进行统一分类；三是数据既要有一定的综合性，又要能足以反映建筑装饰装修工程的基本情况和特征。

建筑装饰装修工程数据库对建筑装饰装修工程目标确定的作用，在很大程度上取决于数据库中与拟建工程相似的同类工程的数量。

要确定某一拟建工程的目标，首先必须大致明确该工程的基本技术要求。在应用建筑装饰装修工程数据库时，往往要对其中的数据进行适当的综合处理，必要时可将不同类型工程的不同分部工程加以组合。同时，要认真分析拟建工程的特点，找出拟建工程与已建类似工程之间的差异，并定量分析这些差异对拟建工程目标的影响。另外，必须考虑时间因素和外部条件的变化，采取适当的方式加以调整。

3．建筑装饰装修工程目标的分解

1）目标分解的原则

建筑装饰装修工程目标分解应遵循以下原则。

(1) 能分能合。要求目标分解要有明确的依据并采用适当的方式。

(2) 按工程部位分解，不按工种分解。

(3) 区别对待，有粗有细。对不同工程内容目标分解的层次或深度，要根据目标控制的实际需要和可能来确定。

(4) 有可靠的数据来源。目标分解所达到的深度应以能够取得可靠的数据为原则。

(5) 目标分解结构与组织分解结构相对应。目标分解结构在较粗的层次上应当与组织分解结构一致。

2）目标分解的方式

按工程内容分解是建筑装饰装修工程目标分解最基本的方式，适用于投资、进度、质量三个目标的分解。目标分解应当达到的层次，一方面取决于工程进度所处的阶段、资料的详细程度、设计所达到的深度等；另一方面还取决于目标控制工作的需要。

建筑装饰装修工程的投资目标还可以按总造价构成内容和资金使用时间(即进度)分解。

3.1.3 建筑装饰装修工程目标控制的任务和措施

1．建筑装饰装修工程施工阶段的特点

建筑装饰装修工程施工阶段具有以下特点。

(1) 施工阶段是以执行计划为主的阶段。进入施工阶段，建筑装饰装修工程目标规划和计划的制订工作基本完成，剩下的主要工作是伴随着控制而进行的计划调整和完善。因此，施工阶段是以执行计划为主的阶段。

(2) 施工阶段是实现建筑装饰装修工程价值和使用价值的主要阶段。包括转移价值和活劳动价值或新增价值。

施工就是根据设计图纸和有关设计文件的规定，将施工对象由设想变为现实，由"纸上产品"变为实际的、可供使用的建筑装饰装修工程的物质生产活动。施工是形成建筑装饰装修工程实体、实现建筑装饰装修工程使用价值的过程。

(3) 施工阶段是资金投入量最大的阶段。建筑装饰装修工程价值的形成过程，也是其资金不断投入的过程。虽然施工阶段影响投资的程度只有 10%左右，但在保证施工质量、保证实现设计所规定的功能和使用价值的前提下，仍然存在通过优化的施工方案来降低物化劳动和活劳动消耗，从而降低建筑装饰装修工程投资的可能性。

(4) 施工阶段需要协调的内容多。

(5) 施工质量对建筑装饰装修工程总体质量起保证作用。设计质量能否真正实现，或其实现程度如何，取决于施工质量的好坏。施工质量不仅对设计质量的实现起到保证作用，对整个建筑装饰装修工程的总体质量也起到了保证作用。

施工阶段还有两个较为主要的特点：一是持续时间长，风险因素多；二是合同关系复杂，合同争议多。

2．建筑装饰装修工程施工阶段目标控制的任务

施工阶段的主要任务如下。

(1) 投资控制的任务。施工阶段建筑装饰装修工程投资控制的主要任务是通过工程款支付控制、工程变更费用控制、预防并处理好费用索赔、挖掘节约投资潜力来努力实现实际发生的费用不超过计划投资。

(2) 进度控制的任务。施工阶段建筑装饰装修工程进度控制的主要任务是通过完善建筑装饰装修工程控制性进度计划、审查施工单位施工进度计划、做好各项动态控制工作、协调各单位关系、预防并处理好工期索赔，以求实际施工进度达到计划施工进度的要求。

(3) 质量控制的任务。施工阶段建筑装饰装修工程质量控制的主要任务是通过对施工投入、施工和安装过程、产品进行全过程控制，以及对参加施工的单位和人员的资质、材料和设备、施工机械和机具、施工方案和方法、施工环境实施全面控制，以期按标准达到预定的施工质量目标。

施工阶段监理工程师投资控制、进度控制、质量控制的主要工作详见第 4～6 章。

3．建筑装饰装修工程目标控制的措施

为了取得目标控制的理想效果，应当在各个阶段采取组织措施、技术措施、经济措施和合同措施等四方面措施。

(1) 组织措施是目标控制的前提和保障。采取组织措施就是为了保证组织系统的顺利运行，高效地实现组织功能。可委任执行人员，授予相应职权，确定职责，制定相应监理工作考核标准，对实施过程中的工作进行考评、评估，以改进工作，挖掘潜在的工作能力，加强相互沟通。在控制过程中激励、调动和发挥实现目标的积极性、创造性，采取适当的、有效的组织措施，保证目标实现。

(2) 技术措施是目标控制的必要措施。控制在很大程度上要通过技术来解决问题，项目的实施、目标控制的各个环节工作都是通过技术方案来落实，目标控制的效果取决于技术措施的质量和技术措施落实的情况。对多个可行的技术方案通过研究、分析、比较加以优选，进行技术经济论证，寻求降低投资的有效途径、确保质量的技术措施等。

(3) 经济措施实质上是调节各方经济关系的方案。经济措施在很大程度上是各方行动的"指挥棒"，对投资、进度、质量实施控制。但是经济措施的应用，必须受到合同的约束。监理工程师通过一切有效经济手段来达到项目目标的最优实施，要求监理工程师广泛搜集、加工、整理项目经济信息和数据。

(4) 合同措施除了拟订合同条款、参加合同谈判、处理合同执行过程中的问题、防止和处理索赔等措施之外，还要协助业主确定对目标控制有利的工程承发包模式和合同结构，这些都是监理工程师重要的目标控制措施。监理工程师通过对承包合同的严格管理，监督承包单位切实履行合同，确保工程质量、工期及投资达到预定目标值。总监理工程师应正确、及时地签发工程暂停及复工令；项目监理机构要管理好工程变更，正确处理索赔、工

程延期及工程延误。

> **注意** 引例问题中建设单位提出的设计变更，监理工程师应该进行严格控制。①应对建设单位提出的变更统筹考虑，将变更对工期和安全使用的影响通报建设单位，并采取措施尽量减少对工程的不利影响。②坚持变更必须符合国家强制性标准，不得违背。

3.2 建筑装饰装修工程监理目标控制

工程监理单位要依据法律法规、工程建设标准、勘察设计文件、建设工程监理合同及其他合同文件，代表建设单位在施工阶段对建设工程质量、进度、造价进行控制，对合同、信息、安全进行管理，对工程建设相关方的关系进行协调，即"三控三管一协调"，同时还要依据《建设工程安全生产管理条例》等法规、政策，履行建设工程安全生产管理的法定职责。

3.2.1 建筑装饰装修工程质量控制

1. 建筑装饰装修工程质量控制的含义

1) 建筑装饰装修工程质量控制的目标

建筑装饰装修工程质量控制就是为了确保合同所规定的质量标准而进行的各项组织、管理工作和采取的一系列质量控制措施、手段和方法。其目标就是通过有效的控制手段和方法，在满足投资和进度要求的前提下，实现装饰装修工程预定的质量目标。

建筑装饰装修工程的质量首先必须符合国家现行的关于工程质量的法律、法规、技术标准和规范等的有关规定，尤其是强制性标准的规定。从这个角度讲，同类建筑装饰装修工程的质量目标具有共性，不因其业主、建造地点以及其他建设条件的不同而不同。

建筑装饰装修工程的质量目标又是通过合同加以约定的，其范围更广、内容更具体。任何建筑装饰装修工程相对于业主的需要而言，都有其特定的功能和使用价值，并无固定和统一的标准。从这个角度讲，建筑装饰装修工程的质量目标都具有个性。在建筑装饰装修工程的质量控制工作中，要注意对工程个性质量目标的控制，最好能预先明确控制效果定量评价的方法和标准。对于合同约定的质量目标，必须保证其不得低于国家强制性质量标准的要求。

2) 系统控制

建筑装饰装修工程质量控制的系统控制应考虑：①避免不断提高质量目标的倾向；②确保基本质量目标的实现；③尽可能发挥质量控制对投资目标和进度目标的积极作用。

3) 全过程控制

建筑装饰装修工程总体质量目标的实现与工程质量的形成过程息息相关，因而必须对工程质量实行全过程控制。监理工程师应当根据装饰装修工程各阶段质量控制的特点和重点，确定各阶段质量控制的目标和任务，以便实现全过程质量控制。

4)　全方位控制

对建筑装饰装修工程质量进行全方位控制应从以下几方面着手：①对装饰装修工程的所有内容进行质量控制。②对装饰装修工程质量目标的所有内容进行控制。要特别注意对设计质量的控制，要尽可能做多方案的比较。③对影响建筑装饰装修工程质量目标的所有因素(人、机械、材料、方法和环境五个方面)进行控制。

5)　质量控制的特殊问题

在质量控制方面应注意以下特殊问题。

(1)　对建筑装饰装修工程质量实行三重控制，即实施者自身的质量控制、政府对工程质量的监督、监理单位的质量控制。对于建筑装饰装修工程质量，加强政府的质量监督和监理单位的质量控制是非常必要的，但决不能因此而淡化或弱化实施者自身的质量控制。

(2)　工程质量事故处理。在实施装饰装修监理的工程上，减少一般性工程质量事故，杜绝重大工程质量事故，应当说是最基本的要求。为此，不仅监理单位要加强对工程质量事故的预控和处理，而且要加强工程实施者自身的质量控制，把减少和杜绝工程质量事故的具体措施落实到工程实施过程之中，并落实到每一工序之中。

> **注意**　引例中建设单位负责采购一批门窗，供货方提供了质量合格证，但在使用前的抽检试验中材质检验不合格。监理工程师应该拒绝签认，让材料供应商提供合格产品。

2．施工阶段监理质量控制的内容

施工阶段监理质量控制的内容如表 3.1 所示。

表 3.1　施工阶段监理质量控制的内容

施工阶段		质量控制内容
准备阶段		①熟悉施工图纸、设计文件和施工合同等监理依据；②参加设计交底；③审查施工组织设计(方案)；④审查质量管理体系；⑤审查分包单位资质；⑥查验测量放线；⑦审查开工条件；⑧签发开工报告；⑨第一次工地例会
施工过程	事前	①质量控制点的设置；②作业技术交底的控制；③进场材料构配件的质量控制；④环境状态的控制；⑤施工机械设备性能及工作状态的控制；⑥施工测量及计量器具性能、精度的控制；⑦现场劳动组织及作业人员上岗资格的控制
	事中	①承包单位自检与专检工作的监控；②技术复核工作监控；③见证取样送检工作的监控；④见证点和截止点的实施控制；⑤现场配制半成品的级配管理质量监控；⑥计量工作质量监控；⑦质量记录资料的监控；⑧工地例会的管理；⑨停、复工令的实施；⑩基体(基层)验收；⑪工程变更控制
	事后	①隐蔽工程验收；②工序交接验收；③检验批、分项、分部工程的验收；④单位工程或整个工程项目的竣工验收；⑤成品保护；⑥质量事故问题的处理

3.2.2 建筑装饰装修工程进度控制

1. 建筑装饰装修工程进度控制的含义

1) 装饰装修工程进度控制的目标

建筑装饰装修项目的进度控制是指对装饰装修项目各阶段的工作内容、工作程序、持续时间和逻辑关系编制计划,将该计划付诸实施,在实施过程中经常检查实际进度是否按计划要求进行,对出现的偏差分析原因,采取补救措施或调整、修改原计划,直至工程竣工,交付使用。进度控制的最终目标是确保进度目标的实现。装饰装修工程进度控制的目标可以表达为:通过有效的进度控制工作和具体的进度控制措施,在满足投资和质量要求的前提下,使装饰装修工程实际工期不超过计划工期,或整个建筑装饰装修工程按计划的时间使用。

进度控制的目标能否实现,主要取决于处在装饰装修工程网络计划图关键线路上的工作内容能否按预定的时间完成。同时要防止非关键线路上的延误而成为关键线路的情况。非关键线路上的工作工期延误的严重程度对进度目标的影响程度不一定具有直接的联系,更不存在某种等值或等比例的关系,这是进度控制与投资控制的重要区别。

2) 系统控制

在采取进度控制措施时,应当在考虑三大目标对立统一的基础上,明确进度控制目标,包括总目标和各阶段、各部分的分目标。监理工程师应根据业主的委托要求,科学、合理地确定进度控制目标。根据工程进展的实际情况和要求以及进度控制措施选择的可能性,有以下三种处理方式。

(1) 在保证进度目标的前提下,将对投资目标和质量目标的影响减少到最低程度。

(2) 适当调整进度目标,不影响或基本不影响投资目标和质量目标。

(3) 介于上述两者之间。

3) 全过程控制

关于进度控制的全过程控制,要注意以下三方面问题。

(1) 在建筑装饰装修工程的早期就应当编制进度计划。整个建筑装饰装修工程的总进度计划包括的内容很多,除了施工之外,还包括前期工作(如拆除、施工场地准备等)、设计、材料和设备采购、动用前准备等。应当按"远粗近细"的原则编制业主方整个建筑装饰装修工程的总进度计划。越早进行控制,进度控制的效果越好。

(2) 在编制进度计划时要充分考虑各阶段工作之间的合理搭接。合理确定具体的搭接工作内容和搭接时间,也是进度计划优化的重要内容。

(3) 抓好关键线路的进度控制。

4) 全方位控制

对进度目标进行全方位控制要从以下几个方面考虑。

(1) 对组成整个项目的所有构成部分的进度都要进行控制。

(2) 对整个建筑装饰装修工程所有工作内容都要进行控制。

(3) 对影响进度的各种因素都要进行控制,注意各方面工作进度对施工进度的影响。

5)　进度控制的特殊问题

在建筑装饰装修工程三大目标控制中，组织协调对进度控制的作用尤为突出且最为直接。关于如何做好组织协调工作，在第 2 章中已作了阐述。

2．施工阶段监理进度控制的工作内容

施工阶段监理进度控制的工作内容如表 3.2 所示。

表 3.2　施工阶段监理进度控制的工作内容

施工阶段	进度控制内容
事前	①编制施工进度计划控制工作细则；②审核施工总进度计划和阶段性施工进度计划；③下达工程开工令
事中	①监理施工进度计划的实施；②组织现场协调会；③签发工程进度款支付凭证；④审批工程延期；⑤向业主提供进度报告；⑥督促施工单位整理技术资料
事后	①审批竣工申请报告，协助组织竣工验收；②整理工程进度资料；③处理争议和索赔；④工程移交

注意　引例中监理工程师应该如何处理施工进度严重滞后问题在本节中可以得到答案。

3.2.3　建筑装饰装修工程投资控制

1．建筑装饰装修工程投资控制的含义

1)　建筑装饰装修工程投资控制的目标

建筑装饰装修工程投资控制的目标，就是通过有效的投资控制工作和具体的投资控制措施，在满足进度和质量要求的前提下，力求使装饰装修工程实际投资不超过计划投资。

"实际投资不超过计划投资"可能表现为以下几种情况。

(1)　在投资目标分解的各个层次上，实际投资均不超过计划投资。

(2)　在投资目标分解的较低层次上，实际投资在有些情况下超过计划投资，在大多数情况下不超过计划投资，因而在投资目标分解的较高层次上，实际投资不超过计划投资。

(3)　实际总投资未超过计划总投资，在投资目标分解的各个层次上，都出现实际投资超过计划投资的情况，但在大多数情况下实际投资未超过计划投资。

2)　系统控制

投资控制不是单一目标控制。投资控制是针对整个装修目标系统所实施的控制活动的一个组成部分，在实施投资控制的同时需要考虑质量和进度目标。不能简单地把投资控制理解为将装饰装修项目实际发生的投资控制在计划投资的范围内。这就要求监理工程师认真分析业主对项目的整体要求，做好投资、进度和质量三方面的反复协调工作，力求优化，做到三大控制的有机配合。在采取某项投资控制措施时，要考虑这项措施是否能对其他目标控制产生不利的影响。

3)　全过程控制

所谓全过程，是指建筑装饰装修工程实施的全过程。建筑装饰装修工程的实施阶段包

括设计阶段(含设计准备)、招标阶段、施工阶段以及竣工验收和保修阶段。在这几个阶段中都要进行投资控制,但从投资控制的任务来看,主要集中在前三个阶段。

虽然建筑装饰装修工程的实际投资主要发生在施工阶段,但节约投资的可能性却主要在施工以前的阶段,尤其是在设计阶段。在明确全过程控制的前提下,还要特别强调早期控制的重要性,越早进行控制,投资控制的效果越好,节约投资的可能性越大。如果能实现装饰装修工程全过程投资控制,效果应当更好。

4) 全方位控制

装饰装修项目投资一般是指进行某项装修花费的全部费用,即该装饰装修项目有计划地进行固定资产再生产和形成最低量流动资金的一次性费用总和。对投资目标进行全方位控制包括两种含义:一是对按工程内容分解的各项投资进行控制,即对单项工程、单位工程、分部分项工程的投资进行控制;二是对按总投资构成内容分解的各项费用进行控制,即对建筑安装工程费用、设备和工器具购置费用以及工程建设其他费用等都要进行控制。通常,投资目标的全方位控制主要是指上述第二种含义。监理工程师要对总投资进行控制,应该把在装修全过程的各个环节各个方面的全部费用都纳入控制的范围。对项目投资要实施多方面的综合控制。全面地对项目投资进行控制是装修监理控制的重要特点之一。

在对建筑装饰装修工程投资进行全方位控制时,应注意以下几个问题:①认真分析建筑装饰装修工程及其投资构成的特点,了解各项费用的变化趋势和影响因素;②抓主要矛盾,有所侧重;③根据各项费用的特点选择适当的控制方式。

> **注意** 引例问题中施工承包单位应当在合同约定开工日期的前 7 天书面提出延期申请,总监理工程师 48 小时内未给予答复,视为同意,工期相应顺延。由于设计变更应未影响总工期;修改施工组织设计本身就是施工单位的责任,总监理工程师不应同意工期顺延。
>
> 在施工过程中施工单位发现部分图纸设计不当,提出建议随即报告总监,提出工程变更索赔报告。监理工程师对施工单位的索赔报告是否同意,要根据索赔成立的条件具体确定。以上两个问题将在第 7 章中进行详细介绍。引例中监理单位要求施工承包单位补充施工组织设计中有关安全措施的内容的做法是正确的。因为安全监理是监理工程师的一项重要职责,详见 3.3 节。

2. 施工阶段投资控制的内容

施工阶段投资控制的内容如表 3.3 所示。

表 3.3 施工阶段投资控制的内容

施工阶段	投资控制内容
准备阶段	风险分析
施工过程	投资计划与控制、工程计量和支付管理、工程变更管理、索赔管理、竣工结算

3.3　安全生产管理监理工作

3.3.1　安全生产概述

由于安全涉及的责任一般比较大，因此施工合同的安全管理是建设工程参与各方都非常关心的。《建设工程安全生产管理条例》于 2004 年 2 月 1 日起施行，该条例依据《建筑法》和《安全生产法》的规定进一步明确了建设工程安全生产管理基本制度。从此，我国建设工程安全管理的各方责任以法律的形式固定下来。

1．基本概念

安全生产是指在生产过程中保障人身安全和设备安全。其目的是：①在生产过程中保护职工的安全和健康，防止工伤事故和职业病危害；②在生产过程中防止其他各类事故的发生，确保生产设备的连续、稳定、安全运转，保护国家财产不受损失。

施工现场安全生产保证体系：由建筑装饰装修工程承包单位制定，为实现安全生产目标所需的组织机构、职责、程序、措施、过程、资源和制度。

安全生产管理目标是指建筑装饰装修工程项目管理机构制定的施工现场安全生产保证体系所要达到的各项基本安全指标。

安全检查是指对施工现场安全生产活动和结果的符合性和有效性进行常规的检测和测量活动。

2．安全生产控制的原则

安全生产控制应遵循以下原则："安全第一，预防为主"的原则；"以人为本、关爱生命，维护作业人员合法权益"的原则；职权与责任一致的原则。

3．建筑装饰装修工程安全生产责任主体

建筑装饰装修工程安全生产责任主体包括：①建设单位；②勘察单位；③设计单位；④施工承包单位；⑤工程监理单位；⑥与建筑装饰装修工程安全生产有关的单位。

以上单位都要依法承担建筑装饰装修工程安全生产责任。工程监理单位和监理工程师应当按照法律法规和工程建设强制性标准实施监理，并对建筑装饰装修工程安全生产承担监理责任。

4．工程监理单位的安全责任

项目监理机构应根据法律法规、工程建设强制性标准，履行建设工程安全生产管理的监理职责，并应将安全生产管理的监理工作内容、方法和措施纳入监理规划及监理实施细则。

工程监理单位的安全责任主要包括以下内容。

(1) 项目监理机构应审查施工单位现场安全生产规章制度的建立和实施情况，并应审查施工单位安全生产许可证及施工单位项目经理、专职安全生产管理人员和特种作业人员

的资格，同时应核查施工机械和设施的安全许可验收手续。

(2) 项目监理机构应审查施工单位报审的专项施工方案，符合要求的，应由总监理工程师签认后报建设单位。超过一定规模的危险性较大的分部分项工程的专项施工方案，应检查施工单位组织专家进行论证、审查的情况，以及是否附具安全验算结果。项目监理机构应要求施工单位按已批准的专项施工方案组织施工。专项施工方案需要调整时，施工单位应按程序重新提交项目监理机构审查。专项施工方案审查应包括下列基本内容：①编审程序应符合相关规定；②安全技术措施应符合工程建设强制性标准。

(3) 项目监理机构在实施监理过程中，发现工程存在安全事故隐患时，应签发监理通知单，要求施工单位整改；情况严重时，应签发工程暂停令，并应及时报告建设单位。施工单位拒不整改或不停止施工时，项目监理机构应及时向有关主管部门报送监理报告。

5. 监理单位的安全违法行为与法律责任

1) 违法行为

监理单位的安全违法行为主要包括如下内容。

(1) 未对施工组织设计中的安全技术措施或者专项施工方案进行审查的。此规定包含了三方面的含义：一是没有对施工组织设计进行审查；二是没有进行认真的审查；三是可能没有审查出导致安全事故发生的重要原因。因此，监理工程师对施工组织设计的审查应该是能够通过自己所掌握的专业知识进行详细的审查，应该做到满足安全条例和技术规定的要求，否则，按法律规定承担相应的监理责任。

(2) 发现安全事故隐患未及时要求施工承包单位整改或者暂时停止施工的。此条规定有两方面的含义：一是监理单位是否及时发现在施工中存在的安全事故隐患，包括不安全状态、不安全行为等；另一方面是发现了安全隐患是否及时要求施工承包单位整改或暂时停止施工。发现隐患，要及时整改，以避免或减少损失。

(3) 施工承包单位拒不整改或者不停止施工，未及时向有关主管部门报告的。发现安全隐患，及时要求施工承包单位立即整改或停止施工，而施工承包单位拒不执行的，应当立即向建设单位或者有关主管部门报告，否则监理单位依然要承担法律责任。具体操作以监理通知或工作纪要等书面文字为依据。

(4) 未依照法律、法规和工程建设强制性标准实施监理的。监理单位是建设单位在施工现场的监管者，不仅要对质量、进度和投资进行控制，还要增加对安全的控制，即对建筑装饰装修工程安全生产承担监理责任。监理单位未能依照法律、法规和工程建设强制性标准，对建筑装饰装修工程安全生产进行监理的，也要承担相应的法律责任。

2) 法律责任

(1) 行政责任。

对于监理单位的上述违法行为，首先应当责令限期改正；逾期未改正的，责令停业整顿，并处 10 万元以上 30 万元以下的罚款；情节严重的，降低资质等级，直至吊销资质证书；对于注册执业人员未执行法律法规和工程建设强制性标准的，责令停止执业 3 个月以上 1 年以下，情节严重的，吊销执业资格证书，5 年内不予注册；造成重大安全事故的，终身不予注册。

(2) 民事责任。

监理单位基于建设单位委托合同参加到工程建设中来，由于自身的违法行为，往往也是违约行为，损害了建设单位的利益，如果给建设单位造成损失，监理单位应当对建设单位承担赔偿责任。

(3) 刑事责任。

《中华人民共和国刑法》第一百三十七条规定：建设单位、设计单位、施工承包单位、工程监理单位违反国家规定，降低工程质量标准，造成重大安全事故的，对直接责任人员处 5 年以下有期徒刑或者拘役，并处罚金；后果特别严重的，处 5 年以上 10 年以下有期徒刑，并处罚金。

3.3.2　安全文明监理

安全文明监理是建设监理的重要组成部分，是对建筑施工过程中安全生产状况所实施的监督管理。把施工图纸上的各种线条在指定的地点变成事物，这个过程很复杂，涉及的范围广，考核的指标繁多，但其中有两个实质性的内容：一个是质量，另一个是安全。如果说质量是管物的，而安全则是管人的。质量和安全是工程建设中永恒的主题。如果说质量是业主所追求的最终目标，那么安全则是实现这一目标的基本环境条件，而安全文明监理则是这一环境条件的保护神。

1. 安全文明监理的任务

在施工过程中，凡是与生产有关的人、单位、机械、设备、设施、工具等都与安全生产有关。安全生产涉及施工现场所有的人、物和环境，安全工作贯穿了施工生产的全过程。由于监理工作是对施工全过程进行监理的，无论建设单位是否委托安全监理，监理单位都要认真地研究它所包括的范围，并依据相关的建筑施工安全生产的法规和标准进行监督和管理。

安全文明监理的任务主要是贯彻落实国家安全生产方针政策，督促施工单位按照建筑施工安全生产法规和标准组织施工，消除施工中的冒险性、盲目性和随意性，落实各项安全技术措施，有效地杜绝各类安全隐患，杜绝、控制和减少各类伤亡事故，实现安全生产。

2. 安全文明监理的依据

安全文明监理的依据如下。

(1) 设计的施工说明书。

(2) 本工程委托安全监理合同书。

(3) 经过审定的施工组织中安全技术措施及单项安全施工组织设计。

(4) 《建筑施工安全检查评分标准》及其他建筑施工安全技术规范和标准。

(5) 企业或项目的安全生产规章制度。

(6) 安全生产责任制。

(7) 关于加强施工现场安全生产管理的若干规定。

(8) 施工现场防火规定。

(9) 有关安全生产的法令、法规、政策和规定。

3．安全文明监理的主要工作

安全文明监理的主要工作如下。

(1) 贯彻执行"安全第一，预防为主"的方针，国家现行的安全生产的法律、法规，建设行政主管部门的安全生产的规章和标准。

(2) 督促施工单位落实安全生产的组织保证体系，建立健全安全生产责任制。

(3) 督促施工单位对工人进行安全生产教育及分部、分项工程的安全技术交底。

(4) 审查施工方案及安全技术措施。

(5) 检查并督促施工单位，按照建筑施工安全技术标准和规范要求，落实分部、分项工程或各工序、关键部位的安全防护措施。

(6) 监督检查施工现场的消防工作、冬季防寒、夏季防暑、文明施工、卫生防疫等项工作。

(7) 定期组织安全综合检查，可按《建筑施工安全检查评分标准》进行评价，提出处理意见并限期整改。

4．安全文明监理方法

安全文明监理方法如下。

(1) 审查各类有关安全生产的文件。

(2) 审核进入施工现场各分包单位的安全资质和证明文件。

(3) 审核施工单位提交的施工方案和施工组织设计中安全技术措施。

(4) 工地的安全组织体系和安全人员的配备。

(5) 审核新工艺、新技术、新材料、新结构的使用安全技术方案及安全措施。

(6) 审核施工单位提交的关于工序交接检查，分部、分项工程安全检查报告。

(7) 审核并签署现场有关安全技术签证文件。

(8) 现场监督与检查。①日常现场跟踪监理。根据工程进展情况，安全监理人员对各工序安全情况进行跟踪监督、现场检查，验证施工人员是否按照安全技术防范措施和按规程操作。②对主要结构、关键部分的安全状况，除进行日常跟踪检查外，视施工情况，必要时可做抽检和检测工作。③对每道工序检查后，做好记录并给予确认。④如遇到下列情况，安全监理工程师可下达"暂时停工指令"：施工中出现安全异常，经提出后施工单位未采取改进措施或改进措施不合要求时；对已发生的工程事故未进行有效处理而继续作业时；安全措施未经自检而擅自使用时；擅自变更设计图纸进行施工时；使用没有合格证明的材料或擅自替换、变更工程材料时；未经安全资质审查的分包单位的施工人员进入现场施工时。

5．安全与文明监理控制措施

安全与文明监理控制措施如下。

(1) 总监理工程师负责整个工程的安全文明施工管理。各专业监理工程师负责本专业的安全监理，对日常安全文明施工进行监督管理。每周组织安全文明巡视，对违章情况进行处罚。每月形成《安全月报》，对安全文明施工情况进行评估。每位工程师均具有安全文明施工管理责任。

(2) 督促并定期检查承建商贯彻实施国家及省、市关于安全文明施工的规定。

(3) 督促承建商每周召开一次安全文明施工职工教育会，做到警钟长鸣。

(4) 监督承建商在施工现场配备足够的消防器材、安全器材，如灭火器、安全带等。

(5) 公司安全部每月组织一次安全文明施工检查评比，通过交流学习和讲评，不断提高项目监理部安全文明施工管理水平。

(6) 制定《现场施工奖罚管理办法》，规定现场平面布置、安全文明施工、成品半成品保护规定的标准；并对参加会议、监理通知单的执行情况进行量化考核，做到监理依据充分，奖罚分明；约束总承建商和独立分包商或分包商的安全文明施工。

(7) 实行工序交接单制度，交接单在哪一方，成品保护责任即在哪一方，做到成品保护责任分明，协调有依据。

(8) 积极组织项目参加安全文明施工评比，争创优良业绩。

(9) 临时用电监理管理。审核施工现场的临时用电设计方案，配电箱(柜)、线路敷设严格按照施工规范进行，并由专职电工 24 小时维护。

(10) 安全文明施工检查项目，严格按《中华人民共和国行业标准：建筑施工安全检查标准》及关于安全文明施工的有关规定执行，具体包括(但不限于)安全管理、文明施工、脚手架、三宝四口、施工用电、物料提升机与外用电梯、塔吊、超重吊装、施工机具等。

6．各阶段安全文明监理工作内容

1) 施工准备阶段的安全监理

(1) 严格审查施工单位的安全资质，具体如下。

① 营业执照、施工许可证、安全资质证书。

② 安全生产管理机构的设置及安全专业人员的配备等；特种作业人员的管理情况，包括机械作业人员(如塔吊司机、施工电梯操作工)、电工、电焊工、架子工、起重工等。

③ 安全生产责任制及管理网络。

④ 安全生产规章制度，各工种的安全生产操作规程。

⑤ 主要的施工机械、设备等的技术性能及安全条件。

⑥ 建筑安全监督机构对企业的安全业绩考评情况。

(2) 编制含有安全监理内容的监理规划和监理实施细则，制定安全监理程序。任何一个工程的工序或一个构件的生产都有相应的工艺流程，如果其中一个工艺流程未进行严格操作，就可能出现工伤事故，因此安全监理人员在对工程安全进行严格控制时，就要按照工程施工的工艺流程制定出一套相应的科学的安全监理程序，对不同的施工工序制定出相应的检测验收方法。在监理过程中安全监理人员应对监理项目做详尽的记录并填写表格。

(3) 调查可能导致意外伤害事故的其他原因。在施工开始之前，了解现场的环境、人为障碍，以便掌握障碍所在和不利环境的有关资料，及时提出防范措施。这里所指的障碍和不利环境着重是指图纸未表示的地下结构，如暗管、电缆及其他构造物，或者是建设单位需解决的用地范围内地表以上的电杆、树木、房屋及其他影响安全施工的构造物。当掌握这些可能导致工伤事故的因素后，就可以合理地研究制定监理方案和细则。

(4) 掌握新技术、新材料的工艺和标准。施工中采用的新技术、新材料，应有相应的技术标准和使用规范。安全监理人员根据工作需要与可能，可以对新技术、新材料的应用进行必要的了解与调查，以求及时发现施工中存在的事故隐患，并发出正确的指令。

(5) 审核安全技术措施。要对施工单位编制的安全技术措施和单项工程安全施工组织设计进行审查。施工单位对批准的安全技术措施应立即组织实施。对需修改的安全技术措施计划，施工单位修改后再报安全监理人员审查后，才能实施。

审查施工组织设计，安全方面重点审查以下项目：①是否针对本工程的特点，是否符合强制性标准，是否具有实际可操作性。②是否针对专业性较强的项目，编制相应的专项施工方案，如临时用电方案，脚手架搭、拆方案，起重吊装工程和钢结构安装工程。③对施工中可能危及相邻建筑物、构筑物、地下管线及高压电线安全的专项，是否编制专项防护措施方案。④季节性安全技术措施是否符合要求。⑤施工人员的安全教育培训方案。⑥总平面图中办公区、生活区、施工区的设置安全距离是否符合有关规定。⑦大型起重机械的安装分包单位应有资质证书，操作工人应有上岗证，拆装应有方案、隐蔽工程验收单、塔吊安全技术交底、安装验收合格证明、合格准用证书等。

(6) 施工单位开工时所必需的施工机械、材料和主要人员已达现场，并处于安全状态，施工现场的安全设施已经到位。

(7) 审查施工单位的自检系统。工程开工前应尽早督促施工单位进行安全教育，成立施工单位的安全自检系统，要求施工中的每一道工序必须由施工单位按安全监理规定的程序提供自检报告和报表。安全监理人员必须在工程实施过程中随时对施工单位自检人员的工作进行抽检，掌握安全情况，检查自检人员的工作质量。

(8) 施工单位的安全设施和设备(如吊篮、漏电开关、安全网等)在进入现场前的检验。安全监理人员应详细了解承包单位的安全设施供应情况，避免不符合要求的安全设施进入施工现场，造成工伤事故。

2) 施工现场检查

在施工现场应检查以下内容。

(1) 封闭管理，围挡、围栏是否符合有关要求。

(2) 平面布置图、临时设施、材料堆放、机具布置是否符合总平面要求。

(3) 施工机具安全防护设施和用电安全，是否符合安全规定。

(4) 消防通道及消防设施是否按要求设置。

(5) 临时用电、线路敷设、搭接、配电箱、开关盒的安全、防护是否符合规定。

(6) 现场安全标语、警示牌是否规范、齐全、醒目。

（7） 主要出入口、主要施工道路、外脚手架底和主要材料堆场的地面应做硬化处理，设置排水设施。

3） 施工期间的安全生产监理工作——事中控制

工程项目在施工阶段，安全监理人员要对施工过程的安全生产工作进行全面的监理。监理工程师应加强对施工现场的巡视和检查，并配合业主组织定期或不定期安全检查，检查和整改结果应作详细记录。主要包括以下内容。

（1） 对新进场和变换工作岗位的作业人员的安全教育培训。

（2） 安全用电、机电设备运转是否进行定期检修和保养。

（3） 安全防护，包括"三宝""四口"及临时防护是否符合规范要求。

（4） 分项工程施工前是否进行安全交底，要有交底记录。

（5） 施工单位的定期安全检查及专业性、季节性等各种形式的安全检查，检查是否有记录，安全隐患整改是否到位。

（6） 召开工地例会时，一定要讲评安全生产管理工作，并提出新的要求。

（7） 协助业主组织的安全生产管理工作检查、评定活动，应做好书面记录。

（8） 配合上级相关部门或主管部门来工地检查安全生产、文明工地活动，并将检查情况和结果作详细书面记录备案。

4） 安全监理资料管理

（1） 表式。

根据相关文件及表格进行安全监理资料汇总。

（2） 资料管理。

安全监理资料管理主要包括以下内容。

① 安全监理人员应在监理日记中记录当天施工现场安全生产和安全监理工作的情况，记录发现和处理的安全施工问题，总监应定期审阅并签署意见。

② 项目监理机构应增编安全监理月报表，对当月施工现场的安全施工状况和安全监理工作作出评述，报建设单位和安全监督部门。

③ 提倡使用音像资料记录施工现场安全生产重要情况和施工安全隐患，并摘要载入《安全监理月报》。

④ 安全监理资料必须真实、完整。

5） 竣工阶段监理工作

竣工阶段监理工作主要包括以下内容。

（1） 要有安全生产监理工作总结。

（2） 收集、整理好安全生产监理资料，整理归档。

本 章 小 结

建筑装饰装修工程的目标系统主要包括三大目标，它们之间是对立统一的关系，而每个目标的控制都有各自不同的工作内容、方法和控制要点，应当进行系统的、全过程、全方位的综合控制。为了实现三大控制目标，通常要辅以有效的合同管理、信息管理及安全管理，并需要协调好建筑装饰装修工程各方面的关系。要求学生在学习本章内容的同时，必须借助前面两章的知识和后面介绍的质量控制、进度控制以及投资控制和合同管理等方面的内容。这些都是工程监理工作的核心，学生在学习过程中应做到前后内容融会贯通，形成知识体系。

自 测 题

一、单选题

1. 监理单位对施工图纸的审核主要由(　　)负责组织。
   A. 项目技术负责人　　　　　　　　B. 监理单位技术负责人
   C. 总监理工程师　　　　　　　　　D. 专业监理工程师

2. 施工过程中，若出现需返工弥补的工程质量问题，监理工程师应及时(　　)。
   A. 签发监理通知　　　　　　　　　B. 签发工程暂停令
   C. 通知建设单位　　　　　　　　　D. 报告政府主管部门

3. 根据《建设工程施工合同(示范文本)》规定，当发生工程变更，原合同中又没有适用和类似于变更工程的价格时，变更工程的价格应(　　)。
   A. 由承包人和工程师共同提出，经业主批准后执行
   B. 由专业监理工程师提出，经业主确认后执行
   C. 由业主提出，经承包商同意后执行
   D. 由承包人提出，经工程师确认后执行

4. 监理单位接受建设单位委托进行工程设计监理时，为了有效地控制设计工作进度，应当(　　)。
   A. 编制工程设计作业进度计划　　　B. 审查设计进度计划的合理性和可行性
   C. 检查工程设计人员的专业构成情况　D. 编制工程设计阶段进度计划

5. 在建设工程施工阶段，监理工程师控制施工进度的工作内容包括(　　)。
   A. 编制施工进度控制工作细则　　　B. 编制施工准备工作计划
   C. 协助承包单位确定工程延期时间　D. 及时支付工程进度款

二、多选题

1. 监理工程师对施工过程的质量控制是指对(　　)的控制。
   A. 实际投入的生产要素质量　　　　B. 作业技术活动实施状态
   C. 作业技术活动实施结果　　　　　D. 竣工验收
   E. 最终产品的质量

2. 项目监理机构在建设工程投资控制中的主要任务包括(　　)。
   A. 对拟建项目进行市场调查和预测　B. 编制投资估算
   C. 编制与审查设计概算　　　　　　D. 评标定标
   E. 协助业主与承包商签订承包合同

3.　在建设工程施工阶段，为了减少或避免工程延期事件的发生，监理工程师应(　　)。

  A. 及时提供工程设计图纸   B. 及时提供施工场地

  C. 适时下达工程开工令   D. 妥善处理工程延期事件

  E. 及时支付工程进度款

4.　为了确保建设工程进度控制目标的实现，可采取的合同措施包括(　　)。

  A. 推行 CM 承发包模式   B. 对工期提前给予奖励

  C. 建立进度信息沟通网络   D. 公正地处理工程索赔

  E. 建立进度计划检查分析制度

5.　为了使施工进度控制目标更具科学性和合理性，在确定施工进度控制目标时应考虑的因素包括(　　)。

  A. 类似工程项目的实际进度   B. 工程实施的难易程度

  C. 工程条件的落实情况   D. 施工图设计文件的详细程度

  E. 建设总进度目标对施工工期的要求

三、思考题

1. 简述目标控制的内容，它们之间的辩证关系是什么？

2. 如何进行质量、进度、投资控制？具体措施是什么？

四、案例分析

【背景材料】

某宾馆装饰项目，建设单位委托监理单位承担施工阶段的监理任务，并通过公开招标选定甲施工单位作为施工承包单位。工程实施中发生了下列事件。

事件 1：开工前，设计单位组织召开了设计交底会。会议结束后，总监理工程师整理了一份"设计修改建议书"，提交给设计单位。

事件 2：为进一步加强施工过程质量控制，总监理工程师代表指派专业监理工程师对原监理实施细则中的质量控制措施进行修改，修改后的监理实施细则经总监理工程师代表审查批准后实施。

事件 3：现场墙面抹灰出现多条裂缝，经有资质的检测单位检测分析，认定是砂浆质量问题。对此，施工单位认为水泥厂家是建设单位推荐的，建设单位负有推荐不当的责任，应分担检测费用。

事件 4：建设单位接到政府安全管理部门将于 7 月份对工程现场进行安全施工大检查的通知后，要求施工单位结合现场安全施工状况进行自查，对存在的问题进行整改。施工单位进行了自查整改，向项目监理机构递交了整改报告，同时要求建设单位支付为迎接检查进行整改所发生的 0.8 万元费用。

【问题】

(1) 指出事件 1 中设计单位和总监理工程师做法的不妥之处，并写出正确做法。

(2) 事件 2 中，总监理工程师代表的做法是否正确？说明理由。

(3) 分别分析事件 3 和事件 4 中施工单位提出的要求是否合理，并说明理由。

第 4 章　建筑装饰装修工程质量控制

内容提要

本章主要介绍建筑装饰装修工程质量控制的依据、控制的方法和手段，主要子分部工程的施工工艺及流程、监理流程、质量控制要点及质量检验标准。

教学目标

- 掌握建筑装饰装修工程材料的性能、验收标准、施工工艺、操作方法和质量控制的要点。
- 了解建筑装饰工程与建筑设备工程配合的有关知识。
- 了解装饰材料、构造做法的关系，熟悉装饰工程相关法规及强制性条文。

项目引例

某 A 装饰公司承揽一大型宾馆的装修任务，由 B 单位进行施工阶段监理。在施工期间，A 单位将第 6～10 层中的第 8 层分包给 C 单位装修。其资质经监理公司审核已具备条件。施工中发生以下情况：A 单位购入一批给水排水用的塑料管材，长度约 2000 m，提供了合格证和材料检验报告的复印件。因工期紧，A 单位承诺资料过几天到，要求先使用材料。其间，C 单位借用管材 500 m，试水运行中因管材质量不合格，发生了渗透，水直接渗透到墙上，影响了墙体美观，要求返工，造成直接损失 3 万元。

分析思考

1. 材料报验缺哪些资料？
2. 此质量事故属于何种事故？应向哪些单位汇报？
3. 针对本事故的处理程序是什么？A、B、C 各单位应承担什么责任？

项目引例中的问题涉及质量控制的工作流程、质量控制的方法和手段，以及主要子分部工程的施工工艺及流程、质量控制要点、质量检验标准和监理工程师的质量控制职责。通过对本章内容的系统学习，上述问题就不难解决了。

4.1　建筑装饰装修工程质量与质量控制

GB/T 19000—2008(idt ISO 9000:2005)族标准中质量的定义是一组固有特性满足需求的程度。

对于定义可以理解如下。

(1) 质量不仅指产品质量，也可以是某项活动或工程的工作质量，还可以是质量管理体系运行的质量。质量是由一组固有特性组成的，这些固有特性是指满足顾客和其他相关方要求的特性，并由其满足要求的程度加以表征。

(2) 特性是指区分的特征。"固有的"(其反义是"赋予的")是指在某事或某物中本来就有的，尤其是那种永久的特性。

(3) 满足要求就是应满足明确规定的(如合同、规范、图纸中明确规定的)、通常隐含的(如组织的惯例、一般习惯)或必须履行的(如法律、法规、行规)需要和期望。要求可由不同的相关方提出。

(4) 术语"质量"可使用形容词(如差、好或优秀)来修饰。

(5) 顾客和其他相关方对产品过程或体系的质量要求是动态的、发展的和相对的。

4.1.1　建筑装饰装修工程质量

1. 建筑装饰装修工程质量的定义

建筑装饰装修工程是建筑工程中的一个重要分部工程或单位工程，因此，建筑装饰装修工程质量与建筑工程质量的定义相同，即是指建筑装饰装修工程满足业主需要的，符合国家法律、法规、技术规范标准、设计文件及合同规定的特性综合。

建筑装饰装修工程质量主要包括以下三个方面。

1) 建筑装饰装修工程项目实体质量

建筑装饰装修工程项目实体质量应包括工序质量、分项工程质量、分部工程质量和单位工程质量。

2) 功能和使用价值

建筑装饰装修工程的功能和使用价值的质量，体现在"性能、美观、舒适、环保、安全性和经济性"几方面。

- 性能：指装饰装修工程满足使用要求所具备的各种功能。功能具体表现为机械性能、结构性能、使用性能和外观性能四个方面。
- 美观：指装饰装修工程必须美观、漂亮，符合业主审美和设计效果及城市规划的要求。
- 舒适：指装饰装修工程必须满足人的感受性能，包括色彩、温度和高度等。
- 环保：指装饰装修工程必须满足环保要求，保证使用环境不产生有毒、有害的气体等，以免危害人身安全。
- 安全性：指装饰装修工程必须保证结构安全，保证人身和环境免受危害的程度。如抗震、耐火及防火能力。
- 经济性：指装饰装修工程在寿命周期内的费用(包括建造成本和使用成本)对经济性的要求，一是工程造价要低，二是维修费用要低。

3) 工作质量

工作质量是建筑装饰企业的经营管理工作、技术工作、组织工作和后勤工作等达到和提高工程质量的保证程度。工作质量可以概括为生产过程质量和社会工作质量两个方面。

(1) 生产过程质量主要是指思想工作质量、管理工作质量、技术工作质量、后勤工作质量等，最终反映在工序质量上，而工序质量受到人、设备、工艺、材料和环境五个因素的影响。

(2) 社会工作质量主要是指社会调查、质量回访、市场预测。

2. 影响建筑装饰装修工程质量的因素

1) 装饰装修工程建设各阶段对质量形成的作用与影响

(1) 装饰装修工程设计。装饰装修工程设计是决定装饰工程质量的关键环节,设计质量直接影响装饰效果。

(2) 装饰装修工程施工。装饰装修工程施工质量是形成实体质量的决定性环节。

(3) 竣工验收。竣工验收是装饰工程实体质量的最终保证。

2) 影响建筑装饰装修工程质量的因素

(1) 人的因素。

人的因素主要指领导者的素质,操作人员的理论、技术水平、生理缺陷、粗心大意、违纪违章等。施工时首先要考虑到对人的因素的控制,因为人是施工过程的主体,工程质量的形成受到所有参加工程项目施工的工程技术人员、操作人员、服务人员的共同作用,他们是影响工程质量的主要因素。

(2) 材料因素。

材料(包括原材料、成品、半成品、构配件)是工程施工的物质条件。材料质量是工程质量的基础,材料质量不符合要求,工程质量也就不可能符合标准。所以加强材料的质量控制,是提高工程质量的重要保证。影响材料质量的因素主要是材料的成分、物理性能、化学性能等。

(3) 方法因素。

施工过程中的方法包含整个建设周期内所采取的技术方案、工艺流程、组织措施、检测手段、施工组织设计等。施工方案正确与否,直接影响工程质量控制能否顺利实现。施工过程中,往往由于施工方案考虑不周而拖延进度,影响质量,增加投资。

(4) 机械设备。

施工阶段必须综合考虑施工现场条件、建筑结构形式、施工工艺和方法、建筑技术经济等选择施工机械的类型和性能参数,合理使用机械设备,正确地操作。

(5) 环境因素。

影响工程质量的环境因素较多,有气象、噪声、通风、振动、照明、污染等。环境因素对工程质量的影响具有复杂而多变的特点,如气象条件就变化万千,温度、湿度、大风、暴雨、酷暑、严寒等都直接影响工程质量,往往前一工序就是后一工序的环境,前一分项、分部工程也就是后一分项、分部工程的环境。因此,根据工程特点和具体条件,应对影响质量的环境因素,采取有效的措施严加控制。

此外,冬雨期、炎热季节、风季施工时,还应针对工程的特点,尤其是混凝土工程、土方工程、水下工程及高空作业等,拟定季节性保证施工质量的有效措施,以免工程质量受到冻害、干裂、冲刷等危害。同时,要不断改善施工现场的环境,尽可能减少施工所产生的危害对环境的污染,健全施工现场管理制度,实行文明施工。

3. 建筑装饰装修工程质量的特点

建筑装饰装修工程质量具有如下特点。

(1) 影响因素多。建筑装饰装修工程的形成阶段多,生产周期长,产生质量的影响因素多。

(2) 质量波动大。由于建筑装饰装修工程生产的单件性、流动性,没有固定的生产流水线、规范的生产工艺和完善的检测技术、成套的生产设备和稳定的生产环境,所以建筑装饰工程质量容易产生波动且波动大。

(3) 质量隐蔽性。施工过程中,分项工程交接多、中间产品多、隐蔽工程多,质量存在隐蔽性。因此,事后的表面检查,很难发现问题,这样就容易产生错误判断,即一类判断错误(将合格品判为不合格品)和二类判断错误(将不合格品判为合格品)。

(4) 终检的局限性。由于施工存在很多的隐蔽工程,竣工验收只能从表面上检查,很难发现问题。

4.1.2 质量控制

GB/T 19000—2008(idt ISO 19000:2005)族标准对质量控制的定义:质量管理的一部分,致力于满足质量要求。该定义可以从以下两方面理解。

(1) 质量控制是质量管理的重要组成部分,其目的是为了使产品、体系或过程的固有特性达到规定的要求,即满足顾客、法律、法规等方面提出的质量要求。

(2) 质量控制的工作内容包括了作业技术和活动,也就是包括专业技术和管理技术两个方面。围绕产品形成过程每一阶段的工作如何保证做好,应对影响其质量的人、料、机、法、环等因素进行控制,并对质量活动的成果进行分阶段验证,以便及时发现问题、查明原因,采取相应纠正措施,防止不合格发生。因此,质量控制应贯穿在产品形成和体系运行的全过程。每一个过程都有输入→转换→输出三个环节。通过对这三个环节实施有效控制,使对产品的质量有影响的各个过程处于受控状态,持续提供符合规定要求的产品才能得到保障。

1. 建筑装饰装修工程质量控制概述

建筑装饰装修工程质量控制是指致力于满足建筑装饰装修工程质量要求,也就是为了保证建筑装饰装修工程质量满足合同、规范标准所采取的一系列措施、方法和手段。

建筑装饰装修工程质量要求主要从建筑装饰装修工程合同、设计文件及效果图、技术规范标准规定的质量标准中得到表现。

建筑装饰装修工程质量控制分类如下。

1) 按实施主体不同分类

按实施主体不同,建筑装饰装修工程质量控制分为自控主体和监控主体。

自控主体是指直接从事质量职能的活动者。装饰装修设计单位、施工单位对建筑装饰装修工程质量实施的控制是内部的、纵向的,属自控主体。

监控主体是指对他人质量能力和效果的监控者。政府行政主管部门和监理企业对建筑装饰装修工程质量实施的控制是外部的、横向的,属监控主体。

2) 按质量形成过程分类

建筑装饰装修工程质量控制按质量形成过程分类,可分为设计阶段的质量控制、施工阶段的质量控制和竣工验收阶段的质量控制。

2．建筑装饰装修工程质量控制的原则

建筑装饰装修工程质量控制应遵循以下原则。

(1) 坚持质量第一的原则。

(2) 坚持以人为核心的原则,重点控制人的素质和人的行为,以人的工作质量来保证工程质量。

(3) 坚持预防为主的原则。

(4) 坚持质量标准的原则。

3．工程质量责任体系

1) 建筑装饰装修工程建设单位的质量责任

建筑装饰装修工程建设单位的质量责任如下。

(1) 根据建筑装饰装修工程特点和技术要求,按有关规定选择相应资质等级的设计、施工单位,在合同中必须有质量条款,明确质量责任,并提供有关资料。

(2) 根据建筑装饰装修工程特点,配备相应的质量管理人员。必须实行监理的,委托相应资质的监理单位进行监理。

(3) 负责办理建筑装饰装修工程相关的报建手续。

(4) 负责按照合同约定供应建筑装饰装修工程材料和设备,并承担质量责任。

2) 建筑装饰装修工程设计单位的质量责任

建筑装饰装修工程设计单位的质量责任如下。

(1) 在资质等级范围内承揽业务,不得转包或违法分包业务。

(2) 必须按照国家现行的有关规定、强制性标准和合同要求进行设计工作,对设计文件的质量负责。参与工程质量事故分析,负责向承包商进行设计交底,完成设计变更。

3) 建筑装饰装修工程施工单位的质量责任

建筑装饰装修工程施工单位的质量责任如下。

(1) 在资质等级范围内承揽业务,不得转包或违法发包。

(2) 对所承包的建筑装饰工程项目的施工质量负责。

(3) 必须按照设计文件、效果图和技术标准组织施工。

4) 工程监理单位的质量责任

工程监理单位的质量责任如下。

(1) 在资质等级范围内承揽业务,不得转让业务。

(2) 按照法律、法规以及有关的技术标准、设计文件和施工合同,与业主签订监理合同,对工程质量承担监理责任。

5) 建筑装饰装修材料及设备生产或供应单位的质量责任

建筑装饰装修材料及设备生产或供应单位对其生产或提供的材料及设备质量负责。

4.1.3 建筑装饰装修工程质量的政府监督管理

1. 监督管理体系

国务院建设行政主管部门对全国的建筑装饰装修工程质量实施统一监督管理。各级建设行政主管部门负责本行政区域建筑装饰装修工程质量的监督管理。各级行政主管部门对建筑装饰装修工程质量的监督管理具有权威性、强制性和综合性的特点。

2. 建筑质量的建设行政主管部门的管理职能

(1) 建立和完善建筑业管理的法律法规。

(2) 建立和落实工程质量责任制。其具体内容包括工程质量行政领导的责任、项目法定代表人的责任、参建单位法定代表人的责任和工程质量终身负责制度;对参与建设活动主体进行资格管理;对建筑装饰装修工程承包、发包进行管理;控制工程建设程序。

3. 工程质量管理制度

1) 施工图设计文件审查制度

建筑装饰装修工程设计文件审查是对设计质量监督管理的重要环节,是政府主管部门委托依法认定的设计审查机构,根据法律、法规、标准、规范,对设计文件进行结构安全和强制性标准、规范执行情况等进行的独立审查。

2) 工程质量监督制度

国家实行建设工程质量监督管理制度,各级建设行政主管部门依法成立建设工程质量监督机构,主要的工作任务如下。

(1) 根据建设单位的委托,受理建筑装饰装修工程质量监督。

(2) 制订质量监督方案及监督计划,并按照监督方案和监督计划实施监督。

(3) 检查施工现场参与建设的各方主体质量控制的行为、人员资格、质量体系的建立、责任制落实等。

(4) 检查工程实体质量。

(5) 监督验收程序及组织的合法性、验收结论的正确性。

3) 工程质量检测制度

工程质量检测机构是对建筑装饰装修工程、建筑构件、制品及现场所用的有关建筑材料、设备质量进行检测的法定单位,其出具的检测报告具有法律效力,法定的国家级检测机构出具的检测报告,在国内为最终裁定,在国外具有代表国家的性质。

4) 工程质量保修制度

建筑装饰装修工程质量保修期为两年。

4.2 建筑装饰装修工程施工阶段质量控制

4.2.1 概述

1. 建筑装饰装修工程施工质量控制的系统过程

建筑装饰装修工程施工阶段的质量控制是一个由对投入的资源和条件的质量进行控制，进而对生产过程及各环节质量进行控制，直到对所完成的产出品的质量检验与控制的全过程的系统控制过程。

(1) 按建筑装饰装修工程实体质量形成过程的时间阶段划分为施工准备阶段控制、施工过程控制和施工验收控制。

(2) 按建筑装饰装修工程实体形成过程中物质形态转化阶段划分为对投入的物质资源的控制、施工过程的质量控制和施工产出品质量的控制。

(3) 按建筑装饰装修工程项目施工层次划分为单位工程、分部工程、子分部工程、分项工程、检验批等层次。

2. 建筑装饰装修工程施工质量控制的依据

建筑装饰装修工程施工质量控制的依据如下。

(1) 建筑装饰装修工程施工合同文件。

(2) 建筑装饰装修工程设计文件。

(3) 法律法规性文件。

(4) 有关质量检验与控制的专门法规性文件。

① 工程项目施工质量验收标准。

- 《建筑工程施工质量验收统一标准》(GB 50300—2013)。
- 《建筑装饰装修工程质量验收规范》(GB 50210—2001)。
- 《民用建筑工程室内环境污染控制规范》(GB 50325—2010)。
- 《建筑地面工程施工质量验收规范》(GB 50209—2010)。
- 《建筑外墙防水工程技术规程》(JGJ/T 235—2011)。
- 《住宅装饰装修工程施工规范》(GB 50327—2001)。
- 《建筑涂饰工程施工及验收规程》(JGJ 29—2003)。
- 《金属与石材幕墙工程技术规范》(JGJ 133—2001)。
- 《玻璃幕墙工程质量检验标准》(JGJ/T 139—2001)。

② 有关工程材料、半成品和配件质量控制方面的专门技术法规性依据。

- 有关材料质量的技术标准。
- 有关材料或半成品等的取样、试验方法等方面的技术标准或规程。
- 有关材料验收、包装、标志方面的技术标准和规定。
- 控制施工作业活动质量的技术规程。
- 凡采用新工艺、新技术、新材料的工程，事先应进行试验，并应有权威性技术部

94

门的技术鉴定书及有关资料数据、指标，在此基础上制定有关的质量标准和施工工艺规程，以此作为判断和控制质量的依据。

3．施工质量控制的工作程序

施工质量控制的工作程序参见图 4.1。

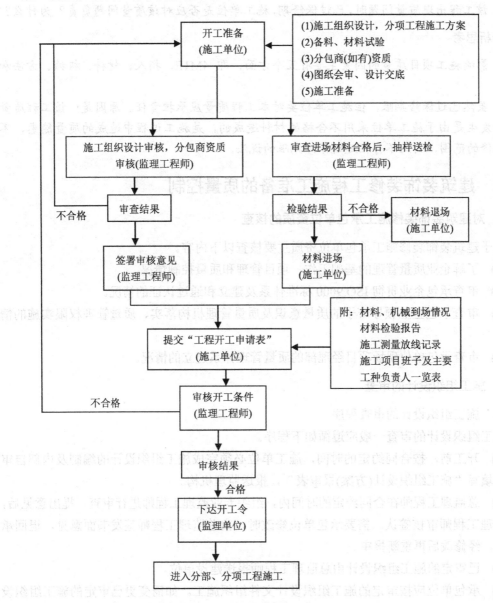

图 4.1　施工质量控制流程图

【课堂活动】

案情介绍

某装饰公司承接一宾馆的装饰装修施工任务，为了降低成本，项目经理通过关系购进廉价的暗装暖气管线，并对工地甲方和监理人员进行隐瞒，工程完工后，通过验收交付使用单位使用，过了保修期后的一个冬天，发现多处暖气管道漏水。

问题

1. 为避免出现质量问题，施工单位应事前对哪些因素进行控制？

2. 该工程出现质量问题时，已过保修期，施工单位是否应对该质量问题负责？为什么？

分析思考

1. 影响施工项目质量的因素主要有五个方面，即 4M1E，指人、材料、机械、方法和环境。

2. 虽然已过保修期限，但施工单位要对本工程质量应承担责任。原因是：该工程质量问题的发生是由于施工单位采用不合格的材料造成的，是施工过程中造成的质量隐患，不属于保修的范围，因此不存在超过保修期限的说法。

4.2.2 建筑装饰装修工程施工准备的质量控制

1．对建筑装饰装修施工承包单位资质的核查

关于建筑装饰装修施工承包单位资质主要核查以下内容。

(1) 了解企业质量管理的基础工作、项目管理和质量控制情况。

(2) 审查承包企业贯彻 ISO 9000 标准体系及建立和通过认证的情况。

(3) 审查承包企业领导班子的质量意识及质量管理机构落实、质量管理权限实施的情况等。

(4) 审查承包单位现场项目经理部的质量管理体系建立的情况。

2．施工组织设计的审查

1) 施工组织设计的审查程序

施工组织设计的审查一般应遵循如下程序。

(1) 开工前，按合同约定的时间，施工单位必须完成施工组织设计的编制及内部自审批准，填写"施工组织设计(方案)报审表"，报送监理机构。

(2) 总监理工程师在合同约定的时间内，组织专业监理工程师进行审查，提出意见后，由总监理工程师审核签认。需要承包单位修改时，由总监理工程师签发书面意见，退回承包单位，经修改后再重新报审。

(3) 已审定的施工组织设计由总监理工程师报送建设单位。

(4) 承包单位应按审定的施工组织设计文件组织施工。如需变更已审定的施工组织设计(施工方案)，实施前应将变更内容以书面形式报总监理工程师进行审核。

(5) 规模大、结构复杂或属新结构、新技术的工程，项目监理机构对施工组织设计审查后，还应报监理单位技术负责人审查，提出审查意见后由总监理工程师签发。

(6) 规模大、工艺复杂的工程或分期出图的工程，经建设单位批准后可分阶段报施工组织设计。

(7) 技术复杂或采用新技术的分项、分部工程，施工单位还应编制该分项、分部工程的施工方案，报项目监理机构审查。

2) 审查施工组织设计时应掌握的原则

审查施工组织设计时应掌握以下原则。

(1) 编制、审查和批准应符合规定程序。

(2) 应符合国家的技术政策，充分考虑承包合同规定的条件、施工现场条件的要求，突出"质量第一、安全第一"的原则。

(3) 施工组织设计具有可操作性，方案具有可行性、先进性。

(4) 质量管理和技术管理体系、质量保证措施是否健全且切实可行。

(5) 安全、环保、消防和文明施工措施是否切实可行并符合有关规定。

3. 现场施工准备的质量控制

1) 工程定位及标高基准控制

(1) 监理应要求承包商对建设单位给定的原始基准点、基准线和标高等控制点进行复核，并将结果报项目监理机构审核，经批准后测量放线，建立施工测量控制网。

(2) 施工单位复测施工测量控制网，由测量专业监理工程师进行复核。

2) 材料、构配件采购订货的控制

材料、构配件采购订货的控制程序如图 4.2 所示。

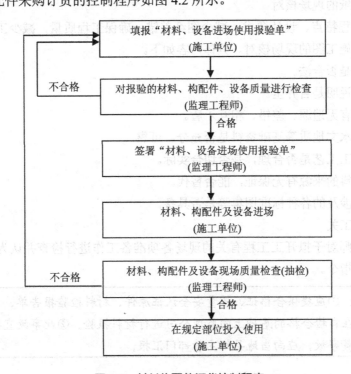

图 4.2　材料构配件订货控制程序

(1) 凡施工单位采购的材料、半成品或构配件，在采购订货前应向监理工程师申报；对重要的材料，还应提交样品，供试验或鉴定。有些材料则要求供货单位提交理化试验单，经鉴定认可后，方可订货采购。

(2) 半成品、构配件，应按审批认可的设计文件和图纸要求订货，质量应满足有关标准和设计的要求，交货时间应满足施工及安装进度安排。

(3) 选择好的供货厂家，大宗器材或材料应招标采购。

(4) 监理工程师应对半成品、构配件提出明确的质量要求、检测项目及标准。

(5) 质量文件必须齐全，如合格证、说明书、检验证明等。

3) 施工机械配置的控制

对进场的施工机械设备，应当审查其技术性能、工作效率、工作质量、可靠性及维修难易、能源消耗，以及安全等方面的内容。应当审查其是否按已批准的施工组织设计全部进场，审查其施工机械数量是否够用。

4) 分包单位资格的审核确认

分包单位资格应审核如下内容。

(1) 施工承包企业提交拟分包单位"分包单位资质报审表"。

(2) 监理审查"分包单位资质报审表"，主要审查施工承包合同是否允许分包，分包的范围和部位是否可进行分包，分包单位是否具有按工程承包合同规定的条件完成分包工程任务的能力。

(3) 对分包单位的施工能力进行实地考察或深入调查。

5) 施工图纸的现场核对

为了了解工程特点、设计要求，减少图纸差错，确保工程质量，减少工程变更，应要求施工单位做好施工图的现场核对。具体内容如下。

(1) 施工图是否合法。

(2) 图纸与说明是否齐全。

(3) 图纸中有无遗漏、差错、相互矛盾。

(4) 地质及水文地质等基础资料是否充分、可靠。

(5) 所提施工工艺是否合理，是否切合实际。

(6) 所需材料的来源有无保证，能否替代。

(7) 图中所涉及的各种标准图集等是否具备。

6) 严把开工关

总监理工程师对于拟开工工程有关的现场各项准备工作进行检查并认为合格后，方可发布书面的开工指令。

> **注意** 引例问题：①应提供合格证、质量安全认证原件、材料检验报告单、厂家营业执照。A单位应在自检合格的基础上向监理公司进行材料报验。②此事故直接损失3万元，为一般质量事故，应向当地县级主管部门汇报。

4.2.3 施工过程的质量控制

工程实体质量是在施工过程中形成的，而不是最后检验出来的。此外，施工过程中质量的形成受各种因素的影响最多，变化最复杂，质量控制的任务也最大，因此，要作为重点来控制。

施工过程是由工序所构成的，工序是人、料、机、法、环等因素对工程质量综合起作用的过程，所以对施工过程的质量监控，必须以工序质量控制为基础和核心。

施工过程质量控制的主要工作是以工序质量控制为核心，设置质量控制点，进行质量预控，严格质量检查和加强成品保护。

1. 作业技术准备状态的控制

作业技术准备状态的控制，是指各项施工准备工作在正式开展作业技术活动前，是否按预先计划落实到位，包括人、料、机、场所环境、通风、照明、安全设施等。作业技术准备状态的控制，应着重抓好表 4.1 所示的七个环节的工作。

表 4.1　作业技术准备状态的控制

(一)质量控制点的设置：为了保证作业过程质量而确定的重点控制对象、关键部位或薄弱环节	
选择的一般原则	①施工过程中的关键工序或环节隐蔽工程，如吊顶的吊杆安装等；②施工中的薄弱环节或质量不稳定工序、部位或对象，如涂饰工序；③对后续工程施工或对后续工序质量或安全有重大影响的工序、部位或对象；④采用新技术、新工艺、新材料的部位或环节；⑤施工上无足够把握的、施工条件困难的或技术难度大的工序或环节等
重点控制的对象	①人的行为；②物的状态；③关键的操作；④施工技术参数；⑤施工顺序；⑥技术间歇；⑦新工艺、新技术、新材料的应用；⑧产品质量不稳定、不合格率较高及易发生质量通病的工序；⑨易对工程质量产生重大影响的施工方法；⑩特殊地基或特种结构
质量预控及对策	①针对所设置的质量控制点或分部、分项工程，事先分析施工中可能发生的质量问题和隐患，分析可能产生的原因，并提出相应的对策，采用有效的措施进行预先控制，以防在施工中发生质量问题；②质量预控及对策的表达方式，主要有文字、表格形式、解析图形式表达，具体的形式和内容应根据工程性质来确定
(二)作业技术交底的控制	
作业技术交底	每一项分项工程开工前均要进行作业技术交底。作业技术交底是对施工组织设计或施工方案的具体化，施工单位工程项目部必须由主管技术的人员编制作业技术交底书，经项目总工程师批准后向作业班组进行技术交底，并做好记录
内容	分项工程施工方法、质量要求和验收标准、需注意的问题、针对可能出现的意外措施及应急方案
要求	对关键部位、技术难度大、施工复杂的检验批，分项工程施工前，承包单位的作业技术交底书要报监理工程师
(三)进场材料构配件的质量控制	
①凡运到现场的原材料、半成品或构配件，进场前应向监理提交"进场材料、构配件(设备)报审表"，并附产品出厂合格证、技术说明书、规定检验项目的检验报告，确认合格后方可进厂；②进口材料的检查验收，应会同商检部门；③材料构配件存放条件的控制；④对于某些地方材料及现场配制的制品，一般要求承包单位事先进行试验，达到要求的标准方可施工	

(四)环境状态的控制

①施工作业环境的控制。如水、电供应，施工照明，安全防护，场地空间条件和通道，交通运输条件等。②施工质量管理环境的控制。施工企业质量管理体系和质量控制自检系统是否处于良好状态；企业组织结构、管理制度、检测制度、检测标准、人员配备是否完善；质量责任制是否落实。③现场自然环境条件的控制。冬期施工、高温施工、地下水位处施工等是否有防范措施

(五)施工机械设备性能及工作状态的控制

施工机械设备的进场检查	进场前，应向监理报送进场设备清单，列出型号、规格、数量、技术性能、设备状况、进场时间。进场后监理工程师进行核对
机械设备工作状态的检查	监理工程师应当审查作业记录、保养记录，检查其工作状况，以确保进场设备的正常使用
特殊设备安全运行的审核	塔吊等有特殊安全要求的设备，须经当地劳动安全部门鉴定合格，方可投入使用

(六)施工测量及计量器具性能、精度的控制

监理工程师应对拟选的试验室的资格进行确认

对工地测量仪器的检查	施工测量开始前，承包单位应向监理提交测量仪器的型号、技术指标、精度等级、法定计量部门的标定证明、测量工的上岗证

(七)现场劳动组织及作业人员上岗资格的控制

现场劳动组织控制	劳动组织涉及从事作业活动的操作者及管理者，应当建立健全管理制度
操作人员	人员的数量、工种配套情况
管理人员	负责人、质检、安全、测量、材料、试验人员必须在岗，熟悉岗位职责、安全、消防、环保和检测试验规定
作业人员上岗资格	从事特殊作业的人员，如电焊工、电工、起重工、架子工等，必须持证上岗

2．作业技术活动过程和结果的控制

作业技术活动过程的控制内容参见表 4.2。作业技术活动结果的控制内容参见表 4.3。作业活动结果泛指作业工序的产品，分项、分部工程的已完工程及已完工准备交验的单位工程。

3．施工过程中的质量控制手段

施工过程中的质量通过如下手段进行控制。

(1) 审核技术文件、报告和报表。

(2) 指令文件与一般管理文书。

(3) 现场监督和检查。

(4) 规定质量监控工作程序。

(5) 利用支付手段进行质量控制。

表 4.2 作业技术活动过程的控制

(一)承包单位自检与专检工作的监控	
承包单位的自检系统	①作业活动的作业者在作业结束后必须自检；②不同工序交接、转换必须由相关人员交接检查；③承包单位专职质检员的专检
监理的检查与验收	
(二)技术复核工作监控	
凡涉及施工作业技术活动基准和依据的技术工作，都应严格进行由专人负责的复核性检查，以避免基准失误给整个工程质量带来难以补救的或全局性的危害。常见的施工测量复核有：定位测量、楼层轴线检测、楼层层高传递测量、场地控制测量、垂直测量、沉降观测等	
(三)见证取样送检工作的监控	
1.见证取样的工作程序	①承包商选择有资格的试验室，由监理工程师考察确定；②业主将落实的试验室和见证取样的监理工程师到质监站备案；③承包单位在对进场材料、试块、钢筋接头等实施见证取样前通知见证取样工程师现场见证取样；④完成取样后，承包人将样品装入箱中，见证取样工程师加封，或贴上专用标签送试验室
2.实施见证取样的要求	①试验室要具有相应资质，并且是和承包商没有经济关系的第三方。②见证取样工程师要具有材料、试验方面的知识；见证取样的频率，按照规定执行；见证取样的数量，包括在承包人自检范围内，一般所占比例为30%；见证取样的试验费由承包人承担。见证取样，绝不代替承包人应对材料、构配件进场时必须进行的自检。③承包人的取样人一般为试验员或质检员。④送往试验室的样品，要填写"送验单"并加盖"见证取样"专用章，监理签字；⑤试验报告一式两份，承包人和监理各一份，作为归档资料
(四)见证点和停止点的实施控制	
1.见证点(或截留点或W点)	概念：凡是列为见证点的质量控制对象，在施工前，施工单位应提前通知监理人员在约定的时间内到现场进行见证和对施工实施监督。如果监理人员未到，施工单位有权施工。 监理实施程序：①施工单位应在到达某个见证点之前的一定时间内通知监理，说明时间，请监理人员届时到现场进行见证和监督；②监理收到通知后，应在"施工跟踪档案"上注明收到的时间并签字；③监理应按规定的时间到现场见证并签字确认；④如果监理未按时到达，施工单位可视为监理认可；⑤如果在此之前，监理已到过现场检查，并将意见写在"施工跟踪档案"上，则施工单位应在该意见旁写明已采取的措施，或者写明其某些具体意见
2.停止点(或待检点或H点)	概念：重要性高于见证点的质量控制点，通常是针对"特殊过程"或"特殊工序"而言。 特殊过程：是指该施工过程或工序的施工质量不易或不能通过其后的检验或试验而充分得到验证。 实施程序：①～③同上；④监理未到现场进行验收，施工单位则不能进行下一道工序的施工
(五)现场配制的半成品的级配管理质量监控	
1.拌和原材料的质量控制	现场配制的半成品，其原材料本身的质量必须符合相关标准的要求
2.材料配合比的审查	根据设计要求，承包人应委托经认定的试验室进行理论配合比设计，进行试配试验后，确认2～3个能满足要求的理论配合比提交监理审查，监理审查批准后实施

建筑装饰装修工程监理(第2版)

续表

3.现场作业的质量控制	①拌和设备状态及相关计量装置的检查；②投入的原材料是否与批准的配合比一致；③作业条件变化时是否及时调整配合比

(六)计量工作质量监控

①实施过程中使用的计量器具、检测设备的校准；②从事计量作业人员资格，如测量工、试验员等；③现场计量操作的控制

(七)质量记录资料的监控

施工单位应做好施工作业的相关记录，监理工程师应及时确认签署。质量记录包括：①施工现场质量管理检查记录资料；②工程材料质量记录；③施工过程作业活动质量记录资料

(八)工地例会的管理

工地例会是施工过程中参加建设项目的各方沟通情况、解决分歧、达成共识、作出决定的主要渠道，也是监理工程师进行现场质量控制的重要场所。通过例会，监理工程师检查分析质量、进度、投资等状况，指出存在的问题，承包人提出整改措施，并作出相应的保证

(九)停、复工令的实施

停工令	停工令必须由总监理工程师下达，监理企业承担由于下达停工令错误或不合理给施工单位造成的经济损失，总监理工程师应当合理、准确无误地使用停工令。这是监理工程师对质量控制的有效手段之一
	条件：①施工中存在重大隐患，可能造成质量事故或已经造成质量事故；②承包人未经许可擅自施工或拒绝监理管理；③出现质量异常，经提出后，承包人未采取有效措施，或措施不力未能扭转者；④已发生质量问题迟迟未处理，或已发生质量问题，如不停工则质量问题继续发展；⑤未经监理同意，擅自修改图纸、变更设计者；⑥未经资质审查的人员或不合格人员进场者；⑦使用的原材料、构配件不合格或未经检验确认者，或擅自代用者；⑧擅自使用未经资质审查的分包商进场施工的
复工令	对下达停工令的分部、分项工程或部位，经整改达到要求后，承包人提交"复工申请"并附证明材料，监理工程师进行审核确认，经审核同意后签署"复工申请"

表4.3 作业技术活动结果的控制

(一)控制内容		
1.基体(基层)验收	为了明确基体(或基层)的作业者的责任，在装饰工程开工前，应当由业主组织责任双方及监理工程师对基体(或基层)进行检查验收确认并做好记录	
	验收参加人	勘察单位、设计单位、质量监督站、监理单位、施工单位及建设单位
2.隐蔽工程验收	要求	将被其后工程施工所隐蔽的分项、分部工程，在隐蔽前必须进行检查验收
	验收程序	施工完毕，经自检合格后填写"报验申请表"。监理对质量证明资料进行审查，并在规定的时间内与相关人员一起到现场检测或检查。符合质量要求，在"报验申请表"上签字确认，准予隐蔽，进入下一道工序；如不符合要求，签发"不合格通知单"指令整改，重复上面的程序进行报验

102

续表

3.工序交接验收	工序是指作业活动中一种必要的技术停顿、作业方式的转换及作业活动效果的中间确认，上道工序应满足下道工序的施工条件和要求。通过工序间的交接验收，使各工序间和相关专业工程之间形成一个有机整体。 不合格的处理：上道工序不合格，不准进入下道工序施工；不合格的材料、构配件、半成品不准进入施工现场且不能允许使用，已经进场的不合格品应及时做出标识、记录和隔离。不合格的工序或工程产品，不予计价	
4.检验批、分项、分部工程的验收	检验批的质量应按主控项目和一般项目验收。检验批完成后，承包人自检合格后，提交验收申请，监理检查确认，予以验收。存在质量问题，要求处理，自检合格后予以重验。对涉及结构安全和使用功能的重要分部工程应进行抽样检测	
5.单位工程或整个工程项目的竣工验收	一个单位工程完成后或整个工程项目完成后，施工单位先进行竣工自检；自检合格后，向监理机构提交"工程竣工报验单"，总监组织专业监理工程师进行竣工初验，合格后对承包单位的"工程竣工报验单"予以签认，并报建设单位	
6.成品保护	要求	成品保护是指在施工过程中，有些分项工程已经完成，而其他一些分项工程尚在施工；或者是在其分项工程施工过程中，某些部位已完成，而其他部位正在施工。此种情况下，承包人需对已完成部分进行保护，以免损坏或污染
	一般措施	①防护；②包裹；③覆盖；④封闭；⑤合理安排施工顺序

(二)作业技术活动结果检验程序与方法

检验程序	①实测；②分析；③判断；④认可
质量检验的方法	①目测法；②量测法；③试验法：理化试验、无损测试或检验
质量检验程度的种类	①全数检验；②抽样检验；③免检

【课堂活动】

案情介绍

某装饰公司承接一娱乐城的装饰装修施工任务，该工程地处闹市区，紧邻城市主干道，施工场地狭窄，主体22层，建筑面积为45 000 m^2。为了达到"预防为主"的目的，施工单位加强了施工工序的质量控制。

问题

1. 该项目工序质量控制的内容有哪些？
2. 针对该项目的工序质量检验包括哪些内容？
3. 质量控制点设置的原则和施工工序质量控制的步骤分别是什么？

分析思考

1. 该项目工序质量控制的主要内容有：①严格遵守工艺规程；②对工序活动条件实施主动控制；③及时检查工序活动效果的质量；④设置工序质量控制点进行预控。

2. 工序质量检验的主要内容是：依据具体的分项工程的质量标准，按照检验指标进行度量、比较、判定、处理、记录。

3. 质量控制点设置的原则和施工工序质量控制的步骤参见本节内容。

注意 引例问题3的处理程序：①向施工单位A下发"施工暂停令"，保护现场，不能进行下道工序施工。②要求事故发生单位向相应主管部门上报，并在24小时内写出书面报告。③监理公司在事故调查组展开工作后，应积极协助，客观地提供证据。④监理工程师接到处理意见后，责成相关单位提出技术处理方案，并予以签认。⑤技术方案确定后，要求施工单位制定深化施工方案。⑥施工单位完成自检后报验。⑦签发"工程复工令"，恢复正常施工。A单位负主要责任；B单位无责任；C单位向A单位借用材料，分包单位不负责任。

4.3 建筑装饰装修工程施工质量验收

4.3.1 验收的划分

建筑装饰装修工程按施工工艺和装修部位划分为10个子分部工程，33个分项工程，见表4.4。

表4.4 子分部工程及其分项工程划分表

项 次	子分部工程	分项工程
1	抹灰工程	一般抹灰，装饰抹灰，清水砌体勾缝
2	门窗工程	木门窗制作与安装，金属门窗安装，塑料门窗安装，特种门安装，门窗玻璃安装
3	吊顶工程	暗龙骨吊顶，明龙骨吊顶
4	轻质隔墙工程	板材隔墙，骨架隔墙，活动隔墙，玻璃隔墙
5	饰面板(砖)工程	饰面板安装，饰面砖粘贴
6	幕墙工程	玻璃幕墙，金属幕墙，石材幕墙
7	涂饰工程	水性涂料涂饰，溶剂型涂料涂饰，美术涂饰
8	裱糊与软包工程	裱糊，软包
9	细部工程	橱柜的制作与安装，窗帘盒、窗台板和散热器罩的制作与安装，门窗套制作与安装，护栏和扶手的制作与安装，花饰的制作与安装
10	建筑地面工程	基层，整体面层，板块面层，竹木面层

4.3.2 建筑工程施工质量验收

建筑工程施工质量的验收分为检验批的质量验收，分部、分项工程质量验收和单位工程质量验收。

1. 检验批的质量验收

1) 检验批合格质量规定

(1) 主控项目和一般项目的质量经抽样检验合格。

(2) 具有完整的施工操作依据、质量记录。

2) 检验批按规定验收

(1) 资料检查。

①图纸会审、设计变更、洽商记录。②材料、成品、半成品、建筑构配件、器具和设备的质量证明书及进场检(试)验报告。③工程测量、放线记录。④按专业质量验收规范规定的抽样检验报告。⑤隐蔽工程检查记录。⑥施工过程记录和施工过程检查记录。⑦新材料、新工艺的施工记录。⑧质量管理资料和施工单位操作依据等。

(2) 主控项目和一般项目的检查。

主控项目是对检验批基本质量起决定性影响的检验项目，因此必须全部符合有关专业工程验收规范的规定，这意味着主控项目不允许有不符合要求的检验结果，即这种项目的检查具有否决权。

(3) 检验批的抽样方案。

主控项目：对应于合格质量水平的α和β不宜超过5%。

一般项目：对应于合格质量水平的α和β，α不宜超过5%，β不宜超过10%。

抽样方案：

① 计量、计数或计量—计数等抽样方案。

② 一次、两次或多次抽样方案。

③ 根据生产连续性和生产控制稳定性等情况，可采用调整型抽样方案。

④ 对重要的检查项目需要采用简易快速的检验方法时，可选用全数检验方案。

⑤ 经实践检验有效的抽样方案。

(4) 检验批的质量验收记录。

2. 分项工程质量验收

分项工程质量验收合格应符合下列规程。

(1) 所含的检验批均应符合合格质量规定。

(2) 所含的检验批的质量验收记录应完整。

(3) 分项工程质量验收记录。

3. 分部(子分部)工程质量验收

(1) 分部(子分部)工程质量验收合格应符合以下规程。

①分部(子分部)工程所含分项工程的质量工程验收合格。②质量控制资料应完整。③地基与基础、主体结构和设备安装等分部工程有关安全及功能的检验和抽样检测结果应符合有关规定。④观感质量验收应符合要求。首先，分部工程的每分项工程必须已验收，且相应的质量控制资料文件必须完整，这是验收的基本条件。此外尚需增加以下两类检查：涉

及安全和使用功能的地基基础、主体结构、有关安全及重要使用功能的安装分部工程，应进行有关见证取样、送样试验或抽样检测。观感评价结论有一般、好、差三种，对于差的检查点应通过返修处理等进行补救。

(2) 分部(子分部)工程质量验收记录。

4. 单位(子单位)工程质量验收

(1) 单位(子单位)工程质量验收合格应符合下列规定。

① 单位(子单位)工程所含分部(子分部)工程的质量应验收合格。

② 质量控制资料应完整。

③ 单位(子单位)工程所含分部工程有关安全和功能的检验资料应完整。

④ 主要功能项目的抽查结果应符合相关专业质量验收规范的规定。

⑤ 观感质量验收应符合要求。

(2) 单位(子单位)工程质量竣工验收记录。

5. 工程施工质量不符合要求时的处理

工程施工质量不符合要求时应进行如下处理。

(1) 经返工重做或更换器具、设备的检验批，应重新进行验收。

(2) 经有资质的检测单位鉴定达到设计要求的检验批，应予以验收。

(3) 经有资质的检测单位鉴定达不到设计要求，但经原设计单位核算认可能满足结构安全和使用功能的检验批，可予以验收。

(4) 经返修或加固的分项、分部工程，虽然改变外形尺寸，但仍能满足安全使用要求，可按技术处理方案和协商文件进行验收。

(5) 通过返修或加固后仍不能满足安全使用要求的分部工程、单位(子单位)工程，严禁验收。

6. 建筑工程施工质量验收的程序和组织

1) 检验批及分项工程的验收程序和组织

由监理工程师(建设单位项目技术负责人)组织施工单位项目专业技术负责人(质检员和项目部技术负责人)等进行验收。

2) 分部工程验收程序与组织

由总监(建设单位项目负责人)组织施工单位项目负责人和技术、质量负责人等进行验收，地基基础、主体结构邀请勘查、建设单位工程项目负责人和施工单位技术、质量负责人参加验收。

3) 单位(子单位)工程的验收程序与组织

(1) 验收程序。

单位(子单位)工程的验收程序为：自检(填报验单)→报监理单位竣工资料→申请验收。

经项目监理机构对竣工资料及实物全面检查、验收合格后，由总监签署竣工报验单，并向建设单位提出质量评估报告。

(2)　正式验收。

建设工程竣工验收应当具备下列条件。

①完成建设工程设计和合同约定的各项内容。②有完整的技术档案和施工管理资料。③材料、构配件和设备的进场试验报告齐全。④有勘察、设计、施工、工程监理等单位分别签署的质量合格文件。⑤有施工单位签署的工程保修书。

【课堂活动】

案情介绍

某装饰公司承接一宾馆的装饰装修施工任务，竣工验收合格后投入使用。用户在使用中发现大会议室的吊顶掉落，幸好没有伤人。经检查发现吊顶的吊筋间距不符合规范要求，木龙骨没做防腐处理。经全面检查，凡吊顶工程都存在同样的质量问题。

问题

1.　该项目达到什么样的条件，方可竣工验收？

2.　试述工程质量验收的基本要求。

3.　该工程已交付使用，施工单位是否应对该质量问题负责？为什么？

分析思考

1.　验收条件：完成建设工程设计文件和合同规定的内容；有完整的技术档案和施工管理资料；有工程使用的主要建筑装饰装修材料、构配件和设备的进场试验报告；有勘察、设计、施工、监理等单位分别签署的质量合格文件。

2.　验收的基本要求：①质量应符合统一标准及相关专业验收规范的规定，应符合工程设计文件和合同规定的要求；②参加验收的各方人员应具备规定的资格；③质量验收应在施工单位自行检查评定合格的基础上进行；④隐蔽工程在隐蔽前应由施工单位通知有关单位进行验收，并形成验收文件；⑤涉及结构安全的试块、试件以及有关材料，应按规定进行见证取样检测；⑥检验批的质量应按主控项目和一般项目验收；⑦对涉及结构安全和使用功能的重要分部工程应进行抽样检测；⑧应对民用建筑工程及其室内装修工程的室内环境质量进行专项验收；⑨对室内承担见证取样检测及有关结构安全检测的单位应具备相应的资质；⑩工程的观感质量应由验收人员通过现场检查，并应共同确认。

3.　施工单位必须对该质量问题承担责任。原因是：该工程质量问题是由于施工单位在施工过程中未按施工规范的要求进行施工造成的。

4.4　主要分部、分项工程施工质量控制举例

4.4.1　抹灰工程

抹灰工程一般指一般抹灰、装饰抹灰、清水砌体勾缝等分项工程。

验收规范对抹灰工程做出的一般规定，主要有以下几方面。

1) 应检查的文件和记录

(1) 施工图、设计说明及其他设计文件。

(2) 材料的产品合格证书、性能检测报告、进场验收记录和复验报告。

(3) 隐蔽工程验收记录。

(4) 施工记录。

验收时通过对相关技术文件和记录的检查，可以客观地反映出施工单位是否按图施工，是否符合设计要求，材料的品质是否合格以及在施工过程中是否进行了质量控制。

2) 应检查验收的隐蔽工程项目

(1) 抹灰总厚度大于或等于 35 mm 时的加强措施。

(2) 不同材料基体交接处的加强措施。

3) 检验批的划分及检查数量的规定

(1) 相同材料、工艺和施工条件的室外抹灰工程每 500～1000 m² 划分为一个检验批，不足 500 m² 也划分为一个检验批。每个检验批每 100 m² 应至少抽查一处，每处不得小于 10 m²。

(2) 相同材料、工艺和施工条件的室内抹灰工程每 50 个自然间(大面积房间和走廊按抹灰面积 30 m² 为一间)划分为一个检验批，不足 50 间也划分为一个检验批。每个检验批至少抽查 10%，并不得少于 3 间；不足 3 间时应全数检查。

4) 施工要点

(1) 材料。抹灰用的石灰膏的熟化期不应少于 15 天；罩面用的磨细石灰粉的熟化期不应少于 3 天。当要求抹灰层具有防水、防潮功能时，应采用防水砂浆。

(2) 工序。抹灰前要待钢木门窗框、护栏等先行工作安装完毕，把主体上施工留下的孔洞堵塞密实等先行工作做好，再进行室外抹灰施工。

(3) 阳角做法。室内墙面、柱面和门洞口阳角做法应符合设计要求。设计无要求时，应采用 1∶2 水泥砂浆做暗护角，其高度不应低于 2 m，每侧宽度不应小于 50 mm。

(4) 保护。各种砂浆抹灰层，在凝结前应防止快干、水冲、撞击、振动、受冻。凝结后应采取措施防止玷污和损坏。水泥砂浆抹灰层应在湿润条件下养护。

5) 外墙和顶棚的抹灰层与基层之间及抹灰层之间必须黏结牢固

外墙和顶棚尤其是后者抹灰层脱落的质量事故频率很高，严重的会危及人身安全，要引起高度重视。顶棚为混凝土(包括预制混凝土)基体，用腻子抹平即可，不再在其基体表面抹灰。

1. 一般抹灰工程

一般抹灰工程指的是石灰砂浆、水泥砂浆、水泥混合砂浆、聚合物水泥砂浆和麻刀石灰、纸筋石灰、石膏灰等一般抹灰工程。一般抹灰工程分为普通抹灰和高级抹灰。当设计无要求时，一般抹灰工程的质量验收，按普通抹灰的质量要求验收。一般抹灰工程的允许偏差及检验方法见表 4.5；一般抹灰工程施工质量标准见表 4.6。

表 4.5　一般抹灰工程的允许偏差和检验方法

序　号	项　目	允许偏差/mm		检验方法
		普通抹灰	高级抹灰	
1	立面垂直度	4	3	用 2 m 垂直检测尺检查
2	表面平整度	4	3	用 2 m 靠尺和塞尺检查
3	阴阳角方正	4	3	用直角检测尺检查
4	分隔条(缝)直线度	4	3	拉 5 m 线,不足 5 m 拉通线,用钢尺检查
5	墙裙	4	3	拉 5 m 线,不足 5 m 拉通线,用钢尺检查

注:① 普通抹灰,第 3 项阴角方正可不检查;

　　② 顶棚抹灰,第 2 项表面平整度可不检查,但应平顺。

表 4.6　一般抹灰工程施工质量标准

项　次	项目内容	质量要求	检查方法
主控项目	基层表面	抹灰前基层表面的尘土、污垢、油渍等清除干净,应洒水润湿	检查施工记录
	材料品种和性能	一般抹灰所用材料的品种和性能应符合设计要求,水泥的凝结时间和安定性复验应合格,砂浆的配合比应符合设计要求	检查产品合格证书、进场验收记录、复验报告和施工记录
	操作要求	抹灰工程应分层进行,当抹灰总厚度大于或等于 35 mm 时,应采取加强措施。不同材料基体交接处表面的抹灰,应采取防止开裂的加强措施,当采用加强网时,加强网与各基体的搭接宽度应不小于 100 mm	检查隐蔽工程验收记录和施工记录
	各层黏结及面层质量	抹灰层与基层之间及各抹灰层之间必须黏结牢固,抹灰层应无脱层、空鼓,面层应无暴灰和裂缝	观察,用小锤轻击检查,检查施工记录
一般项目	表面质量	一般抹灰工程的表面质量应符合以下要求:普通抹灰表面应光滑、洁净、接槎平整,分格缝应清晰;高级抹灰表面应光滑、洁净、颜色均匀、无抹纹,分格缝和灰线应清晰美观	观察,手摸检查
	细部质量	护角、孔洞、槽、盒周围的抹灰表面应整齐,光滑管道后面的抹灰表面应平整	观察
	分层处理要求	抹灰层的总厚度应符合设计要求,水泥砂浆不得抹在石灰砂浆上,罩面石膏灰不得抹在水泥砂浆层上	检查施工记录
	分格缝	抹灰分格缝的设置应符合设计要求,宽度和深度应均匀,表面应光滑,棱角应整齐	观察,尺量检查
	滴水线(槽)	滴水线(槽)应整齐顺直,滴水线应内高外低,滴水槽的宽度和深度均应不小于 10 mm	观察,尺量检查

　　注:主控项目的第 4 条是检验抹灰层质量的关键项目,前 3 条是保证质量的主控措施。应该说,主控项目的第 4 条是综合控制的结果。

2. 装饰抹灰工程

装饰抹灰工程指的是水刷石、斩假石、干粘石、假面砖等装饰抹灰。

1) 主控项目及验收方法

装饰抹灰工程的质量要求与一般抹灰工程的质量要求相同，在保证装饰抹灰层黏结牢固，不出现空鼓、脱落、裂缝，故装饰抹灰工程主控项目及验收方法与一般抹灰工程完全一样。

2) 装饰抹灰工程的允许偏差及检验方法

装饰抹灰工程的允许偏差及检验方法见表4.7。装饰抹灰工程保证装饰效果的质量验收，反映在一般项目的有关标准中，见表4.8。

表 4.7　装饰抹灰工程的允许偏差和检验方法

项次	项目	允许偏差/mm				检验方法
		水刷石	斩假石	干粘石	假面砖	
1	立面垂直度	5	4	5	5	用2m垂直检测尺检查
2	表面平整度	3	3	5	4	用2m靠尺和塞尺检查
3	阳角方正	3	3	4	4	用直角检测尺检查
4	分格条(缝)直线度	3	3	3	3	拉5m线，不足5m拉通线，用钢直尺检查
5	墙裙、勒脚上口直线度	3	3	—	—	拉5m线，不足5m拉通线，用钢直尺检查

表 4.8　一般项目内容及验收要求

项次	项目内容	质量要求	检查方法
1	表面质量	①水刷石表面应石粒清晰、分布均匀、紧密平整、色泽一致，应无掉粒和接槎痕迹。②斩假石表面剁纹应均匀顺直、深浅一致，应无漏剁处；阳角处应横剁并留出宽窄一致的不剁边条，棱角应无损坏。③干粘石表面应色泽一致、不露浆、不漏粘，石粒应黏结牢固、分布均匀，阳角处应无明显黑边。④假面砖表面应平整、沟纹清晰、留缝整齐、色泽一致，应无掉角脱皮、起砂等缺陷	观察，手摸检查
2	分格条(缝)	装饰抹灰的分格条(缝)的设置应符合设计要求，宽度和深度应均匀，表面应平整光滑，棱角应整齐	观察
3	滴水线(槽)	有排水要求的部位应做滴水线(槽)，滴水线(槽)应整齐顺直，滴水线应内高外低，滴水槽的宽度和深度均应不小于10 mm	观察，尺量检查

3．清水砌体勾缝工程

清水砌体勾缝工程一般指清水砌体砂浆勾缝和原浆勾缝。主控项目主要检验的项目是材料的性能、强度，以及关系到影响使用功能的方面，如外墙面渗水等，如表 4.9 所示。

表 4.9　主控项目内容及验收要求

项　次	项目内容	质量要求	检查方法
主控项目	水泥及配合比	清水砌体勾缝所用水泥的凝结时间和安定性复验应合格，砂浆的配合比应符合设计要求	检查复验报告和施工记录
	勾缝牢固性	清水砌体勾缝应无漏勾，勾缝材料应黏结牢固、无开裂	观察
一般项目	勾缝外观质量	清水砌体勾缝应横平竖直，交接处应平顺，宽度和深度应均匀，表面应压实抹平	观察，尺量检查
	灰缝及表面	灰缝应颜色一致，砌体表面应洁净	观察

4.4.2　饰面板(砖)工程

饰面板(砖)工程一般指饰面板安装、饰面砖粘贴等。饰面板(砖)工程一般规定如下。

1)　应检查的文件和记录

(1)　饰面板(砖)工程的施工图、设计说明及其设计文件。

(2)　材料产品的合格证书、性能检测报告、进场验收记录和复验报告。

饰面板(砖)工程饰面材料包括：①木材饰面板(主要用于室内)；②石材，如花岗石、大理石、青石板、人造石材等；③瓷板，如面积不大于 $1.2\ m^2$、不少于 $0.5\ m^2$ 的抛光板、磨边板等；④金属板，如钢板、铝板等；⑤陶瓷面砖，如釉面瓷砖、外墙面砖、陶瓷锦砖、陶瓷壁画、劈裂砖等；⑥玻璃面砖，如玻璃锦砖、彩色玻璃面砖、釉面玻璃等。

(3)　后置埋件的现场拉拔检测报告。

(4)　外墙饰面砖样板件的黏结强度检测报告。

(5)　隐蔽工程验收记录。

(6)　施工记录。

2)　应对材料及其性能复验项目

(1)　室内用花岗石的放射性。天然花岗石的放射性超标情况比较多，会影响人的健康，故列为复验项目。室内用花岗石饰面，放射性指标限制主要为内照射指数(IRa)：A 类的小于或等于 1.0；B 类的小于或等于 1.3。

(2)　粘贴用水泥的凝结时间、安定性和抗压强度。

(3)　外墙陶瓷面砖的吸水率。

(4)　寒冷地区外墙陶瓷面砖的抗冻性。

(2)～(4)的规定，主要是为保证材料性能指标符合要求，确保安全和装饰效果。

3)　应对隐蔽工程验收的项目

(1)　预埋件(或后置埋件)。

建筑装饰装修工程监理(第 2 版)

(2) 连接节点。

(3) 防水层。

防水层是外墙面一道防水设防，防水层的质量达不到防水要求，会留下渗漏隐患，故列为验收项目。

4) 检验批的划分及检查数量

(1) 相同材料、工艺和施工条件的室内饰面板(砖)工程每 50 间(大面积房间和走廊按施工面积 30 m² 为一间)应划分为一个检验批，不足 50 间也应划分为一个检验批。每个检验批应至少抽查 10%，并不得少于 3 间；不足 3 间时应全数检查。

(2) 相同材料、工艺和施工条件的室外饰面板(砖)工程每 500～1000 m² 应划分为一个检验批，不足 500 m² 也应划分为一个检验批。每个检验批每 100 m² 应至少抽查一处，每处不得小于 10 m²。

5) 黏结强度的检验

外墙饰面砖粘贴前和施工过程中，均应在相同基层上做样板件，并对样板件的饰面砖黏结强度进行检验，其检验方法和结果判定应符合《建筑工程饰面砖黏结强度检验标准》(JGJ 110—2008)的规定。进行黏结强度检验，主要是为了保证黏结牢固。在样板件上做黏结强度检验，是考虑该检验方法为破坏性检验，破损饰面砖不易恢复。

6) 饰面板(砖)工程的检验

饰面板(砖)工程的抗震缝、伸缩缝、沉降缝等部位的处理应保证缝的使用功能和饰面的完整性。

(1) 饰面板安装工程的质量验收

① 指内墙饰面安装工程。

② 指外墙饰面安装工程(高度不大于 24 m，抗震设防烈度不大于 7 度)的质量验收。

(2) 饰面砖粘贴工程

饰面砖工程是指内墙饰面砖粘贴工程、外墙饰面砖粘贴工程(高度不大于 100 m，抗震设防烈度不大于 8 度)，并采用满贴法施工。

饰面板(砖)工程安装的允许偏差和检验方法见表 4.10。

饰面板(砖)安装和粘贴工程的质量控制与质量要求分别见表 4.11 和表 4.12。

表 4.10 饰面板(砖)安装的允许偏差和检验方法

项 次	项 目	允许偏差/mm							检验方法
		石 材			瓷板	木材	塑料	金属	
		光面	剁斧石	蘑菇石					
1	立面垂直度	2	3	3	2	1.5	2	2	用 2 m 垂直检测尺检查
2	表面平整度	2	3	—	1.5	1	3	3	用 2 m 靠尺和塞尺检查
3	阴阳角方正	2	4	4	2	1.5	3	3	用直角检测尺检查
4	接缝直线度	2	4	4	2	1	1	1	拉 5 m 线，不足 5 m 拉通线，用钢直尺检查
5	墙裙、勒脚上口直线度	2	3	3	2	2	2	2	
6	接缝高低差	0.5	3	—	0.5	0.5	1	1	用钢直尺和塞尺检查
7	接缝宽度	1	2	2	1	1	1	1	用钢直尺检查

表 4.11 饰面板(砖)安装的质量控制与质量要求

项 次	项目内容	质量控制与质量要求	检查方法
主控项目	应符合设计要求	①饰面板的品种、规格、颜色和性能；木龙骨、木饰面板和塑料饰面板的燃烧性能等级	观察，检查产品合格证书、进场验收记录和性能检测报告
		②饰面板孔、槽的数量、位置和尺寸	检查进场验收和施工记录
	预埋件	饰面板安装工程的预埋件(或后置埋件)、连接件的数量、规格、位置、连接方法和防腐处理必须符合设计要求。后置埋件的现场拉拔强度必须符合设计要求。饰面板安装必须牢固	手扳检查，检查进场验收记录、现场拉拔检测报告、隐蔽工程验收记录和施工记录
一般项目	外观质量	饰面板表面应平整、洁净、色泽一致，无裂痕和缺损。石材表面应无泛碱等污染	观察
	板嵌缝	饰面板嵌缝应密实、平直，宽度和深度应符合设计要求，嵌填材料色泽应一致	观察，尺量检查
	采用湿作业法施工要求	采用湿作业法施工的饰面板工程，石材应进行防碱背涂处理。饰面板与基体之间的灌注材料应饱满、密实 饰面板安装固定后，板与基体之间的空隙，要用水泥砂浆(1∶2.5)分层灌注，水泥砂浆水化时会析出氢氧化钙，渗透到石材表面后，使石材表面出现花斑，影响美观，故要在石材背面进行防碱封闭处理。 为了使灌注材料密实，要控制好稠度，每次灌注要控制高度(一般高度为 200~300 mm)，间隔(待初凝)分层灌注，轻捣轻敲	用小锤轻击检查、检查施工记录
	孔洞	饰面板上的孔洞应套割吻合，边缘应整齐	观察

表 4.12 饰面砖粘贴工程的质量控制与质量要求

项 次	项目内容	质量控制与质量要求	检查方法
主控项目	应符合设计要求	饰面砖的品种、规格、图案、颜色和性能	观察，检查产品合格证书、进场验收记录、性能检测报告和复验报告
		饰面砖粘贴工程的找平、防水、黏结和勾缝材料及施工方法应符合设计要求及国家现行产品标准和工程技术标准的规定	检查产品合格证书、复验报告和隐蔽工程验收记录
		满粘法施工的饰面砖工程应无空鼓、裂纹	观察；用小锤轻击检查
		饰面砖粘贴必须牢固	检查样板件黏结强度检测报告和施工记录

续表

项　次	项目内容	质量控制与质量要求	检查方法
一般项目	外观质量	饰面砖表面应平整、洁净、色泽一致，无裂痕和缺损	观察
	阴阳角搭接	阴阳角搭接方式、非整砖使用部位应符合设计要求。阴阳角的搭接，一般是大面搭小面，在同一墙面上饰面砖的排列不宜有一行以上的非整砖，非整砖应排在次要部位或阴角处	观察
	突出物周围	墙面突出物周围的饰面砖应整砖套割吻合，边缘应整齐。墙裙、贴脸突出墙面的厚度应一致	观察；尺量检查
	接缝	饰面砖接缝应平直、光滑，填嵌应连续、密实，宽度和深度应符合设计要求	观察；尺量检查
	滴水线(槽)	有排水要求的部位应做滴水线(槽)。滴水线(槽)应顺直，流水坡向应正确，坡度应符合设计要求。为了防止外墙面渗漏，在窗台、腰线阳角及滴水线处，正面粘贴面砖时，要往下突出 3 mm 左右	观察；用水平尺检查

4.4.3　吊顶工程

吊顶工程按施工工艺的不同，分为暗龙骨吊顶和明龙骨吊顶。吊顶工程一般有如下规定。

1) 应检查的文件和记录

(1) 吊顶工程的施工图、设计说明及其他设计文件。

(2) 材料的产品合格证书、性能检测报告、进场验收记录和复验报告。

(3) 隐蔽工程验收记录。

(4) 施工记录。

2) 材料的复验项目

复验项目是检验人造木板的甲醛含量。

3) 隐蔽工程验收项目

(1) 吊顶内管道、设备的安装及水管试压。

(2) 木龙骨防火、防腐处理。

(3) 预埋件或拉结筋。

(4) 吊杆安装。

(5) 龙骨安装。

(6) 填充材料的设置。

上列隐蔽工程验收项目，是为保证吊顶工程使用安全的必检项目，应提供由监理工程师签名的隐蔽工程验收记录。同一品种的吊顶工程每 50 间(大面积房间和走廊按吊顶面积 30 m^2 为一间)划分为一个检验批，不足 50 间也划分为一个检验批。每个检验批应至少抽查 10%，并不得少于 3 间；不足 3 间时应全数检查。

4)　应进行交接检验的项目

在安装龙骨前，应按设计要求对房间的净高、洞口标高和吊顶内管道、设备及支架的标高进行交接检验。

5)　材料的防护处理

(1)　吊顶工程中木吊杆、木龙骨和木饰面板必须进行防火处理。使用木质材料必须要做防火处理，以达到《建筑内部装修设计防火规范》(GB 50222—2015)的规定。顶棚装饰装修材料的燃烧性能必须达到 A 级或 B1 级要求。

(2)　吊顶工程中的预埋件、钢筋吊杆和型钢吊杆应进行防锈处理。

6)　吊杆的安装要求

吊杆距主龙骨端部距离不得大于 300 mm，当大于 300 mm 时，应增加吊杆。当吊杆长度大于 1.5m 时，应设置反支撑。当吊杆与设备相遇时，应调整并增设吊杆。

1．暗龙骨吊顶工程

暗龙骨吊顶工程一般指以轻钢龙骨、铝合金龙骨、木龙骨等为骨架，以石膏板、金属板、矿棉板、木板、塑料板或格栅等为饰面材料，隐蔽龙骨。

2．明龙骨吊顶工程

明龙骨吊顶工程一般指以轻钢龙骨、铝合金龙骨、木龙骨为骨架，以石膏板、金属板、矿棉板、塑料板、玻璃板或格栅等为饰面材料，不隐蔽龙骨。

暗、明龙骨吊顶工程安装的允许偏差和检验方法分别见表 4.13 和表 4.14。

表 4.13　暗龙骨吊顶工程安装的允许偏差和检验方法

项次	项目	允许偏差/mm				检验方法
		纸面石膏板	金属板	矿棉板	木板、塑料板、格栅	
1	表面平整度	3	2	2	2	用 2m 靠尺和塞尺检查
2	接缝直线度	3	1.5	3	3	拉线，不足 5 m 拉通线，用钢尺检查
3	接缝高低度	1	1	1.5	1	用钢直尺和塞尺检查

表 4.14　明龙骨吊顶工程安装的允许偏差和检验方法

项次	项目	允许偏差/mm				检验方法
		纸面石膏板	金属板	矿棉板	塑料板、玻璃板	
1	表面平整度	3	2	3	2	用 2m 靠尺和塞尺检查
2	接缝直线度	3	2	3	2	拉线，不足 5 m 拉通线，用钢尺检查
3	接缝高低度	1	1	2	1	用钢直尺和塞尺检查

暗、明龙骨吊顶工程质量控制与质量要求分别见表 4.15 和表 4.16。

表 4.15　暗龙骨吊顶工程质量控制与质量要求

项次	项目内容	质量控制与质量要求	检查方法
主控项目	符合设计要求的项目	①吊顶标高、尺寸、起拱和造型	观察，尺量检查
		②饰面材料的材质、品种、规格、图案和颜色	观察，检查产品合格证书、性能检测报告、进场验收记录和复验报告
		③吊杆、龙骨的材质、规格、安装间距及连接方式	观察，尺量检查，检查产品合格证书、性能检测报告、进场验收记录
	防腐、防火处理的材料	①金属吊杆、龙骨的表面要进行防腐处理	观察
		②木吊杆、龙骨要经过防腐、防火处理	观察，检查隐蔽工程验收记录
	安装要求	①吊杆、龙骨和饰面材料的安装必须牢固	观察，手扳检查，检查隐蔽工程验收记录和施工记录
		②石膏板的接缝应按其施工工艺标准进行板缝防裂处理。安装双层石膏板时，面层板与基层板的接缝应错开，不得在同一根龙骨上接缝	观察
一般项目	饰面材料表面质量	饰面材料表面应洁净、色泽一致，不得有翘曲、裂缝及缺损。压条应平直、宽窄一致	观察、尺量检查
	饰面板上的设备	饰面板上的灯具、烟感器、喷淋头、风口箅子等设备的位置应合理、美观，与翻面的交接应吻合、严密	观察
	金属吊杆、龙骨	金属吊杆、龙骨的接缝应均匀一致，角缝应吻合，表面应平整，无翘曲、锤印。木质吊杆、龙骨应顺直，无劈裂、变形	检查隐蔽工程验收记录和施工记录
	吊顶内填充吸声材料	吊顶内填充吸声材料的品种和铺设厚度应符合设计要求，并应有防散落措施	检查隐蔽工程验收记录和施工记录

表 4.16　明龙骨吊顶工程质量控制与质量要求

项次	项目内容	质量控制与质量要求	检查方法
主控项目	符合设计要求的项目	①吊顶的标高、尺寸、起拱和造型	观察，尺量检查
		②饰面材料的材质、品种、规格、图案和颜色	观察，检查产品合格证书、性能检测报告和进场验收记录
		③吊杆、龙骨的材质、规格、安装间距及连接方式	观察，尺量检查，检查产品合格证书、性能检测报告和进场验收记录

项　次	项目内容	质量控制与质量要求	检查方法
主控项目	防腐、防火处理的材料	①金属吊杆、龙骨应进行表面防腐处理 ②木龙骨应进行防腐、防火处理	观察，检查隐蔽工程验收记录
	安装要求	当采用玻璃板饰面时，应使用安全玻璃或采取可靠的安全措施	检查隐蔽工程验收记录
	饰面材料的安装应稳固严密	饰面材料与龙骨的搭接宽度应大于龙骨受力面宽度的 2/3	观察，尺量检查，检查产品合格证书、进场验收记录和隐蔽工程验收记录
	吊杆和龙骨安装	吊杆和龙骨必须安装牢固	手扳检查，检查隐蔽工程验收记录和施工记录
一般项目	明龙骨吊顶工程与暗龙骨吊顶工程的主要工艺的区别在于显露龙骨。除在饰面材料的使用上略有差异，表观质量和满足使用要求方面完全相同。一般项目的质量标准和检验方法见暗龙骨吊顶工程有关内容		

4.4.4　建筑地面工程

建筑地面工程是建筑物底层地面(地面)和楼层地面(楼面)工程的总称。根据《建筑工程施工质量验收统一标准》(GB 50300—2001)对建筑工程分部(子分部)工程的划分，其归属于建筑装饰装修工程分部的子分部工程。限于篇幅，这里仅介绍与装饰装修工程密切相关且常用的几种地面工程的质量控制。

1．基本规定

建筑地面工程的基本规定，主要是对其整体面层，板块面层，木、竹面层子分部工程及各归属的分项工程施工质量验收做出了共同性要求。基本规定对建筑地面子分部工程、分项工程的划分，材料的质量，施工工序、施工工艺、施工环境温度、施工质量的检验及检验方法诸方面做出了明确的要求。

1)　子分部工程、分项工程的划分

建筑地面子分部工程、分项工程的划分见表 4.17。

表 4.17　建筑地面子分部工程、分项工程划分表

分部工程		分项工程
建筑装饰装修工程	基层	基土、灰土垫层，砂垫层和砂石垫层，碎石垫层和碎砖垫层，三合土垫层，炉渣垫层，水泥混凝土垫层，找平层，隔离层，填充层
	整体面层	水泥混凝土面层、水泥砂浆面层、水磨石面层、水泥钢(铁)屑面层、防油渗面层、不发火(防爆的)面层
	板块面层	基土、灰土垫层，砂垫层和砂石垫层，碎石垫层和碎砖垫层，三合土垫层，炉渣垫层，水泥混凝土垫层，找平层，隔离层，填充层

续表

分部工程		分项工程
建筑装饰装修工程	板块面层	砖面层(陶瓷锦砖、缸砖、陶瓷地砖和水泥花砖面层)、大理石面层和花岗石面层、预制板块面层(水泥混凝土板块、水磨石板块面层)、料石面层(条石、块石面层)、塑料板面层、活动地板面层、地毯面层
	木、竹面层	实木地板面层(条材、块材面层)、实木复合地板面层(条材、块材面层)、中密度(强化)复合地板面层(条材面层)、竹地板面层

2) 材料质量

建筑地面工程采用的材料应按设计要求和规范的规定选用，并应符合国家标准的规定；进场材料应有中文质量合格证明文件、规格、型号及性能检测报告，对重要材料应有复验报告。整体面层铺设材料质量要求的举例见表 4.18。

表 4.18　整体面层铺设材料质量要求

项 目	说 明
水泥混凝土面层	①水泥：宜采用硅酸盐水泥、普通硅酸盐水泥或矿渣硅酸盐水泥，其强度等级应在 32.5 级以上。②砂：应选用水洗粗砂，含泥量应不大于 3%。③粗骨料：水泥混凝土采用的粗骨料最大粒径不大于面层厚度的 2/3，细石混凝土面层采用的石子粒径应不大于 15 mm
水泥砂浆面层	①水泥：宜采用硅酸盐水泥、普通硅酸盐水泥或矿渣硅酸盐水泥，其强度等级应在 32.5 级以上；不同品种、不同强度等级的水泥严禁混用。②砂：应选用水洗中、粗砂，当选用石屑时，其粒径为 1～5 mm，且含泥量应不大于 3%
水磨石面层	①水泥：宜采用硅酸盐水泥、普通硅酸盐水泥或矿渣硅酸盐水泥，其强度等级应在 32.5 级以上；不同品种、不同强度等级的水泥严禁混用。②石粒：应选用坚硬可磨白云石、大理石等岩石加工而成，石粒应清洁无杂物，其粒径除特殊要求外应为 6～15 mm，使用前应过筛洗净。③分格条：玻璃条(3 mm 厚平板玻璃裁制)或铜条(1～2 mm 厚铜板裁制)，宽度根据面层厚度确定，长度根据面层分格尺寸确定。④砂、草酸、白蜡等应符合要求。⑤颜料：应选用耐碱、耐光性强，着色力好的矿物颜料，不得使用酸性颜料，色泽必须按设计要求，水泥与颜料应一次进场

3) 施工工序

施工工序如下。

(1) 建筑地面下的沟槽、暗管等工程完工后，经检验合格并作隐蔽记录，方可进行建筑地面工程的施工。

(2) 建筑地面工程基层(各构造层)和面层的铺设，均应待其下一层检验合格后方可施工上一层。建筑地面工程各层铺设前与相关专业的分部(子分部)工程、分项工程以及设备管道安装工程之间，应进行交接检验。强调并做好工序的中间验收，是为了保证安装和土建的工程质量，以免造成返工。

(3) 各类面层的铺设宜在室内装修工程基本完工后进行。木、竹面层以及活动地板、塑料板、地毯面层的铺设，应在抹灰工程或管道试压等施工完后进行。

4)　建筑地面坡度的控制及附属工程的施工

(1)　铺设有坡度的地面应采用基土高差达到设计要求的坡度；铺设有坡度的楼面(或架空地面)应采用在钢筋混凝土板上变更填充层(或找平层)铺设的厚度或以结构起坡达到设计要求的坡度。

(2)　室外散水、明沟、踏步、台阶和坡道等附属工程，其面层和基层(各构造层)均应符合设计要求。施工时应按规范基层铺设中基土和相应垫层以及面层的规定执行。

(3)　水泥混凝土散水、明沟，应设置伸缩缝，其延米间距不得大于 10 m；房屋转角处应做 45° 的缝。水泥混凝土散水、明沟、台阶等与建筑物连接处应设缝(缝宽为 15～20 mm)处理，缝内填嵌柔性密封材料。

5)　建筑地面变形缝

建筑地面变形缝应按设计要求设置，并应符合下列规定。

(1)　建筑地面的沉降缝、伸缩缝和防震缝，应与结构相应缝的位置一致，且应贯通建筑地面的各构造层。

(2)　建筑地面的沉降缝和防震缝的宽度应符合设计要求，缝内清理干净，以柔性密封材料填嵌后用板封盖，并应与面层齐平。

6)　建筑地面镶边

建筑地面镶边，应符合设计要求，如无设计要求时，应符合下列规定。

(1)　有强烈机械作用下的水泥类整体面层与其他类型的面层邻接处，应设置金属镶边构件。

(2)　采用水磨石整体面层时，应用同类材料以分格条设置镶边。

(3)　条石面层和砖面层与其他面层邻接处，应用顶铺的同类材料镶边。

(4)　采用竹、木面层和塑料面层时，应用同类材料镶边。

(5)　建筑地面面层与管沟、孔洞、检查井等邻接处，均应设置镶边。

(6)　管沟、变形缝等处的建筑地面面层的镶边构件，应在面层铺设前装设。

7)　对有防水排水的建筑地面质量要求

厕浴间、厨房和有排水(或其他液体)要求的建筑地面面层与相连接各类面层的标高差应符合设计要求。

8)　建筑地面施工环境温度的控制

(1)　采用掺有水泥、石灰的拌和料铺设以及用石油沥青胶结料铺贴时，不应低于 5℃。

(2)　采用有机胶粘剂粘贴时，不应低于 10℃。

(3)　采用砂、石材料铺设时，不应低于 0℃。

9)　检验水泥混凝土和水泥砂浆试块组数的确定

检验水泥混凝土和水泥砂浆强度试块的组数，按每一层(或检验批)建筑地面工程不应少于 1 组，当每一层(或检验批)建筑地面面积大于 1000 m² 时，每增加 1000 m² 应做 1 组试块(小于 1000 m² 按 1000 m² 计算)；如改变配合比时，应相应制作试块组数。

10)　检验批的划分及检验数量

(1)　基层(各构造层)和各类面层的分项工程的施工质量验收应按每一层次或每层施工

段(或变形缝)划分为检验批,高层建筑的标准层可按每三层(不足三层按三层计)作为检验批。

(2) 每检验批应以各子分部工程的基层(各构造层)和各类面层所划分的分项工程按自然间(或标准间)检验,抽查数量应随机检验不应少于 3 间;不足 3 间,应全数检查。其中走廊(过道)应以 10 延米为一间,工业厂房(按单跨计)、礼堂、门厅应以两个轴线为 1 间计算。

(3) 有防水要求的建筑地面子分部工程的分项工程施工质量,每检验批抽查数量应按其房间总数随机检验不应少于 4 间,不足 4 间应全数检查。

11) 检验工具及检验方法的规定

(1) 检查允许偏差的项目,应采用钢尺、2 m 靠尺、楔形塞尺、坡度尺和水准仪。

(2) 检查空鼓应采用敲击的方法。

(3) 检查有防水要求建筑地面的基层(各构造层)和面层,应采用泼水或蓄水方法,蓄水时间不得少于 24 h。

(4) 检查各类面层(含不需铺设部分或局部面层)表面的裂纹、脱皮、麻面和起砂等质量缺陷,应采用观感的方法。

12) 建筑地面工程质量合格的标准

(1) 质量检验的主控项目必须达到规范规定的质量标准。

(2) 一般项目 80%以上的检查点(处)符合规范规定的质量要求,其他检查点(处)不得有明显影响使用之处,并不得大于允许偏差值的 50%。

(3) 凡达不到质量标准,应按《建筑工程施工质量验收统一标准》(GB 50300—2001)的有关规定处理。

2. 基层铺设

基层是指面层下的构造层。基层铺设是指基土、垫层、找平层、隔离层和填充层等铺设施工。基层铺设一般规定:基层铺设的材料质量、密实度和强度等级(或配合比)等应符合设计要求和规范的规定;基层铺设前,其下一层表面应干净、无积水;当垫层、找平层内埋设暗管时,管道应按设计要求予以稳固;基层的标高、坡度、厚度等应符合设计要求。

基层表面应平整,其允许偏差和检验方法应符合表 4.19 的规定。

1) 基土

基土是指底层地面的地基土层,是对软弱土层按设计要求进行加固。基土质量控制与质量要求见表 4.20。

2) 垫层

垫层是承受并传递地面荷载于基土上的构造层。灰土是指用熟化石灰与黏土(或粉质黏土、粉土)拌和的土。砂垫层和砂石垫层主要适用于替换软弱的地基持力土层。三合土垫层是指用熟石灰、砂(可掺入少量黏土)与碎砖拌和铺设压(夯)实而成的垫层。炉渣垫层是指单采用炉渣或水泥与炉渣,或水泥、熟石灰与炉渣的拌和料压实的垫层。各垫层质量控制及验收要求见表 4.21。

表 4.19　基层表面的允许偏差和检验方法　　　　　　　　　(单位：mm)

项目	允许偏差								检验方法
	基土	垫层		找平层		填充层		隔离层	
	土	砂、砂石、碎石、碎砖	灰土、三合土、炉渣、水泥	用水泥砂浆做结合层铺设板块面层	用胶黏剂做结合层铺设拼花木板、塑料板、强化复合地板、竹地板面层	松散材料	板、块材料	防水、防潮、防渗	
表面平整度	15	15	10	5	2	7	5	3	用 2m 靠尺和楔形塞尺检查
标高	0～50	+20	+10	+8	+4	+4		+4	用水准仪检查
坡度	不大于房间相应尺寸的 2/1000，且不大于 30								用坡度尺检查
厚度	在个别地方不大于设计厚度的 1/10								用钢尺检查

表 4.20　基土质量控制与质量要求

项次	项目	质量控制与质量要求
1	基本规定	①基土材料应选用砂土、粉土、粉质黏土，其粒径不宜大于 50 mm。填土施工时，土料应控制最优含水量。土的最优含水量和最大干密度应由击实试验确定。土过干可加水湿润，土过湿可松动晾干或加同类干土。②填土应采用机械或人工方法分层压(夯)实，按使用机械的不同或采用人工夯实，控制分层虚铺的厚度。③厚度的参考值：机械压实，不宜大于 300 mm；蛙式打夯机夯实，不宜大于 250 mm；人工夯实，不宜大于 200 mm
2	主控项目	①基土严禁采用淤泥、腐殖土、冻土、耕植土、膨胀土和含有有机物质大于 8% 的土作为填土。检验方法：观察检查和检查土质记录。②基土应均匀密实，压实系数应符合设计要求，设计无要求时，不应小于 0.90。检验方法：观察检查和检查试验记录
3	一般项目	基土表面的允许偏差应符合表 4.19 的规定。检验方法：见表 4.19

表 4.21　垫层质量控制及验收要求

垫层	项目	质量控制及验收要求
灰土垫层	基本规定	①土料宜采用开挖土，注意控制含水量，熟化石灰可采用磨细生石灰，也可采用粉煤灰或电石渣代替。使用代替材料有利于变废为宝。灰土的拌和料一般为 2∶8 或 3∶7(熟石灰∶土)。②灰土垫层应分层夯实，每层虚铺厚度宜为 150～250 mm，灰土分段施工时，上下相邻两层的交界间距应大于 0.5 m。分层夯实后，要湿润养护，晾干后方可进行下一道工序施工。③灰土垫层的厚度不宜小于 100 mm，应铺设在不受地下水浸泡的基土上。施工后应采取防水浸泡的措施
	主控项目	灰土体积比应符合设计要求。检验方法：观察检查和检查配合比通知单记录

垫层	项 目	质量控制及验收要求
灰土垫层	一般项目	①熟化石灰颗粒粒径不得大于 5 mm；黏土(或粉质黏土、粉土)内不得含有有机物质，颗粒粒径不得大于 15 mm。检验方法：观察检查和检查材质合格记录。②灰土垫层表面的允许偏差应符合表 4.19 的规定。检验方法：见表 4.19
炉渣垫层	基本规定	①炉渣垫层的厚度不应小于 80 mm。②炉渣或水泥炉渣垫层的炉渣，使用前应浇水闷透，闷透时间不得少于 5 d。③水泥石灰炉渣垫层的炉渣，使用前应用石灰浆或熟石灰浇水并闷透，闷透时间不得少于 5 d。④使用拌和料，应拌和均匀，严格控制加水量，在铺设时表面不得有泌水现象。⑤在垫层铺设前，其下一层应湿润，铺设后应压实拍平。垫层厚度如大于 120 mm，应分层铺设，压实的厚度不应大于虚铺厚度的 3/4。⑥铺设后应进行养护，待其凝固后方可进入下一道工序的施工
	主控项目	①炉渣内不应含有有机杂质和未燃尽的煤块，颗粒粒径不应大于 40 mm，且颗粒粒径在 5mm 及其以下的颗粒，不得超过总体积的 40%。熟化石灰颗粒粒径不得大于 5 mm。检验方法：观察检查和检查材质合格证明文件及检测报告。②渣垫层的配合比(体积比)应符合设计要求。检验方法：观察检查和检查配合比通知单
	一般项目	①炉渣垫层与其下一层结合牢固，不得有空鼓和松散炉渣颗粒。检验方法：观察检查和用小锤轻击检查。②炉渣垫层表面的允许偏差和检验方法应符合表 4.19 的规定
水泥混凝土垫层	基本规定	①水泥混凝土垫层的厚度不应小于 60 mm。②垫层在铺设前，其下一层表面应湿润。③水泥混凝土垫层施工质量检验应符合《混凝土结构工程施工质量验收规范》(GB 50204—2002)的有关规定
	伸缩缝	伸缩缝设置：①水泥混凝土垫层铺设在基土上，当气温长期处于 0℃ 以下，当设计无要求时，应设置伸缩缝，以避免气温升高时，水泥混凝土垫层膨胀，产生拱起或挤碎。②室内铺设水泥混凝土垫层，应设置纵向缩缝(平行于混凝土垫层施工流水作业方向的缩缝)和横向缩缝(垂直于混凝土垫层施工流水作业方向的缩缝)。③缩缝间距，纵向间距不得大于 6 m，横向间距不得大于 12 m
		缩缝形式及留缝要点：①纵向缩缝应做平头缝或加肋板平头缝。当垫层厚度大于 150 mm 时，可做企口缝。平头缝和企口缝的缝间不得放置隔离材料，浇筑时应互相紧贴。企口缝的尺寸应符合设计要求。②横向缩缝应做假缝，深度为垫层厚度的 1/3，缝宽为 5～20mm，缝内填水泥砂浆
		浇筑顺序：大面积流水混凝土垫层施工(如工业厂房、礼堂、门厅等)应分区段浇筑。分区段应结合变形缝的位置、不同类型的建筑地面连接处和设备基础的位置进行划分，分区段应与设置的纵横向缩缝的间距相一致
	主控项目	①水泥混凝土垫层采用的粗骨料，其最大粒径不应大于垫层厚度的 2/3，含泥量不应大于 2%，砂应采用中粗砂，其含泥量不应大于 3%。检验方法：观察检查和检查材质合格证明文件及检测报告。②混凝土的强度等级应符合设计要求，且不应小于 C10。检验方法：观察检查和检查配合比通知单及检测报告
	一般项目	水泥混凝土垫层表面的允许偏差应符合表 4.19 的规定。检验方法：见表 4.19

3)　找平层

找平层是指在垫层、楼面或填充层(轻质、松散材料)上起整平、找坡或加强作用的构造层。找平层质量控制及验收要求见表 4.22。

表 4.22　找平层质量控制及验收要求

垫层	项目	质量控制及验收要求
找平层	基本规定	①铺设找平层前，当其下一层有松散填充料时，应予铺平振实。②找平层应采用水泥砂浆或水泥混凝土铺设。为了提高找平层与垫层的黏结强度，铺设前，应在垫层面刷一遍水灰比为 0.4～0.5 水泥浆，随刷水泥浆随铺找平层。③有防水要求的建筑地面工程，铺设前必须对立管、套管和地漏与楼板节点之间进行密封处理；排水坡度应符合设计要求。对立管等要进行密封处理，排水坡度的控制，是为了保证地面质量，以免造成渗漏和积水。④在预制钢筋混凝土板上铺设找平层前，为避免产生裂缝，板缝填嵌的施工应符合下列要求：a.预制钢筋混凝土板相邻缝底宽不应小于 20 mm。b.填嵌时，板缝内应清理干净，保持湿润。c.填缝采用细石混凝土，其强度等级不得小于 C20。填缝高度应低于板面 10～20 mm，且振捣密实，表面不应压光；填缝后应养护。d.当板缝底宽大于 40 mm 时，应按设计要求配置钢筋。e.预制钢筋混凝土板端应按设计要求做防裂构造
	主控项目	①找平层采用碎石或卵石的粒径不应大于其厚度的 2/3，含泥量不应大于 2%；砂为中粗砂，其含泥量不应大于 3%。检验方法：观察检查和检查材质合格证明文件及检测报告。②水泥砂浆配合比(体积比)或水泥混凝土强度等级应符合设计要求，且水泥砂浆体积比不应小于 1∶3(或相应的强度等级)；水泥混凝土强度等级不应小于 C15。检验方法：观察检查和检查配合比通知单及检测报告。③有防水要求的建筑地面工程的立管、套管、地漏处严禁渗漏，坡向应正确、无积水。检验方法：观察检查和蓄水、泼水检验及坡度尺检查。(蓄水检查，一般蓄水深度为 20～30 mm，24 h 内无渗漏为合格)
	一般项目	①找平层与其下一层结合牢固，不得有空鼓。检验方法：用小锤轻击检查。②找平层表面应密实，不得有起砂、蜂窝和裂缝等缺陷。检验方法：观察检查

4)　填充层

填充层是指在建筑地面上起隔声、保温、找坡和暗敷管线等作用的构造层。填充层质量控制及验收要求见表 4.23。

表 4.23　填充层质量控制及验收要求

垫层	项目	质量控制及验收要求
填充层	基本规定	①材料质量：应按设计要求选用材料，其密度和导热系数应符合现行国家有关产品标准的规定。②基层的品质：基层表面应平整。当基层为水泥类时，应洁净、干燥，并不得有空鼓、裂缝和起砂等缺陷。③施工要点：采用松散材料铺设填充层时，应分层铺平拍实；采用板、块状材料铺设填充层时，应分层错缝铺贴
	主控项目	①填充层的材料质量必须符合设计要求和国家产品标准的规定。检验方法：观察检查和检查材质合格证明文件及检测报告。②填充层的配合比必须符合设计要求。检验方法：观察检查和检查配合比通知单

续表

垫层	项 目	质量控制及验收要求
填充层	一般项目	①松散材料填充层铺设应密实；板块状材料填充层应压实、无翘曲。检验方法：观察检查。②填充层表面的允许偏差、检验方法应符合表4.19的规定

5) 隔离层

隔离层是指起防止建筑地面上各种液体或地下水、潮气渗漏地面等作用的构造层，亦可称作防潮层。隔离层质量控制及验收要求见表4.24。

表 4.24 隔离层质量控制及验收要求

垫层	项 目	质量控制及验收要求
隔离层	基本规定	①材料质量：隔离层的材料，其材质应经有资质的检测单位认定，从源头上进行材质控制。基层涂刷的处理剂应与隔离层材料(卷材、防水涂料)具有相容性。②基层的品质：在水泥类找平层上铺设沥青类防水卷材、防水涂料或以水泥类材料作为防水隔离层时，基层表面应坚固、清洁、干燥。③水泥类材料作隔离层的施工要点：采用刚性隔离层时，应采用硅酸盐水泥或普通硅酸盐水泥，水泥强度等级≥32.5级。当掺用防水剂时，其掺量和强度等级(或配合比)应符合设计要求。④细部构造的处理要点：铺设隔离层时，在管道穿过楼面四周，防水材料应向上铺涂，并超过套管上口；在靠近墙面处，应高出面层200～300 mm，或按设计要求的高度铺涂。阴阳角和管道穿过楼面的根部应增加铺涂附加防水隔离层。⑤蓄水检验。防水材料铺设后，必须做蓄水检验。蓄水深度应为20～30 mm，24 h内无渗漏为合格，并作记录。⑥隔离层施工质量检验应符合《屋面工程质量验收规范》(GB 50207—2012)的有关规定
	主控项目	①隔离层材质必须符合设计要求和现行国家产品标准的规定。 检验方法：观察检查和检查材质合格证明文件及检测报告。②厕浴间和有防水要求的建筑地面设置防水隔离层。楼层结构必须采用现浇混凝土或整块预制混凝土板。混凝土强度等级不应小于C20；楼板四周除门洞外，应做混凝土翻边，其高度不应小于120 mm。施工时结构层标高和预留孔洞位置应准确，严禁乱凿洞。检验方法：观察和用钢尺检查。③水泥类防水隔离层的防水性能和强度等级必须符合设计要求。检验方法：观察检查和检查检测报告。④防水隔离层严禁渗漏。坡向应正确、排水通畅。检验方法：观察检查和蓄水、泼水检验或坡度尺检查及检查检验记录
	一般项目	①隔离层厚度应符合设计要求。检验方法：观察检查和用钢尺检查。②隔离层与其下一层黏结牢固，不得有空鼓；防水涂层应平整、均匀，无脱皮、起壳、裂缝、鼓泡等缺陷。检验方法：用小锤轻击检查和观察检查。③隔离层表面的允许偏差应符合表4.19的规定。检验方法：见表4.19

6) 面层

面层是指直接承受各种物理和化学作用的建筑地面表面层。这里重点介绍整体面层、板块面层、地毯面层以及木、竹面层的质量控制及验收要求。

(1) 整体面层铺设。

整体面层铺设是指水泥混凝土(含细石混凝土)面层、水泥砂浆面层、水磨石面层、水泥钢(铁)屑面层、防油渗面层和不发火(防爆的)等面层的铺设。这里仅介绍常用的水泥混凝土、水泥砂浆面层和水磨石面层的质量控制,其他整体面层的质量控制请查阅相关的规范。整体面层铺设的一般规定如下。

① 水泥类基层的质量要求。铺设整体面层时,水泥类基层的抗压强度不得小于 1.2 MPa;表面应粗糙、洁净、湿润,并不得有积水。铺设整体面层前宜涂刷界面处理剂。铺设整体面层,变形缝的设置应符合设计要求。

整体面层施工后,养护时间不应少于 7 d;抗压强度达到 5 MPa 后,方准上人行走;抗压强度达到设计要求后,方可正常使用。整体面层的抹平应在水泥初凝前完成,压光应在水泥终凝前完成。

当采用掺有水泥拌和料做踢脚线时,不得用石灰砂浆打底,以免出现空鼓。

② 水泥混凝土面层质量控制及验收要求见表 4.25。

表 4.25　水泥混凝土面层质量控制及验收要求

项次	项　目	质量控制及验收要求
1	基本规定	水泥混凝土面层厚度应符合设计要求,铺设不得留施工缝。当施工间隙超过允许时间规定时,应对接槎处进行处理
2	主控项目	水泥混凝土采用的粗骨料,其最大粒径应不大于面层厚度的 2/3,细石混凝土面层采用的石子粒径应不大于 15 mm。检验方法:观察检查和检查材质合格证明文件及检测报告
		面层的强度等级应符合设计要求,且水泥混凝土面层强度等级应不小于 C20;水泥混凝土垫层兼面层强度等级应不小于 C15。检验方法:检查配合比通知单及检测报告
		面层与下一层应结合牢固,无空鼓、裂纹。检验方法:用小锤轻击检查 注:空鼓面积应不大于 400 cm^2,且每自然间(标准间)不多于两处时可不计
3	一般项目	面层表面不应有裂纹、脱皮、麻面、起砂等缺陷。检验方法:观察检查
		面层表面的坡度应符合设计要求,不得有倒泛水和积水现象。检验方法:观察和采用泼水或用坡度尺检查
		水泥砂浆踢脚线与墙面应紧密结合,高度一致,出墙厚度均匀。检验方法:用小锤轻击、钢尺和观察检查。注:局部空鼓长度应不大于 300 mm,且每自然间(标准间)不多于两处时可不计
		楼梯踏步的宽度、高度应符合设计要求。楼层梯段相邻踏步高度差应不大于 10 mm,每踏步两端宽度差应不大于 10 mm;旋转楼梯梯段的每踏步两端宽度的允许偏差为 5 mm。楼梯踏步的齿角应整齐,防滑条应顺直。检验方法:观察和钢尺检查
		面层的允许偏差应符合表 4.28 的规定。检验方法:应按表 4.28 中的检验方法检验

③ 水泥砂浆面层质量控制及验收要求见表 4.26。

表 4.26　水泥砂浆面层质量控制及验收要求

项次	项　目	质量控制及验收要求
1	基本规定	水泥砂浆面层的厚度应符合设计要求，且应不小于 20 mm
2	主控项目	水泥采用硅酸盐水泥、普通硅酸盐水泥，其强度等级应不小于 32.5 级，不同品种、不同强度等级的水泥严禁混用；砂应为中粗砂，当采用石屑时，其粒径应为 1～5 mm，且含泥量应不大于 3%。检验方法：观察检查和检查材质合格证明文件及检测报告
		水泥砂浆面层的体积比(强度等级)必须符合设计要求；且体积比为 1∶2，强度等级应不小于 M15。检验方法：检查配合比通知单和检测报告
		面层与下一层应结合牢固，无空鼓、裂纹。检验方法：用小锤轻击检查 注：空鼓面积应不大于 400 cm², 且每自然间(标准间)不多于两处时可不计
3	一般项目	面层表面的坡度应符合设计要求，不得有倒泛水和积水现象。检验方法：观察和采用泼水或坡度尺检查。面层表面洁净，无裂纹脱皮、麻面起砂等缺陷。检验方法：观察检查
		踢脚线与墙面应紧密结合，高度一致，出墙厚度均匀。检验方法：用小锤轻击、用钢尺或通过观察检查。局部空鼓长度应不大于 300 mm，且每自然间(标准间)不多于两处时可不计
		楼梯踏步的宽度、高度应符合设计要求。楼层梯段相邻踏步高度差应不大于 10 mm，每踏步两端宽度差应不大于 10 mm； 旋转楼梯梯段的每踏步两端宽度的允许偏差为 5 mm。楼梯踏步的齿角应整齐，防滑条应顺直。检验方法：观察和钢尺检查
		水泥砂浆面层的允许偏差和检验方法应符合表 4.28 的规定

④　水磨石面层质量控制及验收要求见表 4.27。

表 4.27　水磨石面层质量控制及验收要求

项次	项　目	质量控制及验收要求
1	基本规定	水磨石面层应采用水泥与石粒的拌和料铺设，面层厚度除有特殊要求外宜为 12～18 mm，且按石粒粒径确定，水磨石面层的颜色和图案应符合设计要求。铺设水磨石面层前，应在结合层面上按设计要求分格或按图案设置分格条，用与水泥浆成 45°角把分格条固定牢固(水泥浆应低于分格条顶面 4.6 mm)，分格条接头应严密
		白色或浅色的水磨石面层，应采用白水泥；深色的水磨石面层，宜采用硅酸盐水泥、普通硅酸盐水泥或矿渣硅酸盐水泥；同颜色的面层应使用同一批水泥；同一彩色面层应使用同厂、同批的颜料，其掺入量宜为水泥重量的 3%～6%或由试验确定
		水磨石面层的结合层的水泥砂浆体积比宜为 1∶3，相应的强度等级应不小于 M10，水泥砂浆稠度(以标准圆锥体沉入度计)宜为 30～35 mm
		水磨石面层应用机械和人工分次磨光。开磨以石子不松动且表面水泥浆与石子齐平为准。普通水磨石面层磨光遍数不应少于 3 遍，高级水磨石面层的厚度和磨光遍数由设计确定。在水磨石面层磨光后，涂草酸和上蜡前，其表面不得污染

续表

项次	项 目	质量控制及验收要求
2	主控项目	水磨石面层的石粒,应采用坚硬可磨的白云石、大理石等岩石加工而成,石粒应洁净无杂物,其粒径除特殊要求外应为6~15 mm;水泥强度等级应不小于32.5级;颜料应采用耐光、耐碱的矿物原料,不得使用酸性颜料。检验方法:观察检查和检查材质合格证明文件 水磨石面层拌合料的体积比应符合设计要求,且为1:1.5~1:2.5(水泥:石粒)。检验方法:检查配合比通知单和检测报告
		面层与下一层结合应牢固,无空鼓、裂纹。检验方法:用小锤轻击检查 注:空鼓面积应不大于400 cm²,且每自然间(标准间)不多于两处时可不计
3	一般项目	面层表面应光滑,无明显裂纹、砂眼和磨纹;石粒密实,显露均匀;颜色图案一致,不混色;分格条牢固、顺直和清晰。检验方法:观察检查
		踢脚线与墙面应紧密结合,高度一致,出墙厚度均匀。检验方法:用小锤轻击、钢尺和观察检查。注:局部空鼓长度不大于300 mm,且每自然间(标准间)不多于两处时可不计
		楼梯踏步的宽度、高度应符合设计要求。楼层梯段相邻踏步高度差应不大于10 mm,每踏步两端宽度差应不大于10 mm,旋转楼梯梯段的每踏步两端宽度的允许偏差为5 mm。楼梯踏步的齿角应整齐,防滑条应顺直。检验方法:观察和钢尺检查
		水磨石面层的允许偏差和检验方法应符合表4.28的规定

整体面层的允许偏差和检验方法应符合表 4.28 的规定。

表 4.28　整体面层的允许偏差和检验方法　　　　　　　　(单位:mm)

项次	项 目	允许偏差					检验方法
		水泥混凝土面层	水泥砂浆面层	普通水磨石面层	高级水磨石面层	水泥钢(铁)屑面层	
1	表面平整度	5	4	3	2	4	用2 m靠尺和楔形塞尺检查
2	踢脚线上口平直	4	4	3	3	4	拉5 m线和用钢尺检查
3	缝格平直	3	3	3	2	3	

(2) 板块面层铺设。

板块面层铺设是指铺设砖面层、大理石面层、花岗岩面层、预制板块面层、料石面层、活动地板面层和地毯面层等分项工程。限于篇幅,仅介绍砖面层、大理石面层、花岗岩面层和地毯面层等分项工程的质量控制。

板块面层的一般规定,主要是对水泥类基层、块材之间缝隙的填缝质量、铺设板块面层的允许偏差做出了共同性要求。板块面层铺设的基本规定如下。

① 铺设板块面层时,其水泥类基层的抗压强度不得小于1.2 MPa。

② 结合层和板块间填缝采用的水泥砂浆，应符合下列规定。

● 配制水泥砂浆应采用硅酸盐水泥、普通硅酸盐水泥或矿渣硅酸盐水泥；其水泥强度等级不宜小于 32.5 级。

● 配制水泥砂浆的砂应符合国家现行行业标准《普通混凝土用砂、质量及检验方法》(JGJ 52—2006)的规定。

● 配制水泥砂浆的体积比(或强度等级)应符合设计要求。

③ 结合层和板块面层填缝的沥青胶结材料应符合国家现行有关产品标准和设计要求。

④ 板块的铺砌应符合设计要求；当设计无要求时，宜避免出现板块小于 1/4 边长的边角料，以免影响感观效果。

⑤ 铺设水泥混凝土板块、水磨石板块、水泥花砖、陶瓷锦砖、陶瓷地砖、缸砖、料石、大理石和花岗石面层等的结合层和填缝的水泥砂浆，在面层铺设后，表面应覆盖、湿润，其养护时间不应少于 7 d。

当板块面层的水泥砂浆结合层的抗压强度达到设计要求后，方可正常使用。

⑥ 板块类踢脚线施工时，不得采用石灰砂浆打底。

⑦ 板、块面层的允许偏差和检验方法应符合表 4.29 的规定。

表 4.29 板、块面层的允许偏差和检验方法 (单位：mm)

项次	项 目	允许偏差									检验方法
		陶瓷锦砖面层、高级水磨石板、陶瓷地砖面层	缸砖面层	水泥花砖面层	水磨石板块面层	大理石面层和花岗石面层	水泥混凝板土块面层	碎拼大理石、碎拼花岗石面层	活动地板面层	块石面层	
1	表面平整度	2.0	4.0	3.0	3.0	1.0	4.0	3.0	2.0	10.0	用 2 m 靠尺和楔形塞尺检查
2	缝格平直	3.0	3.0	3.0	3.0	2.0	3.0	—	2.5	8.0	拉 5 m 线和用钢尺检查
3	接缝高低差	0.5	1.5	0.5	1.0	0.5	1.5	—	0.4	—	用钢尺和楔形塞尺检查
4	踢脚线上口平直	3.0	4.0	—	4.0	1.0	4.0	1.0	—	—	拉 5 m 线和用钢尺检查
5	板块间隙宽度	2.0	2.0	2.0	2.0	1.0	6.0	—	0.3	—	用钢尺检查

⑧ 砖面层。砖面层是指采用水泥砂浆，或沥青胶结料，或胶黏剂等黏结陶瓷锦砖、缸砖、陶瓷地砖、水泥花砖等。砖面层项目质量控制及验收要求见表 4.30。

表 4.30　砖面层项目质量控制及验收要求

项次	项目	质量控制及验收要求
1	基本规定	①砖面层采用陶瓷锦砖、缸砖、陶瓷地砖和水泥花砖，应在结合层上铺设。水泥砂浆应为 10～5 mm；沥青胶应为 2～5 mm；胶粘剂应为 2～3 mm。②铺贴砖面层如选用胶黏剂粘贴，以防对环境污染，应符合《民用建筑工程室内环境污染控制规范》(GB 50325—2010)的有关规定
		有防腐蚀要求的砖面层采用的耐酸瓷砖、浸渍沥青砖、缸砖的材质、铺设以及施工质量验收应符合现行国家标准《建筑防腐蚀工程施工及验收规范》(GB 50212—2014)的规定
		在水泥砂浆结合层上铺贴缸砖、陶瓷地砖和水泥花砖面层时，应符合下列规定。①在铺贴前，应对砖的规格尺寸、外观质量、色泽等进行预选，浸水湿润晾干待用。②勾缝和压缝应采用同品种、同强度等级、同颜色的水泥，并做养护和保护；勾缝和压缝应在 24 h 内进行。③采用干硬性水泥砂浆，砂浆要铺设饱满。④砖面间隙应符合设计要求。如设计无要求时，紧密铺贴间隙不宜大于 1 mm，留间隙铺贴宜为 5～10 mm
		在水泥砂浆结合层上铺贴陶瓷锦砖面层时，①结合层铺设和陶瓷锦砖铺贴应同时进行，铺贴前，宜在结合层上刷一遍水泥浆。②砖底面应洁净，陶瓷锦砖之间、与结合层之间以及在墙角、镶边和靠墙处，应紧密贴合，在靠墙处不得采用砂浆填补
		在沥青胶结料结合层上铺贴缸砖面层时，缸砖应干净，铺贴时应在摊铺热沥青胶结料上进行，并应在胶结料凝结前完成
		采用胶黏剂在结合层上粘贴砖面层时，胶黏剂选用应符合现行国家标准《民用建筑工程室内环境污染控制规范》(GB 50325—2010)的规定
2	主控项目	面层所用的板块的品种、质量必须符合设计要求 检验方法：观察检查和检查材质合格证明文件及检测报告
		面层与下一层的结合(黏结)应牢固，无空鼓。检验方法：用小锤轻击检查。 注：凡单块砖边角有局部空鼓，且每自然间(标准间)不超过总数的 5% 可不计
3	一般项目	砖面层的表面应洁净、图案清晰、色泽一致、接缝平整、深浅一致、周边顺直，板块无裂纹、掉角和缺棱等缺陷。检验方法：观察检查
		面层邻接处的镶边用料及尺寸应符合设计要求，边角整齐、光滑。检验方法：观察和用钢尺检查
		踢脚线表面应洁净、高度一致、结合牢固、出墙厚度一致。检验方法：观察和用小锤轻击及钢尺检查
		楼梯踏步和台阶板块的缝隙宽度应一致、齿角整齐，楼层梯段相邻踏步高度差应不大于 10 mm，防滑条应顺直。检验方法：观察和用钢尺检查
		面层表面的坡度应符合设计要求，不倒泛水、无积水；与地漏、管道结合处应严密牢固、无渗漏。检验方法：观察、泼水或坡度尺及蓄水检查
		砖面层的允许偏差应符合表 4.29 的规定。检验方法：按表 4.29 中的检验方法检验

　　⑨　大理石面层和花岗石面层。大理石面层和磨光花岗石面层多用于室内，很少用于室外。前者易风化，后者易滑伤人。大理石面层和花岗石面层质量控制与验收要求见表 4.31。

表 4.31　大理石面层和花岗石面层质量控制与验收要求

项次	项目	质量控制及验收要求
1	基本规定	大理石、花岗石面层采用天然大理石、花岗石(或碎拼大理石、碎拼花岗石)板材,应在结合层上铺设,结合层可采用水泥砂(体积比1:4～1:6)或水泥砂浆(体积比1:2)。结合层厚度:水泥砂宜为20～30 mm,水泥砂浆宜为10～15 mm
		天然大理石、花岗石的技术等级、光泽度、外观等质量要求应符合国家现行行业标准《天然大理石建筑板材》(GB/T 19766—2005)、《天然花岗石建筑板材》(GB/T 18601—2009)的规定
		板材有裂缝、掉角、翘曲和表面有缺陷时应予剔除,品种不同的板材不得混杂使用;在铺设前,应根据石材的颜色、花纹、图案、纹理等按设计要求试拼编号
		铺设大理石、花岗石面层前,板材应浸湿、晾干;结合层与板材应分段同时铺设
2	主控项目	大理石、花岗石面层所用板块的品种、质量应符合设计要求。检验方法:观察检查和检查材质合格记录
		面层与下一层应结合牢固,无空鼓。检验方法:用小锤轻击检查 注:凡单块板块边角有局部空鼓,且每自然间(标准间)不超过总数的5%可不计
3	一般项目	大理石、花岗石面层的表面应洁净、平整、无磨痕,且应图案清晰、色泽一致、接缝均匀、周边顺直、镶嵌正确,板块无裂纹、掉角、缺棱等缺陷。检验方法:观察检查
		踢脚线表面应洁净、高度一致、结合牢固、出墙厚度一致。检验方法:观察和用小锤轻击及钢尺检查
		楼梯踏步和台阶板块的缝隙宽度应一致、齿角整齐,楼层梯段相邻踏步高度差应不大于10 mm,防滑条应顺直、牢固。检验方法:观察和用钢尺检查
		面层表面的坡度应符合设计要求,不倒泛水,无积水;与地漏、管道结合处应严密牢固,无渗漏。检验方法:观察、泼水或坡度尺及蓄水检查
		大理石和花岗石面层(或碎拼大理石、碎拼花岗石)的允许偏差应符合表4.29的规定 检验方法:应按表4.29中的检验方法检验

(3) 地毯面层铺设。

地毯面层是指采用方块、卷材地毯在水泥类面层(或基层上)铺设。一般可分为满铺与局部铺设。铺设的方式有固定式和活动式两种。地毯面层质量控制及验收要求见表4.32。

表 4.32　地毯面层质量控制及验收要求

项次	项目	质量控制及验收要求
1	基本规定	①基层质量:水泥类面层(或基层)表面应平整、光洁、干燥。②海绵衬层应满铺平整,地毯拼缝处不露底衬
		固定式地毯铺设应符合下列规定:①固定地毯用的金属卡条(倒刺板)、金属压条、专用双面胶带等必须符合设计要求。②铺设的地毯张拉应适宜,四周卡条固定牢;门口处应用金属压条等固定。③地毯周边应塞入卡条和踢脚线之间的缝中。④粘贴地毯应用胶黏剂与基层粘贴牢固

项次	项目	质量控制及验收要求
1	基本规定	活动式地毯铺设应符合下列规定：①地毯拼成整块后直接铺在洁净的地上，地毯周边应塞入踢脚线下。②与不同类型的建筑地面连接处，应按设计要求收口。③小方块地毯铺设，块与块之间应挤紧贴帖。④楼梯地毯铺设每梯段顶级地毯应用压条固定于平台上，每级阴角处应用卡条固定牢
2	主控项目	①地毯的品种、规格、颜色、花色、胶料和辅料及其材质必须符合设计要求和国家现行地毯产品标准的规定。检验方法：观察检查和检查材质合格记录。②地毯表面应平服，拼缝处粘贴牢固、严密平整、图案吻合。检验方法：观察检查
3	一般项目	①地毯表面不应起鼓、起皱、翘边、卷边、显拼缝、露线和无毛边，绒面毛顺光一致，毯面干净，无污染和损伤。检验方法：观察检查。②地毯同其他面层连接处、收口处和墙边、柱子周围应顺直、压紧。检验方法：观察检查

(4) 木、竹面层铺设。

木、竹面层铺设一般是指实木地板面层、实木复合地板面层、中密度(强化)复合地板面层、竹地板面层(包括免刨免漆类)等铺设。木、竹面层铺设的一般规定如下。

- 基层质量。水泥类基层表面应坚硬、平整、洁净、干燥、不起砂。
- 防潮处理。与厕浴间、厨房等潮湿场所相邻，木、竹面层连接处应做防水(防潮)处理。
- 木、竹面层格栅下架空结构层(或构造层)的质量，应符合国家现行标准的规定。
- 木、竹面层的通风构造(包括室内通风沟、室外通风窗等)，均应符合设计要求。木、竹面层的允许偏差和检验方法应符合表 4.33 的规定。

表 4.33　木、竹面层的允许偏差和检验方法　　　　　(单位：mm)

项次	项目	实木地板面层			实木复合地板、中密度(强化)复合地板面层、竹地板面层	检验方法
		松木地板	硬木地板	拼花地板		
1	板面缝隙宽度	1.0	0.5	0.2	0.5	用钢尺检查
2	表面平整度	3.0	2.0	2.0	2.0	用2m靠尺和楔形塞尺检查
3	踢脚线上口平齐	3.0	3.0	3.0	3.0	拉5m通线，不足5m拉通线和用钢尺检查
4	板面拼缝平直	3.0	3.0	3.0	3.0	
5	相邻板材高差	0.5	0.5	0.5	0.5	用钢尺和楔形塞尺检查
6	踢脚线与面层的接缝	1.0				楔形塞尺检查

① 实木地板面层。实木地板面层是指采用条材和块材实木地板或采用拼花实木地板在基层上铺设。铺设的方法分空铺和实铺两种。实木地板铺设可采用单层面层和双层面层(底下一层为毛地板)。其质量控制与验收要求见表 4.34。

表 4.34　实木地板面层质量控制及验收要求

项次	项目	质量控制及验收要求
1	基本规定	材料质量：①条材和块材应具有质量检验合格证书，其产品的类型、型号、适用树种、检验规则以及技术性能指标应符合《实木地板技术要求》(GB/T 15036.1—2009)的规定。②条材和块材的厚度应符合设计要求
		铺设要点：①铺设实木地板面层时，其木格栅的截面尺寸、间距和稳固方法等均应符合设计要求。木格栅固定时，不得损坏基层和预埋管线。木格栅应垫实钉牢，与墙之间应留出 30 mm 的缝隙，表面应平直。②毛地板铺设时，木材髓心应向上，其板间缝隙不应大于 3 mm，与墙之间应留 8～12 mm 的空隙，表面应刨平。③实木地板(条材)端头接缝应相互错开，接缝部位应留在木格栅上。松木条材相邻宽度不得大于 1 mm，硬木条材相邻宽度不得大于 0.5 mm。④块材地板应铺设在毛地板上，从侧面斜向钉牢。⑤拼花地板应根据设计要求的拼花形式，先进行预排，预排合格后钉牢。如采用黏结剂粘贴，应黏结牢固。⑥实木地板面层铺设时，面板与墙之间应留 8～12 mm 的缝隙。以防止实木地板面层整体产生线膨胀效应。⑦采用实木制作的踢脚线，背面应抽槽并做防腐处理
2	主控项目	①实木地板面层所采用的材质和铺设时的木材含水率必须符合设计要求。木格栅、垫木和毛地板等必须做防腐、防蛀处理。检验方法：观察检查和检查材质合格证明文件及检测报告。②木格栅安装应牢固、平直。③面层铺设应牢固，黏结无空鼓。　检验方法：观察、脚踩或用小锤轻击检查
3	一般项目	①实木地板面层应刨平、磨光，无明显刨痕和毛刺等现象，图案清晰，颜色均匀一致。检验方法：观察、手摸或脚踩检查。②面层缝隙应严密，接头位置应错开，表面洁净。检验方法：观察检查。③拼花地板接缝应对齐，粘、钉严密；缝隙宽度均匀一致；表面洁净，胶粘无溢胶。检验方法：观察检查。④踢脚线表面应光滑，接缝严密，高度一致。检验方法：观察和钢尺检查。⑤实木地板面层的允许偏差应符合表 4.33 的规定。检验方法：见表 4.33

②　实木复合地板面层。实木复合地板面层采用条材和块材实木复合地板或采用拼花实木地板，以空铺和实铺方式在基层上铺设。

实木复合地板面层质量控制及验收要求见表 4.35。

③　中密度(强化)复合地板面层。中密度(强化)复合地板面层采用中密度(强化)复合地板直接铺设在水泥类基层上，也可以铺设在毛地板面层上。

中密度(强化)复合地板面层质量控制及验收要求见表 4.36。

④　竹地板面层。竹地板面层采用竹地板以空铺或实铺方式在基层上铺设。竹地板密度大、水分少，具有不易变形的特性。竹地板面层质量控制及验收要求见表 4.37。

表 4.35 实木复合地板面层质量控制及验收要求

项次	项目	质量控制及验收要求
1	基本规定	实木复合地板面层的材料品质、木格栅的固定、毛地板的铺设等要求与实木地板面层相同；唯一的不同是，实木复合地板面层的铺设可采用整贴或点贴法铺设
		铺设要点：①粘贴材料应具有耐老化、防水和防菌、无毒等性能。②铺设实木复合地板面层，相邻板材接头应错开不小于 300 mm 的距离，与墙之间应留不小于 10 mm 的空隙。③大面积铺设实木复合地板面层时，应分段铺设，分段缝的处理应符合设计要求
2	主控项目	①实木复合地板面层所采用的条材和块材，其技术等级及质量要求应符合设计要求。木格栅、垫木和毛地板等必须做防腐、防蛀处理。检验方法：观察检查和检查材质合格证明文件及检测报告。②木格栅安装应牢固、平直。检验方法：观察，脚踩检查。③面层铺设应牢固，粘贴无空鼓。检验方法：观察、脚踩或用小锤轻击检查
3	一般项目	①实木复合地板面层图案和颜色应符合设计要求，图案清晰，颜色一致，板面无翘曲。检验方法：观察，用 2 m 靠尺和楔形塞尺检查。②面层的接头应错开、缝隙严密、表面洁净。检验方法：观察检查。③踢脚线表面光滑，接缝严密，高度一致。检验方法：观察和钢尺检查。④实木复合地板面层的允许偏差应符合表 4.33 的规定。检验方法：见表 4.33

表 4.36 中密度(强化)复合地板面层质量控制及验收要求

项次	项目	质量控制及验收要求
1	基本规定	中密度(强化)复合地板的铺设质量要求及施工要点与实木复合地板大致相同。不同处：铺设前，应先在基层(或毛地板上)铺一层衬垫层(如泡沫、塑料布等)。铺设的顺序：从房间一边开始向另一边铺设，板与板之间排紧，板缝中刷专用黏结胶
2	主控项目	①中密度(强化)复合地板面层所采用的材料，其技术等级及质量要求应符合设计要求。木格栅、垫木和毛地板等应做防腐、防蛀处理。检验方法：观察检查和检查材质合格证明文件及检测报告。②木格栅安装应牢固、平直。检验方法：观察，脚踩检查。③面层铺设应牢固。检验方法：观察，脚踩检查(应没有明显响声)
3	一般项目	①中密度(强化)复合地板面层图案和颜色应符合设计要求，图案清晰，颜色一致，板面无翘曲。检验方法：观察，用 2 m 靠尺和楔形塞尺检查。②面层的接头应错开、缝隙严密、表面洁净。检验方法：观察检查。③踢脚线表面应光滑，接缝严密，高度一致。检验方法：观察和钢尺检查。④中密度(强化)复合木地板面层的允许偏差应符合表 4.33 的规定。检验方法：见表 4.33

表 4.37 竹地板面层质量控制及验收要求

项次	项目	质量控制及验收要求
1	基本规定	材料质量：竹地板应经严格选材、硫化、防腐、防蛀处理，其技术等级、性能及质量要求均应符合国家现行行业标准《竹地板》(GB/T 20240—2006)的规定
		铺设要点：参见本节实木地板面层铺设相关要求

续表

项次	项目	质量控制及验收要求
2	主控项目	①竹地板面层所采用的材料，其技术等级和质量要求应符合设计要求。木格栅、毛地板和垫木等应做防腐、防蛀处理。检验方法：观察检查和检查材质合格证明文件及检测报告。②木格栅安装应牢固、平直。检验方法：观察、脚踩检查。③面层铺设应牢固，粘贴无空鼓。检验方法：观察、脚踩或用小锤轻击检查
3	一般项目	①竹地板面层品种与规格应符合设计要求，板面无翘曲。检验方法：观察，用 2m 靠尺和楔形塞尺检查。②面层缝隙应均匀，接头位置错开，表面洁净。检验方法：观察检查。③踢脚线表面应光滑，接缝均匀，高度一致。检验方法：观察和用钢尺检查。④竹地板面层的允许偏差应符合表 4.33 的规定。检验方法：见表 4.33

4.5 本章小结

本章介绍了影响装饰装修工程质量的五大因素和质量控制管理制度；主要工作是以工序质量控制为核心，设置质量控制点，进行质量预控，严格质量检查和加强成品保护。以抹灰、吊顶、饰面板(砖)工程、地面分部工程为例介绍了有关质量验收的具体内容。

自 测 题

一、单选题

1. 工程监理单位受建设单位的委托作为质量控制的监控主体，对工程质量(　　)。
   A. 与分包单位承担连带责任　　　　B. 与建设单位承担连带责任
   C. 承担监理责任　　　　　　　　　D. 与设计单位承担连带责任

2. 建设工程施工过程中，监理人员在进行质量检验时将不合格的建设工程误认为是合格的，主要原因是(　　)。
   A. 有大量的隐蔽工程　　　　　　　B. 施工中未及时进行质量检查
   C. 工程质量的评价方法具有特殊性　D. 工程质量具有较大的波动性

3. 总包单位依法将建设工程分包时，分包工程发生的质量问题，应(　　)。
   A. 由总包单位负责　　　B. 由总包单位与分包单位承担连带责任
   C. 由分包单位负责　　　D. 由总包单位、分包单位、监理单位共同负责

4. 对于工程中所用的主要材料和设备，在订货之前施工单位应进行申报，经(　　)论证同意后方可订货。
   A. 设计单位　　B. 监理工程师　　　C. 业主　　　　　D. 主管部门

5. 当工程项目中采用新材料时，必须通过权威部门的(　　)。
   A. 分析论证　　B. 试验分析　　　　C. 技术鉴定和试验　D. 计算验证

6. 工程开工前，对给定的原始基准点、基准线和参考标高等测量控制点，(　　)应进行复核。

chapter

第 4 章　建筑装饰装修工程质量控制

A.　建设单位　　　B.　设计单位　　　C.　施工单位　　　D.　监理单位

7.　施工过程中监理工程师质量控制工作应体现在对(　　)。

    A.　作业活动的控制　　　　　　　　B.　工程质量预控

    C.　质量巡回检查　　　　　　　　　D.　分项工程质量控制

8.　隐蔽工程施工完毕,应由承包单位的(　　),符合要求后,由承包单位通知监理工程师检查验收。

    A.　专职质检员进行专检　　　　　　B.　作业技术人员进行自检

    C.　相关人员进行自检互检、专检　　D.　专业技术人员检查

9.　按照施工过程中实施见证取样的要求,监理机构中负责见证取样工作的人员一般为(　　)。

    A.　监理员　　　　　　　　　　　　B.　监理工程师

    C.　总监理工程师代表　　　　　　　D.　总监理工程师

二、多选题

1.　设计交底由建设单位负责组织,(　　)等单位参加。

    A.　设计主管部门　　　　B.　设计单位　　　　C.　监理单位

    D.　施工单位　　　　　　E.　咨询单位

2.　施工机械设备的选择,主要考虑施工机械的(　　)等方面对施工质量的影响与保证。

    A.　技术性能与工作效率　　B.　能源消耗　　　　C.　可靠性与维修难易

    D.　安全、灵活　　　　　　E.　机械型号

3.　工程变更的要求可能来自(　　)。

    A.　建设单位　　　　　　B.　设计单位　　　　C.　施工单位

    D.　监理单位　　　　　　E.　建设主管部门

4.　施工质量验收层次划分的目的是实施对工程施工质量的(　　),确保工程施工质量达到工程决策阶段所确定的质量目标和水平。

    A.　过程控制　　　　　　B.　终端把关　　　　C.　完善手段

    D.　强化验收　　　　　　E.　验评分离

5.　工程质量事故调查报告的主要内容有(　　)。

    A.　质量事故发生的时间、地点　　　B.　质量事故状况的描述

    C.　质量事故发展变化的情况　　　　D.　质量事故的处理意见

    E.　质量事故的观察记录、事故现场状态的照片或录像

三、思考题

1.　建筑装饰装修工程检验批合格如何判定?隐蔽工程验收的要求是什么?子分部工程质量验收合格如何判定?分部工程质量验收合格如何判定?

2.　建筑地面工程子分部工程、分项工程如何划分?

3.　建筑地面工程材料质量有何要求?

4.　建筑装饰装修工程的材料质量有何规定?对施工有何基本要求?

5.　简述吊顶各分项工程的质量控制与验收要求。

6. 简述饰面板(砖)各分项工程的质量控制与验收要求。

7. 建筑地面工程施工工序有何注意事项?

8. 建筑地面镶边应符合哪些规定?

9. 对防水排水的建筑地面质量有何要求?

10. 简述各基层铺设的质量控制与验收规定。

四、案例分析

案例1

【背景材料】

某装饰装修工程项目,业主与监理单位签订了施工阶段监理合同,与承包方签订了施工合同。施工合同约定:建筑材料由承包方采购。施工过程中,业主经与设计单位商定,对主要装饰石材指定了材质、颜色和样品,并向承包方推荐厂家,承包方与生产厂家签订了购货合同。厂家将石料按合同采购量送达现场,进厂时经检查该材料部分颜色不符合要求,监理工程师通知承包方该材料不得使用。承包方要求厂家将不符合要求的石料退换,厂家要求承包方支付退货运费,承包方不同意支付,厂家要求业主在应付承包方工程款中扣除上述费用。

【问题】

(1) 业主指定石料材质、颜色和样品是否合理?为什么?

(2) 监理工程师进行现场检查,对不符合要求的石料通知不允许使用是否合理?为什么?

(3) 承包方要求退换不符合要求的石料是否合理?为什么?

(4) 厂家要求承包方支付退货运费,业主代扣退货运费款是否合理?为什么?

(5) 石料退货的经济损失应当由谁负责?为什么?

案例2

【背景材料】

某监理公司承担了一幢办公楼的装修施工阶段的监理任务,该项工程由建设单位招标选定某公司施工,施工合同中明确规定有 1500 m^2 的塑钢窗安装任务,塑钢窗由甲方采购。建设单位在采购时,供货厂家表示可以负责安装,费用稍增,建设单位就与供货厂家签订了供货与安装合同。建设单位代表通知了施工方和监理部,由供货厂家负责安装塑钢窗。塑钢窗运达施工单位工地仓库进行了入库验收。在安装过程中,供货厂家按标准进行了安装,在窗框与墙体缝隙间进行了填嵌,并采用密封胶密封,报验后监理签署的验收结论为合格,接下来承包单位进行了抹灰、贴面砖的施工。

工程交付使用后的第一个雨季期间就发现有 60%的塑钢窗与墙体间有严重的渗水,该质量事故发生后,建设单位找到监理单位要求对此事故进行分析和处理。经追查发现,安装时使用的密封胶是厂家从市场上采购的无证产品,质量不合格。

【问题】

(1) 业主在选择塑钢窗供货与安装单位时有何不妥?

(2) 监理在得知塑钢窗由供货单位安装后应做哪些工作?

(3) 试分析此质量事故各方的责任。

第5章 建筑装饰装修工程进度控制

内容提要

本章简要介绍建筑装饰装修工程项目进度控制的概念和影响因素；进度控制的措施和主要任务；建筑装饰装修工程施工阶段进度控制目标的确定和控制内容；进度计划的编制和实施中的检查和调整方法。

教学目标

- 熟悉建筑装饰装修工程进度的概念和影响因素。
- 熟悉进度控制的措施和主要任务；掌握建筑装饰装修工程施工阶段进度控制目标的确定和进度控制的内容。
- 掌握进度计划编制、实施中进度计划的检查与调整方法。

项目引例

某建筑装饰装修工程施工网络进度计划如图 5.1 所示，该计划已由监理工程师审核批准。

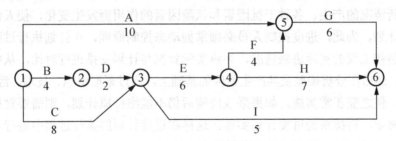

图 5.1 施工网络进度计划

分析思考

1. 当计划执行到第 5 天结束时检查，结果发现工作 A 已完成 4 天的工作量，工作 B 已完成 2 天的工作量，工作 C 已完成 3 天的工作量，设各项工作为匀速进展，试绘制时标注网络计划及实际进度前锋线，并判断实际进度状况对后续工作及总工期的影响。

2. 如果在开工前监理工程师发出工程变更指令，要求增加一项工作 J(持续时间为 5 天)，该工作必须在工作 D 之后和工作 F、H 之前进行。试对原网络计划进行调整，画出调整后的双代号网络计划，并判别是否发生工程延期事件。

引例问题表明了建筑装饰装修工程进度控制的内容和控制方法等基本问题。为了确保建筑装饰装修工程项目按照预定的工期时间交付使用，及时发挥投资效益，监理工程师应采取科学的控制方法和有效的手段来控制建筑装饰装修工程项目的建设进度。

5.1 建筑装饰装修工程进度控制概述

5.1.1 进度控制的概念

建筑装饰装修工程进度控制是指对建筑装饰装修工程项目建设各阶段的工作内容、工作程序、持续时间和衔接关系，根据进度总目标及资源优化配置的原则编制计划并付诸实施，然后在进度计划的实施过程中经常检查实际进度是否按计划要求进行，对出现的偏差情况进行分析，找出偏差的原因，采取补救措施或调整、修改原计划后再付诸实施，如此循环，直到建筑装饰装修工程竣工验收交付使用。建筑装饰装修工程进度控制的最终目的是确保建筑装饰装修工程按预定的时间动用或提前交付使用，建筑装饰装修工程进度控制的总目标是建筑装饰装修工程总工期。进度控制是监理工程师的主要任务之一。

由于在建筑装饰装修工程建设过程中存在着许多影响进度的因素，这些因素往往来自不同的单位和不同的时期，因此，进度控制人员必须事先对影响建筑装饰装修工程进度的各种因素进行调查分析，预测它们对建筑装饰装修工程进度的影响程度，确定合理的进度控制目标，编制可行的进度计划，使工程的建筑装饰装修工作始终按计划进行。

但是，不管进度计划的周密程度如何，毕竟都是人们的主观设想，在其实施过程中，必然会因为新情况的产生、各种干扰因素和风险因素的作用而发生变化，使人们难以执行原定的进度计划。为此，进度控制人员必须掌握动态控制原理，在计划执行过程中不断检查建筑装饰装修工程的实际进展情况，并将实际状况与计划安排进行对比，从中得出偏离计划的信息。然后在分析偏差及其产生原因的基础上，通过采取组织、技术、经济等措施，维持原计划，使之能正常实施。如果采取措施后仍不能维持原计划，则需要对原进度计划进行调整或修正，再按新的进度计划实施。这样在进度计划的执行过程中进行不断的检查和调整，以保证建筑装饰装修工程进度得到有效控制。

5.1.2 影响建筑装饰装修工程施工进度的因素分析

由于建筑装饰装修工程具有规模庞大、新材料种类多、工程结构与工艺技术复杂及相关单位多等特点，决定了建筑装饰装修工程进度将受到众多因素的影响。影响建筑装饰装修工程进度的不利因素有很多，如人为因素，技术因素，设备、材料及构配件因素，机具因素，资金因素，水文与气象因素，以及其他自然与社会环境等方面的因素。其中，人为因素是最大的干扰因素。为了对建筑装饰装修工程施工进度进行有效控制，监理工程师必须在施工进度计划实施之前对影响建筑装饰装修工程施工进度的因素进行分析，提出保证施工进度计划实施成功的措施，以实现对建筑装饰装修工程施工进度的主动控制。影响建筑装饰装修工程施工进度的因素归纳起来，主要有以下几个方面。

1. 工程建设相关单位的影响

影响建筑装饰装修工程施工进度的单位不只是施工承包单位。事实上，与工程建设有关的单位(如政府部门、业主、设计单位、物资供应单位、资金贷款单位，以及运输、通信、供电部门等)，其工作进度的拖后必将对施工进度产生影响。因此，控制施工进度仅仅考虑施工承包单位是不够的，正确的做法是必须充分发挥监理的作用，协调各相关单位之间的进度关系。而对于那些无法进行协调控制的进度关系，在进度计划的安排中应留有足够的机动时间。

2. 物资供应进度的影响

施工过程中需要的材料、构配件、机具和设备等如果不能按期运抵施工现场或者是运抵施工现场后发现其质量不符合有关标准的要求，都会对施工进度产生影响。因此，监理工程师应严格把关，采取有效的措施控制好物资供应进度。

3. 资金的影响

工程施工的顺利进行必须有足够的资金作保障。一般来说，资金的影响主要来自业主，或是由于没有及时支付工程预付款，或者是拖欠了工程进度款，都会影响承包单位流动资金的周转，进而影响施工进度。监理工程师应根据业主的资金供应能力，安排好施工进度计划，并督促业主及时拨付工程预付款和工程进度款，以免因资金供应不足而拖延进度，导致工作索赔。

4. 设计变更的影响

在施工过程中出现设计变更是难免的，或者是由于原设计有问题需要修改，或者是由于业主提出了新的要求。监理工程师应加强图纸的审查，严格控制随意变更，特别应对业主的变更要求进行制约。

5. 施工条件的影响

在施工过程中一旦遇到气候、水文及周围环境等方面的不利因素，必然会影响到施工进度。此时，承包单位应利用自身的技术组织能力予以克服。监理工程师应积极协调关系，协助承包单位解决那些自身不能解决的问题。

6. 各种风险因素的影响

风险因素包括政治、经济、技术及自然等方面的各种可预见或不可预见的因素。政治方面的有战争、内乱、罢工、拒付债务、制裁等；经济方面的有延迟付款、汇率浮动、换汇控制、通货膨胀、分包单位违约等；技术方面的有工程事故、试验失败、标准变化等；自然方面的有地震、洪水等。监理工程师必须对各种风险因素进行分析，提出控制风险、减少风险损失及对施工进度影响的措施，并对发生的风险事件给予恰当的处理。

7. 承包单位自身管理水平的影响

施工现场的情况千变万化，如果承包单位的施工方案不当，计划不周，管理不善，解决问题不及时等，都会影响建筑装饰装修工程的施工进度。监理工程师应提供服务，协助承包单位解决问题，以确保施工进度控制目标的实现。

5.1.3　进度控制的措施和主要任务

1. 进度控制的措施

为了实施进度控制，监理工程师必须根据建筑装饰装修工程的具体情况，认真制定进度控制措施，以确保建筑装饰装修工程进度控制目标的实现。进度控制的措施应包括组织措施、技术措施、经济措施和合同措施。

1) 组织措施

进度控制的组织措施包括以下内容。

(1) 建立进度控制目标体系，明确建筑装饰装修工程现场监理组织机构中进度控制人员及其职责分工。

(2) 建立工程进度报告制度及进度信息沟通网络。

(3) 建立进度计划审核制度和进度计划实施中的检查分析制度。

(4) 建立进度协调会议制度，包括时间、地点，协调会议的参加人员等。

(5) 建立图纸审查、工程变更和设计变更管理制度。

2) 技术措施

进度控制的技术措施包括以下内容。

(1) 审查承包商提交的进度计划，使承包商能在合理的状态下施工。

(2) 编制进度控制工作细则，指导监理人员实施进度控制。

(3) 采用网络计划技术及其他科学适用的计划方法，并结合电子计算机的应用，对建筑装饰装修工程进度实施动态控制。

3) 经济措施

进度控制的经济措施包括以下内容。

(1) 及时办理工程预付款及工程进度款支付手续。

(2) 对应急赶工给予优厚的赶工费用。

(3) 对工期提前的给予奖励。

(4) 对工程延误的收取误期损失赔偿金。

4) 合同措施

进度控制的合同措施包括以下内容。

(1) 推行 CM 承发包模式，对建筑装饰装修工程实行分段设计、分段发包和分段施工。

(2) 加强合同管理，协调合同工期与工程进度计划之间的关系，保证合同中进度目标的实现。

(3) 严格控制合同变更，对各方提出的工程变更和设计变更，监理工程师应严格审查后再补入合同文件之中。

(4) 加强风险管理，在合同中应充分考虑风险因素及其对进度的影响，以及相应的处理方法。

(5) 加强索赔管理，公正地处理索赔。

2．进度控制的主要任务

建筑装饰装修工程实施阶段进度控制的主要任务如表 5.1 所示。

表 5.1　建筑装饰装修工程实施阶段进度控制的主要任务

阶　段	进度控制的主要任务
设计准备阶段	①收集有关工期的信息，进行工期目标和进度控制决策；②编制工程项目总进度计划；③编制设计准备阶段详细工作计划，并控制其执行；④进行环境及施工现场条件的调查和分析
设计阶段	①编制设计阶段工作计划，并控制其执行；②编制详细的出图计划，并控制其执行
施工阶段	①编制施工总进度计划，并控制其执行；②编制单位工程施工进度计划，并控制其执行；③编制工程年、季、月实施计划，并控制其执行

为了有效地控制建筑装饰装修工程进度，监理工程师要在设计准备阶段向建设单位提供有关工期的信息，协助建设单位确定工期总目标，并进行环境及施工现场条件的调查和分析。在设计阶段和施工阶段，监理工程师不仅要审查设计单位和施工单位提交的进度计划，更要编制监理进度计划，以确保进度控制目标的实现。

5.2　施工阶段进度控制目标的确定

施工阶段是建筑装饰装修工程实体形成的阶段，施工阶段进度控制是建筑装饰装修工程进度控制的重点。做好施工进度计划与项目建设总进度计划的衔接，并跟踪检查施工进度计划的执行情况，在必要时对实施进度计划进行调整，对于建筑装饰装修工程进度控制总目标的实现具有十分重要的意义。

监理工程师受业主的委托在建筑装饰装修工程施工阶段实施监理时，其进度控制的总任务就是在满足建筑装饰装修工程项目总进度计划要求的基础上，编制或审核施工进度计划，并对其执行情况加以动态控制，以保证工程项目按期竣工交付使用。

5.2.1　施工阶段进度控制目标体系

保证工程项目按期建成交付使用，是建筑装饰装修工程施工阶段进度控制的最终目的。为了有效地控制施工进度，将施工进度总目标从不同角度进行层层分解，形成施工进度控制目标体系，从而作为实施进度控制的依据。

建筑装饰装修工程不但要有项目建成交付使用的确切日期这个总目标，还要有各单位工程交工动用的分目标以及按承包单位、施工阶段和不同计划期划分的分目标。各分目标之间相互联系，共同构成建筑装饰装修工程施工进度控制目标体系。其中，下级目标受上级目标的制约，下级目标保证上级目标，最终保证施工进度总目标的实现。

1. 按项目组成分解，确定各单位开工及动用日期

各单位工程的进度目标在建筑装饰装修工程项目总进度计划及建筑装饰装修工程年度计划中都有体现。在施工阶段应进一步明确各单位工程的开工和交工动用日期，以确保施工总进度目标的实现。

2. 按承包单位分解，明确分工条件和承包责任

在一个单位工程中有多个承包单位参加施工时，应按承包单位将单位工程的进度目标分解，确定出各分包单位的进度目标，列入分包合同，以便落实分包责任，并根据各专业工程交叉施工方案和前后衔接条件，明确不同承包单位工作面交接的条件和时间。

3. 按施工阶段分解，划定进度控制分界点

根据工程项目的特点，将其施工分成几个阶段，如室内建筑装饰装修分为地面、墙面、门窗、灯光和室外装修阶段。每一阶段的起止时间都要有明确的标志。特别是不同单位承包的不同施工段之间，更要明确划定时间分界点，以此作为形象进度的控制标志。

4. 按计划期分解，组织综合施工

将工程项目的施工进度控制目标按年度、季度、月(或旬)进行分解，并用实物工程量、货币工作量及形象进度进行表示，将更有利于监理工程师明确对各承包单位的进度要求。计划期越短，进度目标越细，进度跟踪就越及时，发生进度偏差时也就更能有效地采取措施予以纠正。这就形成一个有计划有步骤的协调施工进度方案，长期目标对短期目标自上而下逐级控制，短期目标对长期目标自下而上逐级保证，逐步趋近进度总目标的局面，最终达到工程项目按期竣工交付使用的目的。

5.2.2 施工阶段进度控制目标的确定

为了提高进度计划的预见性和进度控制的主动性，在确定施工进度控制目标时，必须全面细致地分析与建筑装饰装修工程进度有关的各种有利因素和不利因素。确定施工进度控制目标的主要依据有：建筑装饰装修工程总进度目标对施工工期的要求；工期定额、类似工种项目的实际进度；工程难易程度和工程条件的落实情况等。

在确定施工进度分解目标时，还要考虑以下各个方面。

(1) 对于大型建筑装饰装修工程项目，应根据尽早提供可动用单元的原则，集中力量分期分批建设，以便尽早投入使用，尽快发挥投资效益。

(2) 合理安排室内与室外的综合施工。要按照它们各自的特点，合理安排装饰施工与电器安装的先后顺序及搭接、交叉或平行作业，明确电器工程对建筑装饰装修工程的要求，为装饰工程提供施工条件的内容和时间。

(3) 结合本工程的特点，参考同类建筑装饰装修工程的经验来确定施工进度目标。

(4) 做好资金供应能力、施工力量配备、物资(如材料、构配件、设备等)供应能力与施工进度的平衡工作，确保工程进度目标的实现。

(5) 考虑外部协作条件的配合。外部协作条件是指施工过程中及项目竣工动用所需的水、电、气、通信、道路及其他社会服务项目，它们必须满足程序和时间要求，必须与项目有关的进度目标相协调。

(6) 考虑工程项目所在地区地形、地质、水文、气象等方面的限制条件。

总之，要想对工程项目的施工进度实施控制，就必须有明确、合理的进度目标(进度总目标和进度分目标)；否则，控制便失去了意义。

5.3　施工阶段进度控制的内容

5.3.1　建筑装饰装修工程施工进度控制工作流程

建筑装饰装修工程施工进度控制工作流程如图 5.2 所示。

5.3.2　建筑装饰装修工程施工进度控制工作内容

建筑装饰装修工程施工进度控制工作从审核承包单位提交的施工进度计划开始，直至建筑装饰装修工程保修期满为止，施工进度控制工作细则是对建筑装饰装修工程监理规划中有关进度控制内容的进一步深化和补充。如果将建筑装饰装修工程监理规划比作开展监理工作的"初步设计"，施工进度控制工作细则就可以看成是开展建筑装饰装修工程监理工作的"施工图设计"，它对监理工程师的进度控制实务工作起着具体的指导作用。其工作内容主要有以下几项。

1. 编制施工进度控制工作细则

施工进度控制工作细则是在建筑装饰装修工程监理规划的指导下，由项目监理工程师负责编制的更具有实施性和操作性的监理业务文件。其主要内容如下。

(1) 施工进度控制目标分解图。

(2) 施工进度控制的主要工作内容和深度。

(3) 进度控制人员的职责分工。

(4) 与进度控制有关各项工作的时间安排及工作流程。

(5) 进度控制的方法(包括进度检查周期、数据采集方式、进度报表格式、统计分析方法等)。

(6) 进度控制的具体措施(包括组织措施、技术措施、经济措施及合同措施等)。

(7) 施工进度控制目标实现的风险分析。

(8) 尚待解决的有关问题。

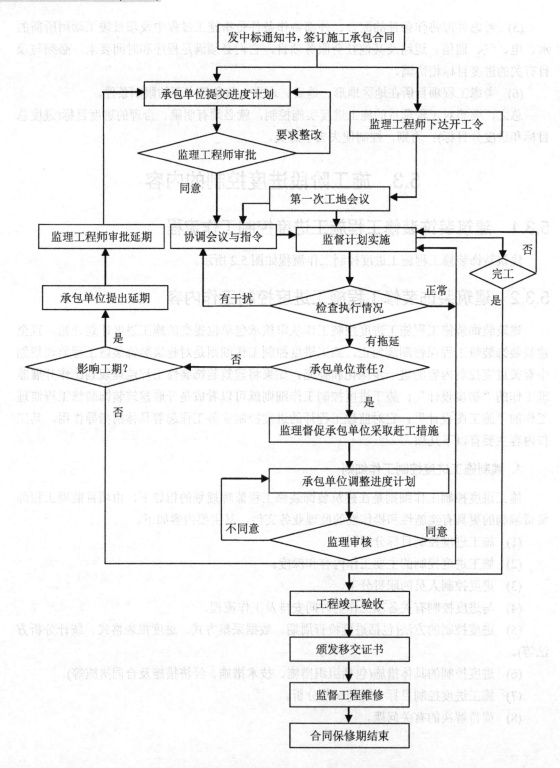

图 5.2　建筑装饰装修工程施工进度控制工作流程图

2. 编制或审核施工进度计划

为了保证建筑装饰装修工程的施工任务按期完成，监理工程师必须审核承包单位提交的施工进度计划。对于大型建筑装饰装修工程，由于单位工程较多，施工工期长，且采取分期分批发包，又没有一个负责全部工程的总承包单位时，就需要监理工程师编制施工总进度计划；或者当建筑装饰装修工程由若干个承包单位平行承包时，监理工程师也有必要编制施工总进度计划。施工总进度计划应确定分期分批的项目组成；各批工程项目的开工、竣工顺序及时间安排；全场性准备工程，特别是首批准备工程的内容与进度安排等。

当建筑装饰装修工程有总承包单位时，监理工程师只需对总承包单位提交的施工总进度计划进行审核即可。而对于单位工程施工进度计划，监理工程师只负责审核而不需要编制。

施工进度计划审核的内容主要如下。

(1) 进度安排是否符合建筑装饰装修工程项目建设总进度计划中总目标和分目标的要求，是否符合施工合同中开工、竣工日期的规定。

(2) 施工总进度计划中的项目是否有遗漏，分期施工是否满足分批动用的需要和配套动用的要求。

(3) 施工顺序的安排是否符合施工工艺的要求。

(4) 劳动力、材料、构配件、设备及施工机具、水电等生产要素的供应计划是否能保证施工进度计划的实现，供应是否均衡，需求高峰期是否有足够能力实现计划供应。

(5) 总包、分包单位分别编制的各项单位工程施工进度计划之间是否相协调，专业分工与计划衔接是否明确合理。

(6) 对于业主负责提供的施工条件(包括资金、施工图纸、施工场地、采借的物资等)，在施工进度计划中安排得是否明确、合理，是否有造成因业主违约而导致工程延期和费用索赔的可能性存在。

如果监理工程师在审查施工进度计划的过程中发现问题，应及时向承包单位提出书面修改意见(也称整改通知书)，并协助承包单位修改，其中重大问题应及时向业主汇报。

应当说明，编制和实施施工进度是承包单位的责任。承包单位之所以将施工进度计划提交给监理工程师审查，是为了听取监理工程师的建设性意见。因此，监理工程师对施工进度计划的审查或批准，并不解除承包单位对施工进度计划的任何责任和义务。此外，对监理工程师来讲，其审查施工进度计划的主要目的是为了防止承包单位计划不当，以及为承包单位保证实现合同规定的进度目标提供帮助。如果强制地干预承包单位的进度安排，或支配施工中所需要劳动力、设备和材料，将是一种错误行为。

尽管承包单位向监理工程师提交施工进度计划是为了听取建设性的意见，但施工进度计划一经监理工程师确认即应当视为合同文件的一部分，它是以后处理承包单位提出的工程延期或费用索赔的一个重要依据。

3. 按年、季、月编制工程综合计划

在按计划期编制的进度计划中，监理工程师应着重解决各承包单位施工进度计划之间、

施工进度计划与资源(包括资金、设备、机具、材料及劳动力)保障计划之间以及外部协作条件的延伸性计划之间的综合平衡与相互衔接问题，并根据上期计划的完成情况对本期计划作必要的调整，从而作为承包单位近期执行的指令性计划。

4. 下达工程开工令

监理工程师应根据承包单位和业主双方关于工程开工的准备情况，选择合适的时机发布工程开工令。工程开工令的发布，要尽可能及时，因为从发布工程开工令之日算起，加上合同工期后即为工程竣工日期。如果开工令发布拖延，就等于推迟了竣工时间，甚至可能引起承包单位的索赔。

为了检查双方的准备情况，监理工程师应参加由业主主持召开的第一次工地会议。业主应按照合同规定，及时向承包单位支付工程预付款。承包单位应当将开工所需要的人力、材料及设备准备好，同时还要按合同规定为监理工程师提供各种条件。

5. 协助承包单位实施进度计划

监理工程师要随时了解施工进度计划执行过程中所存在的问题，并帮助承包单位予以解决，特别是承包单位无力解决的内外关系协调问题。

6. 监督施工进度计划的实施

监督施工进度计划的实施是建筑装饰装修工程施工进度控制的经常性工作。监理工程师不仅要及时检查承包单位报送的施工进度报表和分析资料，同时还要进行必要的现场实地检查，核实所报送的已完项目的时间及工程量，杜绝虚报现象。

在对工程实际进度资料进行整理的基础上，监理工程师应将其与计划进度相比较，以判定实际进度是否出现偏差。如果出现进度偏差，监理工程师应进一步分析此偏差对进度控制目标的影响程度及其产生的原因，以便研究对策，提出纠偏措施。必要时还应对后期工程进度计划作适当的调整。

7. 组织现场协调会

监理工程师应每周、每月定期组织召开不同层级的现场协调会议，以解决工程施工过程中的相互协调配合问题。在每月召开的高层协调会上，通报工程项目建设的重大变更事项，协商其后果处理，解决各个承包单位之间以及业主与承包单位之间的重大协调配合问题；在每周召开的管理层协调会上，通报各自进度状况、存在的问题及下周的安排，解决施工中的相互协调配合问题。通常包括：各承包单位之间的进度协调问题；工作面交接和阶段成品保护责任问题；场地与公用设施利用中的矛盾问题；某一方面停水、停电、断路，对其他方面影响的协调问题以及资源保障、外协条件配合问题等。

在平行、交叉施工单位多，工序交接频繁且工期紧迫的情况下，现场协调会甚至需要每日召开。在会上通报和检查当天的工程进度，确定薄弱环节，部署当天的赶工任务，以便为次日正常施工创造条件。

对于某些未曾预料的突发变故或问题，监理工程师还可以通过发布紧急协调指令，督促有关单位采取应急措施维护施工的正常秩序。

8. 签发工程进度款支付凭证

监理工程师应对承包单位申报的已完分项工程量进行核实，在质量监理人员检查验收后，签发工程进度款支付凭证。

9. 审批工程延期

造成工程进度拖延的原因有两个方面：一是由于承包单位自身的原因，二是由于承包单位以外的原因。前者所造成的进度拖延，称为工程延误；而后者所造成的进度拖延称为工程延期。

1) 工程延误

当出现工程延误时，监理工程师有权要求承包单位采取有效措施加快施工进度。如果经过一段时间后，实际进度没有明显改进，仍然拖后于计划进度，而且显然影响工程按期竣工时，监理工程师应要求承包单位修改进度计划，并提交给监理工程师重新确认。

监理工程师对修改后的施工进度计划的确认，并不是对工程延期的批准，他只是要求承包单位在合理的状态下施工。因此，监理工程师对进度计划的确认，并不能解除承包单位应负的一切责任，承包单位需要承担赶工的全部额外开支和误期损失赔偿。

2) 工程延期

如果由于承包单位以外的原因造成工期拖延，承包单位有权提出延长工期的申请。监理工程师应根据合同规定，审批工程延期时间。经监理工程师核实批准的工程延期时间，应纳入合同工期，作为合同工期的一部分。即新的合同工期应等于原定的合同工期加上监理工程师批准的工程延期时间。

监理工程师对于施工进度的拖延，是否批准为工程延期，对承包单位和业主都十分重要。如果承包单位得到监理工程师批准的工程延期，不仅可以不赔偿由于工期延长而支付的延期损失费，而且还要由业主承担由于工期延长所增加的费用。因此，监理工程师应按照合同的有关规定，公正地区分工程延误和工程延期，合理地批准工程延期时间。

10. 向业主提供进度报告

监理工程师应及时整理进度资料，并做好工程记录，定期向业主提交工程进度报告。

11. 督促承包单位整理技术资料

监理工程师要根据工程进展情况，督促承包单位及时整理有关技术资料。

12. 签署工程竣工报验单，提交质量评估报告

当单位工程达到竣工验收条件后，承包单位在自行预验合格的基础上提交工程竣工报验单，申请竣工验收。监理工程师在对竣工资料及工程实体进行全面检查、验收合格后，签署工程竣工报验单，并向业主提出质量评估报告。

13. 整理工程进度资料

在工程完工以后，监理工程师应将工程进度资料收集起来，进行归类、编目和建档，以便为今后其他类似工程项目的进度控制提供参考。

14. 工程移交

监理工程师应督促承包单位办理工程移交手续，颁发工程移交证书。在工程移交后的保修期内，还要处理验收后质量问题的原因及表现等争议问题，并督促责任单位及时修理。当保修期结束且再无争议时，建筑装饰装修工程进度控制的任务即告完成。

5.4　施工进度计划的编制

施工进度计划是表示各项工程(单位工程、分部工程或分项工程)的施工顺序、开始和结束时间以及相互衔接关系的计划。它既是承包单位进行现场施工管理的核心指导文件，也是监理工程师实施进度控制的依据。施工进度计划通常是按工程对象编制的。

施工进度计划是在既定施工方案的基础上，根据规定的工期和各种资源供应条件，对单位工程中的各分部、分项工程的施工顺序、施工起止时间及衔接关系进行合理安排的计划。其编制的主要依据有：施工总进度计划、单位工程施工方案、合同工期或定额工期、施工定额、施工图和施工预算、施工现场条件、资源供应条件、气象资料等。

5.4.1　施工进度计划的编制程序

施工进度计划的编制程序如图5.3所示。

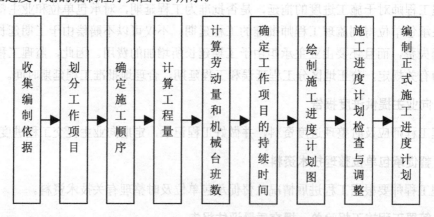

收集编制依据 → 划分工作项目 → 确定施工顺序 → 计算工程量 → 计算劳动量和机械台班数 → 确定工作项目的持续时间 → 绘制施工进度计划图 → 施工进度计划检查与调整 → 编制正式施工进度计划

图5.3　单位工程施工进度计划编制程序

5.4.2　施工进度计划的编制方法

1. 划分工作项目

工作项目是包括一定工作内容的施工过程，它是施工进度计划的基本组成单元。工作项目内容的多少，划分的粗细程序，应该根据计划的需要来决定。对于大型建筑装饰装修工程，经常需要编制控制性施工进度计划，此时工作项目可以划分得粗一些，一般只明确到分项工程即可。如果编制实施性施工进度计划，工作项目应划分得细一些。在一般情况下，单位工程施工进度计划中的工作项目应明确到分项工程或更具体，以满足指导施工作业、控制施工进度的要求。

由于单位工程中的工作项目较多，应在熟悉施工图纸的基础上，根据建筑装饰装修工程的特点及已确定的施工方案，按施工顺序逐项列出，以防止漏项或重项。凡是与建筑装饰装修工程对象施工直接有关的内容均应列入计划，而不属于直接施工的辅助性项目和服务性项目则不必列入。

另外，有些分项工程在施工顺序上和时间安排上是相互穿插进行的，或者是由同一专业施工队完成的，为了简化进度计划的内容，应尽量将这些项目合并，以突出重点。

2. 确定施工顺序

确定施工顺序是为了按照施工的技术规律和合理的组织关系，解决各工作项目之间在时间上的先后和搭接问题，以达到保证质量、安全施工、充分利用空间、争取时间、实现合理安排工期的目的。

一般来说，施工顺序受施工工艺和施工组织两方面的制约。当施工方案确定之后，工作项目之间的工艺关系也就随之确定。

工作项目之间的组织关系是由劳动力、施工机械、材料和构配件等资源的组织和安排需要形成的。它不是由工程本身决定的，而是一种人为的关系。组织方式不同，组织关系也就不同。不同的组织关系会产生不同的经济效果，应通过调整组织关系，并将工艺关系和组织关系有机地结合起来，形成工作项目之间的合理的组配和顺序关系。

不同的工程项目，其施工顺序不同。即使是同一类工程项目，其施工顺序也难以做到完全相同。因此，在确定施工顺序时，必须根据工程的特点、技术组织要求以及施工方案等进行研究，确定具体的施工顺序。

3. 计划工程量

工程量的计划应根据施工图和工程量计算规则，针对所划分的每一个工作项目进行。当编制施工进度计划时已有预算文件，且工作项目的划分与施工进度计划一致时，可以直接套用施工预算的工程量，不必重新计算。若某些项目有出入，但出入不大时，应结合工程的实际情况进行某些必要的调整。计算工程量时应注意以下问题。

(1) 工程量的计算单位应与现行定额手册中所规定的计量单位相一致，以便计算劳动力、材料和机械数量时直接套用定额，而不必进行换算。

(2) 要结合具体的施工方法和安全技术要求计算工程量。例如计算间接费时，应根据人工费进行计算。

(3) 应结合施工组织的要求，按已划分的施工段分层分段进行计算。

4. 计算劳动量和机械台班数

当某工作项目是由若干个分项工程合并而成时，则应分别根据各分项工程的时间定额(或产量定额)及工程量，按式(5.1)计算出合并后的综合时间定额(或综合产量定额)。

$$H = \frac{Q_1H_1 + Q_2H_2 + \cdots + Q_iH_i + \cdots + Q_nH_n}{Q_1 + Q_2 + \cdots + Q_i + \cdots + Q_n} \tag{5.1}$$

式中：H——综合时间定额(工日/m³，工日/m²，工日/t，…)；

$\quad Q_i$——工作项目中第 i 个分项工程的工程量；

$\quad H_i$——工作项目中第 i 个分项工程的时间定额。

根据工作项目的工程量和所采用的定额，即可按式(5.2)或式(5.3)计算出各工作项目所需要的劳动量或机械台班数。

$$P = Q \cdot H \tag{5.2}$$

或

$$P = Q/S \tag{5.3}$$

式中：P——工作项目所需要的劳动量(工日)或机械台班数(台班)；

$\quad Q$——工作项目的工程量(m³，m²，t，…)；

$\quad S$——工作项目所采用的人工产量定额(工日/m³，工日/m²，工日/t，…)，或机械台班产量定额(台班/m³，台班/m²，台班/t，…)。

其他符号同上。

零星项目所需要的劳动量可结合实际情况，根据承包单位的经验进行估算。

由于水暖、电、卫等工程通常由专业施工单位施工，因此，在编制施工进度计划时，不计算其劳动量和机械台班数，仅安排其与土建施工相配合的进度。

5. 确定工作项目的持续时间

根据工作项目所需要的劳动量或机械台班数，以及该工作项目每天安排的工人数或配备的机械台数，即可按式(5.4)计算出各工作项目的持续时间。

$$D = \frac{P}{R \cdot B} \tag{5.4}$$

式中：D——完成工作项目所需要的时间，即持续时间(d)；

$\quad R$——每班安排的工人数或施工机械台数；

$\quad B$——每天工作班数。

其他符号同前。

在安排每班工人数和机械台数时，应综合考虑以下问题。

(1) 要保证各个工作项目上的工人班组中每一个工人拥有足够的工作面(不能少于最小工作面)，以发挥高效率并保证施工安全。

(2) 要使各个工作项目上的工人数量不低于正常施工时所必需的最低限度(不能小于最小劳动组合)，以达到最高的劳动生产率。

由此可见，最小工作面限定了每班安排人数的上限，而最小劳动组合限定了每班安排人数的下限。对于施工机械台数的确定也是如此。

每天的工作班数应根据工作项目施工的技术要求和组织要求来确定。例如大型智能化建筑喷涂，要求颜色均匀时，就必须根据工程量决定采用双班制或三班制。

以上是根据安排的工人数和配备的机械台班数来确定工作项目的持续时间。但有时根据组织要求(如组织流水施工时)，需要采用倒排的方式来安排进度，即先确定各工作项目的持续时间，然后以此来确定所需要的工人数和机械台数。此时，需要把式(5.4)变换成式(5.5)。利用该公式即可确定各工作项目所需要的工人数和机械台数。

$$R = \frac{P}{D \cdot B} \tag{5.5}$$

如果根据上式求得的工人数或机械台数已超过承包单位现有的人力、物力，除了寻求其他途径增加人力、物力外，承包单位应从技术和施工组织上采取积极措施加以解决。

6.　绘制施工进度计划图

绘制施工进度计划图，首先应选择施工进度计划的表达形式。目前，常用来表达建筑装饰装修工程施工进度计划的方法有横道图和网络图两种形式。横道图比较简单，非常直观，被人们广泛地用于表达施工进度计划，以此作为控制工程进度的主要依据。

但是，采用横道图控制工程进度具有一定的局限性。随着计算机的广泛应用，网络计划技术日益受到人们的青睐。

7.　施工进度计划的检查与调整

当施工进度计划初始方案编制好后，需要对其进行检查与调整，以便使进度计划更加合理。进度计划检查的主要内容如下。

(1) 各工作项目的施工顺序、平行搭接和技术间歇是否合理。

(2) 总工期是否满足合同规定。

(3) 主要工种的工人是否能满足连续、均衡施工的要求。

(4) 主要机具、材料等的利用是否均衡和充分。

在上述四个方面中，首要的是前两个方面的检查，如果不满足要求，必须进行调整。只有在前两个方面均达到要求的前提下，才能进行后两个方面的检查与调整。前者是解决可行与否的问题，而后者则是优化的问题。

进度计划的初始方案若是网络计划，则可以利用网络计划技术的方法分别进行工期优化、费用优化及资源优化。待优化结束后，还可将优化后的方案用时标网络计划表达出来，以便有关人员更直观地了解进度计划。

5.5　施工进度计划实施中的检查与调整

施工进度计划由承包单位编制完成后，应提交给监理工程师审查，待监理工程师审查确认后即可付诸实施。承包单位在执行施工进度计划的过程中，应接受监理工程师的监督与检查，监理工程师应定期向业主报告工程进展情况。

5.5.1　施工进度的动态检查

在施工进度计划的实施过程中，由于各种因素的影响，常常会出现进度偏差。因此，监理工程师必须对施工进度计划的执行情况进行动态检查，并分析进度偏差产生的原因，以便为施工进度计划的调整提供必要的信息。

1. 施工进度的检查方式

在建筑装饰装修工程施工过程中，监理工程师可以通过以下方式获得其实际进展情况。

1) 定期地、经常地收集由承包单位提交的有关进度报表资料

工程施工进度报表资料不仅是监理工程师实施进度控制的依据，同时也是其核对工程进度款的依据。在一般情况下，进度报表格式由监理单位提供给施工承包单位，施工承包单位按时填写完后提交给监理工程师核查。报表的内容根据施工对象及承包方式的不同而有所区别，但一般应包括工作的开始时间、完成时间、持续时间、逻辑关系、实物工程量和工作量，以及工作时差的利用情况等。承包单位若能准确地填报进度报表，监理工程师就能从中了解到建筑装饰装修工程的实际进度情况。

2) 由驻地监理人员现场跟踪检查建筑装饰装修工程的实际进度情况

为了避免施工承包单位超报工程量，驻地监理人员有必要进行现场实地检查和监督。至于每隔多长时间检查一次，应视建筑装饰装修工程的类型、规模、监理范围及施工现场的条件等多方面的因素而定。可以每月或每半月检查一次，也可每旬或每周检查一次。如果在某一施工阶段出现不利情况时，甚至需要每天检查。

除上述两种方式外，由监理工程师定期组织现场施工负责人召开现场会议，也是获得建筑装饰装修工程实际进展情况的一种方式。通过这种面对面的交谈，监理工程师可以从中了解到施工过程中的潜在问题，以便及时采取相应的措施加以预防。

2. 施工进度的检查方法

施工进度检查的主要方法是对比法。利用下述的方法将经过整理的实际进度数据与计划进度数据进行比较，从中发现是否出现进度偏差以及进度偏差的大小。

通过检查分析，如果进度偏差比较小，应在分析其产生原因的基础上采取有效措施，解决矛盾，排除障碍，继续执行原进度计划。如果经过努力，确实不能按原计划实现时，再考虑对原计划进行必要的调整。即适当延长工期，或改变施工速度。计划的调整一般是不可避免的，但应当慎重，尽量减少变更计划性的调整。

5.5.2　施工进度计划的调整

通过检查分析，如果发现原有进度计划已不能适应实际情况时，为了确保进度控制目标的实现或需要确定新的计划目标，就必须对原有进度计划进行调整，以形成新的进度计划，作为进度控制的新依据。

施工进度计划的调整方法主要有两种：一种是通过缩短某些工作的持续时间来缩短工

期；另一种是通过改变某些工作间的逻辑关系来缩短工期。实际工作中应根据具体情况选用上述方法进行进度计划的调整。

1. 缩短某些工作的持续时间

这种方法的特点是不改变工作之间的先后顺序关系，通过缩短网络计划中关键线路上工作的持续时间来缩短工期。通常需要采取一定的措施来达到目的。具体措施如下。

1) 组织措施

(1) 增加工作面，组织更多的施工队伍。

(2) 增加每天的施工时间(如采用三班制等)。

(3) 增加劳动力和施工机械的数量。

2) 技术措施

(1) 改进施工工艺和施工技术，缩短工艺技术间歇时间。

(2) 采用更先进的施工方法，以减少施工过程的数量。

(3) 采用更先进的施工机械。

3) 经济措施

(1) 实行包干奖励。

(2) 提高奖金数额。

(3) 对所采取的技术措施给予相应的经济补偿。

4) 其他配套措施

(1) 改善外部配合条件。

(2) 改善劳动条件。

(3) 实施强有力的调度等。

一般来说，不管采取哪种措施，都会增加费用。因此，在调整施工进度计划时，应利用费用优化的原理选择费用增加量最小的关键工作作为压缩对象。

2. 改变某些工作间的逻辑关系

这种方法的特点是不改变工作的持续时间，而只改变工作的开始时间和完成时间。对于大型建筑装饰装修工程，由于其单位工程较多且相互间的制约比较小，可调整的幅度比较大，所以容易采用平行作业的方法来调整施工进度计划。而对于单位工程项目，由于受工作之间工艺关系的限制，可调整的幅度比较小，所以通常采用搭接作业的方法来调整施工进度计划。但不管是搭接作业还是平行作业，建筑装饰装修工程在单位时间内的资源需求量将会增加。除了分别采用上述两种方法来缩短工期外，有时由于工期拖延得太多，当采用某种方法进行调整，其可调整的幅度又受到限制时，还可以同时采用这两种方法对同一施工进度计划进行调整，以满足工期目标的要求。调整方法详见 5.6.4 节。

5.5.3　工程延期

如前所述，在建筑装饰装修工程施工过程中，其工期的延长分为工程延误和工程延期两种。虽然它们都是工程拖期，但由于性质不同，因而业主与承包单位所承担的责任也就不同。如果是属于工程延误，则由此造成的一切损失由承包单位承担。同时，业主还有权对承包单位实行误期违约罚款。而如果是属于工程延期，则承包单位不仅有权要求延长工期，而且还有权向业主提出赔偿费用的要求以弥补由此造成的额外损失。因此，监理工程师是否将施工过程中工期的延长批准为工程延期，对业主和承包单位都十分重要。

1. 工程延期的申报与审批

1) 申报工程延期的条件

由于以下原因导致工程拖期，承包单位有权提出延长工期的申请，监理工程师应按合同规定，批准工程延期时间。

(1) 监理工程师发出工程变更指令而导致工程量增加。

(2) 合同所涉及的任何可能造成工程延期的原因，如延期交图、工程暂停、对合格工程的剥离检查及不利的外界条件等。

(3) 异常恶劣的气候条件。

(4) 由业主造成的任何延误、干扰或障碍，如未及时提供施工场地、未及时付款等。

(5) 除承包单位自身以外的其他任何原因。

2) 工程延期的审批程序

工程延期的审批程序如图 5.4 所示。

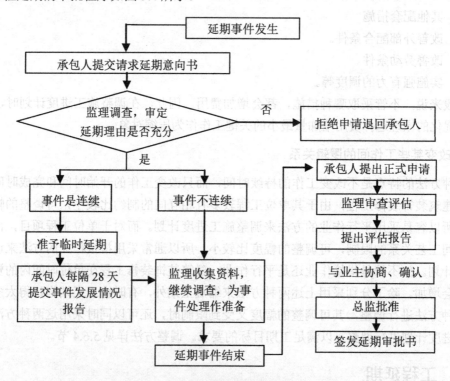

图 5.4　工程延期的审批程序

当工程延期事件发生后，承包单位应在合同规定的有效期内以书面形式(即工程延期意向通知)通知监理工程师，以便于监理工程师尽早了解所发生的事件，及时做出一些减少延期损失的决定。随后，承包单位应在合同规定的有效期内(或监理工程师可能同意的合理期限内)向监理工程师提交详细的申述报告(延期理由及依据)。监理工程师收到该报告后应及时进行调查核实，准确地确定出工程延期时间。

当延期事件具有持续性，承包单位在合同规定的有效期内不能提交最终详细的申述报告时，应先向监理工程师提交阶段性的详情报告。监理工程师应在调查核实阶段性报告的基础上，尽快做出延长工期的临时决定。临时决定的延期时间不宜太长，一般不超过最终批准的延期时间。

等延期事件结束后，承包单位应在合同规定的期限内向监理工程师提交最终的详情报告。监理工程师应复查详情报告的全部内容，然后确定该延期事件所需要的延期时间。

如果遇到比较复杂的延期事件，监理工程师可以成立专门小组进行处理。对于一时难以做出结论的延期事件，即使不属于持续性的事件，也可以采用先做出临时延期的决定，然后再做出最后决定的办法。这样既可以保证有充足的时间处理延期事件，又可以避免由于处理不及时而造成的损失。

监理工程师在做出临时工程延期批准或最终工程延期批准之前，均应与业主和承包单位进行协商。

3)　监理工程师在审批工程延期时应遵循的原则

监理工程师在审批工程延期时应遵循下列原则。

(1)　合同条件。

监理工程师批准的工程延期必须符合合同条件。即导致工期拖延的原因确实属于承包单位自身以外的，否则就不能批准为工程延期。这是监理工程师审批工程延期的一条根本原则。

(2)　影响工期。

发生延期事件的工程部位，无论其是否处在施工进度计划的关键线路上，只有当所延长的时间超过其相应的总时差而影响到工期时，才能批准工程延期。如果延期事件发生在非关键线路上，且延长的时间并未超过总时差时，即使符合批准为工程延期的合同条件，也不能批准工程延期。建筑装饰装修工程施工进度计划中的关键线路并非固定不变，它会随着工程的进展和情况的变化而转移。监理工程师应以承包单位提交的、经自己审核后的施工进度计划(不断调整后)为依据来决定是否批准工程延期。

(3)　实际情况。

批准的工程延期必须符合实际情况。为此，承包单位应对延期事件发生后的各类有关细节进行详细记载，及时向监理工程师提交详细报告。与此同时，监理工程师也应对施工现场进行详细考察和分析，做好有关记录，以便为合理确定工程延期时间提供可靠依据。

【课堂活动】

案情介绍

某建筑装饰装修工程业主与监理单位、施工单位分别签订了监理委托合同和施工合同，合同工期为 18 个月。在工程开工前，施工承包单位在合同约定的时间内向监理工程师提交了施工总进度计划，如图 5.5 所示。

该计划经监理工程师批准后开始实施，在施工过程中发生以下事件。

(1) 因业主要求需要修改设计，致使工作 K 停工等待图纸 3.5 个月。

(2) 部分施工机械由于运输原因未能按时进场，致使工作 H 的实际进度拖后 1 个月。

(3) 由于施工工艺不符合施工规范要求，发生质量事故而返工，致使工作 F 的实际进度拖后 2 个月。

问题

承包单位在合同规定的有效期内提出工期延长 3.5 个月的要求，监理工程师应批准工程延期多少时间？为什么？

分析思考

由于工作 H 和 F 的实际进度拖后均属于承包单位自身原因，只有工作 K 的拖后可以考虑给予工程延期。从图 5.5 中可知，工作 K 原有总时差为 3 个月，该工作停工等待图纸 3.5 个月，只影响工期 0.5 个月，故监理工程师应批准工程延期 0.5 个月。

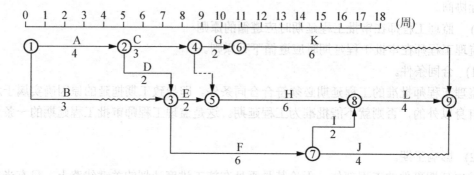

图 5.5　某工程施工进度计划

2. 工程延期的控制

发生工程延期事件，不仅影响工程的进展，而且会给业主带来损失。因此，监理工程师应做好以下工作，以减少或避免工程延期事件的发生。

1) 选择合适的时机下达工程开工令

监理工程师在下达工程开工令之前，应充分考虑业主的前期准备工作是否充分。特别是设计图纸能否及时提供，以及付款方面有无问题等，以避免由于上述问题缺乏准备而造成工程延期。

2) 提醒业主履行施工承包合同中所规定的职责

在施工过程中，监理工程师应经常提醒业主履行自己的职责，提前做好施工场地及设计图纸的提供工作，并能及时支付工程进度款，以减少或避免由此而造成的工程延期。

3) 妥善处理工程延期事件

当延期事件发生以后，监理工程师应根据合同规定进行妥善处理。既要尽量减少工程延期时间及其损失，又要在详细调查研究的基础上合理批准工程延期时间。此外，业主在施工过程中应尽量减少干预，多协调，以避免由于业主的干扰和阻碍而导致延期事件的发生。

3．工程延误的处理

如果由于承包单位自身的原因造成工期拖延，而承包单位又未按照监理工程师的指令改变延期状态时，通常可以采用下列手段进行处理。

1）拒绝签署付款凭证

当承包单位的施工活动不能使监理工程师满意时，监理工程师有权拒绝承包单位的支付申请。因此，当承包单位的施工进度拖后且又不采取积极措施时，监理工程师可以采取拒绝签署付款凭证的手段制约承包单位。

2）误期损失赔偿

拒绝签署付款凭证一般是监理工程师在施工过程中制约承包单位延误工期的手段，而误期损失赔偿则是承包单位未能按合同规定的工期完成合同范围内的工作时对其作出的处罚。如果承包单位未能按合同规定的工期和条件完成整个工程，则应向业主支付投标书附件中规定的金额，作为该项违约的损失赔偿费。

3）取消承包资格

如果承包单位严重违反合同，又不采取补救措施，则业主为了保证合同期有权取消其承包资格。例如，承包单位接到监理工程师的开工通知后，无正当理由推迟开工时间，或在施工过程中无任何理由要求延长工期，施工进度缓慢，又无视监理工程师的书面警告等，都有可能受到取消承包资格的处罚。

5.6　实际进度监测与调整

确定建筑装饰装修工程进度目标，编制一个科学、合理的进度计划是监理工程师实现进度控制的首要前提。但在工程项目的实施过程中，由于外部环境和条件的变化，进度计划的编制者很难事先对项目在实施过程中可能出现的问题进行全面的估计。气候的变化、不可预见事件的发生以及其他条件的变化均会对工程进度计划的实施产生影响，从而造成实际进度偏离计划进度，如果实际进度与计划进度的偏差得不到及时纠正，势必影响进度总目标的实现。为此，在进度计划的实际执行过程中，必须采取有效的监测手段对进度计划的实施过程进行监控，以便及时发现问题，并运用行之有效的进度调整方法来解决问题。

5.6.1　进度监测的系统过程

在建筑装饰装修工程实施过程中，监理工程师应经常地、定期地对进度计划的执行情况进行跟踪检查，发现问题后，及时采取措施加以解决。进度监测系统过程如图 5.6 所示。

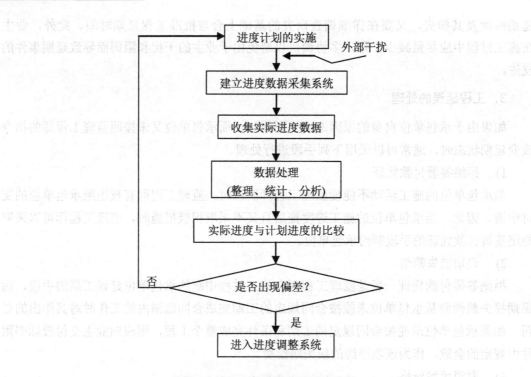

图 5.6 建设工程进度监测系统过程

1. 进度计划执行中的跟踪检查

对进度计划的执行情况进行跟踪检查是计划执行信息的主要来源，是进度分析和调整的依据，也是进度控制的关键步骤。跟踪检查的主要工作是定期收集反映工程实际进度的有关数据。收集的数据应当全面、真实、可靠，不完整或不正确的进度数据将导致判断不准确或决策失误。为了全面、准确地掌握进度计划的执行情况，监理工程师应认真做好以下三方面的工作。

1) 定期收集进度报表资料

进度报表是反映工程实际进度的主要方式之一。进度计划执行单位应按照进度监理制度规定的时间和报表内容，定期填写进度报表。监理工程师通过收集进度报表资料掌握工程实际进度情况。

2) 现场实地检查工程进展情况

派监理人员常驻现场，随时检查进度计划的实际执行情况，这样可以加强进度监测工作，掌握工程实际进度的第一手资料，使获取的数据更加及时、准确。

3) 定期召开现场会议

定期召开现场会议，监理工程师通过与进度计划执行单位的有关人员面对面地交谈，既可以了解工程实际进度状况，同时也可以协调有关方面的进度关系。

一般来说，进度控制的效果与收集数据资料的时间间隔有关。究竟多长时间进行一次进度检查，这是监理工程师应当确定的问题。如果不经常地、定期地收集实际进度数据，就难以有效地控制实际进度。进度检查的时间间隔与工程项目的类型、规模、监理对象及有关条件等多方面因素相关，可视工程的具体情况，每月、每半月或每周进行一次检查。

在特殊情况下，甚至需要每日进行一次进度检查。

2．实际进度数据的加工处理

为了进行实际进度与计划进度的比较，必须对收集到的实际进度数据进行加工处理，形成与计划进度具有可比性的数据。例如，对检查时段实际完成工作量的进度数据进行整理、统计和分析，确定本期累计完成的工作量、本期已完成的工作量占计划总工作量的百分比等。

3．实际进度与计划进度的对比分析

将实际进度数据与计划进度数据进行比较，可以确定建筑装饰装修工程实际执行状况与计划目标之间的差距。为了直观反映实际进度偏差，通常采用表格或图形进行实际进度与计划进度的对比分析，从而得出实际进度比计划进度超前、滞后还是一致的结论。

5.6.2　进度调整的系统过程

在建筑装饰装修工程实施进度监测过程中，一旦发现实际进度偏离计划进度，必须认真分析产生偏差的原因及其对后续工作和总工期的影响，必要时采取合理、有效的进度计划调整措施，确保工程进度总目标的实现。进度调整的系统过程如图 5.7 所示。

1．分析进度偏差产生的原因

通过实际进度与计划进度的比较，发现进度偏差时，为了采取有效措施调整进度计划，必须深入现场进行调查，分析产生进度偏差的原因。

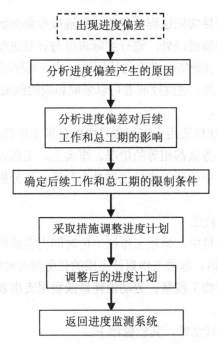

图 5.7　建设工程进度调整系统过程

2. 分析进度偏差对后续工作和总工期的影响

当查明进度偏差产生的原因之后，要分析进度偏差对后续工作和总工期的影响程度，以确定是否应采取措施调整进度计划。

3. 确定后续工作和总工期的限制条件

当出现的进度偏差影响到后续工作或总工期而需要采取进度调整措施时，应当首先确定可调整进度的范围，主要指关键节点、后续工作的限制条件以及总工期允许变化的范围。这些限制条件往往与合同条件有关，需要认真分析后确定。

4. 采取措施调整进度计划

采取进度调整措施，应以后续工作和总工期的限制条件为依据，确保要求的进度目标得到实现。

5. 实施调整后的进度计划

进度调整之后，应采取相应的组织、经济、技术措施执行它，并监测其执行情况。

5.6.3 实际进度与计划进度的比较方法

实际进度与计划进度的比较是建筑装饰装修工程进度监测的主要环节。常用的进度比较方法有横道图、S曲线、香蕉曲线、前锋线和列表比较法。

1. 横道图比较法

横道图比较法是指将项目实施过程中检查实际进度收集到的数据，经加工整理后直接用横道线平行绘于原计划的横道线处，进行实际进度与计划进度的比较的方法。采用横道图比较法，可以形象直观地反映实际进度与计划进度的偏离程度。

根据各项工作的进度偏差，进度控制者可以采取相应的纠偏措施对进度计划进行调整，以确保该工程仍能按期完成。

图5.8所表达的比较方法仅适用于工程项目中的各项工作都是均匀进展的情况，即每项工作在单位时间内完成的任务量都相等的情况。事实上，工程项目中各项工作的进展不一定是匀速的。根据工程项目中各项工作的进展是否匀速，可分别采用以下两种方法进行实际进度与计划进度的比较。

1) 匀速进展横道图比较法

匀速进展是指在工程项目中，每项工作在单位时间内完成的任务量都是相等的，即工作的进展速度是均匀的。此时，每项工作累计完成的任务量与时间呈线性关系，如图5.9所示。完成的任务量可以用实物工程量、劳动消耗量或费用支出表示。为了便于比较，通常用上述物理量的百分比表示。

采用匀速进展横道图比较法时，其步骤如下。

(1) 编制横道图进度计划。

(2) 在进度计划上标出检查日期。

（3）将检查收集到的实际进度数据经加工整理后按比例用涂黑的粗线标于计划进度的下方，如图 5.9 所示。

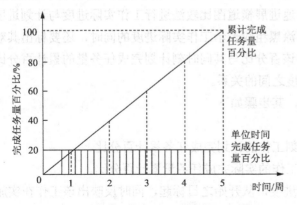

图 5.8　工作匀速进展时工程量与时间的关系

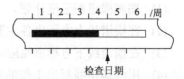

图 5.9　匀速进展横道图比较

（4）对比分析实际进度与计划进度。

①　如果涂黑的粗线右端落在检查日期左侧，表明实际进度拖后。

②　如果涂黑的粗线右端落在检查日期右侧，表明实际进度超前。

③　如果涂黑的粗线右端与检查日期重合，表明实际进度与计划进度一致。

必须指出，该方法仅适用于工作从开始到结束的整个过程中，其进展速度均为固定不变的情况。如果工作的进展速度是变化的，则不能采用这种方法进行实际进度与计划进度的比较；否则，会得出错误的结论。

例如某工程项目建筑装饰装修工程的计划和截止到第 9 周末的实际进度如表 5.2 所示，其中双线条表示该工程计划进度，粗实线表示实际进度。从表中实际进度与计划进度的比较可以看出，到第 9 周末进行实际进度检查时，门窗和吊顶两项工作已经完成；墙面按计划也应该完成，但实际只完成 75%，任务量拖欠 25%；地面按计划应该完成 60%，而实际只完成 20%，任务量拖欠 40%。

表 5.2　某装饰工程实际进度与计划进度比较

工作名称	持续时间/周	进度计划/周												
		1	2	3	4	5	6	7	8	9	10	11	12	13
门窗	6													
吊顶	3													
墙面	4													
地面	5													
油漆	4													

━━━ 计划进度　　　━━━ 实际进度　　　▲ 检查日期

2) 非匀速进展横道图比较法

当工作在不同单位时间里的进展速度不相等时，累计完成的任务量与时间的关系就不可能是线性关系。此时，应采用非匀速进展横道图比较法进行工作实际进度与计划进度的比较。非匀速进展横道图比较法在用涂黑粗线表示工作实际进度的同时，还要标出其对应时刻完成任务量的累计百分比，并将该百分比与其同时刻计划完成任务量的累计百分比相比较，以判断工作实际进度与计划进度之间的关系。

采用非匀速进展横道图比较法时，其步骤如下。

(1) 编制横道图进度计划。

(2) 在横道线上方标出各主要时刻工作的计划完成任务累计百分比。

(3) 在横道线下方标出相应时刻工作的实际完成任务量累计百分比。

(4) 用涂黑粗线标出工作的实际进度，从开始之日标起，同时反映出该工作在实施过程中的连续与间断情况。

(5) 通过比较同一时刻实际完成任务量累计百分比和计划完成任务量累计百分比，判断工作实际进度与计划进度之间的关系。

① 如果同一时刻横道线上方累计百分比大于横道线下方累计百分比，表明实际进度拖后，拖欠的任务量为二者之差。

② 如果同一时刻横道线上方累计百分比小于横道线下方累计百分比，表明实际进度超前，超前的任务量为二者之差。

③ 如果同一时刻横道线上下方两个累计百分比相等，表明实际进度与计划进度一致。

可以看出，由于工作进展速度是变化的，在图中的横道线，无论是计划的还是实际的，只能表示工作的开始时间、完成时间和持续时间，并不表示计划完成的任务量和实际完成的任务量。此外，采用非匀速进展横道图比较法，不仅可以进行某一时刻(如检查日期)实际进度与计划进度的比较，而且还能进行某一时间段实际进度与计划进度的比较。当然，这需要实施部门按规定的时间记录当时的任务完成情况。

【课堂活动】

案情介绍

某工程项目中的轻钢龙骨的安装，按施工进度计划安排需要 7 周完成，每周计划完成的任务量百分比如图 5.10 所示。

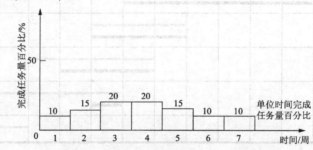

图 5.10　轻钢龙骨制作进展时间与工作量关系图

问题

1. 编制横道图进度计划,如图 5.11 所示。

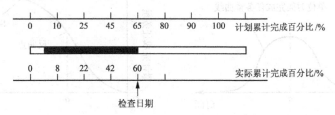

图 5.11 非匀速进展横道图比较

2. 在横道线上方标出轻钢龙骨安装工作每周计划累计完成任务量的百分比,分别为 10%、25%、45%、65%、80%、90%和100%。

3. 在横道线下方标出第 1 周至检查日期(第 4 周)每周实际累计完成任务量的百分比,分别为 8%、22%、42%、60%。

4. 用涂黑粗线标出实际投入的时间。图 5.11 表明,该工作实际开始时间晚于计划开始时间,在开始后连续工作,没有中断。

5. 比较实际进度与计划进度。从图 5.11 中可以看出,该工作在第一周实际进度比计划进度拖后 2%,以后各周末累计拖后分别为 3%、3%和5%。

分析思考

横道图比较法具有记录简单、形象直观、易于掌握、使用方便等优点,但由于其以横道计划为基础,因而带有不可克服的局限性。在横道计划中,各项工作之间的逻辑关系表达不明确,关键工作和关键线路无法确定。一旦某些工作实际进度出现偏差时,难以预测其对后续工作和工程总工期的影响,也就难以确定相应的进度计划调整方法。因此,横道图比较法主要用于工程项目中某些工作实际进度与计划进度的局部比较。

2. S 曲线比较法

S 曲线比较法是以横坐标表示时间,纵坐标表示累计完成任务量,绘制一条按计划时间累计完成任务量的 S 曲线;然后将工程项目实施过程中各检查时间实际累计完成任务量的 S 曲线也绘制在同一坐标系中,进行实际进度与计划进度的比较的一种方法。

从整个工程项目实际进展全过程看,单位时间投入的资源量一般是开始和结束时较少,中间阶段较多。与其相对应,单位时间完成的任务量也呈同样的变化规律,如图 5.12(a)所示。而随工程进展累计完成的任务量则应呈 S 形变化,如图 5.12(b)所示。由于其形似英文字母 S,因此取名为 S 曲线。

1) S 曲线的绘制方法

(1) 确定工程计划进度曲线。根据每单位时间内完成的实物工程量、投入的劳动力或费用,计算出计划单位时间的量值 q_i,它是离散型的,如图 5.13(a)所示。

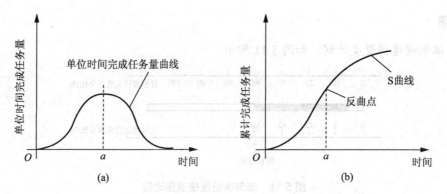

图 5.12　时间与完成工作量关系曲线

(2) 计算规定时间内 j 累计完成的任务量。其计算方法是按式(5.6)将各单位时间完成的任务量累加求和。

$$Q_j = \sum_{i=1}^{n} q_i \qquad (5.6)$$

(3) 按各规定时间的 Q_j 值，绘制 S 曲线，如图 5.13(b)所示。

2) 绘制实际进度 S 曲线

在工程项目实施过程中，按照规定时间将检查收集到的实际累计完成任务量绘制在原计划 S 曲线图上，即得到实际进度 S 曲线。

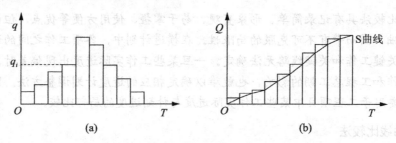

图 5.13　时间与完成任务量关系曲线(S 型曲线)

3) 实际进度与计划进度的比较

同横道图比较法一样，S 曲线比较法也是在图上进行工作项目实际进度与计划进度的直观比较。在工程项目实施过程中，按照规定时间将检查收集到的实际累计完成任务量绘制在原计划 S 曲线图上，即可得到实际进度 S 曲线，如图 5.14 所示。

通过比较实际进度 S 曲线和计划进度 S 曲线，可以获得如下信息。

(1) 工程项目实际进展状况。

如果工程实际进展点落在计划 S 曲线左侧，表明此时实际进度比计划进度超前，如图 5.14 中的 a 点；如果工作实际进展点落在 S 计划曲线右侧，表明此时实际进度拖后，如图 5.14 中的 b 点；如果工程实际进展点正好落在计划 S 曲线上，则表示此时实际进度与计划进度一致。

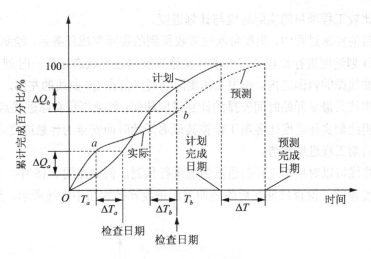

图 5.14　S 曲线比较图

(2) 工程项目实际进度超前或拖后的时间。

在 S 曲线比较图中可以直接读出实际进度比计划进度超前或拖后的时间。如图 5.14 所示，ΔT_a 表示 T_a 时刻实际进度超前的时间；ΔT_b 表示 T_b 时刻实际进度拖后的时间。

(3) 工程项目实际超额或拖欠的任务量。

在 S 曲线比较图中也可直接读出实际进度比计划进度超额或拖欠的任务量。如图 5.14 所示，ΔQ_a 表示 T_a 时刻超额完成的任务量，ΔQ_b 表示 T_b 时刻拖欠的任务量。

(4) 后期工程进度预测。

如果后期工程按原计划速度进行，则可做出后期工程计划 S 曲线，如图 5.14 中的虚线所示，从而可以确定工期拖延预测值 ΔT。

3. 香蕉曲线比较法

香蕉曲线是由两条 S 曲线组合而成的闭合曲线。由 S 曲线比较法可知，工程项目累计完成的任务量与计划时间的关系，可以用一条 S 曲线表示。对于一个工程项目的网络计划来说，如果以其中各项工作的最早开始时间安排进度而绘制 S 曲线，称为 ES 曲线；如果以其中各项工作的最迟开始时间安排进度而绘制 S 曲线，称为 LS 曲线。两条 S 曲线具有相同的起点和终点，因此，两条曲线是闭合的。在一般情况下，ES 曲线上的其余各点均落在 LS 曲线的相应点的左侧。由于该闭合曲线形似"香蕉"，故称为香蕉曲线，如图 5.15 所示。

1) 香蕉曲线比较法的作用

香蕉曲线比较法能直观地反映工程项目的实际进展情况，并可以获得比 S 曲线更多的信息。其主要作用如下。

(1) 合理安排工程项目进度计划。

如果工程项目中的各项工作均按其最早开始时间安排进度，将导致项目的投资加大；而如果各项工作都按其最迟开始时间安排进度，则一旦受到进度影响因素的干扰，又将导致工期拖延，使工程进度风险加大。因此，一个科学合理的进度计划优化曲线应处于香蕉曲线所包络的区域之内，如图 5.15 中的点画线所示。

(2) 定期比较工程项目的实际进度与计划进度。

在工程项目的实施过程中，根据每次检查收集到的实际完成任务量，绘制出实际进度 S 曲线，可以与计划进度进行比较。工程项目实施进度的理想状态是任一时刻工程实际进展点应落在香蕉曲线图的范围之内。如果工作实际进展点落在 ES 曲线的左侧，表明此刻实际进度比各项工作按其最早开始时间安排的计划进度超前；如果工程实际进展点落在 LS 曲线的右侧，则表明此刻实际进度比各项工作按其最迟开始时间安排的计划进度拖后。

(3) 预测后期工程进展趋势。

利用香蕉曲线可以对后期工程的进展情况进行预测。例如在图 5.16 中，该工程项目在检查日实际进度超前。检查日期之后的后期工程进度安排如图中虚线所示，预计该工程将提前完成。

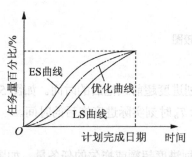
图 5.15　香蕉曲线比较图

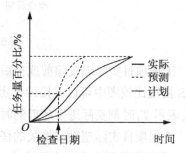
图 5.16　工程进展趋势预测图

2) 香蕉曲线的绘制方法

香蕉曲线的绘制方法与 S 曲线的绘制方法基本相同，不同之处在于香蕉曲线是以工作按最早开始时间安排进度和按最迟开始时间安排进度分别绘制的两条 S 曲线组合而成。其绘制步骤如下。

(1) 以工程项目的网络计划为基础，计算各项工作的最早开始时间和最迟开始时间。

(2) 确定各项工作在各单位时间的计划完成任务量。分别按以下两种情况考虑。

① 根据各项工作按最早开始时间安排的进度计划，确定各项工作在各单位时间的计划完成任务量。

② 根据各项工作按最迟开始时间安排的进度计划，确定各项工作在各单位时间的计划完成任务量。

(3) 计算工程项目总任务量，即对所有工作在各单位时间计划完成的任务量累加求和。

(4) 分别根据各项工作按最早开始时间、最迟开始时间安排的进度计划，确定工程项目在各单位时间内计划完成的任务量，即将各项工作在某一单位时间内计划完成的任务量求和。

(5) 分别根据各项工作按最早开始时间、最迟开始时间安排的进度计划，确定不同时间累计完成的任务量或任务量的百分比。

(6) 绘制香蕉曲线。分别根据各项工作按最早开始时间、最迟开始时间安排的进度计划而确定的累计完成任务量或任务量的百分比描绘各点，并连接各点得到 ES 曲线和 LS 曲线，由 ES 曲线和 LS 曲线组成香蕉曲线。

在工程项目实施过程中，根据检查得到的实际累计完成任务量，按同样的方法在原计划香蕉曲线图上绘出实际进度曲线，便可以进行实际进度与计划进度的比较。

4. 前锋线比较法

前锋线比较法是通过绘制检查时刻工程项目实际进度前锋线，进行工程实际进度与计划进度比较的方法，它主要适用于时标网络计划。所谓前锋线，是指在原时标网络计划上，从检查时刻的时标点出发，用点画线依次将各项工作实际进展位置点连接而成的折线。前锋线比较法就是通过实际进度前锋线与原进度计划中各工作箭线交点的位置来判断工作实际进度与计划进度的偏差，进而判定该偏差对后续工作及总工期影响程度的一种方法。

采用前锋线比较法进行实际进度与计划进度的比较，其步骤如下。

1) 绘制时标网络计划图

工程项目实际进度前锋线是在时标网络计划图上标示，为清楚起见，可以在时标网络计划图的上方和下方各设一时间坐标。

2) 绘制实际进度前锋线

一般从时标网络计划图上方时间坐标的检查日期开始绘制，依次连接相邻工作的实际进展位置点，最后与时标网络计划图下方坐标的检查日期相连接。

工作实际进展位置点的标定方法有以下两种。

(1) 按该工作已完成任务量比例进行标定。

假设工程项目中各项工作均为匀速进展，根据实际进度检查时刻该工作已完成任务量占其计划完成总任务量的比值，在工作箭线上从左至右按相同的比例标定其实际进展位置点。

(2) 按尚需作业时间进行标定。

当某些工作的持续时间难以按实物工作量来计算而只能凭经验估算时，可以先估算出检查时刻到该工作全部尚需作业的时间，然后在该工作箭线上从右向左逆向标定其实际进展位置点。

3) 进行实际进度与计划进度的比较

前锋线可以直观地反映出检查日期有关工作实际进度与计划进度之间的关系。对某项工作来说，其实际进度与计划进度之间的关系可能存在以下三种情况。

(1) 工作实际进展位置点落在检查日期的左侧，表明该工作实际进度拖后，拖后的时间为二者之差。

(2) 工作实际进展位置点与检查日期重合，表明该工作实际进度与计划进度一致。

(3) 工作实际进展位置点落在检查日期的右侧，表明该工作实际进度超前，超前的时间为二者之差。

4) 预测进度偏差对后续工作及总工期的影响

通过实际进度与计划进度的比较确定进度偏差后，还可根据工作的自由时差和总时差预测该进度偏差对后续工作及项目总工期的影响。由此可见，前锋线比较法既适用于工作实际进度与计划进度之间的局部比较，又可用来分析和预测工程项目整体进展状况。

值得注意的是，以上比较是针对匀速进展的工作。对于非匀速进展的工作，比较方法较复杂，此处不再赘述。

【课堂活动】

案情介绍

某工程项目时标网络计划如图 5.17 所示。该计划执行到第 6 周末检查实际进度时,发现工作 A 和 B 已经全部完成,工作 D、E 分别完成计划任务量的 20% 和 50%,工作 C 尚需 3 周完成。

问题

试用前锋线法进行实际进度与计划进度的比较。

分析思考

根据第 6 周末实际进度的检查结果绘制前锋线,如图 5.17 中的点画线所示。通过比较可以看出:

(1) 工作 D 实际进度拖后 2 周,将使其后续工作 F 的最早开始时间推迟 2 周,并使总工期延长 1 周。

(2) 工作 E 实际进度拖后 1 周,既不影响总工期,也不影响其后续工作的正常进行。

(3) 工作 C 实际进度拖后 2 周,将使其后续工作 G、H、J 的最早开始时间推迟 2 周。由于工作 G、J 开始时间的推迟,从而使总工期延长 2 周;H 工作因有 2 周的时差,不影响总工期。

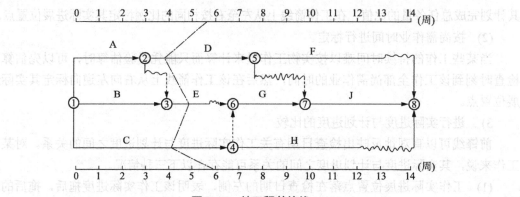

图 5.17 某工程前锋线

综上所述,如果不采取措施加快进度,该工程项目的总工期将延长 2 周。

5. 列表比较法

当工程进度计划用非时标网络图表示时,可以采用列表比较法进行实际进度与计划进度的比较。这种方法是记录检查日期应该进行的工作名称及其已经作业的时间,然后列表计算有关时间参数,并根据工作总时差进行实际进度与计划进度的比较。

采用列表比较法进行实际进度与计划进度的比较,其步骤如下。

(1) 对于实际进度检查日期应该进行的工作,根据已经作业的时间,确定其尚需作业时间。

(2) 根据原进度计划计算检查日期应该进行的工作，从检查日期到原计划最迟完成时间尚余时间。

(3) 计算工作尚有总时差，其值等于工作从检查日期到原计划最迟完成时间尚余时间与该工作尚需作业时间之差。

(4) 比较实际进度与计划进度，可能有以下几种情况。

① 如果工作尚有总时差与原有总时差相等，说明该工作实际进度与计划进度一致。

② 如果工作尚有总时差大于原有总时差，说明该工作实际进度超前，超前的时间为二者之差。

③ 如果工作尚有总时差小于原有总时差，且为非负值，说明该工作实际进度拖后，拖后的时间为二者之差，但不影响总工期。

④ 如果工作尚有总时差小于原有总时差，且为负值，说明该工作实际进度拖后，拖后的时间为二者之差，此时工作实际进度偏差将影响总工期。

【课堂活动】

案情介绍

某工程项目进度如图 5.17 所示。该计划执行到第 10 周末检查实际进度时，发现工作 A、B、C、D、E 已经全部完成，工作 F 已进行 1 周，工作 G 和工作 H 均已进行 2 周。

问题

试用列表比较法进行实际进度与计划进度的比较。

分析思考

根据工作项目进度计划及实际进度检查结果，可以计算出检查日期应进行工作的尚需作业时间、原有总时差及尚有总时差等，计算结果如表 5.3 所示。通过比较尚有总时差和原有总时差，即可判断目前工程实际进展状况。

表 5.3　工程进度检查比较表

工作代号	工作名称	检查计划时尚需作业周数/周	到计划最迟完成时尚余周数/周	原有总时差	尚有总时差	情况判断
5～8	F	4	4	1	0	拖后 1 周，但不影响工期
6～7	G	1	0	0	−1	拖后 1 周，影响工期 1 周
4～8	H	3	4	2	1	拖后 1 周，但不影响工期

5.6.4　进度计划实施中的调整方法

1. 分析进度偏差对后续工作及总工期的影响

在工程项目实施过程中，当通过实际进度与计划进度的比较，发现有进度偏差时，需要分析该偏差对后续工作及总工期的影响，从而采取相应的调整措施对原进度计划进行调整，以确保工期目标的顺利实现。进度偏差的大小及其所处的位置不同，对后续工作和总工期的影响程度是不同的，分析时需要利用网络计划中工作总时差和自由时差的概念进行判断。分析步骤如下。

1) 分析出现进度偏差的工作是否为关键工作

如果出现进度偏差的工作位于关键线路上，即该工作为关键工作，则无论其偏差有多大，都将对后续工作和总工期产生影响，必须采取相应的调整措施；如果出现偏差的工作是非关键工作，则需要根据进度偏差值与总时差和自由时差的关系作进一步分析。

2) 分析进度偏差是否超过总时差

如果工作的进度偏差大于该工作的总时差，则此进度偏差必将影响其后续工作和总工期，必须采取相应的调整措施；如果工作的进度偏差未超过该工作的总时差，则此进度偏差不影响总工期。至于对后续工作的影响程度，还需要根据偏差值与其自由时差的关系作进一步分析。

3) 分析进度偏差是否超过自由时差

如果工作的进度偏差大于该工作的自由时差，则此进度偏差将对其后续工作产生影响，此时应根据后续工作的限制条件确定调整方法；如果工作的进度偏差未超过该工作的自由时差，则此进度偏差不影响后续工作，因此，原进度计划可以不作调整。

进度偏差的分析判断过程如图 5.18 所示。

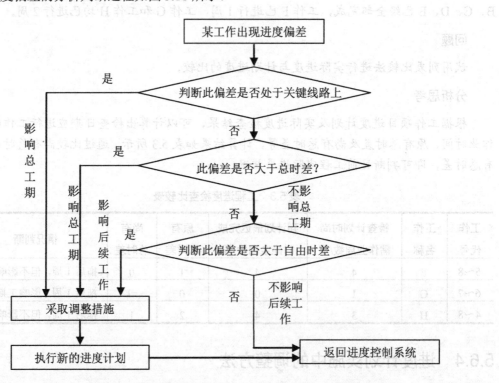

图 5.18 进度偏差对后续工作和总工期影响分析图

通过分析，进度控制人员可以根据进度偏差的影响程度，制定相应的纠偏措施进行调整，以获得符合实际进度情况和计划目标的新进度计划。

2．进度计划的调整方法

当实际进度偏差影响到后续工作、总工期而需要调整进度计划时，其调整方法主要有两种。

1）改变某些工作间的逻辑关系

当工程项目实施中产生的进度偏差影响到总工期，且有关工作的逻辑关系允许改变时，可以改变关键线路和超过计划工期的非关键线路上的有关工作之间的逻辑关系，达到缩短工期的目的。例如，将顺序进行的工作改为平行作业、搭接作业以及分段组织流水作业等，都可以有效地缩短工期。

2）缩短某些工作的持续时间

这种方法是不改变工程项目中各项工作之间的逻辑关系，而通过采取增加资源投入、提高劳动效率等措施来缩短某些工作的持续时间，使工程进度加快，以保证按计划工期完成该工程项目。这些被压缩持续时间的工作是位于关键线路和超过计划工期的非关键线路上的工作。同时，这些工作又是其持续时间可被压缩的工作。这种调整方法通常可以在网络图上直接进行。其调整方法视限制条件及对其后续工作的影响程度的不同而有所区别，一般可分为以下三种情况。

(1) 网络计划中某项工作进度拖延的时间已超过其自由时差但未超过其总时差。

如前所述，此时该工作的实际进度不会影响总工期，而只对其后续工作产生影响。因此，在进行调整前，需要确定其后续工作允许拖延的时间限制，并以此作为进度调整的限制条件。该限制条件的确定常常较复杂，尤其是当后续的工作由多个平行的承包单位负责实施时更是如此。后续工作如不能按原计划进行，在时间上产生的任何变化都可能使合同不能正常履行而导致蒙受损失的一方提出索赔。因此，寻求合理的调整方案，把进度拖延对后续工作的影响减少到最低程度，这是监理工程师的一项重要工作。

【课堂活动】

案情介绍

某工程项目双代号时标网络计划如图 5.19 所示，该计划执行到第 35 天下班时刻检查时，其实际进度如图中的前锋线所示。

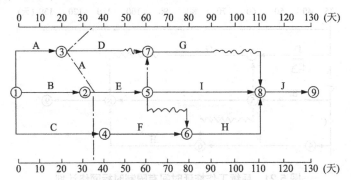

图 5.19　某工程项目时标网络计划

问题

试分析目前实际进度对后续工作和总工期的影响,并提出相应的进度调整措施。

分析思考

从图 5.19 中可以看出,目前只有工作 D 的开始时间拖后 15 天,而影响其后续工作 G 的最早开始时间,其他工作的实际进度均正常。由于工作 D 的总时差为 30 天,故此时工作 D 的实际进度不影响总工期。该进度计划是否需要调整,取决于工作 D 和 G 的限制条件。

① 后续工作拖延的时间无限制

如果后续工作拖延的时间完全被允许,可将拖延后的时间参数带入原计划,并化简网络图(即去掉已执行部分,以进度检查日期为起点,将实际数据代入,绘制出未实施部分的进度计划),即可得调整方案。例如在本例中,以检查时刻第 35 天为起点,将工作 D 的实际进度数据及 G 被拖延后的时间参数代入原计划(此时工作 D、G 的开始时间分别为 35 天和 65 天),可得如图 5.20 所示的调整方案。

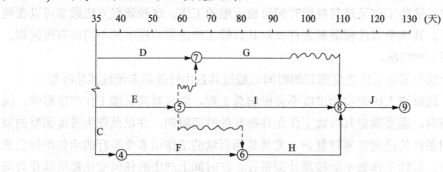

图 5.20 后续工作拖延时间无限制时标网络计划

② 后续工作拖延的时间有限制

如果后续工作不允许拖延或拖延的时间有限制,需要根据限制条件对网络计划进行调整,以寻求最优方案。例如在本例中,如果工作 G 的开始时间不允许超过第 60 天,则只能将其以前工作 D 的持续时间压缩为 25 天,调整后的网络计划如图 5.21 所示。如果在工作 D、G 之间还有多项工作,则可以利用工期优化的原理确定应压缩的工作,得到满足 G 工作限制条件的最优调整方案。

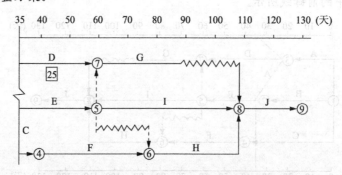

图 5.21 后续工作拖延时间有限制时标网络计划

(2) 网络计划中某项工作进度拖延的时间超过其总时差。

如果网络计划中某项工作进度拖延的时间超过其总时差，则无论该工作是否为关键工作，其实际进度都将对后续工作和总工期产生影响。此时，进度计划的方法又可分为以下三种情况。

① 项目总工期不允许拖延

如果工程项目必须按照原计划工期完成，则只能采取缩短关键线路上后续工作持续时间的方法来达到调整计划的目的，详见下面的案例。

【课堂活动】

案情介绍

仍以图 5.19 所示的网络计划为例，如果在计划执行到第 40 天下班时刻检查时，其实际进度如图 5.22 中前锋线所示。

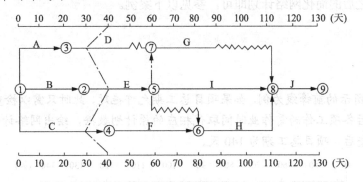

图 5.22　前锋线所示网络计划

问题

试分析目前实际进度对后续工作和总工期的影响，并提出相应进度调整措施。

分析思考

从图 5.22 中可看出：

● 工作 D 实际进度拖后 10 天，但不影响其后续工作，也不影响总工期；

● 工作 E 实际进度正常，既不影响后续工作，也不影响总工期；

● 工作 C 实际进度拖后 10 天，由于其为关键工作，故实际进度将使总工期延长 10 天，并使其后续工作 F、H 和 J 的开始时间推迟 10 天。

如果该工程项目总工期不允许拖延，则为了保证其按原计划工期 130 天完成，必须采用工期优化的方法，缩短关键线路上后续工作的持续时间。现假设工作 C 的后续工作 F、H 和 J 均可以压缩 10 天，通过比较，压缩工作 H 的持续时间所需付出的代价最小，故将工作 H 的持续时间由 30 天缩短为 20 天。调整后的网络计划如图 5.23 所示。

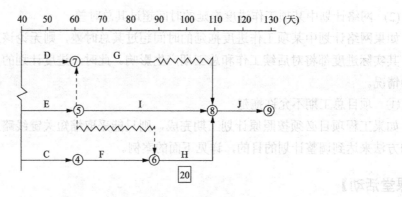

图 5.23　调整后工期不拖延的网络计划

②　项目总工期允许拖延。

如果项目总工期允许拖延，则此时只需以实际数据取代原计划数据，并重新绘制实际进度检查日期之后的简化网络计划即可，参见以下案例。

【课堂活动】

案情介绍

以图 5.19 所示的前锋线为例，如果项目总工期允许拖延，此时只需以检查日期第 40 天为起点，用其后各项工作尚需作业时间取代相应的原计划数据，绘出网络计划，如图 5.24 所示。方案调整后，项目总工期为 140 天。

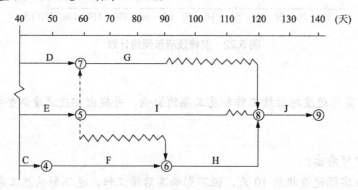

图 5.24　调整后拖延工期的网络计划

③　项目总工期允许拖延的时间有限。

如果项目总工期允许拖延，但允许拖延的时间有限，则当实际进度拖延的时间超过此限制时，需要对网络计划进行调整，以便满足要求。

具体的调整方法是以总工期的限制时间为规定工期，对检查日期之后尚未实施的网络计划进行工期优化，即通过缩短关键线路上后续工作持续时间的方法使总工期满足规定工期的要求，参见下面的案例。

【课堂活动】

案情介绍

仍以图 5.19 所示的前锋线为例，如果项目总工期只允许拖延至 135 天，则可按以下步骤进行调整。

① 绘制化简的网络计划，如图 5.24 所示。

② 确定需要压缩的时间。从图 5.24 中可以看出，在第 40 天检查实际进度时发现总工期将延长 10 天，该项目至少需要 140 天才能完成，而总工期只允许延长至 135 天，故需将总工期压缩 5 天。

③ 对网络计划进行工期优化。从图 5.24 中可以看出，此时关键线路上的工作为 C、F、H 和 J。现假设通过比较，压缩关键工作 H 的持续时间所需付出的代价最小，故将其持续时间由原来的 30 天压缩为 25 天，调整后的网络计划如图 5.25 所示。

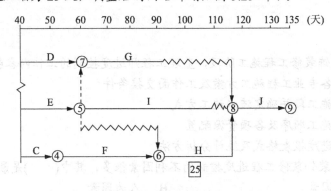

图 5.25 总工期拖延时间有限制时的网络计划

以上三种情况均是以总工期为限制条件调整进度计划的。值得注意的是，当某项工作实际进度拖延的时间超过总时差而需要对进度计划进行调整时，除需考虑总工期的限制条件外，还应考虑网络计划中后续工作的限制条件，特别是对总进度计划的控制更应注意这一点。因为在这类网络计划中，后续工作也许就是一些独立的合同段。时间上的任何变化，都会带来协调上的麻烦或者引起索赔。因此，当网络计划中某些后续工作对时间的拖延有限制时，同样需要以此为条件，按前述方法进行调整。

(3) 网络计划中某项工作进度超前。

监理工程师对建筑装饰装修工程实施进度控制的任务就是在工程进度计划的执行过程中，采取必要的组织协调和控制措施，以保证建筑装饰装修工程按期完成。在建筑装饰装修工程计划阶段所确定的工期目标，往往是综合考虑了各方面因素而确定的合理工期。因此，时间上的任何变化，无论是进度拖延还是超前，都可能造成其他目标的失控。例如，在一个建筑装饰装修工程施工总进度计划中，由于某项工作的进度超前，致使资源的需求发生变化，而打乱了原计划对人、材、物等资源的合理安排，亦将影响资金计划的使用和安排；特别是当多个平行的承包单位进行施工时，由此引起后续工作时间安排的变化，势必给监理工程师的协调工作带来许多麻烦。因此，如果建筑装饰装修工程实施过程中出现进度超前的情况，进度控制人员必须综合分析进度超前对后续工作产生的影响，并同承包单位协商，提出合理的进度调整方案，以确保工期总目标的顺利实现。

5.7 本章小结

本章介绍了进度控制的概念、任务，以及影响建筑装饰装修工程进度的因素；建筑装饰装修工程施工进度控制程序、工作内容；进度的监测与调整、工程延期的处理；实际进度与计划进度的比较方法和进度计划实施中的调整方法。重点是进度控制的工作内容、进度的监测与调整方法的灵活应用。

自 测 题

一、单选题

1. 在建筑装饰装修工程施工阶段，监理工程师进度控制的工作内容包括(　　)。
   A. 确定各专业工程施工方案及工作面交接条件
   B. 划分施工段并确定流水施工方式
   C. 确定施工顺序及各项资源配置
   D. 确定进度报表格式及统计分析方法

2. 影响建筑装饰装修工程进度控制的不利因素很多，其中(　　)是最大的干扰因素。
   A. 技术因素　　　　　　　　　　B. 人为因素
   C. 环境因素　　　　　　　　　　D. 经济因素

3. 在建筑装饰装修工程中，必然会因为新情况的产生、各种干扰因素和风险因素的存在导致进度计划赶不上变化，因此进度控制人员必须掌握(　　)。
   A. 事前控制　　　　　　　　　　B. 全过程控制
   C. 事中控制　　　　　　　　　　D. 动态控制

4. 当编制完施工进度计划初始方案后需要对其进行检查。下列检查内容中属于解决可行与否问题的是(　　)。
   A. 主要工种的工人是否能满足连续、均衡施工的要求
   B. 主要机具、材料等的利用是否均衡与充分
   C. 工程项目的总成本是否最低
   D. 各工作项目的平行搭接和技术间歇是否符合工艺要求

5. 应用 S 曲线比较法时，通过比较实际进度 S 曲线和计划进度 S 曲线，可以(　　)。
   A. 表明实际进度是否匀速开展
   B. 得到工程项目实际超额或拖欠的任务量
   C. 预测偏差对后续工作及工期的影响
   D. 表明对工作总时差的利用情况

6. 当采用匀速进展横道图比较工作实际进度与计划进度时，如果表示实际进度的横

道线右端点落在检查日期的右侧，则该端点与检查日期的距离表示工作(   )。

    A. 实际多投入的时间
    B. 进度超前的时间

    C. 实际少投入的时间
    D. 进度拖后的时间

7. 在某工程网络计划中，已知工作 P 的总时差和自由时差分别为 5 天和 2 天，监理工程师检查实际进度时，发现该工作的持续时间延长了 4 天，说明此时工作 P 的实际进度(   )。

    A. 既不影响总工期，也不影响其后续工作的正常进行

    B. 不影响总工期，但将其紧后工作的最早开始时间推迟 2 天

    C. 将其紧后工作的最早开始时间推迟 2 天，并使总工期延长 1 天

    D. 将其紧后工作的最早开始时间推迟 4 天，并使总工期延长 2 天

8. 监理工程师按委托监理合同要求对设计工作进度进行监控时，其主要工作内容有(   )。

    A. 编制阶段性设计进度计划
    B. 定期检查设计工作实际进展情况

    C. 协调设计各专业之间的配合关系
    D. 建立健全设计技术经济定额

9. 在工程网络计划过程中，如果只发现工作 P 进度出现拖延，但拖延的时间未超过原计划总时差，则工作 P 实际进度(   )。

    A. 影响工程总工期，同时也影响其后续工作

    B. 影响其后续工作，也有可能影响工程总工期

    C. 既不影响工程总工期，也不影响其后续工作

    D. 不影响工程总工期，但有可能影响其后续工作

二、多选题

1. 监理工程师控制建筑装饰装修工程进度的组织措施是指(   )，技术措施是指(   )，经济措施是指(   )，合同措施是指(   )。

    A. 协调合同工期与进度计划之间的关系

    B. 对承包商提出的工程变更进行严格审查

    C. 推行 CM 承发包模式，对建筑装饰装修工程实行分段发包

    D. 建立工程建设风险管理

    E. 采用网络计划技术对建筑装饰装修工程进度实施动态控制

    F. 编制进度控制工作细则并审查施工进度计划

    G. 审查承包商提交的进度计划，使承包商能在合理的状态下施工

    H. 及时办理工程预付款及工程进度款支付手续

    I. 建立进度信息沟通网络

    J. 对应急赶工给予优厚的赶工费用

    K. 建立工程进度报告制度

    L. 建立图纸审查、工程变更和设计变更管理制度

    M. 建立进度控制目标体系

2. 编制建筑装饰装修工程施工总进度计划，主要是用来确定(   )。

    A. 各单项工程或单位工程的工期定额

B. 建筑装饰装修工程的要求工期和计算工期

C. 各单项工程或单位工程的施工期限

D. 各单项工程或单位工程的实物工程量

E. 各单项工程或单位工程的相互搭接关系

3. 制定科学、合理的进度目标是实施进度控制的前提和基础。确定施工进度控制目标的主要依据包括( )。

A. 工程设计力量　　　B. 工程难易程度　　C. 工程质量标准

D. 项目投产动用要求　　E. 项目外部配合条件

4. 工程网络计划费用优化的目的是为了寻求( )。

A. 满足要求工期的条件下使总成本最低的计划安排

B. 使资源强度最小时的最短工期安排

C. 使工程总费用最低时的资源均衡安排

D. 使工程总费用最低时的工期安排

E. 工程总费用固定条件下的最短工期安排

5. 在建筑装饰装修工程监理规划指导下编制的施工进度控制工作细则,其主要内容有( )。

A. 进度控制工作流程　　　　　　　B. 材料进场及检验安排

C. 业主提供施工条件的进度协调程序　　D. 工程进度款的支付时间与方式

E. 进度控制的方法和具体措施

6. 监理工程师进行物资供应进度控制的主要工作内容包括( )。

A. 审核物资供应计划　　　　　　　B. 签署物资供应合同

C. 监督检查物资订货情况　　　　　　D. 协调各有关单位间的关系

E. 审查物资供应情况的分析报告

7. 工程项目施工阶段进度控制工作细则的主要内容包括( )。

A. 施工进度控制目标分解图　　　　　B. 工程进度款支付时间与方式

C. 进度控制人员的职责分工　　　　　D. 施工机械进出场安排

E. 进度控制目标实现的风险分析

三、思考题

1. 影响建筑装饰装修工程施工进度的因素有哪些?

2. 施工进度计划的调整方法有哪些?

3. 工程延期和工程延误的区别是什么?承包商申报工程延期的条件是什么?

4. 监理工程师审批工程延期时应遵循什么原则?

5. 监理工程师如何减少或避免工程延期事件的发生?如何处理工程延期?

6. 监理工程师如何掌握建筑装饰装修工程实际进展状态?

7. 匀速进展与非匀速进展横道图比较法的区别是什么?

8. 利用S曲线比较法可以获得哪些信息?

9. 实际进度前锋线如何绘制?

10. 如何分析进度偏差对后续工作及总工期的影响?

四、案例分析

【背景材料】

某建筑装饰装修工程项目的合同工期为38周。经总监理工程师批准的施工进度计划如图5.26所示，各工作可以缩短的时间及其增加的赶工费如表5.4所示，其中H、L分别为外墙面的钢龙骨、大理石贴面。

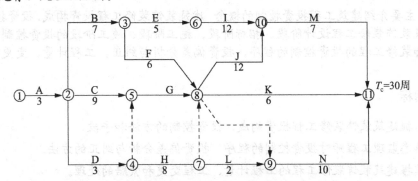

图5.26 某建筑装饰装修工程项目施工进度计划

表5.4 施工总进度计划

分部工程名称	A	B	C	D	E	F	G	H	I	J	K	L	M	N
可缩短的时间/周	0	1	1	1	2	1	1	0	2	1	1	0	1	3
增加的赶工费/(万元/周)		0.7	1.2	1.1	1.8	0.5	0.4		3.0	2.0	1.0		0.8	1.5

【问题】

(1) 开工1周后，建设单位要求将总工期缩短2周，故请监理单位帮助拟定一个合理赶工方案以便与施工单位协商，请问如何调整计划才能既实现建设单位的要求又能使支付施工单位的赶工费用最少？说明步骤和理由。

(2) 建设单位依据调整后的方案与施工单位协商，并按此方案签订了补充协议，施工单位修改了施工总进度计划。在H、L工作施工前，建设单位通过设计单位将此400m的墙面延长至600m。请问该墙面延长后H、L工作的持续时间为多少周(设工程量按单位时间均值增加)？对修改后的施工总进度计划的工期是否有影响？为什么？

(3) H工作施工的第一周，监理人员检查发现钢龙骨不符合规范规定，为保证工程质量，总监理工程师签发了工程暂停令，停止了该部位工程施工。总监理工程师的做法是否正确？总监理工程师在什么情况下可签发工程暂停令？

(4) 施工中由于建设单位提供的施工条件发生变化，导致I、J、K、N四项工作分别拖延1周，为确保工程按期完成，须支出赶工费。如果该项目投入使用后，每周净收益5.6万元，从建设单位角度出发，是让施工单位赶工合理还是延期完工合理？为什么？

第6章 建筑装饰装修工程投资控制

内容提要

本章将主要介绍建筑工程投资控制的概念,建筑装饰装修工程投资构成、投资控制目标、原理;建筑装饰装修工程设计阶段、招标阶段、施工阶段、竣工阶段的投资控制。重点介绍建筑装饰装修工程的投资控制的程序,投资偏差分析与纠正,工程计量、变更处理、索赔的处理。

教学目标

● 掌握建筑装饰装修工程投资构成、投资控制的方法和手段。

● 熟悉监理工程师对投资控制的程序、投资偏差分析与纠正的方法。

● 掌握建筑装饰装修工程的工程计量、工程变更和索赔的处理。

● 熟悉递交竣工结算报告及完整的结算资料。

项目引例

某实施监理的装饰工程项目,采用以直接费为计算基础的全费用单价计价,装饰分部工程的全费用单价为 446 元/m²,直接费为 350 元/m²,间接费费率为 12%,利润率为 10%,税率为 3.41%。施工合同约定:工程无预付款;进度款按月结算;工程量以监理工程师计量的结果为准;工程保留金按工程进度款的 3%逐月扣留;监理工程师每月签发进度款的最低限额为 25 万元。

施工过程中,按建设单位要求设计单位提出了一项工程变更,施工单位认为该变更使装饰分部工程量大幅减少,要求对合同中的单价作相应调整。建设单位则认为应按原合同单价执行,双方意见分歧,要求监理单位调整。经调整各方达成如下共识:若最终减少的该装饰分部工程量超过原先计划工程量的 15%,则该分项的全部工程量执行新的全费用单价,新的全费用单价的间接费和利润调整系数分别为 1.1 和 1.2,其余数据不变。该装饰分部工程的计划工程量和经专业监理工程师计量的变更后实际工程量见表 6.1。

表 6.1 每月工程量情况 (单位:m²)

月份	1	2	3	4
计划工程量	500	1200	800	1300
实际工程量	500	1200	700	800

分析思考

1. 如果建设单位和施工单位未能就工程变更的费用等达成协议,监理单位应如何处理?该项工程款最终结算时应以什么为依据?监理单位在收到争议调解要求后应如何进行处理?

2. 计算新的全费用单价。

3. 每月的工程应付款是多少?总监理工程师签发的实际付款金额应是多少?

建筑装饰装修工程是建筑工程中的一个重要分部工程或单位工程，因此，建筑装饰装修工程投资是建筑工程投资的重要组成部分。引例问题表明了建筑装饰装修工程投资控制的主要内容，控制好建筑装饰装修工程投资，就必须对建筑工程投资的构成有较详细的了解。

6.1　建筑装饰装修工程投资控制概述

6.1.1　建设工程投资

1. 建设工程总投资和建设投资

　　工程建设项目的投资，通常指项目从建议书阶段到竣工验收的全部费用，工程项目完成的过程就是实现投资目标的过程。对投资进行控制的目的就是为了确保投资目标的实现，因此，投资的控制应贯穿项目实施全过程。

　　建设工程总投资，是指进行某项工程建设花费的全部费用。生产性建设工程总投资包括建设投资和铺底流动资金两部分；非生产性建设工程总投资则只包括建设投资。

　　建设投资，由设备工器具购置费、建筑安装工程费、工程建设其他费用、预备费(包括基本预备费和涨价预备费)、建设期利息和固定资产投资方向调节税(目前暂免征)组成。

2. 建筑安装工程费

　　建筑安装工程费是指建设单位用于建筑和安装方面的投资，由建筑工程费和安装工程费两部分组成。

3. 工程建设其他费

　　工程建设其他费是指未纳入以上两项的，根据设计文件要求和国家有关规定应由项目投资支付的为保证工程建设顺利完成和交付使用后能够正常发挥效益而发生的一切费用，如土地使用费、建设单位管理费、设计费、生产准备费等。

4. 建筑装饰装修工程投资

　　建筑装饰装修工程投资是建设工程中用于完成装饰分部或者分项工程的全部费用，是建设工程总投资的重要组成部分。

5. 建设项目的静态投资和动态投资

　　建设项目投资可以分为静态投资部分和动态投资部分。静态投资部分由建筑安装工程费、设备工器具购置费、工程建设其他费和基本预备费组成。动态投资部分，是指在建设期内，因建设期利息、建设工程需缴纳的固定资产投资方向调节税和国家新批准的税费、汇率、利率变动以及建设期价格变动引起的建设投资增加额。包括涨价预备费、建设期利息和固定资产投资方向调节税。

6. 工程造价

工程造价,是指工程项目预计开支或实际开支的全部固定资产投资费用。在实际应用中,工程造价还可指工程价格,即预计或实际在土地市场、设备市场、技术劳务市场以及承包市场等交易活动中所形成的建筑安装工程的价格和建设工程的总价格。

6.1.2 建筑工程投资构成

我国现行建筑工程投资构成依据计价方法不同,单位工程造价组成也不同。《建设工程工程量清单计价规范》(GB 50500—2008)中单位工程造价组成如图6.1所示。

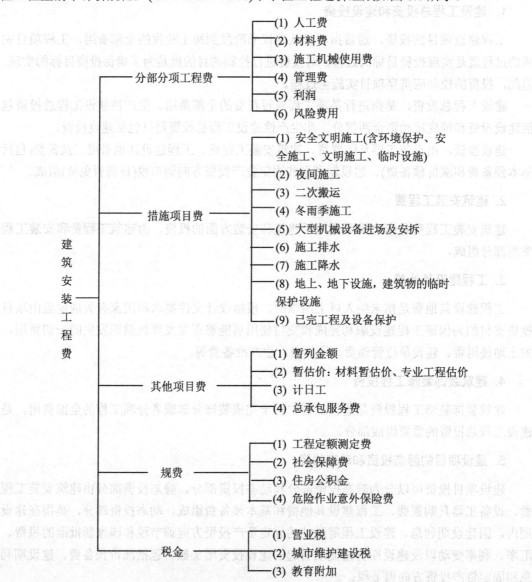

图6.1 建筑工程费用项目组成(清单计价)

现行建标〔2003〕206 号《建筑安装工程费用项目组成》建筑工程费用构成如图 6.2 所示。

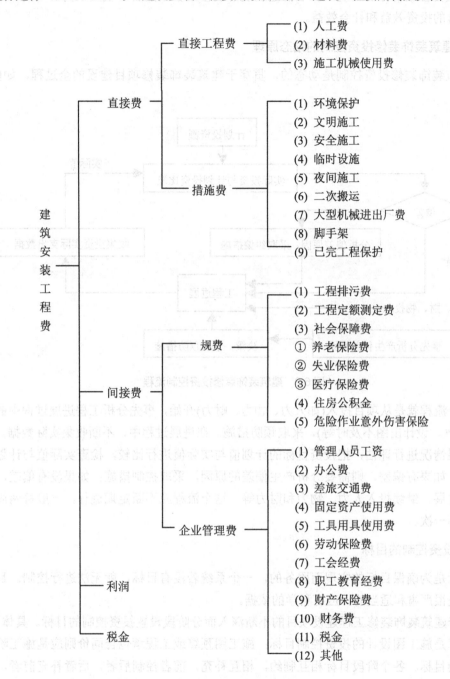

图 6.2　建筑工程费用项目组成

6.1.3　建筑装饰装修工程投资控制的内容

　　所谓建筑装饰装修工程投资控制，就是在设计阶段、招投标阶段、施工阶段以及竣工阶段，把建筑装饰装修工程投资控制在批准的投资限额以内，随时纠正发生的偏差，以保证项目投资管理目标的实现，以求在建筑装饰装修工程中能合理使用人力、物力、财力，取得较好的投资效益和社会效益。

1. 建筑装饰装修投资控制的动态原理

建筑装饰装修投资控制是动态的，贯穿于建筑装饰装修项目建设的全过程，如图 6.3 所示。

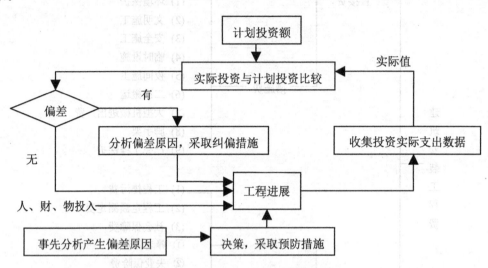

图 6.3 建筑装饰装修投资控制流程

这个流程就是从项目投入(如人力、物力、财力)开始，事先分析工程进展过程中的干扰(恶劣天气、设计出图不及时等)，采取预防措施。在进展过程中，不断收集实际数据，即对工程进展情况进行评估，把投资目标的计划值与实际值进行比较，检查实际值与计划值有无偏差。如果有偏差，则需要分析产生偏差的原因，采取控制措施；如果没有偏差，则工程继续进展，继续投入人力、物力和财力等。这个流程应不断定期进行，一般每两周或一个月循环一次。

2. 投资控制的目标

控制是为确保目标的实现而服务的，一个系统若没有目标，就无法进行控制。目标的设置应是很严肃和适当的，应有科学的依据。

随着建筑装饰装修工程建设项目的不断深入而分阶段设置投资控制的目标。具体来讲，设计概算是施工图设计的投资控制目标；施工图预算或工程承包合同价则应是施工阶段投资控制的目标。各个阶段目标相互制约，相互补充，前者控制后者，后者补充前者，共同组成投资控制的目标系统。

3. 建筑装饰装修工程投资控制的重点

建筑装饰装修工程项目的投资控制工作贯穿于项目建设的整个过程，在不同的阶段，投资控制工作的重点和效果是完全不同的。据统计，各个阶段的工作对整个项目投资的影响分别为：设计阶段 35%～75%；施工阶段 5%～35%；竣工决算阶段 0～5%。因此，对工程建设项目的投资实行有效控制应依据设计阶段的投资估算控制施工图预算；施工图预算控制竣工工程结算。

4. 投资控制的措施

要有效地控制项目投资，应从组织、技术、经济、合同与信息管理等多方面采取措施。组织措施，包括明确项目组织结构，明确项目投资控制者及其任务，以使项目投资控制有专人负责，明确管理职能分工；技术措施，包括重视设计多方案选择，严格审查监督施工图设计、施工组织设计，深入技术领域研究节约投资的可能性；经济措施，包括动态地比较项目投资的实际值和计划值，严格审核各项费用支出，采取节约投资的奖励措施等。

实践表明，技术与经济相结合是控制项目投资最有效的手段。

5. 建筑装饰装修工程投资控制的任务

建筑装饰装修工程投资控制的任务如下。

(1) 在设计阶段，协助业主提出设计要求，组织设计方案设计招标，用技术经济方法组织评选设计方案。协助设计单位开展限额设计工作，编制本阶段资金使用计划，并进行付款控制。进行设计挖潜，用价值工程等方法对设计进行技术经济分析、比较、论证，在保证功能的前提下进一步寻找节约投资的可能性。审查设计概预算，尽量使概算不超估算，预算不超概算。

(2) 在施工招标阶段，准备与发送招标文件，编制工程量清单和招标工程标底；协助评审投标书，提出评标建议；协助业主与承包单位签订承包合同。

(3) 在施工阶段，依据施工合同有关条款、施工图，对工程项目造价目标进行风险分析，并制定防范性对策。从造价、项目的功能要求、质量和工期方面审查工程变更的方案，并在工程变更实施前与建设单位、承包单位协商确定工程变更的价款。按施工合同约定的工程量计算规则和支付条款进行工程量计算和工程款支付。建立月完成工程量和工作量统计表，对实际完成量与计划完成量进行比较、分析，制定调整措施。收集、整理有关的施工和监理资料，为处理费用索赔提供证据。

(4) 在竣工结算阶段，按施工合同的有关规定进行竣工结算，对竣工结算的价款总额与建设单位和承包单位进行协商。

6.2　建筑工程造价基础

6.2.1　建筑工程施工图预算的编制和审查

施工图预算是根据批准的建筑装饰装修工程施工图设计、建筑装饰装修工程预算定额和单位计价表、施工组织设计文件以及各种费用定额等有关资料进行计算和编制的建筑装饰装修工程预算造价的文件。

1. 施工图预算的编制方法

1) 单价法

单价法就是用地区统一单位计价表中的各项工程工料单价乘以相应的各分项工程的工程量，求和后得到包括人工费、材料费和机械使用费在内的单位工程直接费。据此计算出其他直接费、现场经费、间接费，以及计划利润和税金，经汇总即可得到单位工程的施工图预算。

2) 实物法

实物法是先用计算出的各分项工程的实物工程量分别套取预算定额，按类相加求出单位工程所需的各种人工、材料、施工机械台班的消耗量，再分别乘以当时当地各种人工、材料、机械台班的实际单价，求得人工费、材料费和施工机械使用费并汇总求和。实物法中单位工程预算直接费的计算公式为

$$单位工程预算直接费=\sum(工程量×材料预算定额用量×当时当地材料预算价格)$$
$$+\sum(工程量×人工预算定额用量×当时当地人工工资单价)$$
$$+\sum(工程量×施工机械预算定额台班用量×当时当地机械台班单价)$$

3) 清单计价

根据《建设工程工程量清单计价规范》(GB 50500—2008)的规定，在招投标及合同价的签订和实施阶段：

$$单位工程造价=分部分项工程清单费用+措施项目费用+其他项目费+税金$$

分部分项工程清单费用是指完成在工程量清单列出的各分部分项清单工程量所需的费用。包括人工费、材料费(消耗的材料费总和)、机械使用费、管理费、利润以及风险费。

综合单价是指分项工程除了规费、税金以外的全部费用，即由人工费、材料费、机械费、管理费、利润等组成，并考虑风险费用。

$$综合单价=\sum(工料单价+管理费+利润+风险费用)$$
$$=\sum(工料单价×(1+管理费率+利润率)+风险费用)$$

2. 施工图预算的审查

1) 审查的内容

(1) 审查工程量。

(2) 审查定额或单价的套用。

① 预算中所列装饰装修各分项工程单价是否与预算定额的预算单价相符；其名称、规格、计量单位和所包括的工程内容是否与预算定额一致。

② 有单价换算时应审查换算的分项工程是否符合定额规定及换算是否正确。

③ 对补充定额和单位计价表的使用应审查补充定额是否符合编制原则，单位计价表计算是否正确。

(3) 审查其他有关费用。

其他有关费用包括的内容各地不尽相同，具体审查时应注意是否符合当地规定和定额的要求。

计划利润和税金的审查，重点应放在计取基础和费率是否符合当地有关部门的现行规定、有无多算或重算方面。

2)　审查的方法

施工图预算的审查应采取以下方法：①逐项审查法；②标准预算审查法；③分组计算审查法；④对比审查法；⑤"筛选"审查法；⑥重点审查法。

6.2.2　建设工程承包合同价格分类

《建筑工程施工发包与承包计价管理办法》规定，建设单位可以根据建筑装饰装修工程项目的复杂程度、设计深度、施工的难易程度和工期的紧迫性，承包商通过招标确定或由发承包双方协商确定合同价款的方式。合同价可以采用三种方式：固定价、可调价和成本加酬金。

1.　固定价

固定价是指合同总价或者单价在合同约定的风险范围内不可调整，即在合同的实施期间不因资源价格等因素的变化而调整的价格。

1)　固定总价

固定总价合同的价格计算是以设计图纸、工程量及规范等为依据，发承包双方就承包工程协商一个固定的总价，即承包方按投标时发包方接受的合同价格实施工程，并一次包死，无特定情况不作变化。采用这种合同，承包方要承担合同履行过程中的全部风险(除不可抗力)，承担实物工程量、工程单价等变化而可能造成损失的风险。因此，选择这种合同价格方式要特别注意。

固定总价合同的适用条件一般如下。

(1)　招标时的设计深度已达到施工图设计要求，装饰装修工程设计图纸完整齐全，项目范围及工程量计算依据确切，合同履行过程中不会出现较大的设计变更，承包方依据的报价工程量与实际完成的工程量不会有较大的差异。

(2)　规模较小、技术不太复杂的中小型工程，承包方一般在报价时可以合理地预见到实施过程中可能遇到的各种风险。

(3)　合同工期较短，一般为工期在一年之内的工程。

2)　固定单价

(1)　估算工程量单价。

固定单价合同是以工程量清单和工程单价表为基础和依据来计算合同价格的，亦可称为计量估价合同。估算工程量单价合同通常是由发包方提出工程量清单，列出分部、分项工程量，由承包方以此为基础填报相应单价，累计计算后得出合同价格。但最后的工程结算价应按照实际完成的工程量来计算，即按合同中的分部、分项工程单价和实际工程量，计算得出工程结算和支付的工程总价格。这种合同计价方式较为合理地分担了合同履行过程中的风险，即承包方可以避免实际完成工程量与估计工程量有较大差异时的风险。

估算工程量单价合同的适用条件一般为工期长、技术复杂、实施过程中可能会发生各种不可预见因素较多的工程；或发包方为了缩短项目建设周期，在施工图不完整或当准备招标的工程项目内容、技术经济指标工时尚不能明确、具体予以规定时，往往要采用这种合同计价方式。

(2) 纯单价。

这种计价方式的合同，在招标文件中仅给出与工程有关分部、分项工程以及工程范围和必要的说明，而不必提供实物工程量。承包方在投标时只需要对这类给定范围的分部、分项工程做出报价即可，合同实施过程中按实际完成的工程量进行结算。这种合同计价方式主要适用于没有施工图，工程量不明，却急需开工的紧迫工程。

2. 可调价

可调价，是指合同总价或者单价在合同实施期内根据合同约定的调整价格计算办法进行调整，即在合同实施过程中可以按照约定，随资源价格等因素的变化而调整的价格，在合同中约定调价范围和计算办法。

1) 可调总价

可调总价合同的总价是以设计图纸及规定、规范为基础，在投标报价或签订合同时，按招标文件的要求和当地当时的物价计算合同总价。但是合同总价是一个相对固定的价格，在合同执行过程中，由于通货膨胀而使所用的工料成本增加，可对合同总价进行相应的调整。这种合同与固定总价合同的不同之处是它对合同实施中出现的风险进行了分摊，发包方承担通货膨胀的风险，承包方承担了实物工程量、成本和工期因素等的其他风险。

可调总价适用于工程内容和技术经济指标规定很明确的项目，由于合同中约定了调价的范围和调价计算办法，所以较适合于工期在一年以上的工程项目。

2) 可调单价

可调合同单价，一般在工程招标文件中做出明确规定。在合同中签订的单价，根据合同约定的条款，如在工程实施过程中物价发生变化时，可以调价。

可调合同单价常采用以下两种调价结算方法。

(1) 按实际价格调价：由于建筑材料市场价格浮动较大，为了合理分担价格风险，有些地区或建设单位对主要材料采取按实结算的办法，承包人可凭发票按实报销。

(2) 按主材计算价差：发包人在招标文件中列出主要材料的暂定价，工程竣工结算时按使用材料的时间的政府指导价与招标文件中列出的暂定价比较计算材料差价。

3. 成本加酬金

成本加酬金合同是将工程项目的实际投资划分成直接成本费和承包方完成工作后应得酬金两部分。工程实施过程中发生的直接成本费由发包方实报实销，再按合同约定的方式另外支付给承包方相应报酬。

这种合同，计价方式主要适用于工程内容及技术经济指标尚未全面确定，投标报价的依据尚不充分的情况下，发包方因工期要求紧迫，必须发包的工程；或者发包方与承包方之间有着高度的信任，承包方在某些方面具有独特的技术、特长或经验。这种合同内只能约定酬金的计算方法。这种合同计价方式的缺点是发包方对工程总价难以控制，承包方不主动降低工程成本，因此，应尽量少采用这种合同计价方式，除非拟建工程很难确定工程量或属于边设计边施工工程项目。

按照酬金的计算方式不同，成本加酬金合同又有以下几种形式。

1)　成本加固定百分比酬金

这种合同计价方式是对承包方的实际成本实报实销，以实际成本为基数按合同约定的固定百分比付给承包方一笔酬金。工程的合同总价表达式为

$$C=C_d+C_d×P$$

式中：C——合同价；

　　　C_d——实际发生的成本；

　　　P——双方事先商定的酬金的固定百分比。

2)　成本加固定金额酬金

采用这种合同计价方式与成本加固定百分比酬金合同相似。其不同之处仅在于在成本上所增加的费用是一笔固定金额的酬金。酬金一般是按估算工程成本的一定百分比确定，数额是固定不变的。计算表达式为

$$C=C_d+F$$

式中：F——双方约定的酬金具体数额。

这种计价方式也不能鼓励承包商关心和降低成本，但从尽快获得全部酬金减少管理费出发，会有利于缩短工期。

采用上述两种合同计价方式时，为了避免承包方企图获得更多的酬金而对工程成本不加控制，往往在承包合同中规定一些补充条款，以鼓励承包方节约工程费用的开支，降低成本。

3)　成本加奖罚

采用成本加奖罚合同，在签订合同时双方事先约定该工程的预期成本或称目标成本和固定酬金，以及实际发生的成本与预期成本比较后的奖罚计算办法。

这种合同计价方式可以促使承包方关心和降低成本，缩短工期，而且目标成本可以随着设计的进展而加以调整，所以发承包双方都不会承担太大的风险，故这种合同计价方式应用较多。

4)　最高限额成本加固定最大酬金

在这种计价方式的合同中，先确定工程项目的最高限额成本、报价成本和最低成本，当实际成本没有超过最低成本时，承包方花费的成本费用及应得酬金等都可得到发包方的支付，并与发包方分享节约金额；如果实际工程成本在最低成本和报价成本之间，承包方只有成本和酬金可以得到支付；如果实际工程成本在报价成本与最高限额成本之间，则只有全部成本可以得到支付；如果实际工程成本超过最高限额成本，则超过部分，发包方不予支付。

6.3 建筑装饰装修工程施工阶段投资控制

6.3.1 施工阶段投资目标控制

监理工程师在施工阶段进行投资控制的基本原理是把计划投资额作为投资控制的目标值，在装饰装修工程施工过程中定期进行投资实际值与目标值比较，找出偏差，分析产生偏差的原因，采取有效措施加以控制。施工阶段投资控制的工作流程如图6.4所示。

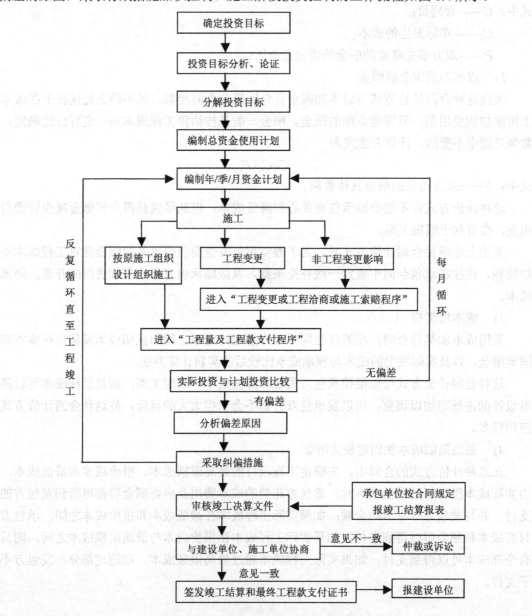

图6.4 施工阶段投资控制的工作流程

注："索赔事件处理程序"见图7.1。

1．资金使用计划的编制

投资控制的目的是为了确保投资目标的实现。因此，监理工程师必须编制资金使用计划，合理地确定投资控制目标值。如果没有明确的投资控制目标，就无法进行项目投资实际支出值与目标值的比较，不能进行比较也就不能找出偏差，使控制措施缺乏针对性。

1）投资目标的分解

建筑装饰装修工程项目是建筑工程的重要分部或子单位工程，建筑装饰装修工程的投资目标是由建筑工程总投资目标分解而来的。对于建筑工程项目来讲，合理地划分建筑装饰装修工程的投资目标，也就是既要满足业主对装饰装修效果的要求，又要满足投资分解目标，因此，监理工程师对装饰装修工程的目标要进一步详细分解，并得到建设单位的确认，以此来控制建筑装饰装修工程的投资，制订相应的资金使用计划。

(1) 按子项目分解的资金使用计划。

要把项目总投资分解到分部工程和子单位工程。

(2) 按时间进度分解的资金使用计划。

为了编制项目资金使用计划，并据此筹措资金，尽可能减少资金占用和利息支出，有必要将项目总投资按其使用时间进行分解。

编制按时间进度的资金使用计划，通常可利用项目进度网络图的进一步扩充而得。即在建立网络图时，一方面确定完成各项工作所需花费的时间，另一方面同时确定完成这一工作的合适的投资支出预算。

在编制网络计划时在充分考虑进度控制对项目划分要求的同时，还要考虑确定投资支出预算对项目划分的要求，做到二者兼顾。

以上两种编制资金使用计划的方法并不是相互独立的。在实践中，往往是将这两种方法结合起来使用，从而达到扬长避短的效果。

2）资金使用计划的形式

(1) 资金使用计划表。

在完成工程项目投资目标分解之后，具体地分配各自项目投资，编制工程分项的投资计划，从而得到详细的资金使用计划。

(2) 时间—投资累计曲线。

通过对项目投资目标按时间进行分解，在网络计划基础上可获得项目进度计划的横道图，从而编制资金使用计划。

资金使用计划的表示方式有两种：一种是在总体控制时标网络图上表示，如图 6.5 所示；另一种是利用时间—投资累计曲线(S 形曲线)表示，如图 6.6 所示。

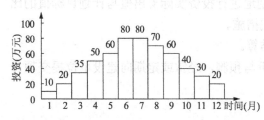

图 6.5　时标网络图上按月编制的资金使用计划

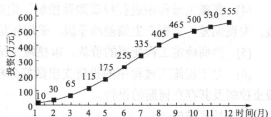

图 6.6　时间—投资累计曲线(S 形曲线)

时间一投资累计曲线的绘制步骤如下。

①　确定工程项目进度计划，编制进度计划的横道图。

②　根据每单位时间内完成的实物工程量或投入的人力、物力和财力，计算单位时间(月或旬)的投资，在时标网络图上按时间编制投资支出计划。

③　计算规定时间 t 计划累计完成的投资额。其计算方法为：各单位时间内计划完成的投资额累加求和。可按下式计算：

$$Q_t = \sum q_n \quad (n=1-t)$$

式中：Q_t——某时间 t 计划累计完成投资额；

　　　q_n——单位时间 n 的计划完成投资额；

　　　t——某规定计划时刻。

④　按各规定时间的 Q_t 值，绘制 S 形曲线，如图 6.6 所示。每一条 S 形曲线都对应某一特定的工程进度计划。

一般而言，所有工作都按最迟开始时间开始，对节约建设单位的建设资金贷款利息是有利的，但同时，也降低了项目按期竣工的保证率。因此，监理工程师必须合理地确定投资支出计划，达到既节约投资支出，又能控制项目工期的目的。

(3) 综合分解资金使用计划表。

将投资目标的不同分解方法进行综合，会得到比前者更为详尽、有效的综合分解资金使用计划表。

2．施工阶段投资控制的措施

对施工阶段的投资控制应给予足够的重视，仅仅靠控制工程款的支付是不够的，应从组织、经济、技术、合同等多方面采取措施，控制投资。

1)　组织措施

(1) 在项目管理班子中从投资控制的角度落实进行施工跟踪的人员任务分工和职能分工。

(2) 编制本阶段投资控制工作计划和详细的工作流程图。

2)　经济措施

(1) 编制资金使用计划，确定、分解投资控制目标。对工程项目造价目标进行风险分析，并制定防范性对策。

(2) 进行工程计量。

(3) 复核工程付款账单，签发付款证书。

(4) 在施工过程中进行投资跟踪控制，定期地进行投资实际支出值与计划目标值的比较；发现偏差，分析产生偏差的原因，采取纠偏措施。

(5) 协商确定工程变更的价款，审核竣工结算。

(6) 对工程施工过程中的投资支出做好分析与预测，经常或定期向建设单位提交项目投资控制及其存在问题的报告。

3)　技术措施

(1) 对设计变更进行技术经济比较，严格控制设计变更。

(2) 寻找通过设计挖潜节约投资的可能性。

(3) 审核承包商编制的施工组织设计，对主要施工方案进行技术经济分析。

4) 合同措施

(1) 做好工程施工记录，保存各种文件图纸，特别是注有实际施工变更情况的图纸，注意积累素材，为正确处理可能发生的索赔提供依据。参与处理索赔事宜。

(2) 参与合同修改、补充工作，着重考虑它对投资控制的影响。

6.3.2　工程计量

1. 工程计量的重要性

工程计量具有如下重要性。

(1) 计量是控制项目投资支出的关键环节。工程计量是指根据设计文件及承包合同中关于工程量计算的规定，项目监理机构对承包商申报的已完成工程的工程量进行的核验。合同条件中明确规定工程量表中开列的工程量是该工程的估算工程量，不能作为承包商应予完成的实际和确切的工程量。经过项目监理机构计量所确定的数量是向承包商支付任何款项的凭证。

(2) 计量是约束承包商履行合同义务的手段。计量不仅是控制项目投资支出的关键环节，同时也是约束承包商履行合同义务、强化承包商合同意识的手段。FIDIC 合同条件规定，业主对承包商的付款，是以监理工程师批准的付款证书为凭据的，监理工程师对计量支付有充分的批准权和否决权，在施工过程中，项目监理机构可以通过计量支付手段，控制工程按合同进行。

2. 工程计量的程序

对承包商已完成工程量的核实确认，是业主支付工程款的前提。具体的确认程序如下。

(1) 承包商向工程师提交已完工程量的报告。承包商应按专用条款约定的时间，向工程师提交已完工程量的报告。该报告应当由"完成工程量报审表"和作为其附件的"完成工程量统计报表"组成。承包商应当写明项目名称、申报工程量及简要说明。

(2) 监理工程师接到报告后按照设计图纸核实已完工程量，并在计量前通知承包人。

监理工程师接到报告后 7 天内按设计图纸核实已完工程量(以下称计量)，并在计量前 24 小时通知承包商。承包商为计量提供便利条件并派人参加。承包商收到通知后不参加计量，计量结果有效，作为工程价款支付的依据。

监理工程师收到承包商报告后 7 天内未进行计量，从第 8 天起，承包商报告中开列的工程量即视为被确认，作为工程价款支付的依据。监理工程师不按约定时间通知承包商，致使承包商未能参加计量，计量结果无效。

对承包商提出设计图纸范围和因承包商原因造成返工的工程量，监理工程师不予计量。

《建设工程监理规范》(GB/T 50319—2013)规定：未经监理人员质量验收合格的工程量，或不符合施工合同规定的工程量，监理人应拒绝计量和该部分的工程款支付申请。

(3) 承包商统计经专业监理工程师质量验收合格的工程量，按施工合同的约定填报工程量清单和工程款支付申请表；专业监理工程师进行现场计量，按施工合同的约定审核工程量清单和工程款支付申请表，并报总监理工程师审定。

(4) 总监理工程师与承包人的代表共同签署工程量签认证书(包括签认单据)等书面文件。

3. 工程计量的依据

工程计量的依据一般有质量合格证书、工程量清单前言、技术规范中的"计量支付"条款和设计图纸。也就是说，计量时必须以这些资料为依据。

1) 质量合格证书

对于承包商已完成的工程，并不是全部进行计量，而只是质量达到合同标准的已完工程才予以计量。所以工程计量必须与质量监理紧密配合并经过专业监理工程师检验，工程质量达到合同规定的标准后，由专业监理工程师签署报验申请表(质量合格证书)，只有质量合格的工程才予以计量。所以说质量监理是计量监理的基础，计量监理又是质量监理的保障，通过计量支付，强化承包商的质量意识。

2) 工程量清单前言和技术规范

工程量清单前言和技术规范是确定计量方法的依据。因为工程量清单前言和技术规范的"计量支付"条款规定了清单中每一项工程的计量方法，同时还规定了按规定的计量方法确定的单价所包括的工作内容和范围。

3) 设计图纸

单价合同以实际完成的工程量进行结算，但被工程师计量的工程数量，并不一定是承包商实际施工的数量。计量的几何尺寸要以设计图纸为依据，工程师对承包商超出设计图纸要求增加的工程量和自身原因造成返工的工程量，不予计量。

4. 工程计量的方法

监理工程师一般只对以下三方面的工程项目进行计量。

(1) 工程量清单中的全部项目。

(2) 合同文件中规定的项目。

(3) 工程变更项目。

根据 FIDIC 合同条件的规定，一般可按照以下方法进行计量。

1) 均摊法

所谓均摊法，就是对清单中某些项目的合同价款，按合同工期平均计量。例如，为监理工程师提供宿舍，保养测量设备，保养气象记录设备，维护工地清洁和整洁等。这些项目都有一个共同的特点，即每月均有发生。所以可以采用均摊法进行计量支付。例如：保养气象记录设备，每月发生的费用是相同的，如本项合同款额为 2000 元，合同工期为 20 个月，则每月计量、支付的款额为：2000÷20=100 元/月。

2) 凭据法

所谓凭据法，就是按照承包商提供的凭据进行计量支付。如建筑工程险保险费、第三方责任险保险费、履约保证金等项目，一般按凭据法进行计量支付。

3) 估价法

所谓估价法，就是按合同文件的规定，根据监理工程师估算的已完成的工程价值支付。如为监理工程师提供办公设施和生活设施，为监理工程师提供用车，提供测量设备、天气记录设备、通信设备等项目。这类清单项目往往要购买几种仪器设备，当承包商对于某一项清单项目中规定购买的仪器设备不能一次购进时，则需采用估价法进行计量支付。其计量过程如下。

(1) 按照市场的物价情况，对清单中规定购置的仪器设备分别进行估价。

(2) 按下式计量支付金额：

$$F = A \times \frac{B}{D}$$

式中：F——计算支付的金额；

A——清单所列该项的合同金额；

B——该项实际完成的金额(按估算价格计算)；

D——该项全部仪器设备的总估算价格。

从上式可知：

① 该项实际完成金额 B 必须按估算各种设备的价格计算，它与承包商购进的价格无关；

② 估算的总价与合同工程量清单的款额无关。

当然，估价的款额与最终支付的款额无关，最终支付的款额总是合同清单中的款额。

4) 图纸法

在工程量清单中，许多项目采取按照设计图纸所示的尺寸进行计量。如混凝土构筑物的体积、钻孔桩的桩长等。

5) 分解计量法

所谓分解计量法，就是将一个项目，根据工序或部位分解为若干子项，对完成的各子项进行计量支付。这种计量方法主要是为了解决一些包干项目或较大的工程项目的支付时间过长、影响承包商的资金流动等问题。

6.3.3　工程变更价款的确定

1. 项目监理机构对工程变更的管理

项目监理机构应按下列程序处理工程变更。

(1) 设计单位对原设计存在的缺陷提出的工程变更，应编制设计变更文件；建设单位或承包单位提出的变更，应提交总监理工程师，由总监理工程师组织专业监理工程师审查，审查同意后，应由建设单位转交原设计单位编制设计变更文件。当工程变更涉及安全、环保等内容时，应按规定经有关部门审定。

(2) 项目监理机构应了解实际情况和收集与工程变更有关的资料。

(3) 总监理工程师必须根据实际情况、设计变更文件和其他有关资料，按照施工合同的有关款项，在指定专业监理工程师完成下列工作后，对工程变更的费用和工期做出评估。

① 确定工程变更项目与原工程项目之间的类似程度和难易程度。

② 确定工程变更项目的工程量。

③ 确定工程变更的单价或总价。

(4) 总监理工程师应就工程变更的费用及工期的评估情况与承包单位和建设单位进行协调。

(5) 总监理工程师签发工程变更单。

工程变更单应包括工程变更要求、工程变更说明、工程变更费用和工期、必要的附件等内容，有设计变更文件的工程变更应附设计变更文件。

(6) 项目监理机构根据项目变更单监督承包单位实施。

在建设单位和承包单位未能就工程变更的费用等方面达成协议时，项目监理机构应提出一个暂定的价格，作为临时支付工程款的依据。该工程款最终结算时，应以建设单位与承包单位达成的协议为依据。监理机构接到合同争议的调解要求后应进行以下工作。

(1) 及时了解合同争议的全部情况，包括进行调查和取证。

(2) 及时与合同争议的双方进行磋商。

(3) 在项目监理机构提出调解方案后，由总监理工程师进行争议调解。

(4) 当调解未能达成一致时，总监理工程师应在施工合同规定的期限内提出处理该合同争议的意见。

(5) 在争议调解过程中，除已达到了施工合同规定的暂停履行合同的条件之外，项目监理机构应要求施工合同的双方继续履行施工合同。在总监理工程师签发工程变更单之前，承包单位不得实施工程变更。

2. 我国现行工程变更价款的确定方法

《建设工程施工合同(示范文本)》约定的工程变更价款的确定方法如下。

(1) 合同中已有适用于变更工程的价格，按合同已有的价格变更合同价款。

(2) 合同中只有类似于变更工程的价格，可以参照类似价格变更合同价款。

(3) 合同中没有适用或类似于变更工程的价格，由承包人提出适当的变更价格，经监理工程师确认后执行。

① 采用合同中工程量清单的单价和价格。采用合同中工程量清单的单价或价格有几种情况：一是直接套用；二是间接套用；三是部分套用。

② 协商单价和价格。协商单价和价格是基于合同中没有或者虽然有但不尽合适的情况而采取的一种方法。

6.3.4 索赔控制

索赔是工程承包合同履行中，当事人一方因对方不履行或不完全履行既定的义务，或者由于对方的行为使权利人受到损失时，要求对方补偿损失的权利。索赔是工程承包中经常发生并随处可见的正常现象。由于施工现场条件、气候条件的变化，施工进度的变化，以及合同条款、规范、标准文件和施工图纸的变更、差异、延误等因素的影响，使得工程承包中不可避免地会出现索赔，进而导致项目的投资发生变化。因此索赔的控制将是装饰装修工程施工阶段投资控制的重要手段。

1．常见的索赔内容

1)　承包商向业主的索赔

承包商向业主的索赔有以下几种情况。

(1)　不利的自然条件与人为障碍引起的索赔。

(2)　工程变更引起的索赔。

(3)　工期延期的费用索赔。

(4)　加速施工费用的索赔。

(5)　业主不正当地终止工程施工而引起的索赔。

(6)　物价上涨引起的索赔。

(7)　法律、货币及汇率变化引起的索赔。

(8)　拖延支付工程款的索赔。

(9)　应由业主承担的风险。

(10) 不可抗力。

2)　业主向承包商的索赔

由于承包商不履行或不完全履行约定的义务，或者由于承包商的行为使业主受到损失时，业主可向承包商提出索赔。

(1)　工期延误索赔。

业主在确定误期损害赔偿费的费率时，一般要考虑以下因素。

①　业主盈利损失。

②　由于工程拖期而引起的贷款利息增加。

③　工程拖期带来的附加监理费。

④　由于工程拖期不能使用，继续租用原建筑物或租用其他建筑物的租赁费。

(2)　质量不满足合同要求索赔。

(3)　承包商不履行的保险费用索赔。

(4)　对超额利润的索赔。

(5)　对指定分包商的付款索赔。

(6)　业主合理终止合同或承包商不正当地放弃工程的索赔。

一般承包商可索赔的具体程序、费用和内容详见 7.6 节。

2．索赔费用的计算

1)　索赔费用的组成

按我国现行规定，建筑工程合同价包括直接工程费、间接费、利润和税金。

(1)　人工费。

在施工索赔中的人工费是指额外劳务人员的雇用、加班工作、人员闲置和劳动生产率降低的工时所花费的费用。人工费是构成工程成本中直接费的主要项目之一，主要包括生

产工人的基本工资、工资性质的津贴、辅助工资、劳保福利费、加班费、奖金等。索赔费用中的人工费,需主要考虑以下几个方面。

① 完成合同计划以外的工作所花费的人工费用。

② 由于非承包商责任的施工效率降低所增加的人工费用。

③ 超过法定工作时间的加班劳动费用。

④ 法定人工费的增长。

⑤ 由于非承包商的原因造成工期延误致使人员窝工费等。

一般可用工时与投标时人工单价或折算单价相乘即得。业主通常会认为不应计算闲置人员奖金、福利等报酬,常常将闲置人员的人工单价按折算人工单价计算。

由于劳动生产率降低而额外支出的人工费问题是一个比较困难却很重要的问题。其计算方法一般有以下两种。

● 实际成本和预算成本比较法。这种方法就是对受干扰影响工作的实际成本和合同中的预算成本进行比较。它要求有正确、合理的估价体系和详细的施工记录。

● 正常施工期与受影响施工期比较法。这种方法是承包商的正常施工受到干扰后导致生产率降低的索赔。

(2) 材料费。

材料费在直接费中占有很大比重。材料费用索赔主要包括因材料用量和材料价格的增加而增加的费用。在计算材料费用时应注意材料采购费,如手续费和关税等的增加、运输费和仓储费等的增加。

索赔的材料费主要包括以下内容。

① 由于索赔事项材料实际用量超过计划用量而增加的材料费。

② 对于可调价格合同,由于客观原因材料价格大幅度上涨。

③ 由于非承包商责任使工期延长而导致材料价格上涨。

④ 由于非承包商原因致使材料运杂费、材料采购与保管费用的上涨等。

索赔的材料费中应包括材料原价、材料运输费、包装费、材料的运输损耗等。但由于承包商自身管理不善等原因造成材料损坏、失效等费用损失不能计入材料费索赔。

(3) 施工机械费。

由于索赔事项的影响,使施工机械使用费的增加主要体现在以下几个方面。

① 由于完成监理工程师指示的,超出合同范围的工作所增加的施工机械使用费。

② 由于非承包商的责任导致的施工效率降低而增加的施工机械使用费。

③ 由于业主或者监理工程师原因导致的机械停工的窝工费等。

施工机械费的索赔计算,一般用以下方法。

● 参考定额标准进行计算。采用标准定额中的费率或单价是一种双方都能接受的方法。对于监理工程师指令实施的计日工作,应采用计日工作表中的机械设备单价进行计算。对于租赁的设备,均采用租费率。在处理闲置设备的单价时,一般都建议对设备标准费率中的不变费用和可变费用分别给予一定的扣除。

● 采用行业标准的租赁费率。索赔费用的计算式如下:

机械索赔费=设备额外增加工时(包括闲置工时)×设备租赁费率

业主通常会认为，承包商不应得到使用租赁费率中所得的附加利润，所以一般会将租赁费打折扣。

(4) 分包费用。

分包费用索赔指的是分包商的索赔费，一般包括人工、材料、机械使用费的索赔。当分包商提出索赔时，其索赔应如数列入总承包商的索赔总额以内。

(5) 工地管理费。

工地管理费的索赔是指承包商为完成索赔事项工作、业主指示的额外工作以及合理的工期延长期间所发生的工地管理费用，包括工地管理人员的工资、办公费、通讯费、交通费等。其计算公式为

现场管理费索赔值=索赔的直接成本×现场管理费率

工地管理费率的确定，可选用下面的方法：合同中规定的管理费率；公开认可的行业标准管理费率；投标报价时确定的费率；以往相似工程的管理费率。

(6) 利息。

在实际施工过程中，由于工程变更和工期延误，会引起承包商投资增加。业主拖期支付工程款，也会给承包商造成一定的经济损失，因此，承包商会提出利息索赔。利息的索赔一般包括业主拖延支付工程进度款或索赔款的利息；由于工程变更和工期延长所增加投资的利息；业主错误扣款的利息。

无论是什么原因致使业主错误扣款，由承包商提出反驳并被证明是合理的情况下，业主一方错误扣除的任何款项都应该归还，并应支付扣款期间的利息。

(7) 总部管理费。

索赔款中的总部管理费主要指的是工程延误期间所增加的管理费，一般包括总部管理人员工资、办公费用、财务管理费用、通信费用等。这项索赔款的计算，目前没有统一的方法。在国际工程施工索赔中总部管理费的计算有以下几种。

① 按照投标书中总部管理费的比例(30%~80%)计算：

总部管理费=合同中总部管理费比率(%)×(直接费索赔款额+工地管理费索赔款额等)

② 按照公司总部统一规定的管理费比率计算：

总部管理费=公司管理费比率(%)×(直接费索赔款额+工地管理费索赔款额等)

③ 以工程延期的总天数为基础，计算总部管理费的索赔额，计算步骤如下。

$$对某一工程提取的管理费=同期内公司的总管理费×\frac{该工程的合同额}{同期内公司的总合同额}$$

$$该工程的每日管理费=\frac{该工程向总部上交的管理费}{合同实施天数}$$

索赔的总部管理费=该工程的每日管理费×工程延期的天数

(8) 利润。

承包商的利润是其正常合同报价中的一部分，也是承包商进行施工的根本目的。所以，当一个索赔事项发生的时候，承包商会相应地提出利润的索赔。但是对于不同性质的索赔，承包商可能得到的利润补偿是不一样的。一般由于业主方工作失误造成承包商的损失，可

以索赔利润，而对于业主方也难以预见的事项造成的损失，承包商一般不能索赔利润。在 FIDIC 合同条件中，对于以下几项索赔事项，明确规定了承包商可以得到相应的利润补偿。

① 监理工程师或者业主提供的施工图或指示延误。

② 业主未能及时提供施工现场。

③ 合同规定或监理工程师通知的原始基准点、基准线、基准标高错误。

④ 不可预见的自然条件。

⑤ 承包商服从监理工程师的指示进行试验(不包括竣工试验)，或由于业主应负责的原因对竣工试验的干扰。

⑥ 因业主违约，承包商暂停工作及终止合同。

⑦ 一部分应属于业主承担的风险等。

(9) 在施工索赔中不允许索赔的费用。

一般在施工索赔中以下几项费用是不允许索赔的。

① 承包商对索赔事项的发生原因负有全部责任的有关费用。

② 承包商对索赔事项未采取减轻措施因而扩大的费用。

③ 承包商进行索赔工作的准备费用。

④ 索赔款在索赔处理期间的利息。

⑤ 工程有关的保险费用。

从原则上说，承包商有索赔权利的工程成本增加，都是可以索赔的费用。这些费用都是承包商为了完成额外的施工任务而增加的开支。但是，对于不同原因引起的索赔，承包商可索赔的具体费用内容是不完全一样的。哪些内容可索赔，要按照各项费用的特点、条件进行分析论证。

2) 索赔费用的计算方法

(1) 实际费用法。

实际费用法是工程索赔计算时最常用的一种方法。这种方法的计算原则是，以承包商为某项索赔工作所支付的实际开支为根据向业主要求费用补偿。

用实际费用法计算时，在直接费的额外费用部分的基础上，再加上应得的间接费和利润，即是承包商应得的索赔金额。由于实际费用法所依据的是实际发生的成本记录或单据，所以，在施工过程中，系统而准确地积累记录资料是非常重要的。

(2) 总费用法。

总费用法是一种最简单的估算方法。它的基本思路是把固定总价合同转化为成本加酬金合同，并按成本加酬金的方法计算索赔值。这种计算方法不容易被业主和仲裁人认可，所以较少使用，只有在难以采用实际费用法时才应用。其计算公式为

$$索赔金额=实际总费用-投标报价估算总费用$$

(3) 修正的总费用法。

修正的总费用法是对总费用法的改进。修正的内容如下。

① 将计算索赔款的时段局限于受到外界影响的时间，而不是整个施工期。

② 只计算受影响时段内的某项工作所受影响的损失，而不是计算该时段内所有施工

工作所受的损失。

③　与该项工作无关的费用不列入总费用中。

④　对投标报价费用重新进行核算：按受影响时段内该项工作的实际单价进行核算，乘以实际完成的该项工作的工程量，得出调整后的报价费用。

按修正后的总费用计算索赔金额的公式如下：

索赔金额=某项工作调整后的实际总费用-该项工作的报价费用

修正的总费用法与总费用法相比，有了实质性的改进，它的准确程度已接近于实际费用法。

6.3.5　工程结算

1．工程价款的结算

按现行规定，工程价款结算可以根据不同情况采取多种方式。

1)　工程价款的主要结算方式

工程价款的主要结算方式有：①按月结算；②竣工后一次结算；③分段结算；④结算双方约定的其他结算方式，在合同中已约定。

2)　工程预付款

工程预付款是建设工程施工合同订立后由发包人按照合同约定，在正式开工前预先支付给承包人的工程款。它是施工准备和所需要材料、结构件等流动资金的主要来源，国内习惯上又称为预付备料款。

预付时间应不迟于约定的开工日期前 7 天。业主不按约定预付，承包商在约定预付时间 7 天后向业主发出要求预付的通知，业主收到通知后仍不能按要求预付，承包商可在发出通知后 7 天停止施工。业主应从约定应付之日起向承包商支付应付款的贷款利息，并承担违约责任。

工程预付款一般是根据施工工期、工作量、主要材料和构件费用占总工作量的比例以及材料储备周期等因素经测算来确定。

(1)　在合同条件中约定。

实行工程预付款的，双方应当在专用条款内约定由业主向承包商预付工程款的时间和数额，开工后按约定的时间和比例逐次扣回。

(2)　公式计算法。

公式计算法是根据工程的特点、工期长短、市场行情、供求规律等因素，招标时在合同条款中约定工程预付款占工程总价的百分比。

$$工程预付款数额 = \frac{工程总价 \times 材料比重(\%)}{年度施工天数} \times 材料储备定额天数$$

$$工程预付款比率 = \frac{工程预付款数额}{工程总价} \times 100\%$$

式中，年度施工天数按 365 天日历天计算；材料储备定额天数由当地材料供应的在途天数、加工天数、整理天数、供应间隔天数、保险天数等因素决定。

3) 工程预付款的扣回

发包人支付给承包人的工程预付款其性质是预支。随着工程进度的推进，拨付的工程进度款额不断增加，工程所需主要材料、构件的用量逐渐减少，原已支付的预付款应以抵扣的方式予以陆续扣回。扣款的方法有以下几种。

(1) 由发包人和承包人通过协商使用合同的形式予以确定，采用等比率或等额扣款的方式。

(2) 从未施工工程尚需的主要材料及构件的价值相当于工程预付款数额时扣起，从每次中间结算工程价款中，按材料及构件比重扣抵工程价款，至竣工之前全部扣清。

工程预付款起扣点可按下式计算：

$$T=P-\frac{M}{N}$$

式中：T——起扣点，即工程预付款开始扣回的累计完成工程金额；

P——承包工程合同总额；

M——工程预付款数额；

N——主要材料、构件所占比重。

4) 工程进度款

《建设工程施工合同(示范文本)》关于工程款的支付也作出了相应的约定：在确认计量结果后14天内，发包人应向承包人支付工程款(进度款)。按约定时间业主应扣回的预付款，与工程款(进度款)同期结算。可调价因素引起的调价款、工程变更调整的合同价款及其他条款中约定的追加合同价款，应与工程款(进度款)同期调整支付。

发包人超过约定的支付时间不支付工程款(进度款)，承包人可向发包人发出要求付款的通知，发包人接到承包人通知后仍不能按要求付款，可与承包人协商签订延期付款协议，经承包人同意后可延期支付。协议应明确延期支付的时间和从计量结果确认后第15天起计算应付款的贷款利息。发包人不按合同约定支付工程款(进度款)，双方又未达成延期付款协议，导致施工无法进行，承包人可停止施工，由发包人承担违约责任。

从上述合同条款中可以看出，我国施工合同中的工程进度款包括扣还预付款、可调价因素引起的高价款、工程变更价款和合同约定的其他追加价款。一般合同约定的其他追加价款包括由监理工程师主动签发并经业主同意的追加价款和承包商索赔获得的价款。

(1) 工程进度款的计算。

工程进度款的计算主要涉及两个方面：一是工程量的计量，二是单价的计算方法。

单价的计算方法，主要根据由发包人和承包人事先约定的工程价格的计价方法确定。目前我国一般来讲，工程价格的计价方法可以分为工料单价和综合单价两种方法。

所谓工料单价法是指单位工程分部、分项的单价为直接成本单价，按现行计价定额的人工、材料、机械的消耗量及其预算价格确定，其他直接成本、间接成本、利润、税金等按现行计算方法计算。

所谓综合单价法是指单位工程分部、分项工程量的单价是全部费用单价，既包括直接成本，也包括间接成本、利润、税金等一切费用。

工程价格的计价方法。可调工料单价法和固定综合单价法在分项编号、项目名称、计量单位、工程量计算方面是一致的，都可按照国家或地区的单位工程分部、分项进行划分、排列，包含了统一的工作内容，使用统一的计量单位和工程量计算规则。所不同的是，可调工料单价法将工、料、机再配上预算价作为直接成本单价，其他直接成本、间接成本、利润、税金分别计算；因为价格是可调的，其材料等费用在竣工结算时按工程造价管理机构公布的竣工调价系数或按主材计算差价或主材用抽料法计算，次要材料按系数计算差价而进行调整。固定综合单价法是包含了风险费用在内的全费用单价，故不受时间价值的影响。由于两种计价方法不同，因此工程进度款的计算方法也不同。

工程进度款的计算。当采用可调工料单价法计算工程进度款时，在确定已完工程量后，可按以下步骤计算工程进度款。

① 根据已完工程量的项目名称、分项编号、单价得出合价；

② 将本月所完工全部项目合价相加，得出直接费小计；

③ 按规定计算其他直接费、现场经费、间接费、利润；

④ 按规定计算主材差价或差价系数；

⑤ 按规定计算税金；

⑥ 累计本月应收工程进度款。

用固定综合单价法计算工程进度款比用可调工料单价法更加方便和省事，工程量得到确认后，只要将工程量与综合单价相乘得出合价，再累加即可完成本月工程进度款的计算工作。

(2) 工程进度款的支付。

工程进度款的支付，一般按当月实际完成工程量进行结算，工程竣工后办理竣工结算。在工程竣工前，进度款的支付比例按照合同约定，按期中结算价款总额计，不低于 60%，不高于 90%。其余尾款，在工程竣工结算时除保修金外一并清算。

(3) 项目监理机构进行工程计量和付款签证的程序。

项目监理机构应按下列程序进行工程计量和付款签证。

① 专业监理工程师对施工单位在工程款支付报审表中提交的工程量和支付金额进行复核，确定实际完成的工程量，提出到期应支付给施工单位的金额，并提出相应的支持性材料。

② 总监理工程师对专业监理工程师的审查意见进行审核，签认后报建设单位审批。

③ 总监理工程师根据建设单位的审批意见，向施工单位签发工程款支付证书。

④ 工程款支付报审表应按《建设工程监理规范》(GB 50319—2013)表 B.0.11 的要求填写，工程款支付证书应按表 A.0.8 的要求填写。

⑤ 项目监理机构应建立月完成工程量统计表，对实际完成量与计划完成量进行比较分析，发现偏差的，应提出调整建议，并应在监理月报中向建设单位报告。

5) 竣工结算

工程竣工验收报告经发包人认可后，承包人应在经发承包双方确认的合同工程期中价款结算的基础上汇总编制完成竣工结算文件，应在提交竣工验收申请的同时向发包人提交竣工结算文件。承包人未在合同约定的时间内提交竣工结算文件，经发包人催告后 14 天内仍未提交或没有明确答复的，发包人有权根据已有资料编制竣工结算文件，作为办理竣工结算和支付结算款的依据,承包人应予以认可。

项目监理机构应按下列程序进行竣工结算款审核。

(1) 专业监理工程师审查施工单位提交的竣工结算款支付申请,提出审查意见。

(2) 总监理工程师对专业监理工程师的审查意见进行审核,签认后报建设单位审批,同时抄送施工单位,并就工程竣工结算事宜与建设单位、施工单位协商;达成一致意见的,根据建设单位审批意见向施工单位签发竣工结算款支付证书;不能达成一致意见的,应按施工合同约定处理。

(3) 工程竣工结算款支付报审表应按《建设工程监理规范》(GB 50319—2013)表 B.0.11 的要求填写,竣工结算款支付证书应按表 A.0.8 的要求填写。

发包人应在收到承包人提交的竣工结算文件后的 28 天内核对。发包人经核实,认为承包人应进一步补充资料和修改结算文件,应在上述时限内向承包人提出核实意见,承包人在收到核实意见后 28 天内应按照发包人提出的合理要求补充资料,修改竣工结算文件,并应再次提交给发包人复核后批准。

竣工结算要有严格的审查,一般从以下几个方面入手。

①核对合同条款;②检查隐蔽验收记录;③落实设计变更签证;④按图核实工程数量;⑤执行定额单价;⑥防止各种计算误差。

6) 保修金的返还

工程保修金一般为施工合同价款的 3%,在专用条款中具体规定,发包人在质量保修期后 14 天内,将剩余保修金和利息返还承包商。

注意 项目引例的计算方法和结果分别如表 6.2 和表 6.3 所示。

表 6.2　新的全费用单价计算方法和结果

序　列	费用项目	全费用单价/元/m²	
		计算方法	结　果
1	直接费		350.00
2	间接费	350×12%×1.1	46.20
3	利润	(350+46.2)×10%×1.2	47.54
4	含税造价	(350+46.2+47.54)×(1+3.48%),计税系数:3.48%	459.19

表 6.3　每月的工程应付款和总监理工程师签发的实际付款金额

月份	计划工程量/m²	实际工程量/m²	工程量价款/万元	应签证的工程款/万元	实际付款金额/万元
1	500	500	500×446/10 000=22.3	22.3×(1-3%)=21.63	<25,不付款
2	1200	1200	1200×446/10 000=53.52	53.52×(1-3%)=51.91	51.91+21.63=73.54
3	800	700	700×446/10 000=31.22	31.22×(1-3%)=30.28	30.28
4	1300	800	800×459.19/10 000=36.74	36.74×(1-3%)=35.64	35.64

知识拓展　FIDIC 合同条件下工程费用的支付

一、工程费用支付的范围和条件

1. 工程费用支付的范围

FIDIC 合同条件所规定的工程费用支付的范围主要包括两部分。一部分费用是工程量清单中的费用，这部分费用是承包商在投标时，根据合同条件的有关规定提出的报价，并经业主认可的费用。另一部分费用是工程量清单以外的费用，这部分费用虽然在工程量清单中没有规定，但是在合同条件中却有明确的规定。因此它也是工程支付的一部分。

2. 工程费用支付的条件

工程费用支付应符合以下条件：①质量合格是工程支付的必要条件；②符合合同条件；③经监理工程师同意的变更项目的变更通知；④支付金额必须大于期中支付证书规定的最小限额；⑤承包商的工作使监理工程师满意。

二、工程费用支付的项目

1. 工程量清单项目

工程量清单项目分为一般项目、暂列金额和计日工作三种。

(1) 一般项目的支付。一般项目是指工程量清单中除暂列金额和计日工作以外的全部项目。这类项目的支付是以经过监理工程师计量的工程数量为依据，乘以工程量清单中的单价，其单价一般是不变的。

(2) 暂列金额。暂列金额是指包括在合同中，供工程任何部分的施工，或提供货物、材料、设备或服务，或提供不可预料事件之费用的一项金额。这项金额按照监理工程师的指示可能全部或部分使用，或根本不予动用。

(3) 计日工作。是指承包商在工程量清单的附件中，按工种或设备填报单价的日工劳务费和机械台班费，一般用于工程量清单中没有合适项目，且不能安排大批量的流水施工的零星附加工作。

① 按合同中包括的计日工作计划表中所定项目和承包商在其投标书中所确定的费率和价格计算。

② 对于清单中没有定价的项目，应按实际发生的费用加上合同中规定的费率计算有关的费用。

2. 工程量清单以外的项目

①动工预付款；②材料设备预付款；③保留金；④工程变更的费用；⑤索赔费用；⑥价格调整费用；⑦迟付款利息；⑧业主索赔。

三、工程费用支付的程序

工程费用支付一般应遵循如下程序。

(1) 承包商提出付款申请，填报由监理工程师指定格式的月报表，说明承包商认为这个月他应得到的有关款项。

(2) 监理工程师在 28 天内全面审核付款申请，修正或删除不合理的部分，计算付款净金额。计算付款净金额时，应扣除该月应扣的保留金、预付款、违约金等。若净金额小于合同规定的期中支付的最小限额时，则监理工程师不需开具付款证书。

(3) 业主依据监理工程师签发的付款证书支付工程价款。

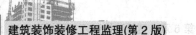

四、工程支付的报表与证书

(1) 月报表: 月报表是指对每月完成的工程量的核算、结算和支付的报表。

(2) 竣工报表: 承包商在收到工程的接收证书后84天向监理工程师递交竣工报表(一式六份), 该报表应附有按监理工程师批准的格式所编写的证明文件。

(3) 最终报表和结清单: 承包商在收到履约证书后56天内, 应向监理工程师提交按照监理工程师批准的格式编制的最终报表草案并附证明文件, 一式六份。

(4) 最终付款证书: 监理工程师在收到正式最终报表及结清单之后28天内, 监理工程师应向业主递交一份最终付款证书。

(5) 履约证书: 履约证书应由监理工程师在整个工程的最后一个区段缺陷通知期限期满之后28天内颁发, 这说明承包商已尽其义务完成施工和竣工并修补了其中的缺陷, 达到了使监理工程师满意的程度。

2. 工程价款的动态结算

1) 按实际价格结算法

这种方法方便。但由于是实报实销, 因而承包商对降低成本不感兴趣, 为了避免副作用, 造价管理部门要定期公布最高结算限价, 同时合同文件中应规定建设单位或监理工程师有权要求承包商选择更廉价的供应来源。

2) 按主材计算价差

发包人在招标文件中列出需要调整价差的主要材料表及其基期价格(一般采用当时当地工程价格管理机构公布的信息价或结算价), 工程竣工结算时按竣工当时当地工程价格管理机构公布的材料信息价或结算价, 与招标文件中列出的基期价比较计算材料差价。

3) 主料按抽料计算价差

主要材料按施工图预算计算的用量和竣工当月当地工程价格管理机构公布的材料结算价或信息价与基价对比计算差价。

其他材料按当地工程价格管理机构公布的竣工调价系数计算方法计算差价。

4) 竣工调价系数法

按工程价格管理机构公布的竣工调价系数及调价计算方法计算差价。

5) 调值公式法(又称动态结算公式法)

事实上, 绝大多数情况是发包方和承包方在签订的合同中就明确规定了调值公式。

利用调值公式进行价格调整的工作程序及监理工程师应做的工作价格调整的计算工作比较复杂。其程序如下。

(1) 确定计算物价指数的品种。一般地说, 品种不宜太多, 只确立那些对项目投资影响较大的因素, 如设备、水泥、钢材、木材和工资等, 这样便于计算。

(2) 要明确以下两个问题。一是合同价格条款中, 应写明经双方商定的调整因素, 在签订合同时要写明考核几种物价波动到何种程度才进行调整。二是考核的地点和时点。地点一般在工程所在地, 或指定的某地市场价格; 时点指的是某月某日的市场价格。这里要确定两个时点价格, 即基准日期的市场价格(基础价格)和与特定付款证书有关的期间最后一天的49天前的时点价格。这两个时点就是计算调值的依据。

(3) 确定各成本要素的系数和固定系数。各成本要素的系数要根据各成本要素对总造价的影响程度而定。各成本要素系数之和加上固定系数应该等于1。

监理工程师在编制标书时，要尽可能确定合同价中固定部分和不同投入因素的比重系数和范围，以便招标时给投标人留下选择的余地。

6.3.6　投资偏差分析

1．投资偏差的概念

在投资控制中，把投资的实际值与计划值的差异叫作投资偏差，即：

投资偏差=已完工程实际投资-已完工程计划投资

计算结果为正，表示投资超支；结果为负，表示投资节约。

但必须指出，进度偏差对投资偏差分析的结果有重要影响，如果不分析进度影响，就不能正确反映投资偏差的实际情况，因此，必须引入进度偏差的概念。

进度偏差1=已完工程实际时间-已完工程计划时间

进度偏差2=拟完工程计划投资-已完工程计划投资

所谓拟完工程计划投资，是指根据进度计划安排在某一确定时间内所应完成的工程内容的计划投资。

另外，在进行投资偏差分析时，还要考虑以下几组投资偏差参数。

1)　局部偏差和累计偏差

所谓局部偏差，有两层含义：一是对于整个项目而言，指各单项工程、单位工程及分部、分项工程的投资偏差；另一含义是对于整个项目已经实施的时间而言，是指每一控制周期所发生的投资偏差。累计偏差是一个动态的概念，其数值总是与具体的时间联系在一起，第一个累计偏差在数值上等于局部偏差，最终的累计偏差就是整个项目的投资偏差。

2)　绝对偏差和相对偏差

绝对偏差是指投资实际值与计划值比较所得到的差额。绝对偏差的结果很直观，有助于投资管理人员了解项目偏差的绝对数额，采取措施，制订或调整计划。但绝对偏差的局限性在于投资总额大小容易误导管理人员，因此引入相对偏差的概念。相对偏差的计算公式为

$$相对偏差=\frac{绝对偏差}{投资计划值}=\frac{投资实际值-投资计划值}{投资计划值}$$

3)　偏差程度

偏差程度是指投资实际值对计划值的偏离程度，其计算公式为

$$投资偏差程度=\frac{投资实际值}{投资计划值}$$

2．偏差分析的方法

偏差分析可采用不同的方法，常用的有横道图法、表格法和曲线法。

1)　横道图法

用横道图法进行投资偏差分析，是用不同的横道标识已完工程计划投资、拟完工程计

划投资和已完工程实际投资，横道的长度与其金额成正比例。横道图法具有形象、直观、一目了然等优点，它能够准确表达出投资的绝对偏差，而且能使使用者直观地看到偏差的严重性。但是，这种方法反映的信息量少，一般在项目的较高管理层应用。

2) 表格法

表格法是进行偏差分析最常用的一种方法。它将项目编号、名称、各投资参数以及投资偏差数综合归纳入一张表格中，并且直接在表格中进行比较。

用表格法进行偏差分析具有如下优点。

(1) 灵活、适用性强。可根据实际需要设计表格，进行增减项。

(2) 信息量大。可以反映偏差分析所需的资料，从而有利于投资控制人员及时采取针对性措施，加强控制。

(3) 表格处理可借助于计算机，从而节约大量数据处理所需的人力，并大大提高速度。

3) 曲线法(赢值法)

曲线法是用投资累计曲线(S 形曲线)来进行投资偏差分析的一种方法，见图 6.7。 其中 a 表示投资实际值曲线，p 表示投资计划值曲线，这两条曲线之间的竖向距离表示投资偏差。

在用曲线法进行投资偏差分析时，首先要确定投资计划值曲线。投资计划值曲线是与确定的进度计划联系在一起的。同时，也应考虑实际进度的影响，应当引入三条投资参数曲线，即已完工程实际投资曲线 a、已完工程计划投资曲线 b 和拟完工程计划投资曲线 p，曲线 a 与曲线 b 的竖向距离表示投资偏差，曲线 b 与曲线 p 的水平距离表示进度偏差，见图 6.8。这种方法很难直接用于定量分析，只能对定量分析起一定的指导作用。

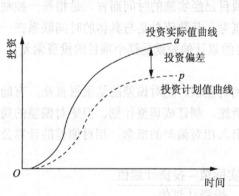

图 6.7　投资计划值与实际值曲线　　　　图 6.8　三条投资参数曲线

3. 偏差原因分析

偏差分析的一个重要目的就是要找出引起偏差的原因，从而有可能采取有针对性的措施，减少或避免相同原因的偏差再次发生。

导致投资偏差的原因一般有物价原因、设计原因、建设单位的原因、施工原因和客观原因。在进行偏差原因分析时，首先应将已经导致和可能导致偏差的各种原因一一列举出来，通过对已建项目的投资偏差原因进行归纳、总结，为该项目采取预防措施提供依据。

4. 纠偏

对偏差原因进行分析的目的是为了有针对性地采取纠偏措施，从而实现投资的动态控制和主动控制。

纠偏就是针对发生偏差的原因，特别是业主原因和设计原因造成的投资偏差，采取有效措施防患于未然，加强合同管理，避免发生索赔事件。

6.4　建筑装饰装修工程竣工决算

6.4.1　竣工决算的概念

建筑装饰装修工程是建筑工程的重要分部或子单位工程，因此，建筑装饰装修工程和建筑工程一样要进行竣工决算。竣工决算的内容、程序和方法与建筑工程的竣工结算相同。

决算是建设工程经济效益的全面反映，是项目法人核定各类新增资产价值、办理其交付使用的依据。通过竣工决算，一方面能够正确反映建设工程的实际造价和投资结果；另一方面可以通过竣工决策与概算、预算的对比分析，考核投资控制的工作成效，总结经验教训，积累技术经济方面的基础资料，提高未来建设工程的投资效益。

6.4.2　竣工决算与竣工结算的区别

竣工决算与竣工结算具有如下区别。

(1) 编制单位和部门不同。竣工结算由承包商的经营部门编制，而竣工决算则由建设单位的财务部门编制。

(2) 编制的内容不同。竣工结算仅是承包方完成的全部费用，竣工决算则反映的是项目从筹建开始到竣工交付使用的全部建设费用。

(3) 性质和作用不同。竣工结算是承包方与建设单位办理工程价款最终结算的依据，是双方合同终结的凭证，是建设单位编制竣工决算的主要资料。竣工决算是建设单位交付、验收、动用新增各类资产的依据，是竣工验收报告的重要组成部分。

6.4.3　竣工决算的内容

竣工决算是建设工程从筹建到竣工投产全过程中发生的所有实际支出，包括设备工器具购置费、建筑安装工程费和其他费用等。竣工决算由竣工财务决算报表、竣工财务决算说明书、竣工工程平面示意图、工程造价比较分析四部分组成。

6.4.4　竣工决算的编制依据

竣工决算的编制主要依据以下内容。

(1) 经批准的可行性研究报告及其投资估算。

(2) 经批准的初步设计或扩大初步设计及其概算或修正概算。

(3) 经批准的施工图设计及其施工图预算。

(4) 设计交底或图纸会审纪要。

(5) 招投标的标底、承包合同、工程结算资料。

(6) 施工记录或施工签证单，以及其他施工中发生的费用记录，如索赔报告与记录、停(交)工报告等。

(7) 竣工图及各种竣工验收资料。

(8) 历年基建资料、历年财务决算及批复文件。

(9) 设备、材料调价文件和调价记录。

(10) 有关财务核算制度、办法和其他有关资料、文件等。

6.5 本章小结

本章介绍了建筑工程投资控制的概念，建筑装饰装修工程投资构成、程序、目标、任务；建筑装饰装修工程设计阶段、招标阶段、施工阶段、工程竣工阶段的投资控制。

建筑装饰装修工程的投资控制是全过程控制，应从组织、技术、经济、合同与信息管理等多方面采取措施，有效地控制项目投资。重点是对投资偏差的分析与纠正、工程计量、变更处理、索赔的处理，学习时应注意兼顾与第7章合同管理相关内容的衔接。

自 测 题

一、单选题

1. 项目监理机构在施工阶段投资控制的主要任务不包括(　　)。
   A. 审查工程变更方案　　　　　　　B. 进行工程计量
   C. 协助业主与承包单位签订承包合同　　D. 签署工程款支付证书
2. 施工图预算是(　　)阶段投资控制的目标。
   A. 初步设计　　B. 技术设计　　C. 施工图设计　　D. 施工
3. 控制项目投资最有效的手段是(　　)。
   A. 技术与组织相结合　　　　　B. 合同与经济相结合
   C. 组织与信息相结合　　　　　D. 技术与经济相结合
4. 在项目做出投资决策后，控制项目投资的关键就在于(　　)。
   A. 设计　　　　B. 施工　　　　C. 监理　　　　D. 结算
5. 投资控制贯穿于项目建设的全过程，影响项目投资最大的阶段是(　　)工作阶段。
   A. 投资决策结束前的　　　　　B. 初步设计结束前的
   C. 技术设计结束前的　　　　　D. 施工图设计结束后的
6. 我国现行建筑安装工程定额规定，建筑企业施工管理用车辆的保险费应计入(　　)。
   A. 企业管理费　　　　　　　　B. 其他直接费
   C. 工程建设其他费用　　　　　D. 现场管理费

7. (　　)是施工企业进行工程投标、编制工程投标报价的基础和主要依据。

　　A. 概算定额　　　B. 预算定额　　　C. 企业定额　　　D. 概算指标

8. 建筑企业参与市场竞争的核心竞争能力的具体表现是(　　)。

　　A. 商业秘密　　　B. 技术支持　　　C. 企业定额　　　D. 成本控制

9. 施工企业编制投标报价的主要依据是(　　)。

　　A. 企业定额　　　B. 预算定额　　　C. 概算定额　　　D. 行业定额

10. (　　)是影响建设工程投资的关键因素，是由市场形成的。

　　A. 建设工程环境　　　　　　　B. 要素价格

　　C. 建设工程条件　　　　　　　D. 国家有关规定

11. 设计概算的编制主要是以初步设计图纸等有关设计资料作为依据，这说明(　　)是影响建设工程投资的重要因素。

　　A. 工程技术文件　　　　　　　B. 要素市场价格信息

　　C. 建设工程环境条件　　　　　D. 按规定纳税

二、多选题

1. 设计标准是国家经济建设的重要技术规范，其作用主要是(　　)。

　　A. 保证工程的使用功能　　　　B. 提高设计效率

　　C. 易于推行限额设计　　　　　D. 加快建设速度

　　E. 降低工程造价

2. 施工图预算、招标标底和投标报价是由(　　)构成。

　　A. 成本　　　B. 利润　　　C. 费用

　　D. 税金　　　E. 所得税

3. FIDIC 合同条件下的变更包括(　　)。

　　A. 合同中包括的、一定构成变更的任何工作内容的数量的改变

　　B. 任何工作内容的质量或其他特性的改变

　　C. 任何部分工程的标高、位置和尺寸的改变

　　D. 其他人实施的任何工作的删减

　　E. 实施工程的顺序或时间安排的改变

4. 工程价款价差调整的方法有(　　)。

　　A. 工程造价指数调整法　　　　B. 调值公式法

　　C. 实际价格调整法　　　　　　D. 按主材计算价差法

　　E. 调价文件计算法

三、思考题

1. 简述我国现行建设工程投资的构成。

2. 简述建设安装工程费用的构成。

3. 简述建设工程承包价格的分类。

4. 简述施工阶段投资控制的工作流程。

5.　工程价款现行结算办法和动态结算办法有哪些?

6.　简述索赔费用的一般构成和计算方法。

7.　投资偏差分析的方法有哪些?

四、案例分析

【背景材料】

某工程项目施工合同价为 560 万元,合同工期为 6 个月,施工合同中规定如下。

(1)　开工前业主向施工单位支付合同价的 20%作为预付款。

(2)　业主自第 1 个月起,从施工单位的应得工程款中按 10%的比例扣留保留金,保留金限额暂定为合同价的 5%,保留金到第 3 个月底全部扣完。

(3)　预付款在最后两个月扣除,每月扣 50%。

(4)　工程进度款按月结算,不考虑调价。

(5)　业主供料价款在发生当月的工程款中扣回。

(6)　若施工单位每月实际完成产值不足计划产值的 90%时,业主可按实际完成产值的 8%的比例扣留工程进度款,在工程竣工结算时将扣留的工程进度款退还施工单位。

(7)　经业主签认的施工进度计划和实际完成产值如表 6.4 所示。

表 6.4　产值表　　　　　　　　　　　　　　　(单位:万元)

时间/月	1	2	3	4	5	6
计划完成产量	70	90	110	110	100	80
实际完成产值	70	80	120			
业主供料价款	8	12	15			

该工程施工进入第 4 个月时,由于业主资金出现困难,合同被迫终止。为此,施工单位提出以下费用补偿要求:①施工现场存有为本工程购买的特殊工程材料,计 50 万元;②因设备撤回基地发生的费用 10 万元;③人员遣返费用 8 万元。

【问题】

(1)　该工程的工程预付款是多少万元?应扣留的保留金为多少万元?

(2)　第 1 个月到第 3 个月监理工程师各月签证的工程款是多少?应签发的付款凭证金额是多少?

(3)　合同终止时业主已支付施工单位各类工程款多少万元?

(4)　合同终止后施工单位提出的补偿要求是否合理?业主应补偿多少万元?

(5)　合同终止后业主应向施工单位支付多少万元的工程款?

第7章　建筑装饰装修工程合同管理

内容提要

本章主要介绍《建设工程施工合同示范文本》、《工程建设监理合同示范文本》的主要内容；装饰装修监理的招标；装饰装修监理合同管理工作；工程签证管理和工程施工索赔的概念、处理程序与依据，索赔的计算和反索赔的有关内容。本章内容法规性、程序性、实践性特别强，在学习和教学的同时应及时对照相关法规原文进行全面理解和工程实践，才能培养灵活应用所学知识解决实际问题的能力。

教学目标

- 了解建设工程施工合同，熟悉装饰装修监理招标的特点、监理招标文件、评标工作。
- 了解装饰装修监理合同的特点；熟悉装饰装修委托监理合同示范文本的主要内容和监理合同的管理。会订立、履行和变更监理工程合同。
- 熟悉掌握监理合同管理的工作内容，能处理一般合同纠纷及进行监理合同的管理。
- 熟悉工程签证管理的主要内容，加强对签证管理的重要性的认识，会填报工程签证相关结算资料。
- 熟悉工程索赔的概念、作用、原因、依据及费用。会合理分析索赔事件；能计算索赔费用；会编写施工索赔报告；熟悉反索赔的主要步骤。

项目引例

某装修工程项目，建设单位与施工总承包单位按照《建设工程施工合同(示范文本)》签订了施工承包合同，并直接委托了具有一定的业务关系的 A 监理公司承担施工阶段的监理任务。在合同的通用条款中详细填写了委托监理任务，其监理任务有：①由监理单位择优选择施工承包人；②对工程设计方案进行成本效益分析，提出质量保证措施等；③负责检查工程设计、材料和设备质量；④进行质量、成本、计划和进度控制。同时合同的有关条款还约定：由监理人员负责工程建设的所有外部关系的协调(因监理公司已建立了一定的业务关系)，业主不派工地常驻代表，全权委托总监理工程师处理一切事务。

在施工准备阶段，由于资金紧缺，建设单位向设计单位提出了修改设计方案、降低设计标准，以便降低工程造价的要求。设计单位为此把原装饰设计的标准降低了，按期交图。在合同约定开工日期的前 5 天，施工承包单位书面提交了延期 10 天开工的申请。

在施工阶段，专业监理工程师发现部分图纸设计不当，随即报告总监，总监向设计单位致函提出了更改方案。设计单位研究后，口头同意了总理工程师的更改方案并直接通知施工承包单位执行。专业监理工程师在巡检中发现，施工单位使用了由建设单位负责采购的一批未经报验的门窗(供货方虽提供了质量合格证)，立即向施工承包单位下达了暂停施工的指令，同时指示施工承包单位将该材料进行检验，并报告了总监理工程师。报告出来后证实门窗合格，可以使用，总监随即指令施工承包单位恢复正常施工。施工承包单位就停工事项提出索赔要求。由于停工，施工进度严重滞后，建设单位认为是监理单位的责任，索赔由监理单位承担。

分析思考

针对引例中发生的情况，监理工程师应该如何处理？

本工程案例施工过程中发生的问题关系到监理合同的签订、监理工程质量、进度和投资、工程索赔等一系列问题，监理单位应该如何处理？通过本章的学习，上述问题不难解决。

7.1 建设工程合同概述

7.1.1 建设工程合同的概念

建设工程合同，是指承包人进行工程的勘察、设计、施工等工程建设和监理服务，由发包人支付相应价款的合同。

建设工程合同的双方当事人分别称为承包人和发包人。在合同中，承包人最主要的义务是进行工程建设，即进行工程的勘察、设计、施工、监理等工作；发包人最主要的义务是向承包人支付相应的价款。这里的价款除了包括发包人对承包人因进行工程建设而支付的报酬外，还包括对承包人提供的建筑材料、设备支付的相应价款。

建设工程施工合同应当采用书面形式。合同条款、合同的内容和形式等不仅必须依据国家和地方的有关法律、法规，而且应把当事人的责任、权利、义务都纳入合同条款。合同条款应尽量细致严密，应考虑到各种可能发生的情况和一切可能引起纠纷的因素。

建设工程合同具有以下几个特征。

(1) 建设工程合同的标的具有特殊性。建设工程合同是从承揽合同中分化出来的，也属于一种完成工作的合同。与承揽合同不同的是，建设工程合同的标的为不动产建设项目。也正因如此，使得建设工程合同又具有内容复杂、履行期限长、投资规模大、风险较大等特点。

(2) 建设工程合同的当事人具有特定性。作为建设工程合同当事人一方的承包人，一般情况下只能是具有从事勘察、设计、施工资格的法人。这是由建设工程合同的复杂性所决定的。

(3) 建设工程合同具有一定的计划性和程序性。由于建设工程合同与国民经济建设和人民群众生活都有着密切的关系，因此该合同的订立和履行，必须符合国家基本建设计划的要求，并接受有关政府部门的管理和监督。

(4) 建设工程合同是要式合同。建设工程合同应当采用书面形式。法律、行政法规规定合同应当办理有关手续的，还应当符合有关规定的要求。

(5) 与承揽合同一样，建设工程合同也是双务合同、有偿合同和诺成合同。

7.1.2　合同条件和合同协议条款

招标文件中的合同条件和合同协议条款，是招标人单方面提出的关于招标人、投标人、监理工程师等各方权利义务关系的设想和意愿，是对合同签订、履行过程中遇到的工程进度、质量、检验、支付、索赔、争议、仲裁等问题的示范性、定式性阐释。

1)　通用合同条款

(1)　通用条件。

通用条件(或称标准条款)是运用于各类建设工程项目的具有普遍适应性的标准化的条件，其中凡双方未明确提出或者声明修改、补充或取消的条款，就是双方都要遵行的。

(2)　专用条件。

专用条件(或称协议条款)是针对某一特定工程项目对通用条件的修改、补充或取消。

合同条件(通用条件)和合同协议条款(专用条款)是招标文件的重要组成部分。招标人在招标文件中应说明本招标工程采用的合同条件和对合同条件的修改、补充或不予采用的意见。投标人对招标文件中的说明是否同意，对合同条件的修改、补充或不予采用的意见，也要在投标文件中一一列明。中标后，双方同意的合同条件和协商一致的合同条款，是双方统一意愿的体现，成为合同文件的组成部分。

2)　常用条款

目前我国在工程建设领域普遍推行建设部和国家工商行政管理局制定的《建设工程施工合同示范文本》(GF—2013—0201)、《建设工程监理合同示范文本》(GF—2012—0202)、《建设工程勘察合同》(GF—2000—0203)、《建设工程设计合同》(GF—2000—0209)、《建筑装饰工程施工合同》(GF—1996—0205 甲种本或 0206 乙种本)等。在我国建设工程招标投标实践中，通常根据招标类型，分别采用上述合同示范文本中的合同条件。

7.2　装饰装修工程监理招标

建设工程监理招标是指招标人为了委托监理任务的完成，以法定方式吸引监理单位参加竞争，招标人从中选择条件优越者的法律行为。在工程招标前，招标人应当按招标程序编制监理招标文件。

7.2.1　装饰装修工程监理招标的特点

装饰装修工程监理招标标的是"监理服务"，与装饰装修项目建设中其他各类招标的最大区别表现为监理单位不承担物质生产任务，只是受招标人委托对生产建设过程提供监督、管理、协调、咨询等服务。鉴于标的的特殊性，招标人选择中标人的基本原则是"基于能力的选择"。

1. 招标宗旨是对监理单位能力的选择

监理服务是监理单位的高智能投入，服务工作完成得好坏不仅依赖于执行监理业务是否遵循了规范化的管理程序和方法，更多地取决于参与监理工作人员的业务专长、经验、判断能力、创新想象力以及风险意识。因此招标选择监理单位时，鼓励的是能力竞争，而不是价格竞争。

2. 报价在选择中居于次要地位

监理招标对能力的选择放在第一位，因为当价格过低时监理单位很难把招标人的利益放在第一位，为了维护自己的经济利益采取减少监理人员数量或多派业务水平低、工资低的人员，其后果必然导致对工程项目的损害。从另一个角度来看，服务质量与价格之间应有相应的平衡关系，所以招标人应在能力相当的投标人之间进行价格比较。

3. 邀请投标人较少

选择监理单位一般采用邀请招标，且邀请数量以3～5家为宜，因为监理招标是对知识、能力和经验等方面综合能力的选择，每一份标书内都会提出具有独特见解或创造性的实施建议，但又各有所长。如果邀请过多投标人参与竞争，会增大评标工作量。

监理招标发包的工作内容和范围，可以是整个工程项目的全过程，也可以是监理招标人与其他人签订的一个或几个合同的履行。

7.2.2 监理招标文件的编制

监理招标主要是征询投标人实施监理工作的方案建议。为了指导投标人正确编制投标书，招标文件一般应包括以下几方面内容。

1. 投标须知

投标须知主要包括对总则、招标文件、投标文件、开标、评标、授予合同等诸方面的说明和要求。

1) 总则

投标须知的总则通常包括工程说明、资金来源、资质要求与合格条件和投标费用。

2) 招标文件

招标文件是投标须知中对招标文件本身的组成、格式、解释、修改等问题所做的说明。

3) 投标文件

投标文件应当包括下列几方面的内容。

(1) 装饰装修项目综合说明。包括项目的主要装饰装修内容、规模、工程等级、装修地点、总投资、现场条件、开竣工日期等。

(2) 委托的装修监理范围和装修监理业务。

(3) 投标文件的格式、编制、递交。

(4) 投标保证金。

(5) 无效投标文件的规定。

(6) 招标文件、投标文件的澄清与修改。

(7) 投标起止时间、开标、评标、定标时间和地点。

(8) 评标的原则等。

2．合同条件

合同条件指拟采用的装饰装修监理合同条件。

3．业主提供的现场办公条件

业主提供的现场办公条件主要包括交通、通信、住宿、办公用房、实验条件等。

4．对装饰装修监理单位的要求

对装饰装修监理单位的要求主要包括对现场装修监理人员、监理手段、工程技术难点等方面的要求。

5．有关技术规定

有关技术规定主要包括本工程采用的技术规范、对施工工艺的特殊要求等。

6．必要的设计文件、图纸和有关资料

主要包括发给投标方的设计文件、图纸和有关资料等。

7．其他事项

其他事项指其他应说明的事项。

7.2.3　监理评标和授予合同

监理招标与装饰装修项目装修过程中其他各类招标的最大区别，表现在监理招标标的的特殊性。装修监理招标的标的是提供"装修监理服务"，只是受招标人委托对装修过程提供监督管理、咨询等服务，而不承担物质生产任务。

1．评标

这是投标须知中对评标的阐释。其内容包括以下几个方面。

1) 评标内容的保密

公开开标后，直到宣布授予中标人合同为止，凡属于审查、澄清、评价和比较投标的有关资料，有关授予合同的信息，以及评标组织成员的名单都不应向投标人或与该过程无关的其他人泄露。招标人应采取必要的措施，保证评标在严格保密的情况下进行。在投标文件的审查、澄清、评价和比较以及授予合同的过程中，投标人对招标人和评标组织其他成员施加影响的任何行为，都将导致取消投标资格。

2) 投标文件的澄清

为了有助于投标文件的审查、评价和比较，评标组织在保密其成员名单的情况下，可以个别要求投标人澄清其投标文件。有关澄清的要求与答复，应以书面形式进行，但不允许更改投标报价或投标的其他实质性内容。但是按照投标须知规定校核时发现的算术错误不在此列。

3) 投标文件的符合性鉴定

在详细评标之前，评标组织将首先审定每份投标文件是否在实质上响应了招标文件的要求。评标组织在对投标文件进行符合性鉴定过程中，遇到投标文件有下列情形之一的，应确认并宣布其无效。

(1) 无投标人公章和投标人法定代表人或其委托代理人的印鉴或签字的。

(2) 投标文件标明的投标人在名称和法律上与通过资格审查时不一致，且不一致明显不利于招标人或为招标文件所不允许的。

(3) 投标人在一份投标文件中对同一招标项目报有两个或多个报价，且未书面声明以哪个报价为准的。

(4) 未按招标文件规定的格式、要求填写，内容不全或字迹潦草、模糊，辨认不清的。对无效的投标文件，招标人将予以拒绝。

4) 错误的修正

评标组织将对确定为实质上响应招标文件要求的投标文件进行校核，看其是否有计算或累计上的算术错误。

修正错误的原则如下。

(1) 如果用数字表示的数额与用文字表示的数额不一致时，以文字数额为准。

(2) 当单价与工程量的乘积与合价之间不一致时，通常以标出的单价为准。除非评标组织认为有明显的小数点错位，此时应以标出的合价为准，并修改单价。

按上述修改错误的方法，调整投标书中的投标报价。经投标人确认同意后，调整后的报价对投标人起约束作用。如果投标人不接受修正后的投标报价其投标将被拒绝，其投标保证金亦将不予退还。

5) 投标文件的评价与比较

评标组织将仅对按照投标须知确定为实质上响应招标文件要求的投标文件进行评价与比较。监理评标的量化比较通常采用综合评分法(或单项评议法、两阶段评议法)对各投标人的综合能力进行对比。依据招标项目的特点设置评分内容和分值的权重。招标文件中说明的评标原则和预先确定的记分标准开标后不得更改，作为评标委员的打分依据。

2. 监理投标书的评审

鉴于装饰装修监理标的的特殊性，标书评审的基本原则是"基于能力的选择，辅以报价的审查"。主要评审以下几方面的合理性。

(1) 投标人的资质等级及总体素质。包括主管部门或股东单位、资质等级、装饰装修监理业务范围、管理水平、人员综合素质情况等。

(2) 装修监理大纲。主要评审装修监理大纲的科学性、合理性、针对性和先进性等。

(3) 拟派项目的主要装修监理人员。重点审查总工程师和主要专业工程师、人员派驻计划和监理人员的素质(人员的学历证书、职称证书和上岗证书)。

(4) 装饰装修监理单位提供用于工程的检测设备和仪器，或委托有关单位检测的协议。

(5) 装饰装修监理费报价和费用组成。

chapter

第 7 章　建筑装饰装修工程合同管理

(6) 近几年来的装修监理业绩。

(7) 企业奖惩及社会信誉。

(8) 招标文件要求的其他情况。

在审查过程中对投标书不明确之处可采用澄清问题会的方式请投标人予以说明，并可通过与总工程师的会谈，考察其风险意识、对业主建设意图的理解和应变能力、管理目标的设定等问题。

3. 授予合同

这是投标须知中对授予合同问题的阐释。主要有以下几点。

1) 合同授予标准

招标人将把合同授予其投标文件在实质上响应招标文件要求和按投标须知规定评选出的投标人，确定为中标的投标人必须具有实施合同的能力和资源。

2) 中标通知

确定中标人后，在投标有效期截止前，招标人将在招投标管理机构认同下，以书面形式通知中标的投标人其投标被接受。在中标通知书中给出招标人对中标人按合同实施、完成和维护工程的中标标价(合同条件中称为"合同价格")，以及工期、质量和有关合同签订的日期、地点。中标通知书将成为合同的组成部分。在中标人按投标须知的规定提供了履约担保后，招标人将及时将未中标的结果通知其他投标人。

3) 合同的签署

中标人按中标通知书中规定的时间和地点，由法定代表人或其授权代表前往与招标人代表签订合同。中标通知书对招标人和中标人具有法律约束力，其作用相当于签订合同过程中的承诺。中标通知书发出后，招标人改变中标结果或者中标人放弃中标的，应当承担法律责任。

4) 履约担保

招标人应当向未中标的投标人退还投标保证金或投标保函，对中标者可以将投标保证金或投标保函转为履约保证金或履约保函。履约担保可由在中国注册的银行出具银行保函，银行保函为合同价格的 5%；也可由具有独立法人资格的经济实体出具履约担保书，履约保证金为合同价格的 10%(投标人可任选一种)。投标人应使用招标文件中提供的履约担保格式。如果中标人不按投标须知的规定执行，招标人将有充分的理由废除授标，并不退还其投标保证金。

7.3　建筑装饰装修工程监理合同管理

装饰装修工程监理合同是我国实行建设监理制后的一种技术性委托服务合同形式。通过监理委托合同，项目法人委托监理单位对装饰装修工程合同进行管理，对与项目法人签订工程建设合同的当事人履行合同进行监督、协调和评价，并应用科学的技能为项目的发包、合同的签订与实施等提供规定的技术服务。

7.3.1　建筑装饰装修工程委托监理合同

1. 概述

1) 装饰装修工程委托监理合同的概念

装饰装修工程监理合同是指委托人与监理人就委托的装饰装修工程项目和管理内容签订的明确双方的权利义务的协议。建设单位称为委托方，监理单位称为被委托方。装饰装修工程监理合同是委托合同的一种。

装饰装修工程监理合同与勘察设计合同、施工承包合同、物资采购合同、运输合同等的最大区别，表现在标的的性质上的差异。装饰装修工程监理合同的标的是监理单位凭借自己的知识、经验和技能，为所监理的装饰装修工程合同的实施，向项目法人提供服务，从而获取报酬。在参与工程建设的过程中，监理单位与勘察、设计、施工、设备供应等单位存在根本的区别，它不直接从事生产活动，不承包装饰装修项目建设生产任务。

2) 装饰装修工程委托监理合同的特点

装饰装修监理合同是委托合同的一种。其特点是：①监理合同的当事人双方应当是具有民事行为能力、取得法人资格的企事业单位，其他社会组织、个人在法律允许的范围内也可以成为合同当事人；②监理合同委托的工作内容必须符合装饰装修工程项目建设程序，遵循有关法律、行政法规；③委托监理合同的标的是服务。

3) 签订装饰装修工程委托监理合同的必要性

签订装饰装修工程监理合同具有如下必要性。

(1) 通过合同明确规定合同双方的权利和义务，是合同双方履行合同的基本依据和条件。

(2) 依法建立的装饰装修监理合同对合同当事人具有法律约束力，任何一方不得擅自变更或解除合同。

(3) 在履行合同过程中发生的任何影响合同变更的事件和风险事件，都应依据合同规定的原则进行处理。

(4) 合同是一种具有法律效力的文书，合同当事人在履行合同过程中发生的任何争议，不论采取协商、调解还是仲裁或诉讼方式，都应以合同规定为依据。

(5) 明确规定项目法人与监理单位之间的合同关系，增强合同当事人的合同意识，有利于培养和维护良性的监理市场秩序，适应社会主义市场经济的发展。

2. 装修监理合同示范文本的主要内容

我国《建设工程监理合同(示范文本)》(GB—2012—0202)，共49条。它由协议书、通用条件、专用条件三部分组成。

监理合同是一个总的协议，是纲领性法律文件。主要内容是当事人双方确认的委托监理工程的概况(工程名称、地点、规模及总投资)；合同签订、生效、完成时间；双方愿意履行约定的各项义务的承诺，以及合同文件的组成。监理合同除"合同"文本之外，还应包括：①协议书；中标通知书(适用于招标工程)或委托书(适用于非招标工程)；投标文件(适用于招标工程)或监理与相关服务建议书(适用于非招标工程)；专用条件；通用条件；附录。②在实施过程中双方共同签字的补充与修正文件。合同是一份标准的格式文件，当事人双方在空格内填写具体规定内容并签字盖章后，即发生法律效力。

通用条件，其内容涵盖了合同上所用词语定义、适用范围和法规、签约双方的责任、权利和义务、合同生效变更与终止、监理报酬、争议的解决以及其他一些情况，是委托监理合同的通用文件，适用于各类建设工程项目监理。

专用条件是签订具体工程项目监理合同时，结合地域特点、专业特点和委托监理项目的工程特点，对标准条件中的某些条款进行补充、修正。

装饰装修工程监理委托合同的语言、形式和协议内容是多种多样的，但其基本内涵并没有什么区别。完善的监理委托合同一般都应具备下列基本内容。

1)　签约双方的确认

在委托合同中，首项内容通常是合同双方的身份说明。主要是说明业主和监理单位的名称、地址以及它们的实体性质。通常用"甲方"代表委托方，而被委托方则称为"乙方"。

2)　合同的一般性叙述

当合同各方的关系得到确认并叙述清楚之后，接下来将进行一般性叙述。一般性叙述是引出"标的"的过渡。在标准合同中这些叙述常被省略。

3)　监理单位的义务

(1)　监理工程师的义务。合同中是以法律语言来叙述义务的。

监理单位的义务指对受聘请的监理工程师承担义务，详见第 2 章表 2.6。

(2)　对所委托项目概况的描述。目的是为了确定项目的内容，或便于规定服务的一般范围。具体内容包括项目性质、投资来源、工程地点、工期要求以及项目规模或生产能力等。

4)　要求监理工程师提供的服务内容

在合同中必须以专门的条款对监理工程师准备提供的服务内容进行详细的说明。由于每个合同项目的服务内容千差万别，为了避免发生合同纠纷，监理工程师准备提供的每一项服务，都应当在合同中详细说明。对于不属于该监理工程师提供的服务内容，也有必要在合同中列出来。在合同的执行过程中，由于业主要求或装饰装修项目本身需要对合同规定的服务内容进行修改或者增加其他服务内容是允许的，但必须经过双方重新协商加以确定。

5)　装饰装修工程项目监理费

装饰装修工程监理费是指业主依据委托装饰装修监理合同支付给装饰装修工程监理企业的监理报酬。它是构成工程概(预)算的一部分，在工程概(预)算中单独列支。合同中不可缺少规定费用的条款，具体应明确费用额度及其支付时间和方式。

监理费用的计算方法有多种，但无论合同中商定采用哪种计算费用方法，都应该对支付的时间、次数、支付方式和条件规定清楚。常见的方法有以下几种。

(1)　按实际发生额每月支付。

(2)　按双方约定的计划明细表按月或按规定的天数支付。

(3) 按实际完成的某项工作的比例支付。

(4) 按工程进度支付。

6) 业主的义务

业主除了应该偿付工程监理费用外，还有责任创造条件促使监理工程师更有效地进行工作。因此，装饰装修监理服务合同还应规定业主应承担的义务。

(1) 委托人应负责装饰装修工程的所有外部关系的协调工作，满足开展监理工作所需提供的外部条件。

(2) 与监理人做好协调工作。委托人要授权一位熟悉建设工程情况，能迅速作出决定的常驻代表，负责与监理人联系。更换此人要提前通知监理人。

(3) 为了不耽搁服务，委托人应在合理时间内就监理人以书面形式提交并要求作出决定的一切事宜作出书面决定。

(4) 为监理人顺利履行合同义务，做好协助工作。协助工作包括以下几方面内容。

● 将授予监理人员的监理权利，以及监理机构主要成员的职能分工、监理权限，及时书面通知已选定的第三方，并在与第三方签订的合同中予以明确。

● 在双方议定的时间内，免费向监理人员提供与工程有关的监理服务所需的工程资料。

● 为监理人员驻工地监理机构开展正常工作提供协助服务。服务内容包括信息服务、物质服务和人员服务三个方面。

7) 维护监理工程师利益的条款

在委托合同中除了有关费用和补偿条款外，还应明确规定某些维护监理工程师利益的条款。

8) 关于附加的工作

凡因改变工作范围而委托的附加工作，应确定所支付的附加费用标准。可能包括：由于委托人、第三方原因，使监理工作受到阻碍或延误，以致增加了工作量或延续时间；增加监理工作的范围和内容等。

"额外工作"是指正常工作和附加工作以外的工作，即非监理人员自己的原因暂停或终止监理业务，其善后工作及恢复监理业务的工作。

(1) 不应列入服务范围的内容。有时必须在合同中明确服务的范围不包括的内容。

(2) 工作延期。合同中要明确规定由于非人为的意外原因，或由于业主的行为造成工作延误监理工程师所应受到的保护。

(3) 业主引起的失误。合同中应明确规定由于业主未能按合同及时提供资料、信息或其他服务而造成了额外的支出，应当由业主承担，监理工程师对此不负责任。

(4) 业主的批复。由于业主工作方面的拖拉，对监理工程师的报告、信函等要求批复的书面材料造成延期的，监理工程师不承担责任。

(5) 终止和结束。合同中任何授予业主终止合同权力的条款，都应该同时考虑包括监理工程师的工作所投入的费用和终止合同所造成的损失给予合理补偿的条款。

9) 维护业主利益的条款

在监理委托合同中要明确规定维护业主利益的条款。这些条款通常包括以下内容。

(1) 进度表。注明各部分工作完成的日期，或附有工作进度的计划方案。

(2) 保险。为了保障业主利益，可以要求监理单位进行某种类型的保险，或者向业主提供类似的保障。

(3) 业主的权利。业主的权利见表 7.1。

表 7.1　业主的权利

分　类	内　容
授予监理人权限的权利	委托人根据自身的管理能力、装饰装修工程项目的特点及需要在监理合同内授予监理人员的权限
对其他合同承包人的选定权	委托人是建设资金的持有者和建筑产品的所有人，因此对设计合同、施工合同、加工制造合同等的承包单位有选定权和订立合同的签字权。监理人员仅有建议权
委托监理工程重大事项的决定权	委托人有对工程规模、规划设计、生产工艺设计、设计标准和使用功能等要求的认定权；工程设计变更审批权
对监理人履行合同的监督控制权	①对监理合同转让和分包的监督。除了支付款的转让外，未经委托人的书面同意，监理人不得将所涉及的利益或规定义务转让给第三方。②对监理人的控制监督。合同专用条款或监理人的投标书内，应明确总监理工程师人选，监理机构派驻人员计划。当监理人调换总监理工程师时，须经委托人同意。③对合同履行的监督权。监理人有义务按期提交月、季、年度的监理报告，委托人也可以随时要求其对重大问题提交专项报告

(4) 授权范围。即明确规定监理工程师行使权力不得超越这个范围，见表 7.2。

(5) 终止合同。当业主认为监理工程师所做的工作不能令人满意时，或项目合同遭到任意破坏时，有权终止合同。

(6) 关于工作人员。装修监理单位必须提供足够的能够胜任工作的工作人员，而且大多数应是专职人员。任何人员的工作或行为，如果不能令人满意，就应停止他们的工作。

(7) 各种记录和技术资料。监理工程师在工作期间，必须做好完整的记录并建立技术档案资料，以便随时可以提供清楚、详细的记录资料。

(8) 报告。在装修的各个阶段，监理工程师要定期向业主报告阶段情况和月、季、年进度报告。

表 7.2　授权范围

分　类	内　容
委托监理合同中赋予监理人的权利	①完成监理任务后获得酬金的权利。监理人不仅可获得合同规定的正常监理任务酬金，如合同履行过程中因条件的变化，完成附加工作和额外工作后，也有权按照专用条款中约定的计算方法得到附加和额外工作的酬金。②终止合同的权利。如果由于委托人违约严重拖欠应付监理人的酬金，或由于非监理人责任而使监理暂停期限超过半年以上，监理人可按照终止合同规定程序，单方面提出终止合同，以保护自己的合法权益

续表

分　类	内　容
监理人执行监理业务可以行使的权利	①工程建设有关事项和工程设计的建议权，包括工程规模、设计标准、生产工艺和使用功能要求。②对实施工程项目的质量、工期和费用的监督控制权。主要表现为：对承包人报的工程施工组织设计和技术方案，按照保质量、保工期和降低成本要求，自主进行审批和向承包人提出建议；征得委托人同意，发布开工、停工、复工令；对工程上使用的材料和施工质量进行检验；对施工进度进行检查、监督，未经监理工程师签字，建筑材料、建筑构配件和设备不得在工地上使用，施工单位不得进行下一道工序的施工；工程实施竣工日期提前或延误期限鉴定；在工程承包合同规定的工程范围内，工程款支付的审核和签认权，以及结算工程款的复核确认与否定权。未经监理人签字确认，委托人不支付工程款，不进行竣工验收。③工程建设有关协作单位组织协调的主持权。④在业务紧急情况下，为了工程和人身安全，尽管变更指令超越了委托人授权而不能事先得到批准时，也有权发布变更指令，但应尽快通知委托人。⑤审核承包人索赔的权利

10) 一般规定

比较规范的委托合同都包括一般规定的条款，有些是用以确定签约各方的权利；有些则是涉及一旦发生修改合同、终止合同，或出现紧急情况的处理程序。在国际性合同中常常包括不可抗力的条款。

11) 签字

签字是监理委托合同中一项重要的组成部分，也是合同商签阶段的最后一道程序。业主和监理工程师都签字，便表明他们已承认双方达成的协议，合同也具有法律效力。业主方可以由一个或几个人签字，这主要由法律的要求及授予签字人的职权决定。

7.3.2　委托监理合同的违约责任及其他

1. 双方的违约责任

合同履行过程中，由于当事人一方的过错，造成合同不能履行或者不能完全履行时，由有过错的一方承担违约责任；如属双方的过错，应根据实际情况，由双方分别承担各自应负的违约责任。为保证监理合同规定的各项权利义务的顺利实现，在《监理合同示范文本》中制定了约束双方行为的条款。这些规定归纳起来有如下几点。

(1) 在合同责任期内，如果乙方未按合同中要求的职责勤恳认真地服务，或甲方违背了他对乙方的责任时，均应向对方承担赔偿责任。

(2) 任何一方对另一方负有责任时的赔偿原则如下。

① 甲方违约应承担违约责任，赔偿给乙方造成的经济损失。

② 因乙方过失造成经济损失时，应向甲方进行赔偿，累计赔偿总额不应超出监理酬金总额(除去税金)。

(3) 当一方向另一方的索赔要求不成立时，提出索赔的一方应补偿由此所导致的对方各种费用的支出。

由于装饰装修工程监理以乙方向甲方提供技术服务为特性，在服务过程中，乙方主要凭借自身的知识、技术和管理经验向甲方提供咨询、服务，替甲方管理工程。同时，在工程项目的建设过程中，会受到多方面因素的限制。鉴于上述情况，在乙方责任方面作了如下规定：①监理工作的责任期即监理合同的有效期；②乙方在责任期内，如果因过失而造成了经济损失，要负监理失职的责任；③在监理过程中，如果完成全部议定监理任务时，因工程进展的推迟或延误而超过议定的日期，双方应进一步商定相应延长的责任期，乙方不对责任期以外发生的任何事件所引起的损失或损害负责，也不对第三方违反合同规定的质量要求和完工(交图、交货)时限承担责任。

2．协调双方关系条款

委托监理合同中对合同履行期间甲乙双方的有关联系、工作程序都作了严格周密的规定，便于双方协调有序地履行合同。

这些条款集中在"合同生效、变更与终止""监理酬金""其他"和"争议的解决"几节中，主要内容如下。

1)　生效

自合同签字之日起生效。

2)　开始和完成

在专用条件中确定监理准备工作开始和完成的时间。如果合同履行过程中双方商定延期时间时，完成时间相应顺延。

3)　变更

任何一方申请并经双方书面同意时，可对合同进行变更。

如果甲方要求，乙方可提出更改监理工作的建议，这类建议的工作和移交应看作一次附加的工作。建设工程中难免出现许多不可预见的事项，因而经常会出现要求修改或变更合同条件的情况。

4)　延误

如果由于甲方或第三方的原因使监理工作受到阻碍或延误，以致增加了工程量或持续时间，则乙方应将此情况与可能产生的影响及时通知甲方。增加的工作量应视为附加的工作，完成监理业务的时间应相应延长，并得到附加工作酬金。

5)　情况的改变

如果在监理合同签订后，出现了不应由乙方负责的情况，而致使他不能全部或部分执行监理任务时，乙方应立即通知甲方。在这种情况下，如果不得不暂停执行某些监理任务，则该项服务的完成期限应予以延长，直到这种情况不再持续。当恢复监理工作时，还应增加不超过 42 天的合理时间，用于恢复执行监理业务，并按双方约定的数量支付监理酬金。

6)　合同的暂停或终止

(1)　乙方向甲方办理完成竣工验收或工程移交手续，承建商和甲方已签订工程保修合同，乙方收到监理酬金尾款、甲方结清监理酬金后，本合同即告终止。

(2) 当事人一方要求变更或解除合同时，应当在 42 日前通知对方，因变更或解除合同使一方遭受损失的，除依法可以免除责任者外，应由责任方负责赔偿。

(3) 变更或解除合同的通知或协议必须采取书面形式，协议未达成之前，原合同仍然有效。

(4) 如果甲方认为乙方无正当理由而又未履行监理义务时，向乙方发出指明其未履行义务的通知。若甲方在 21 日内没收到答复，可在第一个通知发出后 35 日内发出终止监理合同的通知，合同即行终止。

(5) 乙方在应当获得监理酬金之日起 30 日内仍未收到支付单据，而甲方又未对乙方提出任何书面解释，或暂停监理业务期限已超过半年时，乙方可向甲方发出终止合同的通知。如果 14 日内未得到甲方答复，可进一步发出终止合同的通知。如果第二份通知发出后 42 日内仍未得到甲方答复，乙方可终止合同，也可自行暂停履行部分或全部监理业务。

合同协议的终止并不影响各方应有的权利和应承担的责任。

7) 支付

监理酬金的支付要求如下。

(1) 在监理合同实施中，监理酬金支付方式可以根据工程的具体情况双方协商确定。一般采用首期支付多少，以后每月(季)等额支付，工程竣工验收后结算尾款。

(2) 支付过程中，如果甲方对乙方提交的支付通知书中酬金或部分酬金项目提出异议，应在收到支付通知书 24 小时内向乙方发出表示异议的通知，但不得拖延其他无异议酬金项目的支付。

(3) 当委托人在议定的支付期限内未支付的，自规定之日起向监理人补偿支付酬金的利息。利息按规定支付期限最后 1 日银行贷款利息乘以拖欠酬金时间计算。

3．合同争议的解决途径

对于因违反或终止合同而引起的损失或损害的赔偿，发生甲方与乙方的合同争执，解决合同争执的途径通常有如下几种。

(1) 协商。这是一种最常见的，也是首先采用的解决方法。当事人双方在自愿、互谅的基础上，通过双方谈判达成解决争执的协议。这个方式可以最大限度地减少由于纠纷而造成的损失，从而达到合同所涉及的权利得到实现的目的。

(2) 调解。调解是在第三者如上级主管部门、合同管理机关等的参与下，以事实、合同条款和法律为根据，通过对当事人的说服，使合同双方自愿地、公平合理地达成解决协议。如果双方经调解后达成协议，由合同双方和调解人共同签订调解协议书，它具有法律效力。

未能达成一致，可提交主管部门协调；如仍不能达成一致时，根据双方约定，提交仲裁机关仲裁或向人民法院起诉。

(3) 仲裁。仲裁是仲裁机构根据当事人的申请，对其相互之间有合同争议的，按照仲裁法律进行仲裁并作出裁决，从而解决合同纠纷的法律制度。当事人不愿和解、调解或者和解、调解不成的，可以根据仲裁协议向仲裁机构申请仲裁。

仲裁的原则有：①自愿原则。当事人采用仲裁方式解决纠纷，应当双方自愿，达成仲裁协议。②公平合理原则。③仲裁独立原则。④一裁终局原则。裁决作出后，当事人就同一纠纷再申请仲裁或者向人民法院起诉的，仲裁委员会或者人民法院不予受理。

(4) 诉讼。诉讼是指当事人依法请求人民法院行使审判权，审理双方之间的合同争议，作出有国家强制力的裁决，保证实现其合法权益的审判活动。当事人没有订立仲裁协议或者仲裁协议无效的，可以向人民法院起诉。在解决国际工程合同争执时，在一般的情况下，仲裁比诉讼更具有优越性。

> **提示**　案例——监理招标文件及委托监理合同范式和南京市口腔医院门诊楼 6～7 层装饰装修工程招标文件请从出版社网站下载。

7.3.3　监理单位的监理合同管理

1. 合同签订前的管理

监理单位在决定是否参加某项装饰装修工程业务的竞争并与之签订合同前，要对工程业主进行了解并对工程合同的可行性进行调查了解。其内容如下。

(1) 对业主的考察了解主要是看其是否具有签订合同的合法资格。工程项目业主应具有法人资格，能够独立参加民事活动并直接承担民事权利和民事义务。

(2) 在签订合同中应注意，作为法人的业主，要由法定代表人或经法定代表人授权委托的代理人签订合同。自然人业主签订监理合同也要有上述类似的合法资格。

(3) 具有与签订合同相当的财产和经费，这是履行合同的基础和承担经济责任的前提。

(4) 监理合同的标的要符合国家政策，不违反国家的法律法令及有关规定。同时监理单位还应从自身情况出发，考虑竞争该项目的可行性。

通常在下列情况下，应放弃对项目的竞争。

● 本单位主营和兼营能力之外的项目。
● 装饰装修工程规模、技术要求超出本单位资质等级的项目。
● 本单位监理任务饱满，而准备竞争的监理项目盈利水平较低或风险较大。

2. 合同谈判签订的管理

合同是影响利润最主要的因素，而合同的谈判和签订是获取尽可能多利润的最好机会。对监理单位来说，这个阶段合同管理的基本任务主要有进行合同文本审查；进行合同风险分析，为报价、合同谈判和合同签订提供决策信息。

监理单位在获得业主的招标文件或与业主草签协议之后，应立即对装饰装修工程所需费用进行预算，提出一个报价，同时对招标文件中的合同文本进行分析、审查。

在合同签订中，监理单位应利用法律赋予的平等权利进行对等谈判，在充分讨论、磋商的基础上，对业主提出的要约，作出是否能够全部承诺的明确答复。

在签订合同的过程中，监理单位应积极地争取主动，对业主提出的合同文本，双方应对每个条款都进行具体的商讨，对重大问题不能退让，应有理有据地应对。切不可在主观上把自己放在被动的位置上。经过谈判，双方就监理合同的各项条款达成一致，即可正式签订合同文件。

3. 履行中的管理

由于装饰装修监理合同管理贯穿于监理单位经营管理的各个环节,因而履行监理合同必须涉及监理单位各项管理工作(详见7.4节)。监理合同一经生效,监理单位就要按合同规定,行使权利,履行应尽义务。具体履行程序如下。

(1) 确定项目总监理工程师,成立项目监理组织。

(2) 进一步熟悉情况,收集有关资料,为开展装饰装修工程监理工作作准备。

(3) 制定装饰装修项目监理规划。

(4) 制定各专业监理工作计划或实施细则。

(5) 根据制定的监理工作计划和运行制度规范化地开展监理工作。

(6) 监理工作总结归档。

注意 引例中背景材料中有关签订委托监理合同中的不妥之处如下。

(1) 指定监理公司不妥,应以招标方式进行确定。

(2) 在合同的通用条款中填写委托监理任务不妥,应在"专用条款"中填写。

(3) 由监理单位择优选择施工承包人不妥,监理企业应协助委托人选择施工承包人。

(4) 进行成本效益分析、提出质量保证措施不妥,不需要进行分析,这是可行性研究的内容。

(5) 监理人负责外部关系协调不妥,应该是委托人负责。

(6) 业主不派工地常驻代表不妥,应该派工地常驻代表。

(7) 监理员告诉有关设计方面的秘密不妥,应该是监理人不得泄露设计单位申明的秘密。

(8) 总监理工程师以业主的身份参与调解不妥,应该是总监理工程师以独立的身份进行调解。

7.4 装饰装修监理合同管理工作

监理工程师在建筑装饰装修工程合同管理方面的具体工作包括:项目工期管理、工程暂停及复工、项目结算管理、合同争议的调解和合同的解除、工程延期及工程延误处理、项目质量管理等。

7.4.1 项目工期管理

1. 工期

工期一般是指装饰装修项目从动工之日起到竣工验收、交付使用所需的时间。

1) 合同工期

施工合同工期,是通过当事人在协议书中约定具体开工日期和竣工日期的办法确定的。在装饰装修项目实施阶段,工程工期应以装饰装修工程施工合同规定的合同工期为准;而合同工期又应该在工期定额的基础上，根据本企业的管理水平、施工方法、机械设备和物资供应具体条件确定；经签约确认的合同工期，将是考核履约与违约、奖与罚的重要指标之一。

只有在具备相关开工条件后，工程才可以开工。而在签订合同协议书时，并不能具体确定何时才具备开工条件，因此施工合同通用条款中约定了延期开工的处理方式。

通用条款规定，延误的工期经工程师确认同意补偿后，合同工期可以相应顺延。基于上述原因，实际的合同工期，应为合同协议书中约定的工期加上工程师同意补偿给承包人的日期。

2) 延期开工

由于在签订协议书时就要确定具体的开工日期，而实际开工往往要受到很多因素的制约，并不能在签订协议时就能完全确定下来，所以协议书中开工日期可以认为是业主与承包人双方的预定开工日期。临近预定的开工日期时一旦出现业主或承包人准备不足，都会导致不能按照协议书约定时间开工的情况，此时必须要延期开工。因此，延期开工可以分承包人要求和业主要求两种情况。下面将从这两个方面分别进行简单介绍。

(1) 承包人要求延期开工。

承包人不能按时开工，应当不迟于协议书约定的开工日期前 7 天，以书面形式向工程师提出延期开工的理由和要求。工程师应当在接到延期开工申请后的 48 小时内以书面形式答复承包人。

工程师在接到延期开工申请后 48 小时内不答复，视为同意承包人要求，工期相应顺延。工程师不同意延期要求或承包人未在规定的时间内提出延期要求，工期不予顺延。

(2) 业主要求延期开工。

因业主原因不能按照协议书约定的开工日期开工，工程师应以书面形式通知承包人，推迟开工日期。业主赔偿承包人因延期开工造成的损失，并相应顺延工期。

3) 顺延工期

通用条款规定，因下列原因造成的工期延误是属于业主所应承担的风险，经工程师确认后，延误的工期应该由业主补给承包人。

(1) 业主未能按专用条款的约定提供图纸及开工条件。

(2) 明确由发包方负责供应的材料、设备、成品或半成品等未能按双方认定的时间进场，或进场的材料、设备、成品或半成品等向承包方交验时发现有缺陷，需要修配、改、代、换而耽误施工进度者。

(3) 设计变更和施工方法与设计规定不符而增加工程量影响进度者。

(4) 一周内，非承包人原因停水、停电、停气，造成停工累计超过 8 小时。

(5) 工程师未按合同约定提供所需指令、批准等，致使施工不能正常进行。

(6) 业主未按合同规定拨付预付款、工程进度款、代购材料价差款而影响施工进度者。

(7) 因遇不可抗拒的自然灾害(如台风、水灾、自然原因发生的火灾、地震等)而影响工程进度者。

(8) 专用条款中约定或工程师同意工期顺延的其他情况。

4) 实际施工期

从合同协议书约定的开工日期之日起，至承包人实际完成施工、工程实际竣工之日止的时间段，为承包人实际施工期。

实际竣工日期为工程竣工验收通过、承包人送交竣工验收申请报告的日期。工程按业主要求修改后通过竣工验收的，实际竣工日期为承包人修改后提请业主验收的日期。

5) 工程延期及工程延误的处理

(1) 当承包单位提出工程延期要求符合施工合同文件的规定条件时，项目监理机构应予以受理。

(2) 当影响工期事件具有持续性时，项目监理机构可在收到承包单位提交的阶段性工程延期申请表并经过审查后，先由总监理工程师签署工程临时延期审批表并通报建设单位。当承包单位提交最终的工程延期申请表后，项目监理机构应复查工程延期及临时延期情况，并由总监理工程师签署工程最终延期审批表。

(3) 项目监理机构在作出临时工程延期批准或最终的工程延期批准之前，均应与建设单位和承包单位进行协商。

(4) 项目监理机构在审查工程延期时，应依下列情况确定批准工程延期的时间。

① 施工合同中有关工程延期的约定。

② 工期拖延和影响工期事件的事实和程度。

③ 影响工期事件对工期影响的量化程度。

(5) 工程延期造成承包单位提出费用索赔时，项目监理机构应按规定处理。

(6) 当承包单位未能按照施工合同要求的工期竣工交付造成工期延误时，项目监理机构应按施工合同的规定从承包单位应得款项中扣除误期损害赔偿费。

注意 引例问题中延期开工问题：根据施工合同规定，承包人不能按时开工，应当在合同约定开工日期的前 7 天书面提出延期开工的理由和要求，总监理工程师在接到延期开工申请后的 48 小时内以书面形式答复承包人。而本案中承包人提出的延期申请不符合合同规定的时间要求，总监理工程师不予批准。

知识拓展 我国施工合同的实际竣工日期的规定，与 FIDIC 的做法不同。在 FIDIC 中，实际竣工时间是工程师掌握的。但在我国却是以通过验收时承包人提交验收申请报告的日期为工程的实际竣工日期。仔细分析就会发现规定中存在着漏洞。因为按照施工合同规定，从承包人提交验收申请，到业主组织验收有不超过 28 天的准备时间。试想，如果承包人递交验收申请后，业主在第 20 天才开始验收，而验收结果是没有通过，承包人这 20 天可能已经没有施工任务而处于等待状态，但 20 天等待后却还要继续返工，等其返工完毕，再提交验收申请。如果第二次验收通过，则按照施工合同的规定，实际竣工时间为返工后提交申请的时间，那自然包括了此前提到的 20 天等待时间。然而把这 20 天作为承包人的实际施工时间看待，对于承包人来说是不公平的，因为这是业主安排竣工检验而引起的。

2．进度管理

1）　进度计划

承包人编制的施工进度计划，是施工合同管理中一个极为重要的依据文件。前述如工期顺延等问题，判别一些关键时间界限以及划分责任归属的依据，就是经工程师批准执行的进度计划。进度计划经工程师批准后，不仅承包人应按照计划组织施工，而且业主、工程师也要按照计划履行相应的义务，所以，进度计划对承包人、业主和工程师三方均具有约束力。

进度计划，必然受到现场各种实际因素的干扰，而出现计划与现实情况不相符时，必须要对计划进行修改。因此，施工合同通用条款中，对进度计划作出如下约定。

(1)　承包人应按专用条款约定的日期，将施工组织设计和工程进度计划提交工程师，工程师按照专用条款约定的时间予以确认或提出修改意见，逾期不确认也不提出书面意见的，视为同意。

(2)　群体工程中单位工程分期进行施工的，承包人应按照业主提供的图纸及有关资料的时间，按单位工程编制进度计划，其具体内容由双方在专用条款中约定。

(3)　承包人必须按工程师确认的进度计划组织施工，接受工程师对进度的检查、监管。工程实际进度与经确认的进度计划不符时，承包人应按工程师的要求提出改进措施，经工程师确认后执行。因承包人的原因导致实际进度与进度计划不符，承包人无权就改进措施提出追加合同价款。

2）　工程项目施工总进度计划的编制

工程开工前，应督促施工单位编制包括分月、分段的施工总进度计划，并加以审核、批准；对其中应由建设单位执行的部分(即在合同条款中已有明确规定的)，如按时提供设计文件和图纸、甲方提供设备和材料等，应提醒建设单位及时办理。

3）　分月、分段计划的控制

施工总进度计划批准之后，就应按总进度计划检查月、段计划的落实情况。

一般在月度生产计划会上，应全面分析月计划的完成情况。影响计划执行的原因，对属于施工单位的，应督促其迅速解决；对属于建设单位的，应及时、主动提请建设单位解决。为了确保月计划的实施，也可实行周例会，将月度计划分解到周计划中。

4）　进度计划的修订

工程项目实施的过程中，由于各种原因，往往需要修订分月、分段或总进度计划。监理工程师如何对项目进度进行控制，详见第 5 章。

7.4.2　工程暂停及复工

施工过程中，暂时停工的情况可能会出现。暂停施工会影响到工程进度，作为监理工程师应该尽量避免暂停施工。实践中暂停施工有的是局部的暂时停工，有的是整个工程的暂时停工。而停工的原因，一般来自三个方面：一是监理工程师根据工程的实际情况发布停工令要求暂停施工；二是承包人主动暂停施工；三是出现法律法规规定或不可抗力情况的暂停施工。下面将分别进行介绍。

1. 监理工程师要求暂停施工

监理工程师在主观上是不希望暂停施工的，但是有时继续施工会造成更大的损失。施工合同通用条款规定，监理工程师认为确有必要暂停施工时，应当以书面形式要求承包人暂停施工，不论暂停施工的责任在业主还是承包人，监理工程师应该在提出要求后48小时内提出书面处理意见。承包人应当按工程师要求停止施工，并妥善保护已完工程。承包人实施监理工程师作出的处理意见后，可以书面形式提出复工要求，监理工程师应当在48小时内给予答复。监理工程师未能在规定时间内提出处理意见，或收到承包人复工要求后48小时内未予答复，承包人可自行复工。

我国施工合同，关于承包人可以自行复工的规定，同FIDIC中的规定不同。FIDIC施工合同中，承包人没有接到工程师的复工令，是绝对不允许擅自复工的。

我国《建设工程监理规范》(GB/T 50319—2013)对监理工程师要求暂停施工有具体的规定，其中第6.2条规定，在发生下列情况之一时，总监理工程师可签发工程暂停令。

(1) 建设单位要求暂停施工且工程需要暂停施工的。

(2) 施工单位未经批准擅自施工或拒绝项目监理机构管理的。

(3) 施工单位未按审查通过的工程设计文件施工的。

(4) 施工单位未按批准的施工组织设计、(专项)施工方案施工或违反工程建设强制性标准的。

(5) 施工存在重大质量、安全事故隐患或发生质量、安全事故的。

总监理工程师签发工程暂停令应征得建设单位同意，在紧急情况下未能事先报告的，应在事后及时向建设单位作出书面报告。工程暂停令应按规范表A.0.5的要求填写。

2. 承包人主动暂停施工

如果出现业主违约，导致施工无法继续进行下去，承包人当然要停止施工，以保护自己的利益。因此，《通用条款》中规定在下面两种情况下，承包人可以停工。

(1) 业主不按约定支付工程预付款。

如果业主没有按照约定支付预付款，则承包人在约定预付时间7天后向业主发出要求支付的通知。业主收到通知后仍不能按要求支付，承包人可在发出通知7天后停止施工，业主应从约定应付之日起向承包人支付应付款的贷款利息，并承担违约责任。

(2) 业主超过约定的支付时间却不支付工程款(进度款)。

工程进度款是承包人完成相应的施工任务后，业主应该支付的款项，是承包人履行义务后应该获得的权利。如果业主不按约定支付工程进度款，承包人可向业主发出要求付款的通知。业主收到承包人通知后仍不能按要求付款，可与承包人协商签订延期付款协议，经承包人同意后可延期支付。协议应明确延期支付的时间和从计量结果确认后第15天起应付款的贷款利息。业主不按合同约定支付工程款(进度款)，双方又未达成延期付款协议，导致施工无法进行，承包人可停止施工，由业主承担违约责任。出现这种情况时，监理工程师应当尽量督促业主履行合同，以求减少双方的损失。

第 7 章　建筑装饰装修工程合同管理

3.　意外情况的暂停施工

在施工过程中出现一些意外情况，如果需要暂停施工，则承包人应该暂停施工。如在施工中发现古墓、古建筑遗址等文物及化石，或其他有考古、地质研究等价值的物品时，承包人应立即保护好现场并于 4 小时内以书面形式通知工程师。工程师应于收到书面通知后 24 小时内报告当地文物管理部门，业主承包人按文物管理部门的要求采取妥善保护措施。业主承担由此发生的费用，顺延延误的工期。施工中出现不可抗力事件时，如果需要停工的，承包人也应停工。

当发生以上情况的暂停施工，总监理工程师应做好如下工作。

(1)　总监理工程师在签发工程暂停令时，可根据停工原因的影响范围和影响程度，确定停工范围，并应按施工合同和建设工程监理合同的约定签发工程暂停令。

(2)　暂停施工事件发生时，项目监理机构应如实记录所发生的实际情况。总监理工程师应会同有关各方按施工合同约定，处理因工程暂停引起的与工期、费用有关的问题。

(3)　当暂停施工原因消失、具备复工条件时，施工单位提出复工申请的，项目监理机构应审查施工单位报送的复工报审表及有关材料，符合要求后，总监理工程师应及时签署审查意见，并应报建设单位批准后签发工程复工令；施工单位未提出复工申请的，总监理工程师应根据工程实际情况指令施工单位恢复施工。复工报审表应按本规范表 B.0.3 的要求填写，工程复工令应按规范表 A.0.7 的要求填写。

如果是因业主原因造成停工的，那么由业主承担所发生的追加合同价款，赔偿承包人由此造成的损失，相应顺延工期。如果因承包人原因造成停工的，则由承包人承担发生的费用，工期不予顺延。

> **注意**　引例中停工问题中的不对之处：专业监理工程师无权下达工程暂停令，应报告总监，由总监下达。施工承包单位就停工事项提出的索赔要求不应受理，原因是施工承包单位未进行门窗报验工作，由此产生的工期延误由施工承包单位自己承担责任。建设单位的说法不对，监理工程师是在合同授权范围内履行职责，施工承包单位的损失不应由监理单位承担。

7.4.3　项目结算管理

对项目结算进行管理是监理工程师的职责，应严格结算管理。项目结算管理包括：工程量的计量与工程款支付；索赔管理；工程变更管理和工程竣工结算。

1. 工程量的计量与工程款支付

对承包人已完成工程量的核实确认，是业主支付工程款的前提。具体的工程量确认程序和工程款支付内容，详见 6.3.2 节和 6.3.3 节。

2. 索赔管理

关于索赔的处理、索赔的计算和索赔报告的编写等内容，详见 7.6 节。

233

3. 工程变更管理

关于工程变更管理详见 7.5 节。

4. 工程竣工结算

工程竣工结算是施工合同履行的重要步骤，又是施工合同管理的最后阶段。在工程办理完竣工结算手续后，建设单位应按有关部门规定的工程价款结算办法和施工合同内规定的程序，办理工程价款结算拨付手续。

7.4.4　合同争议的调解

当发生甲方与乙方的合同争执时，解决途径之一就是调解。项目监理机构接到合同争议的调解要求后应进行以下工作。

(1) 及时了解合同争议的全部情况，包括进行调查和取证。

(2) 及时与合同争议的双方进行磋商。

(3) 在项目监理机构提出调解方案后，由总监理工程师进行争议调解。

(4) 当调解未能达到一致时，总监理工程师应在施工合同规定的期限内提出处理该合同争议的意见。

(5) 在争议调解过程中，除已达到了施工合同规定的暂停履行合同的条件之外，项目监理机构应要求施工合同的双方继续履行施工合同。

在总监理工程师签发合同争议处理意见后，建设单位或承包单位在施工合同规定的期限内未对合同争议处理决定提出异议，在符合施工合同的前提下，此意见应成为最后的决定，双方必须执行。

在合同争议的仲裁或诉讼过程中，项目监理机构接到仲裁机关或法院要求提供有关证据的通知后，应公正地向仲裁机关或法院提供与争议有关的证据。

7.4.5　合同的解除

合同解除是指合同当事人依法行使解除权或者双方协商决定，提前解除合同效力的行为。合同终止后的结算和清理工作按下列要求进行。

(1) 施工合同的解除必须符合法律程序。

(2) 因建设单位原因导致施工合同解除时，项目监理机构应按施工合同约定与建设单位和施工单位从下列款项中协商确定施工单位应得款项，并签认工程款支付证书。

① 施工单位按施工合同约定已完成的工作应得款项。

② 施工单位按批准的采购计划订购工程材料、构配件、设备的款项。

③ 施工单位撤离施工设备至原基地或其他目的地的合理费用。

④ 施工单位人员的合理遣返费用。

⑤ 施工单位合理的利润补偿。

⑥ 施工合同约定的建设单位应支付的违约金。

(3) 因施工单位原因导致施工合同解除时，项目监理机构应按施工合同约定，从下列款项中确定施工单位应得款项或偿还建设单位的款项，并应与建设单位和施工单位协商后，书面提交施工单位应得款项或偿还建设单位款项的证明。

① 施工单位已按施工合同约定实际完成的工作应得款项和已给付的款项。

② 施工单位已提供的材料、构配件、设备和临时工程等的价值。

③ 对已完工程进行检查和验收、移交工程资料、修复已完工程质量缺陷等所需的费用。

④ 施工合同约定的施工单位应支付的违约金。

(4) 因非建设单位、施工单位原因导致施工合同解除时，项目监理机构应按施工合同约定处理合同解除后的有关事宜。

7.5　工程签证与设计变更

随着国内装饰装修工程规模日益扩大、承包市场竞争的白热化，工程承包人的纯利润率逐年有所下降。"低中标，勤签证，高结算，善索赔"的国际惯例将逐步盛行，成为承包人获得利润的一种可行手段、常用方法。重视签证与索赔问题的专业管理，是控制工程造价、提高企业经济效益的重要环节。

工程签证工作是工程施工管理中很重要的一项内容，工程签证具有建筑施工合同同等的法律效力。因为它内容广泛，构成原因复杂，规律性较差，发生的时间长，难以确定其造价，因此，要使业主和承包人的权益都得到最大程度的保障，双方必须合理进行规范化、标准化工程签证的管理。

7.5.1　工程签证概述

工程签证是工程承发包双方在合同履行过程中，对各种合同外费用、顺延工期、损失赔偿等事项达成的意思表示一致的协议，经双方签字盖章确认后具有法律效力。工程签证从其性质上来看，应视为是对原工程承发包合同的补充协议，是工程款结算时的合法凭据。

1. 工程签证具有的法律特点

工程签证具有如下法律特点。

(1) 工程签证是双方协商一致的结果，也是工程合同履行过程中出现的新的补充合同，是整个工程合同的组成部分。

(2) 工程签证涉及的利益已经确定，能直接作为工程结算的凭据。

(3) 工程签证是施工过程中的例行工作，是合同双方对施工过程中，例如涉及变更、进度加快、标准提高及施工条件、材料价格等变化，从而影响工期和造价，进行相应调整，并对这些调整用书面方式互相确认。工程签证一般不依赖于其他证据。

(4) 合同双方要建立严格的工程签证资料记录和保管制度。

2．工程签证产生的原因

装饰装修工程承发包合同，由于履约事项繁多复杂，履约周期较长，即使在签约时考虑得再全面，在履约过程中，也难免会发生变更。经常导致工程签证的主要原因如下。

(1) 由于业主原因导致装饰装修工程中途停建、缓建或由于设计变更以及设计错误等造成承包人的停工、窝工、返工而发生的倒运、人员和机具的调迁等损失。

(2) 施工条件的变化。

(3) 工程进度中发生的情况，如临时停水、停电等，导致停工。

(4) 为了提高工程的质量等级，如将合同中约定的"合格"提高到"省优"。

(5) 其他原因，如未能预见的一些不应由承包人承担的损失。

3．工程签证的表达方式

目前建筑工程中，大部分签证采用以下三种表达方式。

(1) 绘制施工图来说明签证内容。

(2) 用文字表达签证内容。

(3) 用施工图加文字说明。

4．工程签证有效应具备的条件

工程签证有效应具备以下条件。

(1) 签证资料应当说明签证事件产生的原因，事件发生的时间、地点，解决事件的办法及最终处理的结果。

(2) 签证资料上要有业主或监理工程师的签字确认。

(3) 签证资料若提供的是复印件，则业主或监理工程师应对复印件重新盖印章，以重新确认复印件的正确性。

5．工程变更签证程序

为了保障业主和承包人的利益，建立合理、规范的签证程序是非常必要的。在规范化的工程签证流程中，需要注意以下几点。

(1) 业主代表、承包人代表应在法定或约定的期限内提出或答复签证。

(2) 业主代表的指令、通知以及承包人的通知、报告应以书面形式提交，并由双方签字确认。

(3) 双方协商达成一致的补充协议，应以书面形式由双方法定代表人签字。

(4) 双方代表应将生效的工程签证资料整理归档。

业主代表不能及时给出必要指令、确认、批准，应承担因违约给承包人增加的利息，并顺延工期，按协议条款支付违约金和赔偿直接经济损失。对不在规定时间内批准的，承担视为批准的后果。承包人亦可在规定的时间内(索赔事件发生后20日内)向业主提出索赔；承包人代表不履行指令、确认、批准，承担相应的违约责任，并负责赔偿经济损失。

7.5.2　工期签证

实践中，施工合同往往受到来自各方面因素的影响，这些影响因素的影响结果不是工程造价提高，就是工程施工停工或施工时间增加，而且造价提高和工期延长往往同时并存。这些影响因素不论是承包人可以预计还是不可以预计的，从业主的角度都必须考虑这些影响因素应该由谁来承担。我国现行的施工合同参照了国际惯例的做法，将这些风险归为应由业主承担的风险。只有该因素在施工中出现了，业主才承担，不出现时业主就不承担，最终使得业主的投资没有浪费。

1. 工期签证

工期签证是在施工过程中承发包双方对工期延长部分的签认，是索赔过程中工期索赔的有效证明材料。

2. 施工过程中有关工期变更的几点说明

关于施工过程中有关工期变更说明如下。

(1) 施工方依合同约定程序申请延期，取得签证，实质是双方对合同约定工期的变更。工期变更后，对施工方竣工期限的约束应当是签证约定的时间。

(2) 如果工期延长已确认是由业主方造成，且合同明确约定由于此原因属工期顺延情况，则施工方要求顺延时无须办理工期签证手续。

(3) 施工过程中已确认增加了工程量，但应当予以注意的是，这并不必然引起合同工期的变更。如果合同明确约定，由于此原因工期顺延的话则施工方无须再办理其他手续；但若是合同没有约定，而施工方又没有按程序申请签证的，则应当承担延误竣工的责任。

(4) 施工过程中出现工期变更，如果施工方提过申请，而建设方未予批准签证的，属于双方对变更工期存在分歧，解决中可通过评估的方式，解决工期是否应予以延长及应当给予多长期限。

3. 可以顺延工期的情况

通用条款规定，可以顺延工期的情况详见 7.4 节。经工程师确认后，延误的工期应该由业主补给承包人。

4. 工期签证的程序

(1) 项目监理机构批准工程延期应同时满足下列条件。

① 施工单位在施工合同约定的期限内提出工程延期。

② 因非施工单位原因造成施工进度滞后。

③ 施工进度滞后影响到施工合同约定的工期。

(2) 《监理规范》规定，当承包人提出工程延期要求符合施工合同的规定条件时，项目监理机构应予以受理。当影响工期事件具有持续性时，项目监理机构应对施工单位提交的阶段性工程临时延期报审表进行审查，并应签署工程临时延期审核意见后报建设单位。

(3) 当影响工期事件结束后，项目监理机构应对施工单位提交的工程最终延期报审表进行审查，并应签署工程最终延期审核意见后报建设单位。工程临时延期报审表和工程最终延期报审表应按本规范表 B.0.14 的要求填写。

(4) 项目监理机构在作出工程临时延期批准和工程最终延期批准前，均应与建设单位和施工单位协商，报送业主审批。《建设工程监理规范》规定，项目监理机构在作出临时延期批准和最终延期批准之前，均应与业主和承包人进行协商。

7.5.3 材料预算价签证

1. 调价款

1) 调价因素
可调价格合同中合同价款的调整因素包括以下几方面。

(1) 法律、行政法规和国家有关政策变化影响合同价款。

(2) 工程造价管理部门公布的价格调整。

(3) 一周内非承包人原因停水、停电、停气造成停工累计超过 8 小时。

(4) 双方在合同中约定的其他因素。

2) 调价程序
承包人应当在上述价款调整因素的情况发生后 14 天内，将调整原因、金额以书面形式通知工程师。工程师确认调整金额后，将其作为追加合同价款，与工程款同期支付。工程师收到承包人通知后 14 天内不予确认也不提出修改意见，视为已经同意该调价。

2. 材料预算价签证

1) 材料预算价签证的定义
材料预算价签证是指承发包双方对工程中因各种因素引起的材料预算价变更部分的确认。

在工程项目施工过程中，变更修改总是在所难免的。在每一项工程的总造价中，材料绝对占最大比例。因此，作为承包方，一项工程的盈亏关键取决于对材料价格、数量的控制。数量上的控制比较容易，但材料市场价格比较灵活，施工方必须要及时通过签证加以确认，以便作为工程款结算的依据。

2) 导致材料预算价签证的原因
导致材料预算价签证的原因一般有如下几项。

(1) 因工程量清单有错、漏，导致工程材料预算价控制不准(只影响总价，一般列入工程量计量签证)。

(2) 因市场变化、政策性调整导致材料价格变化。

(3) 因业主临时更换材料导致原材料预算价发生改变。

3) 材料变更时的价格确定
变更合同价款按照下列方法进行。

(1) 合同中已有适用于变更工程的价格，按合同已有的价格计算、变更合同价款。

(2) 合同中只有类似于变更工程的价格，可以参照此价格确定变更价格，变更合同价款。

(3) 合同中没有适用或类似于变更工程的价格，由承包人提出适当的变更价格，监理、业主会同造价站或工程预决算审核部门审定。

4) 变更价款的确定程序

变更发生后，承包人在工程变更确定后 14 天内，提出变更工程价款的报告，经工程师确认后调整合同价款。承包人在双方确定变更后 14 天内不向工程师提出变更工程价款报告时，视为该项变更不涉及合同价款的变更。

工程师应在收到变更工程价款报告之日起 14 天内予以确认，工程师无正当理由不确认时，自变更工程价款报告送达之日起 14 天后视为变更工程价款报告已被确认。工程师不同意承包人提出的变更价格，按照合同约定的争议解决方式进行处理。

7.5.4　工程量计量签证

在施工过程中，常常会遇到一些合同纠纷案件，其中有一部分就是因当事人双方对工程量存在异议而引起的。为避免争议，承包人应该特别注意及时取得和保存施工过程中形成的签证等书面证据文件。

工程计量是根据承包合同、设计图纸及由监理工程师签认的质量凭证，按有关工程计算规定，对承包单位上报的已完成的工程量进行核验的监理活动。

所谓工程量计量签证是指在施工过程中，承发包双方对因某些因素引起的工程量变更部分达成一致的书面证明材料和补充协议，它可以作为工程结算中增减工程造价的依据。注意区分两者的不同。

7.5.5　施工变更签证

1. 施工变更签证概述

施工变更签证主要是现场签证。所谓现场签证是指在施工现场由投资人代表、监理工程师、施工单位负责人共同签署的，用以证实施工活动中某些特殊情况的一种书面手续。它不包含在施工合同和图纸中，也不像设计变更文件有一定的程序和正式手续。它的特点是临时发生，具体内容不同，没有规律性。

2. 现场签证的内容及作用

1) 现场签证的内容

现场签证主要有以下几方面的内容。

(1) 零星用工。指施工现场发生的与主体工程施工无关的用工，如定额费用以外的搬运拆除用工等。在装饰装修工程项目上，零星用工的量是非常大的，一般会占到总造价的1%，通常在预算时是没有考虑进去的，宜按装修工人技术等级的日工资签工日数计算。

(2) 临时设施增补项目。临时设施增补项目应当在施工组织设计中写明，按现场实际发生的情况签证后，才能作为工程结算依据。施工现场发生在合同以外或者是预算以外的零星工程，比如现场的一些零星修缮、零星土建、门洞、粉刷及甲方现场临时指定的工作量，这部分签证最好是签量又签价，以包干价包死的形式签订。

(3) 隐蔽工程及损耗率签证。由于工程建设自身的特性，很多工序会被下一道工序覆盖，因此必须办理隐蔽工程签证。例如，吊顶、墙面及一些隐蔽的分部工程、损耗率墙地砖、墙纸等。

(4) 由于业主原因造成的窝工，非施工单位原因停工造成的人员、机械等经济损失，如停水、停电，业主供料不足或不及时，设计图纸修改等。

(5) 工程使用材料的签证。装饰材料品种繁多，加上前期报价有部分材料是甲方的暂定价，施工过程中往往要对材料进行变更，变更时对材料的品牌、规格、型号等要进行及时确认。结算时允许计取材差的材料，需要在施工前确定材料价格。

(6) 其他需要签证的费用(工期索赔等)。

2) 现场签证的作用

现场签证有两个重要作用。一是作为工程结算的依据之一。现场签证以书面形式记录了施工现场发生的特殊费用，直接关系到投资人与施工单位的切身利益。特别是对一些投标报价打包的工程，结算时更是只对设计变更和现场签证进行调整。二是作为索赔和反索赔的依据。索赔是工程施工中经常发生的正常现象，可分为费用索赔和工期索赔两种。现场签证是记录现场情况的第一手资料，通过对现场签证的分析、审核，可为索赔提供依据，并据以准确地计算索赔费用。

3．现场签证审批

现场签证的审批内容和程序如下。

(1) 现场签证内容。是指在施工过程中，由施工单位提出的零星工程、临时工程、施工措施、技术核定、技术变更等内容。

(2) 现场签证程序。原则是先办"工地洽商"，再办"现场签证"。

① 办理"工地洽商"。

● 施工单位把要增加施工的内容先填好"工地洽商联系单"和"造价估价表"交给监理公司。

● 监理工程师对"工地洽商联系单"的内容进行认真审核，并征求建设科同意后，签署明确的审查意见。

● 业主审定，签字盖章后，发给监理公司和施工单位实施。

② 办理"现场签证"手续。

"工地洽商联系单"的内容完工后，施工单位在 7 天内向监理公司提出"增加工程现场签证单"和"工程造价预算书"一式三份。

● 监理工程师对"增加工程现场签证单"和"工程造价预算书"的内容进行严格、全面、认真的核量。

● 业主审定，签字盖章后发给监理公司和施工单位。

4．现场签证存在的问题

就现状而言，现场签证仍存在不少问题。产生这些问题的原因，一方面是建筑市场的不规范，另一方面是参加建设的各方(包括投资人、监理、施工单位等)不够重视。总的来说问题表现在以下几方面。

(1) 应当签证的未签证。有一些签证如零星工程、零星用工等，发生的时候就应当及时办理。还有不少投资人在施工过程中随意性较强，经常改动一些工程部位，既无设计变更，也不办理现场签证，到结算时往往发生补签困难，引起纠纷。

(2) 一些施工单位不清楚哪些费用需要签证，缺乏签证的意识。

(3) 不规范的签证。现场签证一般情况下需要投资人、监理、施工单位三方共同签字才能生效。缺少任何一方的签字都属于不规范的签证，不能作为结算和索赔的依据。

(4) 违反规定的签证。有些投资人没有配备专业的投资控制人员，不了解工程造价方面的有关规定，个别施工单位就采取欺骗手段，获得一些违反规定的签证。这类签证也是不被认可的。

7.5.6　设计变更

在施工过程中如果发生设计变更，将对施工进度产生重大影响。因此，监理工程师在其可能的范围内应尽量减少设计变更。如果必须对设计进行变更，应该严格按照国家的规定和合同约定的程序进行。

1．设计变更概述

设计变更是指设计部门对原施工图纸和设计文件中所表达的设计标准状态的改变和修改。设计变更仅包含由于设计工作本身的漏项、错误或其他原因而修改、补充原设计的技术资料。变更来自以下两方面。

1) 业主要求变更

施工中业主需对原工程进行设计变更，应提前 14 天以书面形式向承包人发出变更通知。变更超过原设计标准或批准的建设规模时，业主应报规划管理部门和其他有关部门重新审查批准，并由原设计单位提供变更的相应图纸和说明。由此延误的工期相应顺延。

由于大部分建设工程的设计，是由业主委托设计单位进行的，如果设计单位要求对设计进行变更，在施工合同中，也属于业主要求设计变更的情况。

2) 承包人要求变更

承包人应该严格按照图纸施工，施工中承包人不得对原工程设计进行变更。因承包人擅自变更设计发生的费用和由此导致业主的直接损失，由承包人承担，延误的工期不予顺延。

承包人在施工中提出的合理化建议涉及对设计图纸或施工组织设计的更改及对材料、设备的换用，必须经工程师同意。未经同意擅自更改或换用时，承包人承担由此发生的费用，并赔偿业主的有关损失，延误的工期准予顺延。

根据我国的现行规定，设计变更和工程签证费用都属于预备费的范畴，但是设计变更与工程签证是有严格的区别的，两者的性质是截然不同的，要严格区分设计变更和工程签证。

凡属设计变更范畴的应该由设计单位签发设计变更通知单，所发生的费用按设计变更处理，不能以现场签证处理。设计变更是工程变更的一部分内容，因而它也关系到进度、质量和投资控制。属于工程签证的由现场施工人员签发，所发生费用按发生原因处理。

2．设计变更产生的原因

设计变更的产生一般有以下几点原因。

(1) 改变工艺技术，包括设备的改变。

(2) 增减工程内容。

(3) 改变使用功能。

(4) 设计错误、遗漏。

(5) 提出合理化建议。

(6) 施工中出现错误。

(7) 使用的材料品种改变。

(8) 工程地质勘查资料不准确而引起的修改，如基础加深。

3．设计变更程序

在施工合同管理中，工程变更的情况非常常见，设计变更是工程变更的一种情况；由于设计变更一般会涉及工期与施工成本的较大调整，所以施工合同中应对此作出特别的说明，而一般的工程变更，则属于合同管理的内容。

《建设工程监理规范》规定，项目监理机构应按下列程序处理工程变更。

(1) 设计单位对原设计存在的缺陷提出的工程变更，应编制设计变更文件；业主或承包人提出的工程变更，应提交总监理工程师，由总监理工程师组织专业监理工程师审查，审查同意后，应由业主转交原设计单位编制设计变更文件。当工程变更涉及安全、环保等内容时，应按规定经有关部门审定。

(2) 项目监理机构应了解实际情况和收集与工程变更有关的资料。

(3) 总监理工程师必须根据实际情况、设计变更文件和其他有关资料，按照施工合同的有关条款，在指定专业监理工程师完成下列工作后，对工程变更的费用和工期作出评估。

① 确定工程变更项目与原工程项目之间的类似程度和难易程度。

② 确定工程变更项目的单价或总价。

③ 确定工程变更的单价或总价。

④ 监理工程师应就工程变更费用及工期的评估情况与承包单位和建设单位进行协调。

⑤ 总监理工程师签发工程变更单。工程变更单应符合《施工阶段监理工作的基本表式》中 C2 表的格式，并应包括工程变更要求、工程变更说明、工程变更费用和工期、必要的附件等内容，有设计变更文件的工程变更应附设计变更文件。

⑥　项目监理机构应根据工程变更单监督承包人实施。

4．变更审批

变更的审批应当严格按照国家的规定和合同约定的程序进行。

(1)　提出变更单位。设计院、建设单位、监理单位、施工单位均可以提出变更。

(2)　批准变更原则。所有设计变更，均需按程序办理审批后，才能实施。

(3)　设计变更内容。

能够构成设计变更的事项包括以下内容。

①　施工图纸漏项、错误。

②　施工图纸设计不合理，增加、减少合同中约定的工程量。

③　现场施工难度大，要修改设计，缩短工期。

④　改变有关工程的施工时间和顺序。

⑤　其他有关工程变更需要的附加工作。

⑥　有比施工图纸更为经济合理的设计方案。

5．变更价款的确定

设计变更发生后，承包人在工程变更确定后 14 天内，提出变更工程价款的报告，经工程师确认后调整合同价款。承包人在双方确定变更后 14 天内不向工程师提出变更工程价款报告时，视为该项变更不涉及合同价款的变更。

工程师应在收到变更工程价款报告之日起 14 天内予以确认，工程师无正当理由不确认时，自变更工程价款报告送达之日起 14 天后视为变更工程价款报告已被确认。工程师不同意承包人提出的变更价格，按照合同约定的争议解决方式进行处理。

注意　引例问题中总监不应直接向设计单位致函提出更改方案，监理人员无权进行设计变更，对发现的问题向建设单位报告，由建设单位向设计单位提出。设计单位应以书面形式提出更改方案报告建设单位，建设单位通知总监，总监随即将变更的内容及监理质量通知施工承包单位执行。而不是设计单位直接通知施工承包单位。

【课堂活动】

案情介绍

某 27 层大型商住楼工程项目，建设单位 A 将其施工阶段的装饰装修工程监理任务委托给 B 监理公司进行监理，并通过招标决定将施工承包合同授予施工单位 C。在施工阶段，由于资金紧缺，建设单位向设计单位提出修改设计方案，降低设计标准，以便降低工程造价和投资的要求。设计单位为此将装饰装修工程设计标准降低。在地面施工过程中，建设单位又提出了将原设计使用的大理石改成瓷砖，施工承包单位不同意，理由是原材料已订购，于是发生了一场争执。

问题

1. 通常对于设计变更，监理工程师应如何控制？应注意些什么问题？

2. 针对上述设计变更情况，监理工程师应如何控制？

3. 针对上述设计变更情况，施工单位该如何做呢？

分析思考

1. 应注意以下问题。

(1) 不论谁提出的设计变更要求，都必须征得建设单位同意并办理书面变更手续。

(2) 涉及施工图审查内容的设计变更必须报原审查机构审查后再批准实施。

(3) 注意随时掌握国家政策法规的变化及有关规范、规程、标准的变化，并及时将信息通知设计单位与建设单位，避免产生潜在的设计变更及因素。

(4) 加强对设计阶段的质量控制，特别是施工图设计文件的审核。

(5) 对设计变更要求进行统筹考虑，确定其必要性及对工期费用等的影响。

(6) 严格控制对设计变更的签批手续，明确责任，减少索赔。

2. 对上述设计变更，监理工程师应进行严格控制：①应对建设单位提出的变更要求进行统筹考虑，确定其必要性，并将变更对工程工期的影响及安全使用的影响通报建设单位，如必须变更，应采取措施尽量减少对工程的不利影响；②坚持变更必须符合国家强制性标准，不得违背；③必须报请原审查机构审查批准后才实施变更。

3. 施工单位应服从建设单位的要求，按程序办理工程签证组织施工，对由于原材料变更发生的所有费用和工期按程序进行索赔，详见7.6节。

7.6 施 工 索 赔

施工索赔是一种正当的权利要求，它是业主方、监理工程师和承包人之间的一项正常的、大量发生而且普遍存在的合同管理业务，是一种以法律和合同为依据的、合情合理的正当行为。索赔管理的任务不仅在于对已产生的损失的追索，而且在于对将产生或可能产生的损失的防止。索赔在国内外建筑市场上是承包人保护自身正当权益、弥补工程损失、提高经济效益的有效手段。所以索赔管理越来越受到各方的高度重视，成为工程合同管理的重要组成部分。

7.6.1 施工索赔概述

1. 施工索赔的概念及法律基础

1) 施工索赔的含义

施工索赔是指在工程合同履行过程中，当施工合同的一方当事人并非因自身因素而造成经济损失或权利损害时，依据合同和法律规定要求对方当事人给予费用或工期补偿的合同管理行为。索赔的性质是属于经济补偿行为而不是惩罚。

2)　施工索赔的特点

施工索赔具有以下特点。

(1)　索赔是双向的。所谓双向是指不仅承包人可以向业主索赔，业主同样也可以向承包人索赔。但实践中，后者发生的频率较低，而且在索赔处理中，业主始终处于主动和有利地位，他往往可以通过各种直接的方式(如扣抵或没收履约保函、扣留保留金等)来实现自己的索赔要求。而处理比较困难的、发生频率较高的是承包人向业主索赔。因此，实际工作中的施工索赔主要是指承包人向业主提出的索赔，而业主向承包人提出的索赔则习惯上称为反索赔。

(2)　经济损失或权利损害是施工索赔的前提条件。在实践中，只有实际发生了经济损失或权利损害或两者同时存在时，承包人才能向业主索赔。这里所提到的经济损失是指因业主原因造成合同外的额外支出，如材料费、机械费等额外的费用；权利损害是指虽然没有经济上的损失却造成了承包人权利上的损害，如政府性的拉闸停电对工程进度的不利影响，承包人有权要求延长工期等。

(3)　施工索赔与工程签证不同，提出施工索赔是单方行为。索赔是一种未经对方确认的单方行为，对对方尚未形成约束力，索赔的要求能否得到最终实现，必须通过确认(如双方协商、谈判、调解或仲裁、诉讼)后才能实现。能否获得索赔必须依赖于证据，这是工程索赔能否成功的关键。

对工程索赔我们还可以有另一种理解。也就是在约定期限内向对方提出请求的一种权利，这种权利在未获得双方协商一致，或有关部门和机关的确认以前，不能作为工程结算的依据，当工程索赔文件经对方签字确认即成为工程签证，就变成工程结算的依据。这是工程索赔和工程签证的本质区别。

(4)　工程索赔要按照约定的程序进行，程序不符合约定会影响工程索赔权利的实现。

综合以上分析，由于工程索赔的上述法律特征，决定了工程索赔能否成功的关键是证据，因此，学习掌握证据的原理，明确提出工程索赔的责任，以及掌握搜集、保护运用各种一切有利于自己证据的工作，就成为发包人、工程师、承包人、项目经理的重要工作，而且要全员配合。

根据索赔的基本特征进行归纳，索赔具有如下一些本质特征。

(1)　索赔是要求给予补偿(赔偿)的一种权利、主张。

(2)　索赔的依据是法律法规、合同文件及工程建设惯例，但主要是合同文件。

(3)　索赔是因非自身原因导致的，要求索赔一方没有过错。

(4)　与合同相比较，已经发生了额外的经济损失或工期损害。

(5)　索赔必须有切实有效的证据。

(6)　索赔是单方行为，双方没有达成协议。

3)　施工索赔的作用

索赔是一种经济补偿行为，开展健康的工程索赔，对于培育和发展建筑市场，促进建筑业的发展，提高工程建设的效益，将发挥非常重要的作用。施工索赔的主要作用如下。

(1)　索赔能够保证合同的实施。索赔是合同法律效力的具体体现，对合同双方形成约束条件。有利于促进双方加强内部管理，严格履行合同，有利于双方提高管理素质。

(2) 索赔是合同和法律赋予正确履行合同者免受意外损失的权利，有利于工程造价的合理确定，可以把原来打入工程报价中的一些不可预见费用，改为实际发生的损失支付，便于降低工程报价，使工程造价更为实事求是。

(3) 索赔是落实和调控合同双方经济责任关系的有效手段。离开了索赔，合同责任就不能全面体现，合同双方的责、权、利关系就难以平衡。

(4) 索赔有利于提高企业和工程项目的管理水平。有利于双方更快地熟悉国际惯例，熟练掌握索赔和处理索赔的方法和技巧，有利于对外开放和对外工程承包的开展。

2. 索赔的法律基础

1) 索赔的法律依据

索赔是法律赋予承包人的正当权利，是保护自己正当权益的手段。强化承包人的法律意识，不仅可以加强承包人的自我保护意识，而且还能提高承包人履约的自觉性，自觉地防止自己侵害他人利益，同时也防止他人侵害自己的利益。

国内外的工程实践中，施工索赔的法律依据主要有：《中华人民共和国建筑法》、《中华人民共和国合同法》、FIDIC 土木工程施工合同条件以及一些地方性的、国家性的工程管理条例等法律法规。

2) 索赔与违约责任

我们知道在装饰装修工程建设合同中有违约责任的规定，那么为什么还要索赔呢？这个问题实质上是涉及了两者在法律概念上的异同。索赔与违约责任的不同主要在以下几点。

(1) 索赔事件的发生，不一定在合同文件中有约定；而工程合同的违约责任，一般是合同中所约定的。

(2) 索赔事件的发生，可以是一定行为造成(包括作为和不作为)的，也可以是不可抗力事件所引起的；而追究违约责任，必须要有合同不能履行或不能完全履行的违约事实的存在，发生不可抗力可以免除追究当事人的违约责任。

(3) 索赔事件的发生，可以是合同的当事人一方引起，也可以是任何第三方的行为引起；而违反合同则是由于当事人一方或双方的过错造成的。

(4) 一定要有造成损失的后果才能提出索赔，因此索赔具有补偿性；而合同的违约不一定要造成损害后果，因为违约责任具有惩罚性。

(5) 索赔的损失结果与被索赔人的行为不一定存在法律上的因果关系，如因为业主指定分包商原因造成承包人损失的，承包人可以向业主索赔等；而违反合同的行为与违约事实之间存在因果关系。

3. 索赔的原因、条件和处理原则

1) 索赔的原因

施工索赔的原因很多，归纳起来主要体现在以下几个方面。

(1) 装饰装修工程的特点是涉及面广、综合性强、生产过程复杂。只要有一个相关因素出现问题，就有可能引起其他各环节发生额外损失或额外支出，从而引发索赔事件。

(2) 业主违约或业主间接违约(如业主指定的分包商或业主要求的变化,如更换材料、暂停施工等)而造成承包人额外的支出或延误工期。

(3) 合同双方对合同组成和文字的理解差异或合同文件规定自相矛盾或合同内容遗漏、错误等而引起的索赔。

(4) 因国家政策、法律法规的变更而导致原合同签订的法律基础发生变化,直接影响承包人的经济效益。

2) 索赔的条件

在装饰装修工程施工索赔过程中,要取得索赔的成功,索赔要求必须符合下列条件。

(1) 施工单位在施工合同约定的期限内提出费用索赔。

(2) 索赔事件是因非施工单位原因造成,且符合施工合同约定。

(3) 索赔事件造成施工单位直接经济损失。

3) 索赔的处理原则

索赔一般应遵循以下处理原则。

(1) 必须以合同为依据。

(2) 必须注意资料的积累(即是索赔的依据和证据)。

(3) 必须及时合理地处理(以免影响工程进度,造成更大的损失)。

(4) 加强索赔的前瞻性(预防更多索赔事件发生)。

4. 施工索赔的分类

施工索赔的分类方法很多,各种分类方法都从某一个角度对施工索赔进行分类。主要有以下几种分类方法。

(1) 按索赔原因分类:有进度索赔、质量索赔和费用索赔。

(2) 按索赔目的分类:有工期索赔和费用索赔。

(3) 按索赔依据分类:有合同规定的索赔、非合同规定的索赔和道义索赔。

① 合同规定的索赔是指索赔涉及内容可在合同中找到依据(合同中有明示条款)。

② 非合同规定的索赔(合同中有默示条款)是指索赔涉及内容和权利难以在合同条件中找到依据,但可以从合同引申含义和合同适用法律或政府颁发的有关法规中找到索赔的依据。

③ 道义索赔是指承包人在合同内外找不到依据,而无法提出索赔的条件和理由,对业主提出的优惠性质的补偿,也称额外支付。例如,承包人投标时对标价估计不足而投低标,工程施工中发现比原先预期困难大得多,有可能无法完成合同,某些业主为保证工程顺利进行,可能会同意给予一定的补偿。

(4) 按索赔的当事方来分类,可分为以下几种。

① 承包方同发包方之间的索赔。这类索赔大多数是有关工程量计算、变更、工期、质量和价格方面的争议,也有关于其他违约行为、中断或终止合同的损害赔偿等。

② 总包方同分包方之间的索赔。其内容与前一种大致相似,但大多数是分包方向总包方索要付款和赔偿,及总包方向分包方罚款或扣留支付款等。

③ 承包方同供应商之间的索赔。其内容大多是商贸方面的争议，例如货品质量不符合技术要求、数量短缺、交货拖延、运输损坏等。

④ 承包方向保险公司索赔。承包方受到灾害、事故或其他损害或损失，按保险单向其投保的保险公司索赔。

(5) 按索赔对象分类：有索赔与反索赔。

(6) 按索赔业务性质分类：有工程索赔和商务索赔。

(7) 按索赔处理方式分类：有单项索赔和总索赔。

① 单项索赔是指当事人就某一单一因素的发生而及时提出的索赔。单项索赔产生的条件为：索赔原因单一；责任清楚，容易处理；涉及金额较少；索赔的理由业主能够接受。

② 总索赔是指工程竣工前后，承包人将装饰装修工程实施过程中因各种原因未能及时解决的单项索赔集中起来进行综合考虑，提出一份综合索赔报告，由合同双方在工程交付前后进行最终谈判、解决。

(8) 按照索赔的起因，索赔可以分为以下几种。

① 有关合同文件引起的索赔。在合同使用之后，会发现许多事情未包括在内，但是后来又不能再加进去。一旦合同通过，文件就不能修改，除非双方另有协议。所有这些文件，包括资格批准书、意向书和其他许多类似文件都会产生索赔。

② 有关工程实施引起的索赔。合同实施过程中出现了不可预估的很多问题，如施工变更而引起的争议或索赔。

③ 有关付款引起的索赔。在有关付款方面，包括发包方的违约现象，如拖延提供资料等。

④ 有关延期(包括拖延和中断)引起的索赔。对于承包方而言，这类问题指的是发包方对其应负责任的拖延。如果拖延发生，而发包方对其应负责任，并且其后果使承包方发生了额外费用，一般承包方要求赔偿。

拖延有两种类型：一种是工程停顿(这时比较容易计算费用)，另一种是工程进度慢。在后一种情况下，就要根据"只要"停顿的条款(即虽然工程继续，但是某些设备已闲置)来评价其拖延。这种拖延还可能会使工程进度造成混乱或不经济，涉及"中断"或"生产率的损失"，以及由于延期而引发的费用。

⑤ 有关错误的决定等引起的索赔。这类问题包括由于违约、终止合同、战争等情况下产生的索赔。

7.6.2 施工索赔的处理

1. 索赔程序

索赔处理程序是指从索赔事件产生到最终处理全过程所包括的各个工作环节。具体工程的索赔工作程序，应根据双方签订的施工合同产生，不同的施工合同可能会出现不同的索赔工作程序。在工程实践中，索赔处理程序一般可按图7.1所示的步骤进行。

1) 提出索赔意向

在索赔事件发生后，受理施工单位在施工合同约定的期限内(FIDIC 条件规定为 28 天)提交费用索赔意向通知书。该项通知是施工单位就具体的索赔事件向工程师和业主表示的索赔愿望和要求。若超过合同规定的期限，工程师和业主有权拒绝承包人的索赔。

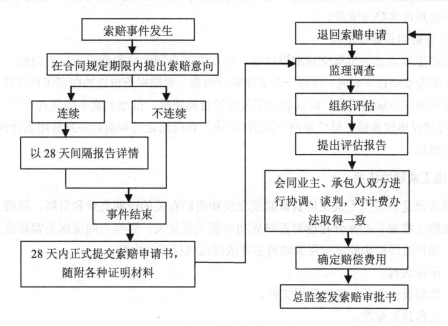

图 7.1　索赔事件处理程序

2) 准备索赔资料

从提出索赔意向到提交索赔文件，是属于承包人索赔的内部处理阶段和索赔资料准备阶段。这一阶段包括的主要工作如下。

(1) 调查索赔事件产生的详细经过，寻求索赔机会。

(2) 损害事件的原因分析，划清各方责任，确定由谁承担。

(3) 掌握索赔依据，主要指合同文件。

(4) 收集证据。从索赔事件的产生开始至结束，全过程要保持完整的记录，这是索赔能否成功的重要条件。按 FIDIC 条件，承包人最多只能获得有证据能够证实的那部分索赔要求的支付。

(5) 损失或损害的调查计算。建设工程中分析索赔事件的影响，主要表现为工期的延长和费用的增加。损失调查的重点是收集、分析、对比实际和计划的施工进度，以及工程成本和费用方面的资料，在此基础上计算索赔。

(6) 起草索赔文件。索赔文件是合同管理人员在其他项目管理职能人员配合和协助下起草的。索赔文件中必须要有足够的强有力的证据材料，若在索赔文件中提不出证明其索赔的理由、索赔事件的影响、索赔值的计算等方面的详细资料，则索赔要求是不能成立的。所以索赔文件是索赔要求能否获得有利和合理解决的关键。

3) 受理施工单位在施工合同约定的期限内提交的费用索赔报审表

按 FIDIC 条件和我国建设工程施工合同条件都必须在索赔意向通知发出后的 28 天内或经监理工程师同意的合理时间内递交索赔报审表。如索赔事件对工程影响持续时间长，承包人则应按工程师要求的合理间隔，提交中间索赔报告，并在索赔事件影响结束后的 28 天内提交一份最终索赔报审表。

4) 审查费用索赔报审表

需要施工单位进一步提交详细资料时，应在施工合同约定的期限内发出通知。总监理工程师在签发索赔报审表时，可附一份索赔审查报告。索赔审查报告的内容包括受理索赔的日期，索赔要求、索赔过程，确认的索赔理由及合同依据，批准的索赔额及其计算方法等。

5) 与建设单位和施工单位协商一致后，在施工合同约定的期限内签发费用索赔报审表，并报建设单位

2．施工索赔的依据

索赔依据是当事人用来支持其索赔成立或和索赔有关的证明文件和资料。装饰工程建设中，索赔证据准备的充分程度对索赔成功与否关系重大，强有力的证据是索赔成功的前提条件。项目监理机构处理费用索赔的主要依据应包括下列内容。

(1) 法律法规。

(2) 勘察设计文件、施工合同文件。

(3) 工程建设标准。

(4) 索赔事件的证据。

索赔事件的证据常见于以下几种，应注重及时收集、整理有关工程费用的原始资料，为处理费用索赔提供证据。

(1) 各种来往信函。如发包方的变更指令、各种认可信、通知、对承包方问题的答复信等。这些信件内容常常包括某一时期装饰装修工程进展情况的总结，以及与装饰装修工程有关的当事人及具体事项。这些信件的签发日期对计算工程延误时间很有参考价值。

(2) 气象资料。

(3) 各种工程合同文件。如招标文件、合同文本及附件、其他的各种签约文件(备忘录、修正案等)、发包方认可的原工程实施计划、各种工程图样、技术规范等。

(4) 施工现场的工程文件。如施工记录、施工备忘录、施工日报、工长或检查员的工作日记、监理工程师填写的施工记录等。

(5) 会议纪要。装饰装修单位(发包方)与承包方、总承包方与分包方之间召开现场会议讨论工程情况的记录。

(6) 工程进度计划。工期的延误时间往往可以从计划进度表中反映出来，开工前和施工中编制的进度表都应妥善保存。

(7) 备忘录及各种签证。如承包方与监理工程师及工程师代表的谈话资料和各种签证记录。

(8) 工程结算资料和有关财务报告。如施工进度款支付申请单；工人工资单；工人分

布记录；材料、设备、配件等的采购单；付款收据；收款单据；工地开支报告；会计日报表；会计总账；批准的财务报告；会计往来信函及文件；通用货币汇率变化表等。

(9) 各种检查验收报告和技术鉴定报告。由监理工程师签字的工程检查和验收报告，反映出某一单项工程在某一特定阶段竣工的进度，并汇录了该单项工程竣工和验收的时间。

(10) 工程照片。照片作为依据，最清楚、最直观。照片上应注明日期。索赔中常用的有：表示工程进度的照片、隐蔽工程覆盖前的照片、发包方责任造成返工的照片、发包方责任造成工程损坏的照片等。

(11) 其他资料。如订货单，投标前业主提供的参考资料和现场资料，国家法律、法令、政策文件，以往案例等。在索赔报告中只需引用文号、条款号即可，而在索赔报告后附上复印件。

工程实践　监理工程师如何对索赔事件进行审批

承包方提出最终的详细报告后，监理工程师便可以开始对索赔事件进行审批。合同条件中对监理工程师审批索赔事件的时间，没有作任何具体的规定，这是因为有些索赔事件涉及的问题比较复杂，需要一定的时间。因此，对于比较简单的索赔事件，监理工程师应尽快予以审批；对于比较复杂的索赔事件，可以待情况调查清楚后，再作审批。但一般情况下，在缺陷责任证书颁发前，对承包方提出的任何索赔申请，都由监理工程师来作出结论。

监理工程师对索赔事件进行审批，一般采用两种方式：一是由监理工程师直接审批；二是由监理工程师任命一个专门小组，对索赔事件进行调查与评估，然后监理工程师根据小组的意见，再对索赔事件进行审批。

1. 监理工程师直接审批

所谓监理工程师直接审批就是监理工程师根据承包方的费用索赔申请(最终的详情报告)，按照合同条件和索赔事件的事实材料，确定索赔是否可以接受，并对可以接受的索赔事件，确定最终的索赔金额。

在一般情况下，对于一些单一性的索赔事件，可以采用监理工程师直接审批的方式。所谓单一性的索赔事件，是指造成索赔事件的原因比较明显，同时索赔事件的影响不具有连续性，索赔事件的时间比较短，范围比较小，涉及索赔的费用比较清楚。

2. 成立评估小组方式

所谓成立评估小组方式，就是由监理工程师任命一个评估小组，由评估小组对索赔事件进行调查核实，并向监理工程师提出评估报告，然后再由监理工程师对索赔事件进行审批。具体步骤如下。

(1) 成立评估小组。由监理工程师任命的评估小组成员，应当包括各级监理有关人员，如驻地监理工程师及监理工程师的助手和外方监理人员。承包方不能成为评估小组的成员，但在评估小组进行工作时，有提供有关索赔事件的情况材料及协助评估小组进行工作的义务。评估小组的职责是对索赔事件进行调查核实，并提出索赔事件的评估报告。

(2) 提出索赔事件的评估报告。由评估小组对索赔事件进行调查核实，并根据调查核实的情况提出评估报告。评估报告一般应包括以下内容。

① 概况。说明索赔事件的背景原因、索赔事件发生的过程、影响的范围和监理工程师对索赔事件的有关指示文件。

② 确定索赔事件是否成立。根据合同条件，确定索赔事件是否可以被监理工程师接受。对于那些由于承包方自身的原因，或不符合合同条件的索赔事件一律予以拒绝。

③ 确定索赔金额。对于可以被监理工程师接受的索赔事件，需根据事实情况及合同条件的有关规定，对承包方提出的索赔费用清单逐条核实，然后提出索赔的最终金额。

(3) 监理工程师的批准。评估小组没有批准索赔事件的权力，对索赔事件的批准，仍由监理工程师负责。监理工程师根据评估小组的评估报告，对索赔事件进行审批，并把评估报告作为审批的附件，放在审批文件中。

对于比较复杂的索赔事件，一般应采用评估小组的方式。

3. 索赔的资料和文件要求

索赔事件处理的过程是项目建设工程施工合同继续完善的过程；索赔的资料和文件是合同的组成部分，应列入竣工资料中。因此，在索赔事件处理的过程中，应注意收集文件、资料，索赔事件处理完成后，应将有关文件、资料整理，装订成册、存档。

其主要内容如下。

(1) 提出索赔的意向报告(或通知)。

(2) 提交费用索赔申请表及附件。

(3) 监理工程师调查核实的材料、处理意见、报送业主审定的函件。

(4) 监理工程师对费用索赔的审批意见。

(5) 业主的审定意见。

(6) 仲裁机关或人民法院裁决文件及附件等。

7.6.3 索赔的计算

1. 索赔事件的分析

1) 分析索赔事件的原因

合同履行过程中，承包人向业主提出索赔要求是不可避免的。几乎任何详细的施工合同都无法避免索赔事件的发生，分析索赔事件的原因，便于计算索赔金额。

(1) 凡是由于业主或工程师原因造成新增工作的索赔事件，既可以索赔工期又可以索赔费用，而且既能索赔直接费又能索赔间接费；凡是由于业主或工程师原因造成窝工、停机的索赔事件，既可以索赔工期又可以索赔费用，但只能索赔直接费不能索赔间接费。

(2) 凡是由于客观原因引起的事件，则只能索赔工期，不能索赔费用。

（3）凡是由于承包人原因造成的事件，均为不成立的索赔事件。业主还可以进行延误工期的反索赔。

2）共同延误下工期的索赔

对业主和承包方之间共同延误下工期的索赔，按下列程序分析。

（1）确定初始延误者，共同延误的工期由初始延误者承担。

（2）初始延误者是业主，则共同延误的工期承包人既可以得到工期补偿，又可以得到经济补偿。

（3）初始延误者是承包人，则得不到任何补偿。

（4）初始延误者是客观原因，承包人可以得到工期补偿，但得不到经济补偿。

2．工期索赔

1）工期索赔概述

（1）工期索赔的概念及目的。

工期索赔是指在装饰装修工程施工中，常常会发生一些未能预见的干扰事件使施工不能顺利进行，使预定的施工计划受到干扰，致使工期延长而引发的索赔事件。工期索赔是由非承包人自身因素而造成的工程延误(如停电、不利的自然灾害、业主变更材料、工程量、设计改变、新增装修项目等)，承包人要求业主延长工期，从而避免误期违约罚款等而采取的索赔。工程工期是施工合同中的重要条款之一，涉及业主和承包人多方面的权利和义务关系。

工程工期是业主和承包人经常发生争议的问题之一，工期索赔在整个索赔中占据了很高的比例，也是承包人索赔的重要内容之一。承包人进行工期索赔的目的通常如下。

①　免去或推卸自己对已经产生的工期延长的合同责任，使自己不支付或尽可能少支付工期延长的罚款。

②　进行因工期延长而造成的费用损失的索赔或延长工期的索赔。

（2）工期索赔成立的条件。

在装饰装修工程实施的过程中，工期索赔成立的条件主要从以下两个方面考虑。

①　发生了非承包人自身原因的索赔事件。

②　索赔事件造成了总工期的延误。

（3）关于工期延误的合同一般规定。

因非承包人自身因素造成工期延误而引发承包人向业主提出工期索赔要求，这是施工合同赋予承包人的正当权利。

在装饰装修工程实践中，承包人提出工期索赔的依据主要如下。

①　合同约定的工程总进度计划。

②　合同双方共同认可的详细进度计划，如网络图、横道图等。

③　合同双方共同认可的月、季、旬进度实施计划。

④　合同双方共同认可的对工期的修改文件，如会谈纪要、来往信件、确认信函等。

⑤　施工日志、气象资料。

⑥ 业主或工程师的变更指令。

⑦ 影响工期的干扰事件。

⑧ 受干扰后的实际工程进度。

⑨ 其他有关工期的进度等。

此外,在合同双方签订的工程施工合同中有许多关于工期索赔的规定,FIDIC 合同条件和我国建设工程施工合同条件中有关工期延误和索赔的规定,它们可以作为工期索赔的法律依据,在实际工作中可供参考。

我国《建设工程施工合同条件》第 13 条规定,对由于以下原因造成竣工日期延误,经监理工程师确认,工期可以相应顺延。

① 发包人未能按专用条款的约定提供图纸及开工条件。

② 发包人未能按约定日期支付工程价款、进度款致使施工不能正常进行。

③ 工程师未能按合同约定提供所需指令、批准等,使施工不能正常进行。

④ 设计变更和工程量增加。

⑤ 一周内非承包人原因停水、停电、停气等造成停工累计超过 8 小时。

⑥ 不可抗力。

⑦ 专用条款中约定或工程师同意工期顺延的其他情况。

若发生上述情况,承包人在事件发生后的 14 天内应以书面形式向工程师提出关于延误工期的报告。工程师收到报告后 14 天内予以确认,逾期不确认也不提出修改意见,视为同意工期顺延。

2) 不可抗力引起的费用

(1) 不可抗力及其范围。

不可抗力包括因战争、动乱、空中飞行物体坠落或其他非业主、承包人责任造成的爆炸、火灾,以及专用条款约定的风、雨、雪、洪、震等自然灾害。双方可以根据工程所在地和项目的特点,在专用条款中对适合本工程的不可抗力事件作出具体约定,如,①( )级以上的地震;②( )级以上持续( )天的大风;③( )mm 以上持续( )天的大雨;④( )年以上没有发生过,持续( )天的高温或严寒天气。

对以上几种形式,应该以造成工程灾害和影响施工为准。

(2) 不可抗力事件发生后双方的责任。

不可抗力事件发生后,承包人应立即通知工程师,并在力所能及的条件下迅速采取措施,尽力减少损失,业主应协助承包人采取措施。工程师认为应该暂停施工的,承包人应该暂停施工。不可抗力事件结束后 48 小时内,承包人向工程师通报受害情况和损失情况,以及预计清理和修复的费用。

如果不可抗力持续发生,承包人应每隔 7 天向工程师报告一次受害情况,不可抗力事件结束后 14 天内,承包人向工程师提交清理和修复费用的正式报告及有关资料。

(3) 不可抗力后果的承担。

因不可抗力事件导致的费用及延误的工期由双方按以下方法分别承担。

① 工程本身的损害、因工程损害导致第三方人员伤亡和财产损失,以及运至施工场

地用于施工的材料和待安装的设备的损害，由业主承担。

②　业主、承包人人员伤亡由其所在单位负责，并承担相应费用。

③　承包人机械设备损坏及停工损失，由承包人承担。

④　停工其间，承包人应工程师要求留在施工场地的必要的管理人员及保卫人员的费用由业主承担。

⑤　工程所需清理、修复费用，由业主承担。

⑥　延误的工期相应顺延。

因合同一方延迟履行合同后发生不可抗力的，不能免除延迟履行方的相应责任。

对于不可抗力造成的损失，应该由哪一方承担的问题，在我国施工合同中，采用了分别列举业主和承包人应该承担的部分。这样做的不足之处是：若列举的内容不全面，对于没有列举部分的损失应该由谁承担呢？这样必然引起合同纠纷。

3)　工期索赔的计算

工期索赔的计算方法有两种：网络图分析法和比例计算法。其中网络图分析法是最科学的，使用该方法的工期索赔容易获得成功。比例计算法最大的优点就是计算简单，但比较粗略，在不能采用其他方法计算时可以使用。

在工期索赔中，首先要确定索赔事件发生对施工活动的影响以及引起的变化，然后再分析施工活动变化对总工期的影响。常用的计算索赔工期的方法有如下四种。

(1)　网络分析法。

网络分析法是通过分析索赔事件发生前后网络计划工期的差异计算索赔工期的。这是一种合理的科学计算方法。网络分析法适用于各种干扰事件引起的工期索赔。但对于大型、复杂的工程，手工计算比较困难，需借助计算机来完成。具体计算一般分两种情况。

①　因非承包人自身的原因造成关键线路上的工序暂停施工。其计算公式为

工期索赔值=关键线路上的工序暂停施工的日历天数

②　因非承包人自身的原因造成非关键线路上的工序暂停施工。其计算公式为

工期索赔值=工序暂停施工日历天数-该工序的总时差天数

在上述公式中，若时差≤0 时，工期不能索赔。

(2)　对比分析法。

对比分析法比较简单，适用于索赔事件仅影响单位工程或分部、分项工程的工期，需要由此而计算对总工期的影响。计算公式为

$$总工期索赔=原合同总工期×\frac{额外或新工程量价格}{原合同总价}$$

(3)　劳动生产率降低计算法。

在索赔事件干扰正常施工导致劳动生产率降低，而使工期拖延时，可以按照下列公式进行计算：

$$索赔工期=计划工期×\frac{预期劳动生产率-实际劳动生产率}{预期劳动生产率}$$

(4) 简单累加法。

在施工过程中，由于恶劣气候、停电、停水及意外风险造成全面停工而导致工期拖延时，可以分别列出各种原因引起的停工天数，累加结果，即可作为索赔天数。应该注意的是，由多项索赔事件引起的总工期索赔，最好用网络分析法计算索赔工期。

3. 费用索赔

1) 费用索赔概述

(1) 费用索赔(也称经济索赔)是指承包人在非自身因素影响下而遭受经济损失时向业主提出补偿其额外费用损失的要求。

(2) 费用索赔的原因。当合同环境发生变化时，就会引起装饰装修工程中的经济索赔。

(3) 索赔费用计算的原则和种类见表 7.3。

表 7.3　索赔原因、索赔费用计算原则和种类

分　类	内　容
索赔产生的原因	①业主违约索赔；②装饰装修工程变更索赔，如施工方案的变更、原材料的变更等；③业主拖延支付工程款或预付款；④装饰装修工程加速而增加的额外费用损失；⑤业主或工程师责任造成的可补偿费用的延误；⑥装饰装修工程中断或终止而带来的费用损失；⑦工程量增加；⑧业主指定的分包商违约；⑨合同缺陷；⑩国家政策、法律及法规变更等
索赔费用的计算原则	①赔偿实际损失的原则；②合同原则，即索赔值的计算必须符合合同规定的计算基础和方法；③符合规定的或通用的会计核算原则及工程惯例
索赔费用的种类	①工期拖延的费用索赔；②工程变更的费用索赔；③加速施工的费用索赔；④其他情况的费用索赔，如工程中断、合同终止、特殊服务、材料和劳务价格上涨等所引发的索赔

2) 索赔费用的计算

索赔费用是控制工程合同索赔的重点和最终目标。其具体索赔费用根据不同的索赔事件有不同的构成，详细情况可参照有关的合同条款。一般索赔费用中主要内容和计算方法详见 6.3.4 节。

【课堂活动】

案情介绍

某装饰装修工程施工合同总价格为 100 万元，总工期为 4 个月，现业主指令增加额外工程 40 万元，请问此时承包人可以提出的工期索赔是多少？

分析思考

$$\text{工期索赔值} = \text{原合同总工期} \times \frac{\text{额外或新工程量价格}}{\text{原合同总价}}$$

$$=4\times\frac{40}{100}=1.6(月)$$

承包人可以提出的工期索赔是 1.6 个月。

案情介绍

某承包人对一项 10 000 延长米的木窗帘盒装修工程进行承包，在他的报价书中指明，计划用工 2498 工日，即工效为 2498 工日/10 000m=0.249 8 工日/m。每工日工资按 40 元计，共计报价人民币 99 920 元。

在装修过程中，由于业主供应木料不及时，影响了承包人的工作效率，完成 10 000 m 的木窗帘盒的装修工作实际用 2700 工日，实际支付工资按 43 元/工日计，共实际支付 116 100 元。

分析思考

在这项承包工程中，承包人遇到了非承包人原因造成的工期延长和工资提高的损失。在索赔报告中，人工费的索赔分析计算如表 7.4 所示。

表 7.4　人工费的索赔分析计算

计划用工 2498 工日	计划工资 40 元/工日	计划成本 2498×40=9992 元
实际用工 2700 工日	实际支付工资 43 元/工日	实际成本 2700×43=116 100 元
由于工效降低增加开支 108000-9992=8080 元	由于工资提高增加开支 2700×(43-40)=8100 元	成本增加 116 100-9992=16 180 元 或 8080+8100=16 180 元

这些成本增加是由于业主原因造成的，故业主同意予以补偿。

7.6.4　施工索赔报告的编写

1. 索赔报告编写的一般要求

索赔报告编写的一般要求如下。

(1) 索赔事件应是真实的。

(2) 责任分析应清楚、准确。

(3) 索赔值的计算要准确。对索赔值的计算必须要准确，不可用估计和推测出的数据。报告中应完整列入索赔值计算的详细资料，计算结果做到准确无误。若计算上有失误，特别是出现索赔值扩大的计算错误，会给对方留下弄虚作假、不严肃的印象，直接影响索赔的成功。

(4) 索赔报告要做到简明、详尽、合理。索赔报告通常要求简洁，条理清楚，定义准确，论述有理有据，结论准确，逻辑性强，能完整反映索赔要求，使对方直接理解索赔的本质。

(5) 编写索赔报告的用词要婉转。

2. 索赔报告的格式和内容

1) 索赔报告的格式

在工程索赔实践中，对于单项索赔，索赔报告的格式一般设计成统一格式，以便于索赔事件的提出和处理，详见表 7.5。

表7.5 单项索赔文件的一般格式

序 号	索赔文件构成	一般内容
1	题目	如关于××事件的索赔
2	事件	详细描述事件过程，双方信件交往、会谈等详情，并指出对方是如何违约的，要附有相关证据
3	理由	主要是法律依据、合同条款等
4	结论	指出对方造成的损失或损害及索赔值的大小
5	损失估计	列出索赔费用计算的方法、计算基础等，并计算出具体的值
6	延期计算	列出延期计算的方法，并计算具体索赔值
7	附录	列出所有的证据

一揽子索赔报告的格式可以比较灵活。单项索赔报告和一揽子索赔报告虽然形式不同，但实质性的内容相似。一般一揽子索赔报告主要包括如下内容。

(1) 题目：简要说明针对什么提出索赔。

(2) 索赔事件的陈述：叙述事件的起因、经过及事件中对方违约的行为，我方履约的行为。叙述时要给出具体的时间、地点和事件的结果，并引用足够的有利于我方的证据资料。

(3) 理由：主要引用合同条款、法律、法规或协议条文等，证明对方违约行为的成立，造成损失的合理性。

(4) 影响：主要针对事件对承包人造成的影响进行阐述，重点阐述因上述事件造成的成本增加和工期延长，与后面的索赔值相呼应。

(5) 结论：主要通过详细索赔值的计算过程提出应有的索赔要求。

2) 索赔报告编写的主要内容

索赔报告的具体内容，随该索赔事件的性质和特点而有所不同。但从报告的必要内容与文字结构方面来说，一个完整的索赔报告应包括以下四个部分。

(1) 总论部分。

一般包括以下内容：序言、索赔事项概述、具体索赔要求、索赔报告编写及审核人员名单。总论部分的阐述要简明扼要，能说明问题。

(2) 根据部分。

本部分主要是说明自己具有的索赔权利，这是索赔能否成立的关键。

(3) 计算部分。

在款额计算部分，施工单位必须阐明下列问题：①索赔款的要求总额；②各项索赔款的计算，如额外开支的人工费、材料费、管理费和损失利润；③指明各项开支的计算依据及证据资料，施工单位应注意采用合适的计价方法。

无论采用哪一种计价法，都应根据索赔事件的特点及自己所掌握的证据资料等因素来确定。其次，应注意每项开支款的合理性，并指出相应的证据资料的名称及编号，切忌采用笼统的计价方法和不实的开支款额。

(4) 证据部分。

证据部分包括该索赔事件所涉及的一切证据资料，以及对这些证据的说明。证据是索赔报告的重要组成部分，没有翔实可靠的证据，索赔是不能成功的。

7.7 反 索 赔

索赔管理的任务不仅在于对已产生的损失的追索，而且在于对将产生或可能产生的损失的防止。追索损失主要通过索赔手段进行，而防止损失主要通过反索赔进行。

7.7.1 反索赔的内容

在合同实施过程中，合同双方都在进行合同管理，都在寻找索赔机会，一旦干扰事件发生，都企图推卸自己的合同责任，都企图进行索赔。不能进行有效的反索赔，同样要蒙受损失，所以反索赔与索赔具有同等重要的地位。

反索赔的目的是防止损失的发生，它必然包括如下两方面内容。

1. 防止对方提出索赔

在合同实施中进行积极防御，使自己处于不被索赔的地位，是合同管理的主要任务。积极防御通常表现如下。

(1) 尽量防止自己违约，使自己完全按合同办事。通过加强施工管理，特别是合同管理，使对方找不到索赔的理由和根据。工程按合同顺利实施，没有损失发生，不需提出索赔，合同双方没有争执，达到最佳的合作效果。

(2) 上述仅为一种理想状态，在合同实施中的干扰事件总是有的，许多干扰是承包人不能影响和控制的。一旦干扰事件发生，就应着手研究，收集证据，一方面作索赔处理，另一方面又准备反击对方的索赔，这两手都不可缺少。

(3) 在实际工程中，干扰事件常常是双方都有责任，许多承包人采取先发制人的策略，首先提出索赔。它的好处如下。

① 尽早提出索赔，防止超过索赔有效期限而失去索赔机会。

② 争取索赔中的有利地位，因为对方要花许多时间和精力分析研究，以反驳本方的索赔报告。这样可打乱对方的步骤，争取主动权。

③ 为最终的索赔解决留下余地。通常索赔解决中双方都必须作让步，而首先提出的，且索赔额比较高的一方更为有利。

2. 反击对方的索赔要求

为了避免和减少损失，必须反击对方的索赔要求。对承包人来说，这个索赔要求可能来自业主、总(分)包商、合伙人、供应商等。最常见的反击对方索赔要求的措施如下。

(1) 用本方提出的索赔要求对抗对方的索赔要求，最终的解决是双方作让步，互不支付。

(2) 反驳对方的索赔报告，找出理由和证据，证明对方的索赔报告不符合事实情况，不符合合同规定，没有根据，计算不准确，以推卸或减轻自己的赔偿责任，使自己不受或少受损失。

在实际工程中，这两种措施都很重要，常常同时使用，索赔和反索赔同时进行，即索赔报告中既有索赔，也有反索赔；反索赔报告中既有反索赔，也有索赔。攻守手段并用会达到很好的索赔效果。

7.7.2 反索赔的主要步骤

在接到对方索赔报告后，就应着手进行分析、反驳。反索赔与索赔有相似的处理过程。通常对对方提出重大索赔的反驳处理过程，应该按照下面几个方面进行。

1. 合同的总体分析

反索赔同样是以合同作为反驳的理由和根据。合同分析的目的是分析、评价对方索赔要求的理由和依据。在合同中找出对对方不利、对本方有利的合同条文，以构成对对方索赔要求否定的理由。

2. 事态调查

反索赔以事实为根据，以各种实际工程资料作为证据，用以对照索赔报告中所描述的事情经过和所附证据。通过调查可以确定干扰事件的起因、事件经过、持续时间、影响范围等真实的详细的情况。同时应收集整理所有与反索赔相关的工程资料。

3. 三种状态分析

在事态调查的基础上，可以作如下分析工作。

(1) 合同状态的分析。即不考虑任何干扰事件的影响，仅对合同签订时的情况和依据作分析，分析内容包括合同条件、当时的工程环境、实施方案、合同报价水平。这是对方索赔和索赔值计算的依据。

(2) 可能状态的分析。在任何工程中，干扰事件是不可避免的，所以合同状态很难保持。为了分析干扰事件对施工过程的影响，并分清双方责任，必须在合同状态分析的基础上加上对方有理由提出索赔的干扰事件的影响。这里的干扰事件必须符合两个条件。

① 非对方责任引起的。

② 不在合同规定对方应承担的风险范围内，符合合同规定的索赔补偿条件。引用上述合同状态分析过程和方法，再一次进行分析。

(3) 实际状态的分析。即对实际的合同实施状况作分析。按照实际工程量、生产效率、劳动力安排、价格水平、施工方案等，确定实际的工期和费用支出。

通过上述分析可以达到：全面地评价合同及合同实施状况，评价双方合同责任的完成情况；分析出对方有理由提出索赔的干扰事件有哪些，索赔额是多少，对方的失误和风险范围的确认，在谈判中针对对方的失误作进一步分析，以准备向对方提出反索赔。

4．对索赔报告进行全面分析，对索赔要求、索赔理由进行逐条分析评价

分析评价索赔报告，可以通过索赔分析评价表进行。其中，分别列出对方索赔报告中的干扰事件、索赔理由、索赔要求，提出本方的反驳理由、证据、处理意见或对策等。

5．起草并向对方递交反索赔报告

反索赔报告也是正规的法律文件。在调解或仲裁中，对方的索赔报告和本方的反索赔报告应一起递交调解人或仲裁人。反索赔报告的基本要求与索赔报告相似。

7.7.3　反索赔报告

1．反索赔报告中常见的问题

反驳索赔报告，即找出索赔报告中的漏洞和薄弱环节，全部或部分地否定索赔要求。任何一份索赔报告，即使是索赔专家作出的，漏洞和薄弱环节也总是有的，问题在于能否找到。这完全在于双方的管理水平、索赔经验及能力的权衡和较量。

对于对方(业主、总包商或分包商等)提出的索赔，必须进行反驳，不能直接全盘地认可。通常在索赔报告中有如下问题存在。

(1) 对合同理解的错误。对方从自己的利益和观点出发解释合同，对合同解释有片面性，致使索赔理由不足。

(2) 索赔根据不足。对方有推卸责任、转嫁风险的企图。在国际工程中，甚至有无中生有或恶人先告状的现象。

(3) 索赔报告中所述干扰事件证据不足或没有证据。

(4) 索赔值的计算多估冒算，漫天要价，将对方自己应承担的风险和失误也都纳入其中。这些在承包工程索赔中屡见不鲜。

2．反索赔报告

通常反索赔报告的主要内容如下。

(1) 合同总体分析结果简述。

(2) 合同实施情况简述和评价。这里重点针对对方索赔报告中的问题和干扰事件，叙述事实情况。应包括前述三种状态的分析结果，对双方合同责任完成情况和工程施工情况作评价。重点应放在推卸自己对对方索赔报告中提出的干扰事件的合同责任。

(3) 反驳对方索赔要求。按具体的干扰事件，逐条反驳对方的索赔要求，详细分析自己的反索赔理由和证据，全部或部分地否定对方的索赔要求。

(4) 提出索赔。对经合同分析和三种状态分析得出的对方违约责任，提出我方的索赔要求。对此，有不同的处理方法。

(5) 总结。反索赔的全面总结，通常包括的内容有：合同总体分析简要概括；合同实施情况简要概括；对对方索赔报告作总评价；本方提出的索赔概括；索赔和反索赔最终分析结果比较；提出解决意见；附各种证据(即本反索赔报告中所述的事件经过、理由、计算基础、计算过程和计算结果等的证明材料)。

7.8 本章小结

本章内容法规性、程序性、实践性特别强,对《工程建设监理合同示范文本》、装饰装修监理的招投标、装饰装修监理合同管理与监理管理工作和工程签证管理、工程施工索赔内容进行了较详细的介绍。本章重点介绍了监理委托合同的订立、合同文件的组成与其他委托合同的区别,以及工程监理合同管理的理论知识。在学习和教学的同时应及时进行全面理解和工程实践,才能培养灵活应用所学知识解决实际问题的能力。

自 测 题

一、单选题

1. 《建设工程委托监理合同(示范文本)》规定的合同有效期是指(   )。
   A. 监理合同注明的开始至完成的时间
   B. 监理合同约定的监理工作的日历天数
   C. 监理人完成了包括附加和额外工作在内的全部监理义务的期间
   D. 监理人自开始监理工作至保修期届满的时间

2. 《建设工程委托监理合同(示范文本)》规定,实施监理工作过程中的额外工作是指(   )。
   A. 承包人的原因施工不能按期竣工,监理人延长监理工作时间
   B. 委托人原因导致施工合同终止,致使监理业务终止后的善后服务
   C. 委托人要求增加监理工作范围,而增加的监理工作量
   D. 承包人的原因,使监理工作受阻,导致增加的监理工作量

3. 某工程项目,建设单位未按合同约定的时间支付监理酬金。监理单位在应当获得监理酬金之日起30日内未收到支付单据,且建设单位又未提出任何书面解释,监理单位按合同规定保护自己合法权益可以采取的措施是(   )。
   A. 发出终止合同的通知,通知送达建设单位后,合同即行终止
   B. 发出终止合同的通知,通知发出后14日内仍未获得支付酬金,合同即行终止
   C. 发生终止合同的通知,通知发出后14日内未得到答复,可进一步发出终止合同的通知,第二份通知到达建设单位后,合同即行终止
   D. 发出终止合同的通知,通知发出后14日内未得到答复,可进一步发出通知,第二份通知发出后42日内仍未得到答复,合同即行终止

4. 某施工合同约定,建筑材料由发包人供应。材料使用前需要进行检验时,检验由(   )。
   A. 发包人负责,并承担检验费用
   B. 发包人负责,检验费用由承包人承担
   C. 承包人负责,并承担检验费用
   D. 承包人负责,检验费用由发包人承担

5. 在一个施工现场有甲、乙两个独立承包人同时施工，由于施工出现交叉干扰，致使甲、乙分别受到一定损失，总监理工程师向甲发出了暂停施工指令，则（　　）。

A. 甲、乙都应向发包人索赔

B. 甲、乙分别承担对方的损失

C. 甲、乙分别承担各自的损失

D. 甲的损失由发包人承担，乙的损失自行承担

6. 工程施工索赔分类中，将承包人的索赔划分为工程延误索赔、工程变更索赔、合同被迫终止索赔、工程加速索赔、意外风险和不可预见因素索赔等，是依据（　　）进行分类。

A. 索赔的合同依据　　　　　　　B. 索赔的目的

C. 索赔事件的性质　　　　　　　D. 索赔的起因

二、多选题

1. 在监理招标中，体现监理单位能力的评标内容包括（　　）。

A. 投标人资质　　　　B. 监理大纲　　　　C. 总监理工程师业绩

D. 监理单位业绩　　　　E. 监理费报价

2. 《建设工程委托监理合同(示范文本)》规定，监理人的主要义务包括（　　）。

A. 依法履行监理职责，公正维护委托人及有关方面的合法权益

B. 推荐选择工程的施工单位

C. 选派合格的监理人员及总监理工程师

D. 不得泄露与工程有关的保密资料

E. 代表委托人与承包人解决合同争议

3. 监理人依据《建设工程委托监理合同(示范文本)》规定，在施工监理过程中可以行使的权力包括（　　）。

A. 发布改变承包人施工作业时间和顺序的指令

B. 对工程的质量、工期、费用实施监督控制

C. 审查批准工程设计的变更

D. 在委托监理的范围内有权批准承包人提出的分包要求

E. 批准承包人的索赔要求

4. 在建设工程委托监理合同履行中，下列关于违约责任的说法中正确的有（　　）。

A. 委托人违约应承担违约责任

B. 监理人因过失承担的赔偿额按实际损失计算

C. 监理人因过失承担的赔偿额以扣除税金的监理酬金为限

D. 监理人对责任期以外发生的任何事情引起的损失不负责任

E. 监理人对第三方违反合同规定的质量要求不承担责任

5. 在某项目施工中，工程师进行工程质量检查试验结果表明质量合格，但检查影响了正常施工，则（　　）。

A. 影响正常施工的费用由承包人承担　　B. 影响正常施工的费用由发包人承担

C. 工期给予顺延　　　　　　　　　　　D. 工期不予顺延

E. 检查费用由发包人承担

三、思考题

1. 建筑装饰装修工程委托监理合同示范文本由哪几部分构成？
2. 合同争议的处理方式有几种？合同变更的条件有哪些？
3. 简述施工索赔的基本程序、索赔的作用及种类。

四、案例分析

【背景材料】

某装饰工程建设单位和施工单位按《建设工程施工合同（示范文本)》签订了施工合同，在施工合同履行过程中发生如下事件。

事件1：工程开工前，总监理工程师主持召开了第一次工地会议。会上，总监理工程师宣布了建设单位对其的授权，并对召开工地例会提出了要求。会后，项目监理机构起草了会议纪要，由总监理工程师签字后分发给有关单位；总监理工程师主持编制了监理规划，报送建设单位。

事件2：施工过程中，由于施工单位遗失工程某部位设计图纸，施工人员凭经验施工，现场监理员发现时，该部位的施工已经完毕。监理员报告了总监理工程师，总监理工程师到现场后，指令施工单位暂停施工，并报告建设单位。建设单位要求设计单位对该部位结构进行核算。经设计单位核算，该部位结构能够满足安全和使用功能的要求，设计单位电话告知建设单位，可以不作处理。

事件3：由于事件2的发生，项目监理机构认为施工单位未按图施工，该部位工程不予计量；施工单位认为停工造成了工期拖延，向项目监理机构提出了工程延期申请。

事件4：施工过程中，由于发生不可抗力事件，造成施工现场用于工程的材料损坏，导致经济损失和工期拖延，施工单位按程序提出了工期和费用索赔。

事件5：施工单位为了确保安装质量，在施工组织设计原定检测计划的基础上，又委托一家检测单位加强安装过程的检测。安装工程结束时，施工单位要求项目监理机构支付其增加的检测费用，但被总监理工程师拒绝。

事件6：建设单位提供的建筑材料经施工单位清点入库后，在专业监理工程师的见证下进行了检验，检验结果合格。其后，施工单位提出，建设单位应支付建筑材料的保管费和检验费；由于建筑材料需要进行二次搬运，建设单位还应支付该批材料的二次搬运费。

事件7：工程开工前，总承包单位在编制施工组织设计时认为修改部分施工图设计可以使施工更方便，质量和安全更易保证，遂向项目监理机构提出了设计变更的要求。

【问题】

(1) 指出事件1中的不妥之处，写出正确做法。
(2) 指出事件2中的不妥之处，写出正确做法。该部位结构是否可以验收？为什么？
(3) 事件3中项目监理机构对该部位工程不予计量是否正确？说明理由。项目监理机构是否应该批准工程延期申请？为什么？
(4) 事件4中施工单位提出的工期和费用索赔是否成立？为什么？
(5) 事件5中总监理工程师的做法是否正确？为什么？
(6) 逐项回答事件6中施工单位的要求是否合理，说明理由。
(7) 针对事件7中总承包单位提出的设计变更要求，写出项目监理机构的处理程序。

第 8 章　建筑装饰装修工程信息管理

内容提要

本章详细介绍了装饰装修工程信息和信息管理的基本概念、装饰装修工程监理文件档案资料的形成和管理基本问题及装饰装修工程监理表格。

教学目标

- 了解工程信息和信息管理的基本概念。
- 熟悉装饰装修工程监理文件档案资料构成和管理的基本问题。
- 熟悉装饰装修工程监理表格的内容。

项目引例

某大厦装饰装修工程项目，建设单位委托某监理公司负责施工阶段的监理工作。该公司副经理出任项目总监理工程师。为了能及时掌握准确、完整的信息，以便依靠有效的信息对该装饰装修工程的质量、进度、投资实施最佳控制，项目监理工程师召集有关监理人员专门讨论了如何加强监理文件档案资料的管理问题，涉及有关监理文件档案资料管理的内容和组织等方面的问题。

分析思考

1. 装饰装修工程监理文件档案资料管理的主要内容是哪些？监理机构应向哪些单位移交需要归档的、保存的监理文件？
2. 施工阶段监理工作的基本表式的种类和用途如何？

装饰装修工程监理过程实质上是工程信息管理的过程，即监理单位接受装饰装修工程业主的委托，在明确监理信息流程的基础上，通过监理组织机构，对装饰装修工程监理信息进行收集、加工、存储、传递、分析和应用的过程。信息管理在工程监理工作中具有十分重要的作用，它是监理工程师控制装饰装修工程三大目标的基础。引例中的问题通过学习本章内容后，就可以得到解决了。

8.1　工程信息管理

8.1.1　工程信息管理概述

1. 数据、信息的基本概念

1）数据

数据是客观实体属性的反映，是一组表示数量、行为和目标，并可以记录下来加以鉴别的符号。客观实体通过各个角度的属性描述，反映它与其他实体的区别。例如，在反映某个建筑工程质量时，通过将设计、施工单位资质、人员、施工设备、使用的材料、构配件、施工方法、工程地质、天气、水文等各个角度的数据搜集汇总起来，就很好地反映了该工程的总体质量。各个角度的数据，便是建筑工程这个实体的各种属性的反映。数据有多种形态，这里所提到的数据是广义的数据概念，包括文字、数值、语言、图表、图形、颜色等多种形态。

2) 信息

信息是对数据的解释，反映事物(事件)的客观规律，为使用者提供决策和管理所需要的依据。信息和数据是不可分割的。

3) 信息的时态

信息有三个时态：信息的过去时是知识，现代时是数据，将来时是情报。

(1) 知识是前人经验的总结，是人类对自然界规律的认识和掌握，是一种系统化的信息。

(2) 信息的现在时是数据。数据是人类在生产实践中不断产生信息的载体，我们要用动态的眼光来看待数据，把握住数据的动态节奏，就掌握了信息的变化。

(3) 信息的将来时是情报。情报代表信息的趋势和前沿，情报往往要用特定的手段获取，有特定的使用范围、特定的目的、特定的时间、特定的传递方式，带有特定的机密性。

4) 信息的特点

信息具有真实性、系统性、时效性、不完全性和层次性的特点。

2. 装饰装修工程项目管理中的信息

1) 装饰装修工程项目信息的构成

装饰装修工程信息管理工作涉及多部门、多环节、多专业、多渠道，工程信息量大，来源广泛，形式多样。主要信息形态有文字图形信息、语言信息、新技术信息等形式。

2) 装饰装修工程项目信息的特点

监理信息的特点如表 8.1 所示。

表 8.1 监理信息的特点

序 号	特 点	说 明
1	信息量大	因为监理的工程项目管理涉及多部门、多专业、多环节、多渠道，而且工程建设中的情况变化多，处理的方式又多样化，因此信息量也特别大
2	信息系统性强	由于工程项目往往是一次性(或单件性)；即使是同类型的项目，也往往因为地点、施工单位或其他情况的变化而变化，因此虽然信息量大，但却都集中于所管理的项目对象上，这就为信息系统的建立和应用创造了条件
3	信息传递中障碍多	传递中的障碍来自地区的间隔、部门的分散、专业的隔阂，或传递的手段落后，或对信息的重视与理解能力、经验、知识的限制
4	信息具有滞后现象	信息往往是在项目建设和管理过程中产生的，信息反馈一般要经过加工、整理、传递，才能到达决策者手中，因此是滞后的。倘若信息反馈不及时，容易影响信息作用的发挥而造成失误

3)　工程项目信息的分类

信息分类是指在一个信息管理系统中，将各种信息按一定的原则和方法进行区分和归类，并建立起一定的分类系统和排列顺序，以便管理和使用信息。工程项目监理过程中，涉及大量的信息，信息可依据不同标准进行分类，如表 8.2 所示。

表 8.2　信息分类

序 号	标 准	分 类
1	按装饰装修工程的目标划分	①投资控制信息：指与投资控制直接有关的信息； ②质量控制信息：指与装饰装修工程项目质量有关的信息； ③进度控制信息：指与进度相关的信息； ④合同管理信息：指装饰装修工程相关的各种合同信息
2	按装饰装修工程项目信息来源划分	①项目内部信息：指装饰装修工程项目各个阶段、各个环节、各有关单位发生的信息总体； ②项目外部信息：指来自项目外部环境的信息
3	按信息的稳定程度划分	①固定信息：指在一定时间内相对稳定不变的信息； ②流动信息：指不断变化的动态信息
4	按信息的层次划分	①战略性信息：指该项目建设过程中的战略决策所需的信息、投资总额、建设总工期、承包商的选定、合同价的确定等信息； ②管理性信息：指项目年度进度计划、财务计划等； ③业务性信息：指各业务部门的日常信息，较具体，精度也较高
5	按信息的性质划分	组织类信息、管理类信息、经济类信息和技术类信息四大类
6	按其他标准划分	①按照信息范围的不同，可分为精细的信息和摘要的信息两类； ②按照信息时间的不同，可分为历史性信息、即时信息和测量性信息三大类； ③按照监理阶段的不同，可分为计划的、作业的、核算的、报告的信息； ④按照对信息的期待性不同，可分为预知的和突发的信息两类

8.1.2　建筑装饰装修工程监理文件档案资料

1. 装饰装修工程文件档案资料

1)　装饰装修工程文件的概念

装饰装修工程文件是指在装饰装修工程建设过程中形成的各种形式的信息记录，包括工程施工准备阶段文件、监理文件、施工文件、竣工图和竣工验收文件，也可简称为工程文件。

2)　装饰装修工程档案的概念

装饰装修工程档案是指在装饰装修工程建设活动中直接形成的具有归档保存价值的文字、图表、声像等各种形式的历史记录，也可简称为工程档案。

3)　装饰装修工程文件档案资料

装饰装修工程文件和档案组成装饰装修工程文件档案资料。

4) 装饰装修工程文件档案资料的载体

(1) 纸质载体：以纸张为基础的载体形式。

(2) 缩微品载体：以胶片为基础，利用缩微技术对工程资料进行保存的载体形式。

(3) 光盘、U 盘载体：以光盘、U 盘为基础，对工程资料的电子文件、声音、图像进行存储的方式。

5) 装饰装修工程文件档案资料的特征

装饰装修工程文件档案资料具有以下特征：分散性和复杂性、继承性和时效性、全面性和真实性、随机性、多专业性和综合性。

2. 装饰装修工程文件档案资料的管理职责

装饰装修工程档案资料的管理涉及建设单位、监理单位、施工单位以及地方城建档案管理部门。对于一个装饰装修工程而言，归档有三方面含义。

① 建设、设计、施工、监理等单位将本单位在工程建设过程中形成的文件向本单位档案管理机构移交。

② 设计、施工、监理等单位将本单位在工程建设过程中形成的文件向建设单位档案管理机构移交。

③ 建设单位按照现行《建设工程文件归档整理规范》(GB/T 50328—2001)的要求将汇总的该装饰装修工程文件档案向地方城建档案管理部门移交。

1) 各参建单位通用职责

(1) 工程各参建单位填写的装饰装修工程文件档案资料应以施工及验收规范、工程合同、设计文件、工程施工质量验收统一标准等为依据。

(2) 工程文件档案资料应随工程进度及时收集、整理，并应按专业归类，认真书写，字迹清楚，项目齐全、准确、真实，无未了事项。表格应采用统一格式，特殊要求需增加的表格应统一归类。

(3) 工程文件档案资料进行分级管理。装饰装修工程项目各单位技术负责人负责本单位工程文件档案资料的全过程组织工作并负责审核，各相关单位档案管理员负责工程文件档案资料的收集、整理工作。

(4) 对工程文件档案资料进行涂改、伪造、随意抽撤或损毁、丢失等，应按有关规定予以处罚，情节严重的，应依法追究法律责任。

2) 监理单位职责

监理单位资料整理的要求如下。

(1) 应设专人负责监理资料的收集、整理和归档工作。在项目监理部，监理资料的管理应由总监理工程师负责，并指定专人具体实施，监理资料应在各阶段监理工作结束后及时整理归档。

(2) 监理资料必须及时整理、真实完整、分类有序。在设计阶段，对勘察、测绘、设计单位的工程文件的形成、积累和立卷归档进行监督检查；在施工阶段，对施工单位的工程文件的形成、积累、立卷归档进行监督检查。

(3) 可以按照委托监理合同的约定，接受建设单位的委托，监督检查工程文件的形成、积累和立卷归档工作。

(4) 编制的监理文件的套数、提交内容、提交时间，应按照现行《建设工程文件归档整理规范》(GB/T 50328—2001)和各地城建档案管理部门的要求，编制移交清单，双方签字、盖章后，及时移交建设单位，由建设单位收集和汇总。监理公司档案部门需要的监理档案，按照《建设工程监理规范》(GB/T 50319—2013)的要求，及时由项目监理部提供。

3. 装饰装修工程监理资料的形成流程

装饰装修工程监理资料的形成流程如图 8.1 所示。

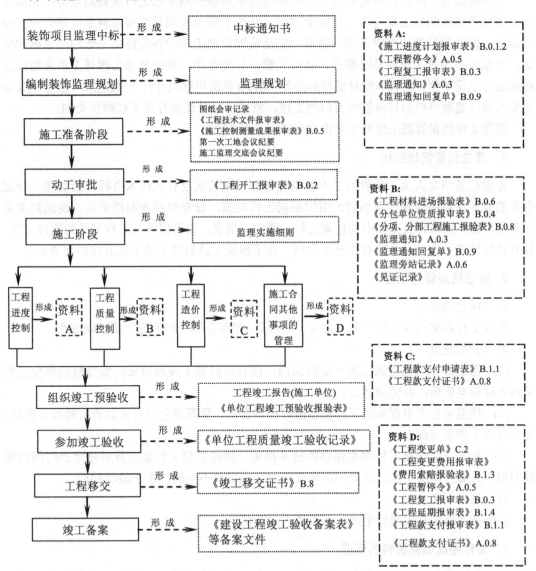

图 8.1　装饰装修工程项目监理资料的形成流程

8.2 装饰装修工程监理文件档案资料管理

装饰装修工程文件档案的管理是建设工程信息管理的一项重要工作，它是监理在工程施工期间进行目标控制的基础工作。项目监理机构必须配备专门的人员负责监理文件档案资料的管理工作。

8.2.1 装饰装修工程监理文件档案管理的工作内容

装饰装修施工阶段监理资料的收集与整理应从监理合同生效之日起到监理合同完成时止，贯穿于装饰装修工程监理工作的全过程。装饰装修工程项目监理资料是监理企业在项目设计、施工等监理过程中形成的资料，它是装饰监理工作中各项控制与管理的依据和凭证，为保证装饰监理资料及时整理、真实完整、分类有序，装饰装修工程开工前总监理工程师应与建设单位、承包单位对资料的分类、格式(包括用纸尺寸)、份数达成一致意见并指定专人进行监理资料的日常管理及归档工作，监理资料管理实行总工程师负责制。

监理文件档案管理工作的主要内容包括以下几方面。

1. 建立档案管理组织

各部配备档案人员，负责收集本部监理工程技术档案及有关技术资料，负责建立登记有关的监理资料的台账。现场监理组织根据工程规模，设专职或兼职档案员。现场档案员负责收、发、保管日常工作中的往来文件、通知、报表，负责保管与工程有关的图样文件，按月整理日志、会议记录及有关技术资料，在工程竣工前整理单位工程监理档案资料。

2. 建立档案管理制度

1) 保管期规定

监理工程档案的保管期一般为两年，重点工程保存期一般为五年或长期保存。

2) 归档制度

(1) 在装修监理工程竣工后一定时间内，项目总监理工程师负责汇编完整的单位工程装修监理档案资料，并交档案员。

(2) 档案员负责审查单位工程装修监理档案资料，整理齐全经有关负责人验收合格后，交公司技术档案室保存。

(3) 凡是交公司技术档案室保存的技术档案一律在监理工程款结算后规定的时间内整理归档，并履行移交手续。质量不符合要求的，或项目不全的，不予验收归档。

3) 借阅制度

借阅技术档案必须履行手续，不得遗失、改换。

3. 装修监理档案资料的整理

装修监理资料的组卷及归档，各地区各部门有不同的要求。因此，项目开工前，项目监理组应主动与当地档案部门进行联系，明确具体要求。竣工资料要求，应与建设单位、质监站取得共识，以使资料管理符合有关规定和要求。

监理资料的整理应满足如下要求。

（1）监理档案应按单位工程和施工的时间先后顺序整理、分类、分册编目装订归档，以便于跟踪管理。

（2）工程开工前，项目监理机构应主动与当地档案部门进行联系，明确装饰监理资料组卷及归档的具体要求后进行收集整理。对于竣工资料的要求，装饰项目监理机构应与建设单位协商一致，并使资料管理符合有关规定。

（3）开展装饰监理工作时的工程用表，对于《建设工程监理规范》中已有标准表式的，监理过程中应按要求填写；对于没有相应表式的，开工前，装饰项目监理机构应与建设单位、承包单位进行协商，根据工程特点、质量标准、竣工及归档组卷要求，协商一致后制订相应的表式。

（4）归档文件必须完整、准确、系统，能够反映装饰装修工程活动的全过程。对与装饰装修工程建设有关的重要活动、记载装饰装修工程主要过程和现状、具有保存价值的各种载体的文件，均应收集齐全，整理立卷后归档。

（5）一个工程由多个单位工程组成时，工程文件应按单位工程组卷。立卷应遵循工程文件的自然形成规律，保持卷内文件的有机联系，便于档案的保管和利用。

（6）工程档案编制质量要求与组卷方法。工程档案编制质量要求与组卷方法，应该按照《建设工程文件归档整理规范》(GB/T 50328—2001)国家标准，此外，应执行《科学技术档案案卷构成的一般要求》(GB/T 11822—2000)、《技术制图复制图的折叠方法》(GB/T 10609.3—1989)等规范或文件的规定及各省、市地方相应的地方规范执行，详见表 8.3。

表 8.3　工程档案编制质量要求与组卷方法

要　求	说　明
归档文件的质量要求	①归档的工程文件一般应为原件。②工程文件的内容及其深度必须符合国家有关工程勘察、设计、施工、监理等方面的技术规范、标准和规程。③工程文件的内容必须真实、准确、与工程实际相符合。④工程文件应采用耐久性强的书写材料，如碳素墨水、蓝黑墨水，不得使用易褪色的书写材料，如红色墨水、纯蓝墨水、圆珠笔、复写纸、铅笔等。⑤工程文件应字迹清楚，图样清晰，图表整洁，签字盖章手续完备。⑥工程文件中文字材料幅面尺寸规格宜为 A4 幅面(297 mm×210 mm)。图纸宜采用国家标准图幅。⑦工程文件的纸张应采用能够长期保存的韧性大、耐久性强的纸张。图纸一般采用蓝晒图，竣工图应是新蓝图。计算机出图必须清晰，不得使用计算机所出图纸的复印件。⑧所有竣工图均应加盖竣工图章。⑨利用施工图改绘竣工图，必须标明变更修改依据；凡施工图结构、工艺、平面布置等有重大改变，或变更部分超过图面 1/3 的，应当重新绘制竣工图。⑩不同幅面的工程图纸应按《技术制图复制图的折叠方法》(GB/T 10609.3—1989)统一折叠成 A4 幅面，图标栏露在外面。⑪工程档案资料的缩微制品，必须按国家缩微标准进行制作，主要技术指标(解像力、密度、海波残留量等)要符合国家标准，保证质量，以适应长期安全保管。⑫工程档案资料的照片(含底片)及声像档案，要求图像清晰，声音清楚，文字说明或内容准确。⑬工程文件应采用打印的形式并使用档案规定用笔，手工签字，在不能够使用原件时，应在复印件或手抄件上加盖公章并注明原件保存处

续表

要 求		说 明
归档工程文件的组卷要求	原则	立卷应遵循工程文件的自然形成规律，保持卷内文件的有机联系，便于档案的保管和利用；一个装饰装修工程由多个单位工程组成时，工程文件应按单位工程组卷
	方法	①工程文件可按建设程序划分为工程准备阶段的文件、监理文件、施工文件、竣工图、竣工验收文件5部分。②工程准备阶段文件可按单位工程、分部工程、专业、形成单位等组卷。③监理文件可按单位工程、分部工程、专业、阶段等组卷。④施工文件可按单位工程、分部工程、专业、阶段等组卷。⑤竣工图可按单位工程、专业等组卷。⑥竣工验收文件可按单位工程、专业等组卷
	立卷过程中宜遵循	①案卷不宜过厚，一般不超过40 mm。②案卷内不应有重复文件，不同载体的文件一般应分别组卷
	卷内文件的排列	①文字材料按事项、专业顺序排列。同一事项的请示与批复、同一文件的印本与定稿，主件与附件不能分开，并按批复在前、请示在后，印本在前、定稿在后，主件在前、附件在后的顺序排列。②图纸按专业排列，同专业图纸按图号顺序排列。③既有文字材料又有图纸的案卷，文字材料排前，图纸排后
	案卷的编目见表8.4	

表8.4 案卷的编目

编 目	内 容
编制卷内文件页号	①卷内文件均按有书写内容的页面编号。每卷单独编号，页号从1开始。②页号编写位置：单页书写的文字在右下角；双面书写的文件，正面在右下角，背面在左下角。折叠后的图纸一律在右下角。③成套图纸或印刷成册的科技文件材料，自成一卷的，原目录可代替卷内目录，不必重新编写页码。案卷封面、卷内目录、卷内备考表不编写页号
卷内目录的编制	①卷内目录式样宜符合现行《建设工程文件归档整理规范》(GB/T 50328—2001)中附录B的要求。②序号：以一份文件为单位，用阿拉伯数字从1依次标注。③责任者：填写文件的直接形成单位和个人。有多个责任者时，选择两个主要责任者，其余用"等"代替。④文件编号：填写工程文件原有的文号或图号。⑤文件题名：填写文件标题的全称。⑥日期：填写文件形成的日期。⑦页次：填写文件在卷内所排列的起始页号。最后一份文件填写起止页号。⑧卷内目录排列在卷内文件之前
卷内备考表的编制	①卷内备考表的式样宜符合现行《建设工程文件归档整理规范》中附录C的要求。②卷内备考表主要标明卷内文件的总页数、各类文件数(照片张数)，以及立卷单位对案卷情况的说明。③卷内备考表排列在卷内文件的尾页之后
案卷封面的编制	①案卷封面印刷在卷盒、卷夹的正表面，也可采用内封面形式。②案卷封面包括档号、档案馆代号、案卷题名、编制单位、起止日期、密级、保管期限、共几卷、第几卷。③档号应由分类号、项目号和案卷号组成。档号、档案馆代号由档案保管单位填写。④案卷题名应包括工程名称、专业名称、卷内文件的内容。⑤编制单位应填写案卷内文件的形成单位或主要责任者。⑥起止日期应填写案卷内全部文件形成的起止日期。⑦保管期限分为永久、

续表

编　目	内　容
案卷 封面的 编制	长期、短期三种期限。各类文件的保管期限见现行《建设工程文件归档整理规范》中附录 A 的要求。永久是指工程档案需永久保存。长期是指工程档案的保存期等于该工程的使用寿命。短期是指工程档案保存 20 年以下。同一案卷内有不同保管期限的文件，该案卷保管期限应从长。⑧工程档案套数一般不少于两套，一套由建设单位保管，另一套原件要求移交当地城建档案管理部门保管。⑨密级分为绝密、机密、秘密三种。同一案卷内有不同密级的文件，应以高密级为本卷密级

卷内目录、卷内备考表、案卷封面应采用 70 g 以上白色书写纸制作，幅面统一采用 A4 幅面

4. 装饰工程监理文件档案资料管理

装饰工程监理文件档案资料管理的主要内容是：监理文件档案资料收文与登记；监理文件档案资料传阅与登记；监理文件档案资料发文与登记；监理文件档案资料分类存放；监理文件档案资料归档；监理文件档案资料借阅、更改与作废。

1)　监理文件档案资料收文与登记

所有收文应在收文登记表上进行登记(按监理信息分类别进行登记)。应记录文件名称、文件摘要信息、文件的发放单位(部门)、文件编号以及收文日期，必要时应注明接收文件的具体时间，最后由项目监理部负责收文人员签字。

监理信息在有追溯性要求的情况下，应注意核查所填部分内容是否可追溯。如材料报审表中是否明确注明该材料所使用的具体部位，以及该材料质保证明的原件保存处等。如不同类型的监理信息之间存在相互对照或追溯关系时(如监理工程师通知单和监理工程师通知回复单)，在分类存放的情况下，应在文件和记录上注明相关信息的编号和存放处。

资料管理人员应检查文件档案资料的各项内容填写和记录是否真实完整，签字认可人员应为符合相关规定的责任人员，不得以盖章和打印代替手写签认。文件档案资料以及存储介质质量应符合要求，所有文件档案必须使用符合档案归档要求的碳素墨水填写或打印生成，以适应长时间保存的要求。

有关工程建设照片及声像资料等应注明拍摄日期及所反映工程建设部位等摘要信息。收文登记后应交给项目总监或由其授权的监理工程师进行处理，重要文件内容应在监理日记中记录。部分收文如涉及建设单位的工程建设指令或设计单位的技术核定单以及其他重要文件，应将复印件在项目监理部专栏内予以公布。

2)　监理文件档案资料传阅与登记

由装饰装修工程项目监理部总监理工程师或其授权的监理工程师确定文件、记录是否需传阅，如需传阅应确定传阅人员名单和范围，并注明在文件传阅纸上，随同文件和记录进行传阅。也可按文件传阅纸样式刻制方形图章，盖在文件空白处，代替文件传阅纸。每位传阅人员阅后应在文件传阅纸上签名，并注明日期。文件和记录传阅期限不应超过该文件的处理期限。传阅完毕后，文件原件应交还信息管理人员归档。

3)　监理文件档案资料发文与登记

发文由总监理工程师或其授权的监理工程师签名，并加盖项目监理部图章，对盖章工

作应进行专项登记。如为紧急处理的文件，应在文件首页标注"急件"字样。

所有发文按监理信息资料分类和编码要求进行分类编码，并在发文登记表上登记。登记内容包括：文件资料的分类编码、发文文件名称、摘要信息、接收文件的单位(部门)名称、发文日期(强调时效性的文件应注明发文的具体时间)。收件人收到文件后应签名。

发文应留有底稿，并附一份文件传阅纸，信息管理人员根据文件签发人指示确定文件责任人和相关传阅人员。文件传阅过程中，每位传阅人员阅后应签名并注明日期。发文的传阅期限不应超过其处理期限。重要文件的发文内容应在监理日记中予以记录。

项目监理部的信息管理人员应及时将发文原件归入相应的资料柜(夹)中，并在目录清单中予以记录。

　　4)　监理文件档案资料分类存放

监理文件档案经收/发文、登记和传阅工作程序后，必须使用科学的分类方法进行存放，这样便于项目实施过程中查阅、求证的需要和项目竣工后文件和档案的归档和移交。项目监理部应备有存放监理信息的专用资料柜和用于监理信息分类归档存放的专用资料夹，文件和档案资料应保持清晰，不得随意涂改记录，保存过程中应保持记录介质的清洁和无破损。在大中型项目中应采用计算机对监理信息进行辅助管理。

　　5)　监理文件档案资料归档

监理文件档案资料的归档保存中应严格按照保存原件为主、复印件为辅和按照一定顺序归档的原则。如果在监理实践中出现作废和遗失等情况，应明确地记录作废和遗失原因、处理的过程。施工阶段装饰装修监理资料按表8.5所示的方法分5部分归档。

表8.5　施工阶段监理资料的归档

分　类	编号归档资料名称
合同管理资料	①监理委托合同；②分包单位资格报审资料；③施工组织设计报审表；④索赔文件资料(申请书、批复意见)；⑤工程变更单；⑥工程竣工验收资料；⑦工程质量保修书或移交证书
进度控制资料	①施工进度计划报审单及审核批复意见；②工程开工/复工报审表及批复意见；③有关工程进度方面的专题报告及建议。 注：工程进度资料通常指施工进度计划(年、月、旬、周)申报表及监理方的审批意见，进度计划与工程实际完成情况的比较分析报告，施工计划变更申请及监理方的批复意见，延长工期申请及批复意见，人员、材料、机械设备的进场计划及监理方的审批意见，工程开工/复工申请及监理方的批复意见
质量控制资料	①施工方案报审表及监理工程师审批意见；②工程质量安全事故调查处理文件(事故调查报告、事故处理意见书、事故评估报告等)；③原材料、构配件、设备报验申请表(含批复意见)；④检验批、分项工程报验单(含批复意见)；⑤工程定位放线报验单及监理工程师复核意见；⑥分部工程验收记录(工程验收记录)；⑦旁站记录；⑧施工试验报审单及监理方的见证意见；⑨工程质量评估报告。 注：①因归档需要，在有关的报验申请表中，应注明部位、内容，监理方的审批意见应明确、依据充分；②工程质量评估报告中已包含了质量保证资料(施工技术资料)的核查情况、检验批/分项/分部工程的质量统计情况、砂浆试块的评定结果等方面的资料。因而，在归档资料中不再单独列项

续表

分　类	编号归档资料名称
投资控制资料	①工程计量单及审核意见；②工程款支付证书；③竣工结算审核意见书。 注：如果监理方不参与工程竣工结算工作，则表中③就不存在
监理工作管理	①监理规划；②监理实施细则；③监理日记；④监理月报；⑤监理指令文件；⑥总监巡视检查记录；⑦与业主、被监理单位、设计单位的往来函件；⑧会议纪要；⑨监理总结报告；⑩主要的监理台账。 注：主要的监理台账按有关监理公司"关于现场监理工作台账记录的规定"处理

根据现行《建设工程文件归档整理规范》(GB/T 50328—2001)的规定，工程项目监理文件有 10 大类 27 个，要求在不同的单位归档保存，归档范围与保管期限如表 8.6 所示。

表 8.6　工程项目监理文件归档范围与保管期限

序号		归档文件	保存单位和保管期限				
			建设单位	施工单位	设计单位	监理单位	城建档案馆
1	监理规划	监理规划	长期			短期	√
		监理实施细则	长期			短期	√
		监理部总控制计划等	长期			短期	
2	监理月报	监理月报中的有关质量问题	长期			长期	√
3	监理会议纪要	监理会议纪要中的有关质量问题	长期			长期	√
4	进度控制	工程开工/复工审批表	长期			长期	√
		工程开工/复工暂停令	长期			长期	√
5	质量控制	不合格项目通知	长期			长期	
		质量事故报告及处理意见	长期			长期	
6	造价控制	预付款报审与支付	短期				
		月付款报审与支付	短期				
		设计变更、洽商费用报审与签认	长期				
		工程竣工决算审核意见书	长期				√
7	分包资质	分包单位资质材料	长期				
		供货单位资质材料	长期				
		试验等单位资质材料	长期				
8	监理通知	有关进度控制的监理通知	长期			长期	
		有关质量控制的监理通知	长期			长期	
		有关造价控制的监理通知	长期			长期	

续表

序号	归档文件		保存单位和保管期限				
			建设单位	施工单位	设计单位	监理单位	城建档案馆
9	合同与其他项管理	工程延期报告及审批	永久			长期	✓
		费用索赔报告及审批	长期			长期	
		合同争议、违约报告及处理意见	永久			长期	✓
		合同变更材料	长期			长期	✓
10	监理工作总结	专题总结	长期			短期	
		月报总结	长期			短期	
		工程竣工总结	长期			长期	✓
		质量评价意见报告	长期			长期	✓

注：城建档案馆应对工程文件的立卷归档工作进行监督、检查、指导。在工程竣工验收前，应对工程档案进行预验收，验收合格后，须出具工程档案认可文件。

6) 监理文件档案资料借阅、更改与作废

项目监理部存放的文件和档案原则上不得外借，如政府部门、建设单位或施工单位确有需要，应经过总监理工程师或其授权的监理工程师同意，并在信息管理部门办理借阅手续。监理人员在项目实施过程中需要借阅文件和档案时，应填写文件借阅单，并明确归还时间。信息管理人员办理有关借阅手续后，应在文件夹的内附目录上作特殊标记，避免其他监理人员查阅该文件时，因找不到文件引起工作混乱。

监理文件档案的更改应由原制定部门相应责任人执行，涉及审批程序的，由原审批责任人执行。若指定其他责任人进行更改和审批时，新责任人必须获得所依据的背景资料，监理文件档案更改后，由信息管理部门填写监理文件档案更改通知单，并负责发放新版本文件。发放过程中必须保证项目参建单位中所有相关部门都得到相应文件的有效版本。文件档案换发新版本时，应由信息管理部门负责将原版本收回作废。考虑到日后有可能出现追溯需求，信息管理部门可以保存作废文件的样本以备查阅。

注意　引例中问题 1 在本节中可以得到解答。

8.2.2　装饰监理文件档案资料的组成

在装饰装修工程项目监理过程中，往往会涉及并产生大量的信息与档案资料，这些信息或档案资料大致可分为以下三类。

(1) 监理工作的依据，如招标投标文件、合同文件、业主针对该项目制定的有关工作制度或规定、监理规划与监理实施细则。

(2) 在监理工作中形成的文件，表明了装饰装修工程项目的建设情况，也是今后工作所要查阅的，如监理工程师通知、专项监理工作报告、会议纪要、施工方案审核意见等。

(3) 信息或档案资料是反映工程质量的文件，是监理验收或工程项目验收的依据。

装饰装修工程监理资料主要包括以下几方面。

(1) 合同文件。主要包括装饰装修工程项目施工监理招投标文件，装饰装修工程项目委托监理合同，施工招投标文件以及装饰装修工程施工合同、分包合同、各类订货合同等。

(2) 设计文件。装饰装修工程项目设计阶段形成的相关文件资料，如装饰施工图纸等。

(3) 装修监理规划系列文件。装修监理规划系列性文件由装修监理规划、装修监理细则组成。装饰装修工程项目监理工作人员在实施监理工作前，应根据工程特点、施工设计要求编制具体装饰监理规划和装饰实施细则等资料。

(4) 装饰装修工程变更文件。在装饰装修工程项目施工过程中，难免会出现工程变更，在此过程中往往会形成一定的工程变更文件，如审图汇总资料，设计交底记录、纪要，设计变更文件，工程变更记录等相关资料。

(5) 监理月报。装饰监理月报应由总监理工程师组织编制，签认后报建设单位和本监理单位。

(6) 会议纪要。在施工过程中，总监理工程师应定期主持召开工地例会。会议纪要应由监理机构负责起草，并经与会各方代表会签。

(7) 施工组织设计(施工方案)。这是一种重要的装饰项目监理资料，主要包括装饰项目施工组织设计(总体设计或分阶段设计)、分部施工方案、季节施工方案、其他专项施工方案等。项目监理人员应加强对这部分资料的整理与管理。

(8) 装饰装修工程分包资质资料。工程项目总承包人承揽到装饰装修工程项目后，一般需要根据施工承包合同的规定进行分包，为保证工程质量，项目监理人员应认真审查分包单位的资质。工程分包资质资料常包括：分包装饰单位资质资料、供货单位资质资料、分包单位试验室等单位的资质资料。

(9) 装饰装修工程项目进度控制资料。工程项目进度控制资料应包括以下内容：工程开工报审表(含必要的附件)；年、季、月进度计划资料；月工、料、机动态表；工程停工、复工资料等。

(10) 装饰装修工程项目质量控制资料。工程项目质量控制资料应包括：各类工程材料、构配件、设备报验资料，施工试验报验资料，检验批，装饰分项、分部工程施工报验与认可资料，不合格项处置记录，工程质量问题和事故报告及处理等资料。

(11) 装饰装修工程项目投资控制资料。投资控制资料主要包括：概预算或工程量清单，工程量报审与签认，预付款报审与支付证书，月工程进度款报审与签认，工程变更费用报审与签认，工程款支付申请与支付证书，工程竣工结算等。监理工程师应按合同支付工程款，在承包合同价款外，尽量减少所增工程的费用，督促施工合同双方全面履约，以便减少对方提出索赔的机会。

(12) 监理通知及回复。

(13) 合同其他事项管理资料。合同其他事项管理资料应包括：装饰装修工程项目施工合同管理过程中形成的文件资料，如装饰装修工程延期报告、审批等资料；工程费用索赔报告、审批等资料；施工合同争议和违约处理资料以及施工合同变更资料等。

(14) 装饰装修工程竣工验收资料。装饰装修工程竣工验收资料一般包括装饰工程中间

验收资料、设备安装专项验收资料、竣工验收资料、工程质量评估报告、竣工移交证书等。监理人员应对工程竣工验收资料认真整理和归档，以便于将来查阅和参考。

(15) 其他往来函件。

(16) 监理日志。注意区分监理日志和监理日记的概念。新规范把监理日记改为监理日志，监理日志由总监指定专业监理师记录(组织编写)，监理日志不等同于监理日记，监理日记是每个监理人员的工作日记。

(17) 监理工作总结(专题、阶段和竣工总结等)。

8.2.3 监理常用表格

监理工作中，报表文件的体系化、规格化、标准化是监理工作有秩序地进行的基础工作，也是监理信息科学化的一项重要内容。监理在施工阶段的基本表式按照《建设工程监理规范》(GB/T 50319—2013)附录执行，表式有 A、B、C 三类，如表 8.7 所示。

表 8.7　施工阶段监理工作的基本表式

A 类表(监理单位用表)	B 类表(施工单位报审、报验用表)	C 类表(各方通用表)
表 A.0.1 总监理工程师任命书(法人代表签字盖章)	B.0.1 施工组织设计或(专项)施工方案报审表(总监签字盖执业印章)(业主签章)	表 C.0.1 工作联系单
表 A.0.2 工程开工令(总监签字盖执业印章)	表 B.0.2 工程开工报审表(总监签字盖执业印章)(施工单位公章)(业主签章)	表 C.0.2 工程变更单
表 A.0.3 监理通知单	表 B.0.3 工程复工报审表 (业主签章)	表 C.0.3 索赔意向通知书
表 A.0.4 监理报告	表 B.0.4 分包单位资格报审表	
表 A.0.5 工程暂停令(总监签字盖执业印章)	表 B.0.5 施工控制测量成果报验表	
表 A.0.6 旁站记录	表 B.0.6 工程材料、构配件或设备报审表	
表 A.0.7 工程复工令(总监签字盖执业印章)	表 B.0.7 报审、报验表	
表 A.0.8 工程款支付证书(总监签字盖执业印章)	表 B.0.8 分部工程报验表	
	表 B.0.9 监理通知回复	
	表 B.0.10 单位工程竣工验收报审表(总监签字盖执业印章)(施工单位公章)	
	表 B.0.11 工程款支付报审表(总监签字盖执业印章)(业主签章)	
	表 B.0.12 施工进度计划报审表	
	表 B.0.13 费用索赔报审表(总监签字盖执业印章)(业主签章)	
	表 B.0.14 工程临时或最终延期报审表(总监签字盖执业印章)(业主签章)	

A 类表共 8 个表(A1~A8)，为监理单位用表，是监理单位与承建单位之间的联系表，由监理单位填写，是向承建单位发出的指令或批复。

B 类表共 14 个表(B1~B14)，为施工单位报审、报验用表，是承建单位与监理单位之间的联系表，由承建单位填写，向监理单位提交申请或回复。

C 类表为各方通用表，是工程项目承建单位、监理单位、建设单位等各有关单位之间的联系表。

> **注意**　由于各行业各部门的专业要求不同，已各自形成比较完整、系统的表式。
>
> 引例问题 2 施工阶段监理工作的基本表式的种类在此可以解答。各表的用途需要结合前几章的相关内容回答。

8.3　本 章 小 结

工程监理过程实质上是工程建设信息管理的过程，它是监理工程师控制三大目标的基础。本章详细介绍了信息、装饰装修工程项目信息和信息管理的加工整理等基本问题，介绍了装饰装修工程文件、档案管理的方法和基本要求。其目的是让监理人员明确装饰装修工程信息的基本构成和特点，明确装饰装修工程资料管理的基本工作内容和工作方法，明确国家在相关方面的有关规定，以便更好地应用信息文档资料为工程建设服务。本章内容条款性很强，在学习中只有及时对照各种文件、表格的编制范例进行全面理解，才能深刻体会其精神实质。

自 测 题

一、单选题

1. 以下有关监理文件档案资料存放的解释中，不正确的是(　　)。
   A. 监理文件档案经收/发文、登记和传阅工作程序后，必须使用科学的分类方法进行存放
   B. 项目监理部应备有存放监理信息的专用资料柜和用于监理信息分类归档存放的专用资料夹
   C. 无论何种类型的项目，均应采用计算机对监理信息进行辅助管理
   D. 信息管理人员应根据项目类型规划各资料柜和资料夹内容
   E. 文件和档案资料应保持清晰，不得随意涂改记录，保存过程中应保持记录介质的清洁和无破损

2. 对施工单位工程文件的形成、积累、立卷归档工作进行监督检查是(　　)的职责。
   A. 建设单位和施工总承包单位
   B. 监理单位和施工总承包单位
   C. 建设单位和监理单位
   D. 地方城建档案管理部门

3. 需要建设单位长期保存、监理单位短期保存的监理文件是( )。

    A. 监理月报总结　　　　　　　　　　B. 不合格项目通知

    C. 月付款报审与支付　　　　　　　　D. 工程延期报告及审批

4. 监理文件档案的更改应由原制定部门相应责任人执行,涉及审批程序的,由( )审批。

    A. 监理公司技术负责人　　　　　　　B. 总监理工程师

    C. 原审批责任人　　　　　　　　　　D. 档案管理责任人

5. 某工程案卷内建设工程档案的保管密级有秘密和机密,保管期限有长期和短期,则该工程档案的( )。

    A. 密级为秘密,保管期限为长期　　　B. 密级为机密,保管期限为长期

    C. 密级为秘密,保管期限为短期　　　D. 密级为机密,保管期限为短期

6. 《建设工程监理规范》规定,在施工过程中,工地例会的会议纪要由( )负责起草,并经与会各方代表会签。

    A. 建设单位　　　　　　　　　　　　B. 施工单位

    C. 项目监理机构　　　　　　　　　　D. 专业监理工程师

二、多选题

1. 根据《建设工程文件归档整理规范》,建设工程归档文件应符合的质量要求和组卷要求有( )。

    A. 归档的工程文件一般应为原件　　　B. 工程文件应采用耐久性强的书写材料

    C. 所有竣工图均应加盖竣工验收图章　D. 竣工图可按单位工程、专业等组卷

    E. 不同载体的文件一般应分别组卷

2. 根据《建设工程文件归档整理规范》,建设工程档案验收应符合的要求有( )。

    A. 列入城建档案管理部门档案接收范围的工程,建设单位在组织工程竣工验收前,应提请城建档案管理部门对工程档案进行验收

    B. 国家、省市重点工程项目或一些特大型、大型工程项目的预验收和验收,必须有地方城建档案管理部门参加

    C. 对不符合技术要求的建设工程档案,一律直接退回编制单位进行改正、补齐

    D. 监理单位对编制报送工程档案进行业务指导、督促和检查

    E. 地方城建档案管理部门负责工程档案的最后验收

3. 施工单位向项目监理机构申请( )时,使用"报验申请表(B.0.7)"。

    A. 工程材料和构配件报验　　　　　　B. 隐蔽工程的检查与验收

    C. 施工放样报验　　　　　　　　　　D. 分部、分项工程质量验收

    E. 工程竣工报验

4. ( )共同构成监理工作文件。

    A. 监理规划　B. 监理业务手册　C. 监理合同

    D. 监理大纲　E. 监理实施细则

三、思考题

1. 建设工程监理应收集哪些资料信息?
2. 监理单位的归档资料有哪些?
3. 监理常用表格有哪些?

下篇　建筑装饰装修工程监理实务

➢ 第9章　建筑装饰装修工程资料编写

➢ 第10章　监理综合实训

第9章　建筑装饰装修工程资料编写

内容提要

本章详细介绍监理规划性文件编写的依据、区别和联系；监理规划和监理实施细则的重要性、编制要求、内容及审核；监理日志、监理总结、监理竣工资料、会议纪要等文件的作用、要求和具体内容。整理了装饰各分部(子分部)工程施工资料构成。

教学目标

- 熟悉监理规划性文件编写的依据、监理文件的构成及监理规划性文件的区别和联系。
- 熟悉装饰装修监理大纲的作用、编制要求、内容和过程。
- 掌握装饰装修监理规划的内容、编制要求、依据、主要工作内容和调整及审批程序。
- 掌握装饰装修监理实施细则的作用，熟悉装饰装修监理实施细则的内容和编制过程。
- 掌握监理日志、监理总结、监理竣工资料、会议纪要等文件的作用和具体的编制要求、内容。
- 熟悉装饰装修工程监理表格及各分部(子分部)工程资料的构成。

项目引例

某大厦装饰装修工程项目，建设单位委托某监理公司负责施工阶段的监理工作。总监理工程师责成公司技术负责人组织经营，技术部门人员编制该项目监理规划。参编人员根据本公司已有的监理规划标准范本，将投标时的监理大纲做适当改动后编成该项目监理规划，该监理规划经公司经理审核签字后，报送给建设单位。在第一次工地会议上，建设单位根据监理中标通知书及监理公司报送的监理规划，宣布了项目总监理工程师的任命及授权范围。项目总监理工程师根据监理规划介绍了监理工作内容、项目监理机构的人员岗位职责和监理工作所需测量仪器、检验及试验设备向施工单位借用，如不能满足需要，指令施工单位提供上述仪器、设备等内容。

分析思考

1. 请指出该监理公司编制的监理规划中的不妥之处，并写出正确的做法。监理规划的内容有哪些？监理规划应何时编写？由谁负责组织？

2. 请指出"第一次工地会议"上建设单位不正确的做法有哪些，并写出正确的做法。

装饰装修工程监理的中心任务是监理企业协助建设单位实现装饰装修工程三大目标的控制。在装饰装修工程监理信息进行收集、加工、存储、传递、分析和应用的过程中，监理工程师的基础工作之一就是资料的编写。下面针对监理工作的重点，详细介绍监理大纲、监理规划、监理实施细则、监理日志、监理总结、监理竣工资料、会议纪要等文件的编制问题。

9.1 项目监理规划性文件

装饰监理企业在建设单位开始委托装饰装修项目监理的过程中，特别是在建设单位进行装饰装修工程监理招标过程中，为承揽到装修监理业务首先要编写的监理方案性文件就是监理大纲。

装饰装修工程项目实施过程中，由于时间消耗长、人力和物力投入大，监理企业在签订监理委托合同后，为了全面安排和指导现场监理组织有效地开展监理工作，在总监理工程师的领导下，编制装饰装修工程项目监理规划。在此基础上，当落实了各专业监理的责任和工作内容之后，由专业监理工程师针对装饰装修项目的具体情况制定出更具有实施性和可操作性的业务文件——装饰装修工程项目监理实施细则，具体指导监理业务的开展。

装饰装修项目监理大纲、监理规划、监理实施细则属于装饰工程监理文件，它们之间是相互关联的，存在着明显的依据性关系。在编写项目监理规划时，要根据监理大纲的有关内容来编写；在制定项目监理实施细则时，要在监理规划的指导下进行。

装饰装修项目监理大纲、监理规划、监理实施细则之间的比较见表9.1。

表9.1 监理大纲、监理规划、监理实施细则的比较

分 类	编制对象	编制时间和作用	内容要求		
			为什么做	做什么	如何做
监理大纲	项目整体	在监理招标阶段编制的，目的是获得监理任务	重点	一般	—
监理规划	项目整体	在监理委托合同签订后制订，目的是指导项目监理工作，起"初步设计"作用	一般	重点	重点
监理实施细则	某项专业监理工作	在完善项目监理组织，落实监理责任后制定，目的是具体指导各项监理工作的开展，起"施工图设计"的作用	—	一般	重点

根据《建设工程监理规范》，监理规划与监理实施细则的比较见表9.2。

表9.2 监理规划与监理实施细则的比较

名称 要点	监理规划	监理实施细则
编制时间	在签订委托监理合同、收到设计文件及施工组织设计后开始编制，并应在召开第一次工地会议前报送建设单位	在相应工程施工开始前编制完成
编制人	应由总监理工程师组织专业监理工程师编制	应由专业监理工程师编制
批准人	经监理单位技术负责人审核批准	经总监理工程师批准

续表

要点 ＼ 名称	监理规划	监理实施细则
目的、作用	监理规划是在项目监理机构详细调查和充分研究建设工程的目标、技术、管理、环境以及工程参建各方等情况后制定的指导建设工程监理工作的实施方案,监理规划应起到指导项目监理机构实施建设工程监理工作的作用。监理规划中应有明确、具体、切合工程实际的监理工作内容、程序、方法和措施,并制定完善的监理工作制度	是监理工作的操作性文件,编制应符合监理规划要求,结合工程项目的专业特点,做到详细具体,具有可操作性
编制依据	①建设工程的相关法律、法规及项目审批文件。②与建设工程项目有关的标准、设计文件、技术资料。③委托监理合同文件以及与装饰装修工程项目相关的合同文件	①已批准的监理规划。②与专业工程相关的标准、设计文件和技术资料。③施工组织设计或施工方案

9.1.1　装饰装修工程监理大纲

　　装饰装修工程监理大纲又称装饰装修项目监理方案。它是装饰监理企业在建设单位开始委托装饰装修项目监理的过程中,特别是在建设单位进行装饰装修工程监理招标过程中,为承揽到装修监理业务而编写的监理方案性文件。

1. 装饰装修工程监理大纲的作用

　　装饰装修工程监理大纲的作用。

　　(1) 使建设单位认可工程项目监理大纲中的监理方案,从而承揽到装修监理业务。

　　(2) 为今后开展监理工作制定基本的方案,它是项目监理规划编写的直接依据。

2. 装饰装修工程项目监理大纲的编制

　　1) 编制要求

　　装饰装修工程项目监理大纲的编制具体应符合如下要求。

　　(1) 装饰装修工程监理大纲的内容应当根据建设单位所发布的监理招标文件的要求而制定。装饰装修工程监理大纲是装修监理投标的重要文件之一,它相当于施工企业投标文件中的技术标。

　　(2) 装饰装修工程监理大纲的编制要彰显本装饰企业的技术实力,简要叙述本企业对装饰装修工程项目的综合管理能力、技术水平以及公司业绩。通过对装饰装修项目设计和招标文件的深刻理解,监理大纲向招标人和业主作出了有关装饰装修工程项目监理方面的若干承诺,并说明进场后要做什么、如何做。监理方案既要能满足最大可能地中标,又要建立在合理、可行的基础上。装饰监理企业一旦中标,监理大纲就是装饰装修项目监理机构的工作纲领,投标文件将作为监理合同文件的组成部分,对监理企业履行合同具有约束效力。

2) 编制人

为使监理大纲的内容和监理实施过程紧密结合，监理大纲的编制人员应当是装饰监理企业经营部门或技术管理部门人员，也包括拟定的总监理工程师，这样有利于总监理工程师在日后的工作中主持编制装饰装修项目监理规划，更好地实施监理工作。

3) 主要内容

装饰装修工程监理大纲中所包含的内容很多，应按照各公司投标的形式编制。为使业主认可监理企业，充分表达监理工作总的方案，使监理企业中标，监理大纲应包含以下主要内容。

(1) 拟派往装饰装修项目监理机构的监理人员情况介绍。

在装饰装修工程项目监理大纲中，装饰监理企业需要介绍拟派往所承揽或投标工程的项目监理机构的主要监理人员，并对他们的资格情况进行说明。其中，应该重点介绍拟派往投标工程的装饰装修项目总监理工程师的情况，这往往决定承揽装修监理业务的成败。

(2) 拟采用的装饰装修项目监理方案。

监理企业根据建设单位所提供的工程信息，并结合准备投标所初步掌握的工程资料，制定出拟采用的装饰装修工程项目监理方案。包括项目监理机构的方案、三大目标的控制方案、合同管理方案、项目监理机构在监理过程中进行组织协调的方案等。

(3) 明确说明将提供给建设单位的装饰监理阶段性文件。

在装饰装修工程项目监理大纲中，监理企业应该明确未来装饰装修工程监理工作中向建设单位提供的阶段性监理文件，这将有助于满足建设单位掌握装饰装修工程建设过程的需要，有利于装饰监理企业顺利承揽到该装饰装修工程的监理业务。

(4) 监理企业工作业绩。

装饰装修工程项目监理业绩是监理资质审查的重点内容，它包括监理企业的经历和装饰监理工程项目成效。

(5) 拟投入的装修监理设施。

装修监理设施是指装修监理人员进行各项检验、测试所必需的设备和仪器，以及装修监理人员开展工作所需要的工作条件。监理企业的设施装备也是监理投标要素之一，这在决定承揽监理业务的成败中也占有比较重要的地位。

装修监理设施主要包括：监理工程师办公用房及其办公设施、试验室及试验设备、通信设备、测量设备、交通运输车辆和装修监理人员的宿舍。

装修监理设施的规模数量的确定，应考虑工程规模、装修监理机构设置情况、国家的政策和有关规定等因素。装修监理设施的规模数量的确定既要保证装修监理工作的顺利进行，又要考虑节约工程成本。

装修监理设施通常由承包商或业主提供。由承包商提供装修监理设施，是业主在标书中规定所提供的各类装修监理设施的清单，说明每项装修监理设施的种类、型号和数量，然后承包商对清单中的每项设施提出报价，其费用包括在合同总价之内。工程完成后，这些设施就成为业主的财产，但在使用期间，由承包商负责其保养和维修。

现在普遍采用由承包商提供装修监理设施的方式。这是因为：①由承包商提供装修监理设施，可以免除业主组织采购及保养维修的麻烦；②由承包商提供装修监理设施，在投标时填写报价，具有一定的竞争性，有利于业主选择合理的报价；③通过承包合同的形式，明确装修监理设施的提供，将更有利于业主和装修监理工作。

(6) 装饰装修工程项目监理酬金报价。

自 2007 年 5 月 1 日起《建设工程监理与相关服务收费管理规定》和《建设工程监理与相关服务收费标准》开始施行。监理收费实行政府指导价和市场调节价，依法必须实行监理的建设工程施工阶段的监理收费实行政府指导价，其他建设工程施工阶段的监理收费与相关服务收费实行市场调节价，即由发包人与监理人自主确定并通过竞争形成价格。

建设工程监理与相关服务收费主要采用按投资额或建安工程费分档计费方式并辅以人工单价取费方式。

充分考虑监理与咨询服务市场供求和竞争状况，发挥市场调节作用，赋予双方在价格形成方面相应的决策权。对实行政府指导价的建设工程施工阶段监理收费，发包人和监理人对基准价可以上下浮动 20%。对实行市场调节价的建设工程监理与相关服务收费，双方可协商确定收费额。

9.1.2　装饰装修工程项目监理规划

监理规划可在签订建设工程监理合同及收到工程设计文件后由总监理工程师组织编制，并应在召开第一次工地会议前报送建设单位。由项目总监理工程师主持，根据装修监理委托合同，在装修监理大纲的基础上，监理规划应结合工程实际情况，明确项目监理机构的工作目标，确定具体的监理工作制度、内容、程序、方法和措施。从时间上看，项目监理规划制订的时间是在监理大纲之后。从内容范围上讲，监理大纲与装修监理规划都是围绕着整个装修项目监理组织所开展的装修监理工作来编写的，但装修监理规划的内容要比装修监理大纲详细、全面。监理大纲和监理规划的编制者不同，监理规划由总监理工程师组织专业监理工程师编制，总监理工程师签字后由工程监理单位技术负责人审批。而监理大纲由监理单位的技术管理部门编制，所以技术管理部门指定的主持编制人员也可能是未来项目的总监理工程师。监理规划作为工程监理单位的技术文件，应经过工程监理单位技术负责人的审核批准，并在工程监理单位存档。

1. 装饰装修工程监理规划的内容

1) 工程概况
关于工程概况主要包括如下内容。
(1) 工程概况。
(2) 监理工作的范围、内容、目标。
(3) 监理工作依据。
(4) 监理组织形式、人员配备及进退场计划、监理人员岗位职责。
(5) 监理工作制度。
(6) 工程质量控制。

(7) 工程造价控制。

(8) 工程进度控制。

(9) 安全生产管理的监理工作。

(10) 合同与信息管理。

(11) 组织协调。

(12) 监理工作设施。

在实施建设工程监理过程中，实际情况或条件发生变化而需要调整监理规划时，应由总监理工程师组织专业监理工程师修改，并应经工程监理单位技术负责人批准后报建设单位。

2) 装饰装修工程项目监理的阶段和范围

(1) 装饰装修工程项目监理阶段。一般是指工程建设监理企业所承担监理任务的工程项目建设阶段，一般为工程项目施工阶段的监理、工程项目保修阶段的监理，在监理合同中要有明确的规定。

(2) 工程项目监理的范围。监理企业所承担的装饰装修工程项目监理的范围应在监理合同中明确，但在监理规划中仍要列表详细明确并作说明。

3) 装饰装修工程项目分阶段监理的工作内容

装饰监理的各阶段监理工作内容见表9.3。其中施工阶段装修监理包括施工阶段质量控制、施工阶段进度控制和施工阶段投资控制。

表9.3　装饰装修工程项目分阶段监理工作的内容

装饰项目阶段	监理工作的内容
材料物资采购供应中的装饰工程监理	①制订材料物资供应计划和相应的资金需求计划；②通过质量、价格、供货期、售后服务等条件的分析和比较，确定材料、设备等物资的供应厂家；③拟定并商签材料、设备的订货合同；④监督合同的履行，确保材料、设备的及时供应
施工准备阶段	①审查施工单位选择的分包单位的技术资质；②监督检查施工单位质量保证体系及安全技术设施，完善质量管理程序与制度；③检查设计文件是否符合设计规范及批准的技术设计，检查施工图是否能满足施工需要；④协助做好优化设计和改善设计工作；⑤参加设计单位向施工单位的技术交底；⑥审查施工单位上报的施工组织设计，重点对施工方案、劳动力、材料、设备的组织及保证工程质量、安全、工期和控制造价等方面的措施进行监督，并向装饰单位提出监理意见；⑦在工程开工前，检查施工单位的复测资料；⑧对重点工程部位的中线、水平控制进行复查；⑨监督落实各项施工条件，审批开工报告，并报工程装饰项目指挥部核验
施工阶段	①协助业主与承包商编写开工报告；②确认承包商选择的分包单位；③审核施工组织设计；④下达开工令；⑤审核承包商主要设备、材料清单；⑥施工阶段的质量控制、进度控制、投资控制；⑦合同管理，信息管理；⑧组织竣工预验收，提出竣工验收报告；⑨核查工程结算

续表

装饰项目阶段	监理工作的内容
施工验收阶段	①督促、检查施工单位及时整理竣工文件和验收资料,受理单位工程竣工验收报告,提出监理意见;②根据施工单位的竣工报告,提出工程质量检验报告
工程保修阶段	在规定的保修期内,负责检查工程质量状况,坚定质量责任,督促责任单位整修

4) 施工阶段装饰装修工程项目监理的工作目标

装修监理工作目标包括:进度控制目标、工程质量控制目标和工程造价控制目标。

(1) 装饰装修工程进度控制,包括工期控制目标的分解、进度控制程序、进度控制要点和控制进度风险的措施等。

(2) 装饰装修工程质量控制,包括质量控制目标的分解、质量控制程序、质量控制要点和控制质量风险的措施等。

(3) 装饰装修工程造价控制,包括造价控制目标的分解、造价控制程序和控制造价风险的措施等。

5) 装饰装修项目监理工作依据

装饰装修工程项目监理规划必须根据监理委托合同和监理项目的实际情况来制定。编制前应收集有关资料作为编制依据,如表 9.4 所示。

表 9.4 监理规划的编制依据

编制依据		资料名称
反映装饰装修项目特征的资料	设计阶段监理	计划任务书、项目立项批文、设计条件通知书、地形图
	施工阶段监理	设计图样、施工合同、其他工程建设合同及施工组织设计
反映业主对装饰项目监理要求的资料		装修监理委托合同;项目监理大纲、监理投标文件
反映装饰装修项目条件的资料		当地的气象资料和工程地质及水文资料;当地建筑材料供应状况的资料;当地设计和土建安装力量的资料;当地交通、能源和市政公用设施的资料
反映当地政策、法规方面的资料		工程建设程序;招、投标和监理制度;工程造价管理制度等;有关的法律、法规、规定及有关政策
法律、法规、建设规范、标准		中央、地方和部门的法律、法规建设工程监理规范,包括施工、质量评定工程验收等方面的规范、规程、标准等

6) 装饰装修项目监理机构的组织形式(参见 2.2 节)

7) 装饰装修项目监理机构的人员配备计划、岗位职责(参见 2.3 节)

8) 装饰装修项目监理工作程序(参见 2.4 节)

9) 装饰装修项目监理工作内容、方法及措施

(1) 装饰装修项目监理的工作内容如表 9.5 所示。

表9.5　装修项目监理工作内容

监理工作	工作内容
质量控制	①质量目标分解；②质量控制的原则；③工程质量控制流程；④质量控制措施；⑤工程质量事故的处理；⑥原材料、构配件、设备
进度控制	①进度控制的原则、内容、工作流程、措施；②进度表的格式
投资控制	①投资控制原则；②投资控制内容；③投资控制措施；④工程计量及支付报表
安全控制	①建立施工企业安全组织机构和施工现场的安全管理网络；②施工企业应有安全生产管理制度和安全文明施工管理制度；③安全监督手段；④企业应有安全资质和特种作业人员操作证；⑤施工安全技术措施由专人负责检查，如脚手架的搭设方案，高空作业，垂直运输机械设备(如塔吊、井字架等)的安装、使用和拆卸等，有无安全资格认证和取得安全使用合格证、施工现场用电安全措施
合同管理	①合同结构图；②合同执行措施；③合同管理制度；④索赔
信息管理	①信息资料编码系统；②信息目录表；③信息管理制度；④信息签认流程
组织协调	①与工程项目有关的单位：a.系统内的单位有建设单位、设计单位、承包单位、材料和设备供应单位、资金提供单位等。b.系统外的单位有政府建设行政主管机构、政府其他有关部门、工程单位、社会团体等。②协调分析：a.工程项目系统内的单位协调重点分析。b.工程项目系统外的单位协调重点分析。③协调工作程序：a.投资、进度、质量控制协调程序。b.其他方面工作协调程序。④协调工作表格

(2)　施工阶段监理工作的主要方法如表9.6所示(仅供参考)。

表9.6　施工阶段监理工作的主要方法

序　号	监理方法	实施办法
1	巡视、旁站	监理人员应在施工现场对承建单位的施工活动进行跟踪监督，发现问题及时指令承建单位纠正，以减少质量缺陷的发生，保证工程的质量和进度
2	测量	监理工程师利用测量手段，在施工过程中控制工程的轴线和高程；在工程完工验收时测量各部位的几何尺寸、高度等，发现问题，指令承包单位即时纠正
3	试验平行检验	监理工程师对项目或材料的质量评价，必须通过试验、平行检验取得数据后进行，不允许采用经验、目测或感觉评价质量
4	严格执行监理程序	未经监理工程师批准开工申请的项目不能开工，这就强化了承建单位做好开工前的各项准备工作；没有监理工程师的付款证书，承建单位就得不到工程付款，这就保证了监理工程师的核心地位
5	指令性文件	监理工程师应充分利用指令性文件，对任何事项发出书面指示，并督促承建单位严格遵守与执行监理工程师的书面指示
6	工地会议	监理工程师与承建单位讨论施工过程中出现的各种问题，必要时可邀请建设单位或有关人员参加。监理工程师可通过工地会议方式发出有关指示

续表

序　号	监理方法	实施办法
7	专家会议	对于复杂的技术问题，监理工程师可召开专家会议研究讨论。根据专家意见和合同条件，由监理工程师作出结论，可减少监理工程师处理复杂技术问题的片面性
8	计算机辅助管理	监理工程师利用计算机，对计量支付、工程质量、工程进度及合同条件进行辅助管理
9	停止支付	监理工程师应充分利用合同赋予的在支付方面的权力，承建单位的任何行为达不到合同要求，都应有权拒绝支付承建单位的工程款项，以约束承建单位认真按合同规定的条件完成各项任务
10	会见承建单位	当承建单位无视监理工程师的指示，违反合同条件及规范、标准进行工程活动时，由总监理工程师(或其代表)约见承建单位的主要负责人，指出承建单位在工程上存在的问题的严重性和可能造成的后果，并提出挽救问题的建议。如仍不听劝告，监理工程师可进一步采取制裁措施

(3) 装饰监理工作的管理措施。装饰监理工作的管理必须建立组织、技术、经济及合同方面的措施制度。

10) 装饰监理的工作制度

装饰监理工作一般应遵守以下制度。

(1) 设计方案、概算审核制度。

(2) 施工图审核制度。

(3) 技术交底制度。

(4) 材料检验制度。

(5) 隐蔽工程验收制度。

(6) 质量控制制度。

(7) 设计变更制度。

(8) 分项、分部工程验收制度。

(9) 施工进度控制制度。

(10) 费用控制制度。

(11) 会议制度。

11) 监理设施

根据工程项目类别、规模、技术复杂程度、监理项目所在地的环境条件，按委托合同的约定，配备满足监理工作需要的常规检测设备和工具。

2. 装饰装修监理规划编写的基本要求

装饰装修监理规划的编写应遵循以下基本要求。

1) 装饰装修监理规划的基本内容应当力求统一

监理规划是指导监理组织全面开展装饰装修监理工作的指导性文件，它在总体内容组

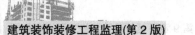

成上要求基本统一。监理规划应符合装饰装修监理的基本内容要求；能够发挥监理规划指导项目监理组织全面开展装饰装修监理工作的基本作用；根据装饰装修监理委托合同所确定的装饰装修监理内容、范围和深度加以选择，并满足装饰装修监理合同的各方面要求。考虑到上述因素，装饰装修监理规划的基本内容一般应由目标规划、目标控制、组织协调、合同管理、信息管理等组成。

2) 装饰装修监理规划的内容应具有针对性

装饰装修监理规划内容具有针对性，是装饰装修监理规划能够有效实施的重要前提。它的具体内容要适合于这个特定的装饰装修监理组织、特定的装饰装修项目，同时又要符合特定的装饰装修监理委托合同的要求。针对某项装饰装修监理活动，要有它自己的投资、进度、质量控制目标；有它的项目组织形式和相应的装饰装修监理组织机构；有它自己的信息管理制度和合同管理措施；有它自己独特的目标控制措施、方法和手段。

3) 装饰装修监理规划的内容应标准化、格式化、规范化

装饰装修监理规划的内容表达应当明确、简洁、直观，一般用图、表和简单的文字说明。对编写装饰装修监理规划各项内容时具体采用的表格、图示以及内容采用简单的文字说明应当做出一般规定，以满足监理规划格式化、标准化的要求。

4) 装饰装修监理规划在总监理工程师主持下编写制订

装饰装修监理实行项目总监理工程师负责制，总监理工程师是项目监理的负责人，是项目监理的责任主体、权力主体和利益主体。在其主持下编制装饰装修监理规划，有利于贯彻其装饰装修监理方案，有利于其利用职权和利益手段来完成自己的职责，有利于其熟悉装饰装修监理活动，使装饰装修监理工作系统化，有利于装饰装修监理规划的有效实施。

5) 装饰装修监理规划应分阶段编写、不断补充、修改和完善

装饰装修监理规划是针对一个具体装饰装修项目来编写的，由于工程的动态性很强，在运行过程中，内部环境条件和外部环境条件不可避免地要发生变化，这就需要对装饰装修监理规划进行相应的补充、修改和完善，使装饰装修监理工作能够始终在装饰装修监理规划的有效指导下进行。因此，整个装饰装修监理规划的编写需要有一个过程，可以将编写的整个过程划分为若干个阶段，每个编写阶段都与工程实施的各阶段相对应。

6) 装饰装修监理规划的审核

装饰装修监理规划在编写完成后需要进行审核并批准。装饰装修监理单位的技术主管部门是内部审核单位，其负责人应当签字认可。同时提交业主，由业主对装饰装修监理规划进行确认。所以，在装饰装修监理规划的编写过程中应当听取业主的意见，最大限度地满足他们的合理要求，为进一步搞好服务奠定基础。

装饰装修监理规划不需要承包商的确认，但是在装饰装修监理规划的编写过程中应听取承包方的意见，广泛地征求意见，这对装饰装修监理规划的编制和实施有很多好处。

注意 引例问题 1 中监理规划由公司技术负责人组织经营、技术部门人员编制不妥，应由总监理工程师主持、专业监理工程师参加编制；公司经理审核不妥，应由公司技术负责人审核(或公司总工程师审核)；根据范本(监理大纲)修改不妥，应具有针对性(或应根据工程特点、规模、合同等)地编制。监理规划内容见本节内容。

【课堂活动】

案情介绍

某大厦房地产开发公司计划将拟建的装饰装修工程项目的实施阶段委托 A 监理公司进行监理，监理合同签订以后，总监理工程师组织监理人员对制定监理规划问题进行了讨论，有人提出了如下一些看法。

1. 监理规划的作用与编制原则

监理规划的作用和编制原则主要包括如下内容。

①监理规划是开展监理工作的技术组织文件；②监理规划的基本作用是指导施工阶段的监理工作；③监理规划的编制应符合监理合同、项目特征及业主的要求；④监理规划应一气呵成，不应分阶段编写；⑤监理规划应符合监理大纲的有关内容；⑥监理规划应为监理细则的编制提出明确的目标要求。

2. 监理规划的基本内容

监理规划的基本内容为：①工程概况；②监理企业的权利和义务；③监理企业的经营目标；④工程项目实施的组织；⑤监理范围内的工程总目标；⑥项目监理组织机构；⑦质量、投资、进度控制；⑧合同管理；⑨信息管理；⑩组织协调。

3. 监理规划文件的制定

监理规划文件分三个阶段制定，各阶段的监理规划交给业主的时间安排如下。

(1) 设计阶段监理规划应在设计单位开始设计前的规定时间内提交给业主。

(2) 施工招标阶段监理规划应在招标书发出后提交给业主。

(3) 施工阶段监理规划应在正式施工后提交给业主。

在施工阶段，该监理公司的施工监理规划编制后递交了业主，其中施工阶段的质量控制的事前控制内容如下。

(1)掌握和熟悉质量控制的技术依据。(2)……(3)审查施工单位的资质。①审查总包单位的资质。②审查分包单位的资质。(4)……(5)行使质量监督权，下达停工指令。

问题

1. 监理企业讨论中提出的监理规划的作用及基本原则是否恰当，其基本内容中有哪些项目不应编入监理规划？

2. 给业主提交监理规划文件的时间安排中，哪些是合适的，哪些是不合适或不明确的？如何提出才合适？

3. 监理规划中规定了对施工队伍的资质进行审查，总包单位和分包单位的资质应安排在什么时候审查？

分析思考

1. 有关监理规划的作用与编制原则中的：

第(1)条有些正确，也有些不妥(监理规划作为监理组织机构开展监理工作的纲领性文件，是开展监理工作的重要的技术组织文件)。

第(2)条的基本作用是不正确的，因为在背景材料中给出的条件是业主委托监理企业进

行"实施阶段的监理",所以监理规划就不应仅限于"是指导施工阶段的监理工作"这一作用。

第(3)条监理规划的编制不但应符合监理合同、项目特征、业主要求等内容,还应符合国家制定的各项法律、法规、技术标准、规范等要求。

第(4)条不妥。由于工程项目建设中,往往工期较长,所以在设计阶段不可能将施工招标、施工阶段的监理规划"一气呵成"地编就,而应分阶段进行"滚动式"编制。

其他两条原则正确。因监理大纲、监理规划、监理细则是监理企业针对工程项目编制的系列文件,具有体系上的一致性、相关性与系统性,宜由粗到细地形成系列文件,监理规划应符合监理大纲的有关内容,也应为监理细则的编制提出明确的目标要求。

所讨论的监理规划内容中,第(2)条监理企业的权利和义务,第(3)条监理企业的经营目标和第(4)条工程项目实施的组织等内容一般不宜编入监理规划。

2. 监理规划计划分阶段进行编制,在时间的安排上如下所列。

(1) 设计阶段监理规划提交的时间是合适的,但施工招标和施工阶段的监理规划提交时间不妥。

(2) 施工招标阶段,应在招标开始前一定的时间内提交业主施工招标阶段的监理规划。

(3) 施工阶段宜在第一次工地会议前一定的时间内提交业主施工阶段监理规划。

3. 监理规划中确定了对施工单位的资质进行审查。对总包单位的资质进行审查应安排在施工招标阶段对投标单位的资格进行预审时,并在评标时也对其综合能力进行事实上的评审。对分包单位的资质审查应安排在分包合同签订前,由总承包单位将分包工程和拟选择的分包单位资质材料提交总监理工程师,经总监理工程师审核确认后,总承包单位与之签订工程分包合同。

【课堂活动】

案情介绍

某监理企业承担了某工程施工阶段的监理任务,监理企业任命了总监理工程师。项目总监理工程师为了满足业主的要求,拟订了监理规划编写提纲,如下所列:①收集有关资料;②分解监理合同内容;③确定监理组织;④确定机构人员;⑤设计要把关,按设计和施工两部分编写规划;⑥图纸不齐,按基础、主体、装修三阶段编写规划。

总监理工程师提交的监理规划中的部分内容如下。

1. 工程概况(略)

2. 监理工作目标

(1) 工期目标:控制合同工期24个月。

(2) 质量等级:控制工程质量达到优良。

(3) 投资目标:控制静态投资××万元。

3. 设计阶段监理工作范围

①收集设计所需技术经济资料;②配合设计单位开展技术经济分析;③参与主要设备、材料的选型;④组织对设计方案进行评审;⑤审核工程概算;⑥审核施工图纸;⑦检查和控制设计进度。

4. 施工阶段监理工作范围

(1) 质量控制。事前控制包括以下几点：①审核总包单位的资质；②审核总包单位质量保证体系；③原材料质量预控措施和质量检查项目预控措施(见表 9.7)。

(2) 进度控制。

(3) 投资控制。

(4) 合同管理。

表 9.7 原材料质量预防控制和质量检查项目预控措施表

材料名称	技术要求	质量控制措施与方法
轻钢龙骨	力学性能试验抽样	出厂合格证、进场复试报告
石膏板	检查和测定外观质量、尺寸偏差、平整度、直角偏离度、含水率、单位面积质量和断裂荷载	出厂合格证、进场复试报告
……	……	
项目名称	质量预控措施	
钢筋焊接质量	①焊工应持合格证上岗；②实焊前先进行焊接工艺实验；③检查焊条型号	
吊顶工程	①吊顶材料抽样；②对供货商或施工单位材料进场时提交的正式的出厂质量证明书和试验报告进行核查认可；③吊顶边线弹线弹线；④天棚吊筋位置和数量是否准确；⑤龙骨按设计要求弹线安装、自检；⑥装饰面的安装和验收	
……	……	

5. 监理组织(略)

问题

1. 提纲中有哪些不妥的内容，为什么？

2. 该监理规划内容有无不正确的地方，为什么？

分析思考

1. 提纲中的不妥之处如下。

(1) "设计要把关，按设计和施工两部分编写规划"不妥。设计阶段的监理规划不需要写。因为业主没有委托设计监理，仅签订了施工阶段工程监理的合同。

(2) "图纸不齐，按基础、主体、装修三个阶段编写规划"不妥，不需要分阶段编写规划。因为监理规划是监理合同执行的细化，施工图纸是否完整对监理规划的内容影响不大。

2. 监理规划中不正确的内容如下。

(1) "设计阶段监理工作范围"不正确。因为合同没有委托设计监理，内容与实际情况不符。

(2) 文中提到的"审核施工图纸"不正确。应写入质量控制中。

(3) "原材料质量预控措施"和"质量检查项目预控措施"不正确。因为两个事前预控措施表中的内容不应在规划中写，应是监理实施细则的内容。

(4) "审核总包单位的资质"不正确。因为总包单位的资质不需要审核，施工单位已通过招标选定。

9.1.3 装饰装修工程项目监理实施细则

装饰装修监理工程项目实施细则是根据监理规划，由专业监理工程师编写，并经总监理工程师批准，针对工程项目中某一专业或某一方面监理工作的操作性文件。它具有实施性和可操作性的特点，起着具体指导监理业务开展的作用。

1. 装饰装修工程监理实施细则的内容

装饰装修工程监理实施细则一般包括以下内容。

1) 工程的特点

在装饰装修工程监理实施细则中，应详细阐明工程的特点和要求，列出业主与设计要求，特别要强调标准、规范、检验应达到的限值及优良的定量值。编制装饰监理实施细则时，应针对所监理工程中各分部工程，或特殊工程、新工艺、新技术以及业主对三大控制中认为应在本工程中加以重点控制等特殊要求而进行。

2) 监理工作的流程

装饰监理工作流程是结合工程项目相应专业要求，深入、细致地制定出的具有可操作性、实施性的工作程序，可用流程图来表达。在监理实施细则中，专业监理工程师应详细编制各专业工程施工监理工作流程。

3) 装饰监理工作的控制要点及目标值

监理实施细则的作用是具体指导各专业工程监理工作的开展。装饰装修工程的实施细则中重点是控制要点及控制目标值。工程的进度控制是在整体工程项目进度控制的要求下实现的。在整个施工过程中始终受控于总进度计划的规定期限，并且遵循和服从各施工阶段进度计划因客观条件影响而进行的调整。工程的投资控制也包含在全项目投资控制的范围内。因此，装饰装修工程的监理实施细则主要是质量控制的内容；而在实施阶段的投资、进度控制，则要在装饰监理规划的基础上，进一步编制相应专题的实施细则，详细阐明"怎样做"的问题。

就其实质而言，装饰装修工程的质量控制要点就是纯粹的专业技术问题，要十分详细、具体地列出。装饰装修工程控制目标值应符合相关专业验收规范的规定。

4) 监理工作的方法及措施

在装饰监理实施细则中，监理工作方法及措施是直接针对专业工程而言的。在装饰监理规划中所写入的方法和措施是针对本工程总体的概括要求，一般不涉及具体怎样做的操作性、实施性细节；而在监理实施细则中，对此要求更为详细与实际。常用的监理工作方法有旁站、巡视、试验、检测、平行检测等，装饰监理实施细则中，应详尽地阐明应采用的监理工作方法。监理工作措施可针对装饰装修工程的特点而制定。

2. 装饰装修监理实施细则的编制

由于装饰装修工程项目分为装饰装修设计阶段、施工准备阶段、施工阶段，各阶段监理工作内容不同，各阶段监理的实施细则的编制内容也不同。由于装饰装修工程监理主要为施工阶段的监理，因此这里重点介绍施工阶段监理实施细则的编制内容。

施工阶段的装饰装修监理实施细则，应在相应工程施工开始前由专业监理工程师编制，并应报总监理工程师审批。在实施建设工程监理过程中，监理实施细则可根据实际情况进行补充、修改，并应经总监理工程师批准后实施。

(1) 监理实施细则的编制应依据下列资料。

①监理规划。②工程建设标准、工程设计文件。③施工组织设计、(专项)施工方案。

(2) 监理实施细则应包括下列主要内容，并围绕表 9.8 中的内容编制。

①专业工程特点。②监理工作流程。③监理工作要点。④监理工作方法及措施。

表 9.8　装饰装修监理实施细则的编制

控制要点	内　　　容
1. 质量控制	①要求施工单位推行全面质量管理，建立健全质量保证体系，做到开工有报告，施工有措施，技术有交底，定位有复查，材料、设备有试验，隐蔽工程有记录，质量有自检、专检，交工有资料。②对主要工程材料、半成品、设备制定预控措施。③对重要工程部位及容易出现质量问题的分部(项)工程制定质量预控措施。④要求施工单位严格执行国家和地方有关施工安装的质量检验报表制度；对施工单位交验的有关施工质量报表，监理工程师应及时核查或认定。对于隐蔽工程未经监理工程师核查签字不能继续施工
2. 投资控制	①按合同支付工程款等。加强投资控制，在承包合同价款外，尽量减少所增工程费用。②督促合同双方全面履约，减少对方提出索赔机会。③按合同支付工程款等
3. 进度控制	①严格审查施工单位编制的施工组织设计，要求编制网络计划，并切实按计划组织施工。②由业主负责供应的材料和设备，应按计划及时到位，为施工单位创造有利条件。利用工程付款签证权，督促施工单位按计划完成任务。③检查施工单位落实劳动力、机具设备、周转材料、原材料的情况。④要求施工单位编制月施工作业计划，将进度按日分解，以保证月计划的落实。⑤检查施工单位的进度落实情况，按网络计划控制，做好计划统计工作；制定工程形象进度图表，每月检查一次上月的进度。⑥协调各施工单位间的关系，使它们相互配合、相互支持和搞好衔接。⑦利用工程付款签证权，督促施工单位按计划完成任务
4. 施工安全管理	①审查施工单位提出的安全措施方案并督促其实现。②施工过程的安全防护措施，应由施工单位负责定期检查，装饰装修监理组织配合监督
5. 工程验收	①监理工程师根据施工单位有关阶段的、分部工程的以及单位工程的竣工验收申请报告，只负责组织初验。②经初验全部合格后，由项目总监理工程师在相应的工程竣工验收报告单上签明认可的正式竣工日期，然后向业主提出竣工报告，并要求业主组织有关部门和人员进行相应阶段的正式验收工作

注意　某工程装饰装修工程监理实施细则案例请从出版社网站下载。

9.2 监 理 日 志

监理日志属于监理文件，记录要真实、准确。监理资料作为装饰监理工作的原始凭证，是检验监理工作、界定监理责任的重要依据，要重视监理资料的收集、整理和归档工作。由于装饰装修工程监理工作日志的内容涉及工程建设的各个方面，具有时间连续性强，内容真实、全面，准确、公正反映施工现场每天发生的情况等特点，是工程实施过程中最真实的工作证据，是记录施工人员素质、能力和技术水平的体现。因此，装饰装修监理日志是监理资料中较重要的组成部分。监理日志由总监指定专业监理师记录(组织编写)，它不等同于监理日记，监理日记是每个监理人员的工作日记。

监理日志应包括下列主要内容。

(1) 天气和施工环境情况。

(2) 当日施工进展情况。

(3) 当日监理工作情况，包括旁站、巡视、见证取样、平行检验等情况。

(4) 当日存在的问题及协调解决情况。

① 当日监理工程师发现的问题及处理情况。

② 当日进度执行情况、索赔(工期、费用)情况、安全文明施工情况。

③ 有争议的问题、各方的相同和不同意见及协调情况。

④ 天气、温度的情况，天气、温度对某些工序质量的影响和采取措施与否。

⑤ 承包单位提出的问题、监理人员的答复等。

(5) 其他有关事项。施工监理日志的格式见表9.9。

表 9.9 施工监理日志

工程名称：_____ 施工单位：_____

施工部位		日期	
气象情况	最高气温 ℃ 最低气温 ℃ 风力 级		
序号	施 工 情 况		记录人
1			
2			
3			
……			
主要事项记载： 存在问题(包括工程进度与质量)			
处理情况：			
其他(包括安全、停工等情况) 记录人：			

监理日志是监理工作的各项活动、决定、问题及环境条件的全面记录，是监理工作重要基础工作，在很大程度上反映出监理工作的水平和质量。一份完整、翔实、准确的施工监理日志不仅可以为工程项目提供有价值的资料，也是事故发生后，追溯责任时监理人员自我保护的依据。因此，每个监理人员都有责任写好监理日志，为自己和监理公司树立科学、公正、公平的良好形象。

工程实践　如何记好装饰监理日志

通过在装饰监理工作的具体实践，关于如何记好装饰监理日志，提出以下几点。

1. 准确记录施工时间、天气、温度和风力。

监理人员在书写监理日志时，往往只重视施工日期，而忽视气象记录，其实气象记录的准确性和气象变化，对工程质量有直接关系。在装饰装修工程、屋面工程等分部工程施工过程中，气象的变化直接影响工程的施工质量。比如雨中施工、雨后外墙粉刷、涂料及屋面防水施工等，在施工完毕后出现质量问题，监理人员就可根据监理日志查到这一部位的施工日期、天气环境，容易得出较客观的原因分析。

2. 准确记录各分项工程、检验批的质量检查情况。

监理人员对分项工程、检验批的检查，主要通过旁站、巡视和平行检查等手段来实施的，监理日志中要客观记录旁站的分项工程部位、时间和所发现的问题等，这其中对隐蔽工程要作全过程的详细记录。如电气、水、卫、消防、暖通、暗配管敷设工程检查记录按层次、轴线、部位、型号、规格、数量、尺寸(标高和坡度)实测。存在问题的处理方式和处理结果等。砌筑工程：砌体材料质量、砂浆配比、灰缝质量、拉结钢筋的设置及洞口、过梁的留置等，同样要记录层次部位、轴线。

监理人员在做这部分监理日志时，往往只记录名称、施工进度，而对施工中存在的问题、解决问题的方式及结果没有详细记录，或者认为问题已经处理了，没有必要再记录了，这其实就忽视了自我保护、自我价值体现的意识，怎么能让业主方更多地了解监理的工作内容和服务宗旨呢？所以监理日志要记录好发现的问题、解决的方法以及整改的过程和程度，要真实、准确、全面地反映与工程相关的一切问题(包括"三控制"、"二管理"和"一协调")。

3. 准确记录原材料、构配件进场验收记录。

原材料、构配件是构成建筑产品的基本元素，原材料、构配件的质量好坏直接影响到工程质量的优与劣。因此，对原材料、构配件及半成品进场都要做好检查记录，并留好样品。原材料、构配件进场检查记录主要包括以下几个方面。

(1) 产品出厂质量证明书或合格证、数量、规格、型号、产地、产品说明书，并应与其包装标志对照看是否一致，是否与设计要求相符。

(2) 现场勘察实物质量，做好留样标本，设备开箱检查，看有无破损、有无短缺。

(3) 进口设备和材料还要检查记录报关手续是否齐全。

上述检查全部合格后，对有复试要求的材料，按批量要求进行见证取样，送当地工程质量检测中心复试，并做好见证取样记录。今后复试合格后，记录复试合格证编号，

监理工程师签署同意使用日期，前后日记首尾呼应，对检测(复试)不合格材料，做好该批次产品退场记录。

4. 关心安全文明施工，做好安全生产检查记录。

施工现场的安全文明与工程质量、工程进度息息相关。施工企业在编制施工组织设计时，都制定了相应的安全技术措施和安全生产责任制，对施工企业制定的有关安全生产方面的资料，监理人员都要一一审核，并提出审批意见。这方面的检查记录主要包括：脚手架、电线防护的搭建方案；施工现场临时用电方案；施工工地洞口的围护方案；高空作业安全生产方案等，对这些项目在检查中发现的安全隐患要及时记录，并及时发出整改通知单。监理日志中应具体记好这方面的情况，从而保证监理工作能够正常进行。

5. 做好现场大事记录。

现场大事指的是装饰施工过程中发生的与工程质量、进度、安全、检查、验收等有关的重要事件，主要包括以下内容。

(1) 装饰装修工程施工质量、安全事故情况的前后记录，包括处理情况。

(2) 装饰装修工程施工中甲方所供材料、资金、设计不到位引起变更的情况记录。

(3) 装饰装修工程施工中停电、停水，自然灾害等情况。

(4) 各级主管部门来工地参观、检查、验收等情况。

(5) 施工单位、建设单位未履行合同的违约情况。

(6) 建设单位、施工单位、设计单位等相互来往的文件、联系单、变更等要一一记录。

6. 监理日志要书写工整、规范用语、内容严谨、说清情况。

监理日志充分展现了监理人员对各项活动、各种问题及相关影响的表达，监理人员在日常工作中要书写工整、规范用语、内容严谨。工程监理日志充分展现了记录人对各项活动、问题及其相关影响的表达。文字如果处理不当、语句不通、用词不当、不符合逻辑、不规范用语或错别字多、涂改潦草等就会产生不良后果，这就要求监理人员具有严谨、认真的态度，要熟悉施工现场，掌握现场的一切动向，要多熟悉图纸、规范，提高技术素质，积累经验，掌握写作要领，严肃认真地记录好监理日志。

7. 监理日志的内容必须保证真实、全面，充分体现参建各方合同的履行程度。公正地记录好每天发生的工程情况是监理人员的重要职责。写好监理日志后，要及时交总监理工程师审查，以便及时沟通和了解，从而促进监理工作正常有序地开展。

9.3　装饰装修工程监理工作总结

装饰监理总结有工程月报总结、竣工总结、专题总结三类，按照《建设工程文件归档整理规范》的要求，三类总结在建设单位都属于要长期保存的归档文件，专题总结和月报总结在监理单位是短期保存的归档文件，而工程竣工总结属于要报送城建档案管理部门的监理归档文件。

9.3.1　装饰装修工程监理月报

装饰装修工程监理月报是总监理工程师定期向业主提交的反映工程在本报告期末总执行情况的书面报告，又是业主了解、确认、监督工程进度、质量、投资及施工合同的各项目标完成情况的重要依据。因此施工阶段监理月报的编写是项目监理部的一项重要工作，监理月报的编写正是体现装饰监理企业工程监理项目目标有效控制水平、管理水平、人员专业水平的一个重要组成部分，是实现监理工作标准化、规范化、专业化、科学化的重要工作内容。

1. 监理月报的作用

监理月报具有如下作用。

(1) 向建设单位汇报工程实施情况和工程实施中存在的困难及尚待解决的问题。项目监理部定期向建设单位报送监理月报，是项目监理部向建设单位汇报监理工作的主要渠道之一，也是沟通的一种方式。通过监理月报，为建设单位提供各方面的工程信息，让建设单位了解工程，及时解决工程中的有关问题，为工程顺利推进创造有利条件，也为建设单位对重大问题进行决策提供主要依据。

(2) 向监理单位汇报工程监理项目情况。通过监理月报，使监理单位掌握项目监理情况，有效了解工程质量、进度、投资控制和合同、安全管理及组织协调等方面尚存在的问题和经验教训等，便于监理单位及时指导和总结控制。

(3) 可作为项目监理部本月工作总结和对下阶段监理工作进行计划和部署。监理月报对项目监理部工作也具有指导作用，通过总结可以对今后监理工作进行改进和完善。

2. 监理月报编写的基本要求

监理月报编写的基本要求如下。

(1) 根据《建设工程文件归档整理规范》(GB/T 50328—2001)的要求，监理月报属于建设单位长期保存、监理单位短期保存的文件。监理月报是监理文件档案资料的一种，而监理工作质量的优劣在很大程度上取决于监理资料的真实完整及规范性和可追溯性，这就要求监理月报编写应能客观、公正、真实、准确地反映工程进展情况和监理实施情况。为了系统、全面地反映工程的实际情况，项目监理部应及时收集并记录工程实际产生的有效信息和数据，科学地应用统计技术，通过分析，确保数据可靠性，体现月报的科学化和专业化。

(2) 监理月报应真实反映工程现状和监理工作情况，做到数据准确、重点突出、语言简练、易采用定型图表，附必要的图表和照片，使监理月报直观、简单易懂，月报编写的内容要完整、有效，体现月报标准化、规范化。

(3) 监理月报编写应做到有分析、有比较、有措施建议。

(4) 编写月报时要注意对月报中提出的问题，做到交圈闭合，要前后呼应，要有追溯性，无漏洞。

(5) 监理月报的内容应真实全面,真实地反映出本月工程进度状况及监理工作情况。

① 监理月报所陈述问题必须是已存在的或对工程费用、质量及工程产生实质性影响的事件。

② 对于进度落后于原定计划的分项和细目,应说明延迟的原因以及为挽回这种局面已采取或将要采取的措施。

③ 如承包人主要职员或监理工程师发生变动,监理月报应及时、如实地反映。

④ 对于已完成的主要工程分期及细目,监理月报应如实阐述清楚。

(6) 监理月报应采用 A4 规格纸,其格式应统一,应采用黑色墨水或黑色签字笔书写。一式两份,经总监理工程师签署后,一份由项目监理机构作为监理资料存档,另一份交送业主。

(7) 监理月报编制周期为上月 26 日到本月 25 日,在下月 5 日之前发送至建设单位及有关单位。

3. 监理月报编写程序及报送

监理月报由项目总监理工程师组织编写,一般由专业监理工程师按职责分工对各自所负责工作范围进行编写,然后由总监理工程师或总监理工程师代表审核并汇总,最终由总监理工程师签字报建设单位和监理单位,报送时间一般在收到承包单位项目经理部报送的"月度报表"(工程进度、工程量、工程款支付申请表等相关资料)后按约定时间提供。负责编制监理月报的监理工程师应针对工程进展情况、存在的问题等方面进行编制。编制月报时,监理工程师应如实反映工程现状和监理工作情况,以便建设单位和上级监理部门对工程现状能有一个比较清晰的了解。编制时,监理工程师应主要依据工程项目施工质量验收系列规范、规程、技术标准以及《建设工程监理规范》(GB 50319—2000)进行,此外,还应依据本监理单位的有关规定执行。

4. 监理月报的编制内容

施工阶段监理月报的主要内容是工程质量控制、进度控制、投资控制和合同管理、信息管理、安全文明施工管理及组织协调工作的情况。施工阶段监理月报可参照以下内容进行编写。

1) 月报封面

月报封面应写明:监理月报编号、工程名称、月报报告期、总监理工程师签名、装饰项目监理机构名称、编写月报时间。

2) 目录

目录是分列正文所述几项内容的标题。

3) 工程概述

工程概述记述本月开展装饰施工作业的分项分部工程的主要施工内容。

4) 工程形象进度描述

工程形象进度描述按单位工程描述从开工至本月工程实际形象进度。通过文字、进度图表、照片等方式进行描述,指标中应包括已完工程量占总工程量的百分比数或工程已投资额占工程总投资额的百分比数。

  5) 工程进度控制

  关于工程进度控制主要包括以下内容。

  (1) 工程总体进度及主要工程项目的实际进度和计划进度。

  (2) 对本月的实际进度与计划进度进行比较。对本月施工进度计划的实施情况和控制状况进行叙述，特别要注意叙述施工过程中的干扰因素和影响。

  (3) 进度分析。着重分析本月实际进度状况(超前或滞后)对阶段性进度目标和总进度目标的影响程度，并对实现进度目标存在的问题和风险因素进行分析和预测，避免更多潜在问题的出现。

  (4) 进度措施、对策建议。提出应对措施和对策建议，作为下一步进度控制的改进根据。进度措施包括：下达监理指令、工地例会、各种层次的专题协调会以及组织、技术、经济和合同措施等。

  6) 工程质量控制

  关于工程质量控制主要包括以下内容。

  (1) 本月工程质量及质量控制情况：记述本月工程测量核验、工程材料/构配件/设备进场核验、涉及结构安全和使用功能的试块(试件)及有关见证取样检测、工程隐蔽验收等情况，可采用分类列表说明；记述本月工程国家强制性标准条文执行情况，人员、机械、材料、施工方法及工艺或操作以及施工环境条件是否均处于良好状态；同时对质量控制措施、手段、方法、效果等作出阐述。

  (2) 工程验收情况：对本月工程项目检验批，分项、分部(子分部)工程检查验收情况进行说明。

  (3) 质量分析：主要对本月施工中存在的问题以及今后有可能影响质量的隐含因素进行分析，重点指出风险因素，为下一步质量控制提出改进措施和建议。

  7) 工程投资控制

  关于工程投资控制主要包括以下内容。

  (1) 本月工程量审核情况：包括现场核实工程量签证办理情况说明，并与合同工程量进行比较。

  (2) 工程款审批情况及月支付情况：主要对本月各单位工程投资完成情况及工程价款审批情况作出说明，其中包括合同外项目、设计变更项目及索赔项目等，应分别对合同总金额、本月支付金额和月末累计结算金额进行统计及对照，以反映投资完成情况及价款结算态势。

  (3) 投资分析：主要对本月实际投资情况和原计划投资进行对比分析，并预测资金支付态势，对有可能影响投资控制目标的风险因素进行预测和分析，为建设单位制订或调整投资计划提供依据。

  (4) 投资控制采取措施、效果：对提出合理化建议等所节约投资的情况加以说明，同时对本月投资控制中出现的问题进行对比分析，并提出具体处理措施或建议，预计下月可能完成的工程量和工程的发生费用金额。

8) 工程合同管理

关于工程合同管理主要包括以下内容。

(1) 合同执行情况：主要对本月合同双方执行合同的情况进行说明，并作出是否正常的评价。

(2) 工程变更事项：包括设计变更、施工条件变更以及原招标文件和合同工程量清单中没有包括的新增工程，同时对工程变更发生的原因、处理情况进行阐述。

(3) 工程延期和费用索赔事项：对本月索赔项目的发生原因、处理依据、协调过程、索赔金额和承包单位对索赔处理意见、工程延期审批情况进行说明。

(4) 合同管理分析：对合同履行过程中存在的问题进行说明，分析问题产生的原因，提出解决问题的举措。同时对以后合同管理中有可能对工程建设产生不利的影响，甚至可能导致重大损失的风险因素进行预测和分析，以便进行预测和采取防范措施。

9) 工程安全文明施工管理

对本月装饰施工现场的安全施工状况和安全监理工作作出评述，包括装饰施工单位资质及安全生产许可证、装饰施工单位专职安全员及特殊工种作业人员资格证件审核情况，施工单位的施工机械、安全设施的验收、备案情况，专项安全施工方案、安全交底情况以及监理通过旁站、巡视检查施工现场安全生产情况并提出问题和问题解决情况等进行说明。也可摘要记录施工现场安全生产重要情况和施工安全隐患的影像资料。说明安全文明施工措施费的使用情况。如发生工程事故，应对事故的性质、发生的原因和时间，所造成的危害及损失，对本工程建设的影响程度，处理依据、方法等进行叙述。对重大事件具体情况作出详细阐述。

10) 监理工作小结

关于监理工作小结主要包括以下内容。

(1) 对本月监理在"三控制"和合同管理、安全文明施工管理等方面的情况进行综合评价。

(2) 监理工作成效应记述本月装饰项目监理部开展各项审核工作情况，各类文件的签发情况，开展见证取样、巡视、旁站、实测实量工作情况以及有关工地会议情况等。

(3) 对有关工程的意见和建议以及下月监理工作重点等进行概述。

11) 附件

把对监理月报具有证明和验证作用的工程影像资料及有关工程文件作为附件。

总之，施工阶段装饰监理月报所涉及的内容非常广泛，需要项目监理部严格、认真地编写，并在工作中持续改进，不断提高。在施工阶段监理实践中，要认真编写监理月报，标准、规范、科学和有效地反映工程进展和监理工作实施情况，很好地履行委托监理合同，为业主提供专业化的优质服务。

9.3.2　装饰装修工程竣工总结

装饰装修项目施工阶段监理工作完成后，应在总监理工程师的主持下全面、认真、实事求是地编写装饰装修监理工作竣工总结。编写完成后经总监理工程师审批，提交建设单位。

装饰装修监理工作总结应包括向业主提交的装饰装修监理工作总结和向本企业提交的装饰装修监理工作总结。这两部分总结的作用不同，内容也不相同。

1. 向业主提交的装饰装修监理工作总结

项目监理工作总结一般应包括工程概况，监理组织机构、监理人员和投入的监理设施，监理合同的履行情况，监理工作的成效，施工过程中出现的问题及处理情况和建议，工程照片(有必要时)等内容。监理工程师编制监理工作总结时，应符合下列规定。

(1) 工程概况。

(2) 装饰装修监理组织机构及进场、退场时间。

(3) 装饰装修监理委托合同履行情况。监理合同履行情况应进行总体概述，并详细描述质量、进度、投资控制目标的实现情况；建设单位提供的监理设施的归还情况；如委托监理合同执行过程中出现纠纷的，应叙述主要纠纷事实，并说明通过友好协商取得合理解决的情况。

(4) 装饰装修监理目标或装饰装修监理任务完成情况的评价。着重叙述工程质量、进度、投资三大目标控制及完成情况，对此所采取的措施及做法；监理过程中往来的文件、设计变更、报(审)表、命令、通知等名称、份数；质保资料的名称、份数；独立抽查项目质量记录份数；工程质量评定情况等；以及合理化建议产生的实际效果情况。

(5) 装饰装修施工过程中出现的问题及处理情况和建议。

(6) 监理工作设施的投入情况(检测工具、计算机及辅助设备、摄像器材等)。

(7) 装饰装修监理资料清单及工程照片等资料。工程照片(含底片)主要有：各施工阶段有代表性的照片(开工前地貌照片、装饰装修施工照片和竣工照片)，尤其是隐蔽工程、质量事故的照片；使用新材料、新产品、新技术的照片等。每张照片都要有简要的文字材料，能准确说明照片内容，如照片类型、位置、拍照时间、作者、底片编号等。

(8) 工程质量的评价。

(9) 质量保修期的装饰装修监理工作。

2. 向本企业提交的监理工作总结

装饰装修项目监理组织向监理单位提交的工作总结应包括以下主要内容。

(1) 装饰装修监理组织机构情况。

(2) 装饰装修监理规划及其执行情况。

(3) 装饰装修监理组织各项规章制度执行情况。

(4) 装饰装修监理工作的经验和教训。如采取某种装饰装修监理技术和方法的经验；采用某种经济、组织措施的经验；如何处理好与业主和承包商关系的经验；装饰装修监理中存在的主要问题等。

(5) 监理工作的建议。

(6) 质量保修期装饰装修监理工作。

(7) 装饰装修监理资料清单及工程照片等资料。

3. 装饰装修项目竣工验收资料的审核

监理工程师在同意竣工验收之前，应对施工单位提交的全套竣工验收资料进行审核。施工单位提交的竣工验收资料主要包括以下内容。

(1) 装饰装修项目开工报告。

(2) 装饰装修项目竣工报告。

(3) 图样会审和设计交底记录。

(4) 设计变更通知单。

(5) 技术变更核实单。

(6) 施工组织设计。

(7) 工程质量事故发生后调查和处理资料。

(8) 水准点位置、定位测量记录、沉降及位移观测记录。

(9) 材料、设备、构件的质量合格证明资料。

(10) 试验、检验报告。

(11) 隐蔽验收记录及施工日志。

(12) 材料代用表。

(13) 竣工图。

(14) 质量评定资料。

(15) 工程竣工验收及资料。

监理工程师在审查竣工验收资料时，应把重点放在以下几个方面。

(1) 材料、设备构件的质量合格证明材料。这些材料应真实可靠，不得擅自修改、伪造和事后补做。

(2) 试验、检验资料。各种材料的试验、检验资料，必须根据规范要求制作试件或取样，并进行规定数量的试验。试验、检验的结论只有符合设计要求后才能用于工程施工。

(3) 核查隐蔽工程记录及施工记录。

(4) 竣工图的审查。装饰装修项目竣工图是真实地记录建筑物等详细资料的技术文件，是进行工程交工验收、使用维护的依据，也是使用单位长期保存的技术资料。

4. 装饰装修项目竣工验收的组织

竣工验收一般分单项工程验收、全部验收两个阶段进行。

(1) 单项工程验收是指在一个总体装饰装修项目中，一个单项工程已按设计内容建完，具备使用条件，且施工单位已预验，即可向监理工程师发出交工通知，由监理工程师组织的验收。监理工程师在组织单项工程验收前，应先进行初验，并组织施工单位和设计单位整理施工技术资料和竣工图。

由几个施工单位负责施工的单项工程，当其中某一单位所负责的部分已按设计完成时，也可组织正式验收，办理交工手续，交工时应请总包施工单位参加。

(2) 全部验收是指整个装饰装修项目已按设计要求全部装修完成，并符合竣工验收标准，且已通过施工单位的预验和监理工程师的初验，由业主组织的正式验收。

在整个项目进行全部验收时，对已验收过的单项工程，可以不再进行正式验收和办理交工手续，但应将单项工程验收单作为全部验收的附件而加以说明。

组织竣工验收是装饰装修监理工作的重要方面，监理工程师应按上述程序进行如下工作。

(1) 监督合同各方做好竣工准备工作。施工、设计、业主等各单位都要按规定准备技术资料，要求数据准确、种类齐全、文字精练。

(2) 督促施工单位作竣工预验。施工单位竣工预验是指装饰装修项目完工后，在竣工验收通知发出前由施工单位自行组织的内部自验收。内部预验是顺利通过正式验收的可靠保证，最好邀请监理工程师参加。

内部预验由项目经理组织生产、技术、质量、合同、预算以及有关的施工工长，按照正式验收的标准，分层分段、分房间地由上述人员按照自己主管的内容逐一进行检查。在检查中要做好记录。对不符合要求的部位和项目，确定修补措施和标准，并指定专人负责，定期修理完毕。

在基层施工单位自我检查的基础上，并对查出的问题全部修补完毕以后，项目经理应提请上级单位进行复验。通过复验后，要解决全部遗留问题，为正式验收做好充分的准备。

(3) 审查施工单位提交的验收申请报告。监理工程师收到施工单位送交的验收申请报告后，应参照工程合同的要求、验收标准等进行仔细的审查。

(4) 现场初验。监理工程师审查完验收申请报告后，若认为可以进行验收，则应由监理人员组成验收班子对竣工的装饰装修项目进行初验，在初验中发现的质量问题，应及时以"监理工程师通知单"书面通知或以备忘录的形式告诉施工单位，并令其按有关的质量要求进行修理，甚至返工。承包单位在工程项目自检合格并达到竣工验收条件时，应填写"工程竣工报验单"，并附相应竣工资料(包括分包单位的竣工资料)报项目监理部，申请竣工预验收。

(5) 组织正式验收。总监理工程师在初验合格且工程竣工预验收合格后，由项目总监理工程师向建设单位提交《工程质量评估报告》(详见 9.3.3 节)，由业主组织设计单位、施工单位、监理单位、质监部门等单位成立验收组进行正式验收。

正式验收的步骤一般如下。

(1) 检查工程，审查工程资料。参加装饰装修项目竣工验收的各方对已竣工的工程进行目测检查，同时逐一地检查工程资料是否齐备和完整。

(2) 举行现场验收会议。现场验收会议由参加装饰装修项目竣工验收的各方共同参加。主要内容有以下几方面。

① 施工单位代表介绍工程施工情况、自检情况及竣工情况，出示竣工资料。

② 总监理工程师通报工程装饰装修监理中的主要内容，组织监理工程师和承包单位共同对工程进行检查验收。经验收需要对局部进行整改，应在整改符合要求后再验收，直至符合合同要求，总监理工程师签署"工程竣工报验单"(见表 9.10)。

表9.10 工程竣工报验单

工程名称：   编号：B.0.10

致：   (项目监理机构) 　　我方已按施工合同要求完成　　　　　　　　　工程，经自检合格，现将有关资料报上， 请予以验收。 　　附件：1. 工程质量验收报告 　　　　　2. 工程功能检验资料 　　　　　　　　　　　　　　　　　　　　施工单位(盖章) 　　　　　　　　　　　　　　　　　　　　项目经理(签字) 　　　　　　　　　　　　　　　　　　　年　　月　　日
预验收意见： 　　经预验收，该工程合格或不合格，可以或不可以组织正式验收。   　　　　　　　　　　　　　　　　　　　　项目监理机构(盖章) 　　　　　　　　　　　　　　　　　　　　总监理工程师(签字、加盖执业印章) 　　　　　　　　　　　　　　　　　　　年　　月　　日

注：本表一式三份，经项目监理机构审核后，项目监理机构、建设单位、施工单位各存一份。

　　③ 验收组根据在竣工项目目测中发现的问题和承包合同所规定的事项，对施工单位提出限期处理的意见。

　　④ 由质检部门会同业主及监理工程师讨论工程正式验收是否合格，讨论时其他代表可以休会。

　　⑤ 复会，由总监理工程师宣布验收结果，质监站人员宣布装饰装修项目质量等级。

　　(3) 办理竣工验收签证书。验收签证书应由业主、监理工程师、承包方共同签字方能生效。

工程实践　竣工图审查的主要内容

　　关于竣工图主要应审查以下内容。

　　(1) 竣工图是否符合装饰装修工程竣工图的暂行规定。

　　① 在施工过程中未发生设计变更，按图施工的装饰装修工程在原施工图样(必须是新图样)上注明"竣工图"标志，即可作为竣工图使用。

　　② 在施工中虽然有一般性的设计变更，但没有较大的结构性的或重要管线等方面的设计变更，可以在原施工图样上修改或补充；也可以不再绘制新图样，由施工单位在原施工图样(必须是新图样)上，清楚地注明修改后的实际情况，并附以设计变更通知书、设计变更记录及施工说明，然后注明"竣工图"标志，即作为竣工图。

　　③ 装饰装修工程的结构形式、标高、施工工艺、平面布置等重大变更，原施工图已不再适用，应重新绘制改变后的竣工图。由于设计原因造成的，应由设计单位负责重新绘图；由于施工原因造成的，由施工单位负责重新绘图；由于其他原因造成的，由装

饰装修单位自行绘图或委托设计单位绘图，施工单位负责在新图上加盖"竣工图"标志，并附以有关记录和说明，作为竣工图。

(2) 竣工图是否与竣工工程的实际情况相符。

(3) 竣工图是否保证绘制质量，做到规格统一、字迹清晰，符合技术档案的各种要求。

(4) 竣工图是否已经过施工单位主要技术负责人审核、签认。

9.3.3 工程质量评估报告

1. 编制要求

工程质量评估报告的编制要求如下。

(1) 工程竣工预验收合格后，由总监理工程师向建设单位提交《工程质量评估报告》。

(2) 《工程质量评估报告》应包括工程概况、施工单位基本情况、主要采取的施工方法、装饰装修工程的质量状况、施工中发生过的质量事故和主要质量问题、原因分析和处理结果，以及对工程质量的综合评估意见。

(3) 评估报告应由项目总监理工程师及监理单位技术负责人签认，并加盖公章。

2. 质量评估报告编制推荐范本

质量评估报告撰写范本如下。

×××建设监理公司受××××公司的委托，对××工程实施监理工作。项目监理部于××××年×月×日开始对××工程进行施工阶段监理，经建设单位、设计单位、承包单位、监理单位的共同努力，于××××年×月×日××工程的建筑工程达到基本竣工条件。

一、工程基本情况

(一)工程概况(略)

(二)承包单位及分包单位基本情况

承包单位在现场项目部全面负责××工程的施工任务，各管理层人员配备齐全，资格符合要求。施工人员各专业人员岗位证书齐全，符合要求。劳务人员数量满足施工工期要求。施工各类设备规格、型号、数量满足施工要求。工程原材料、构配件、设备能按使用计划落实。根据对总包单位、分包单位及主要工程原材料、构配件、设备供应单位的考察确定，总包单位和各分包单位及供应单位有能力完成本工程的施工项目。

(三)主要采取的施工方法(略)

(四)装饰装修工程各分部工程的质量状况

(1) 门窗工程分项工程××项，其中优良××项，优良率××%；承包单位自评评定等级为优良，监理验收合格。

(2) 地面与楼面工程分项工程××项，其中优良××项，优良率××%；承包单位自评评定等级为优良，监理验收合格。

(3) ……

(4) 其他装饰装修工程各分项工程××项，其中优良××项，优良率××%；承包单位自评评定等级为优良，监理验收合格。

(五)施工中发生过的质量事故、问题、原因分析和处理结果

在施工全过程中没有发生质量事故，作为一般性的质量问题(包括常见质量通病)在施工过程中有发生，这些问题通过自查、自检进行整改处理，达到合格后进行下道工序施工。

二、对工程质量的综合评估意见

该工程施工合同规定的质量等级为合格。

承包单位的质量目标定位：……监理单位对该工程装饰分项、分部(子分部)、单位(子单位)工程的验收情况进行评估，认为该工程达到了施工合同约定的工程质量要求，单位工程预验收合格。

9.4 会议纪要

9.4.1 第一次工地会议纪要

第一次工地会议是在中标通知书发出后，监理工程师准备发出开工通知前召开，其目的是检查工程的准备情况(含各方机构、人员)，以确定开工日期，发出开工令。

第一次工地会议对顺利实施工程建设监理具有重要的作用，总监理工程师应十分重视。

1. 会议准备工作

为了开好第一次工地会议，总监理工程师应在做好充分准备的基础上，在正式开会之前用书面形式将会议议程的有关事项以及应准备的内容通知业主和承包商。

第一次工地会议由总监理工程师主持，业主、承包商、指定分包商、专业监理工程师等参加。各方准备工作的内容如下。

(1) 监理单位准备工作的内容包括：现场监理组织的机构框图及各专业监理工程师、监理人员名单及职责范围；监理工作的例行程序及有关表达说明。

(2) 业主准备的工作内容包括：派驻工地的代表名单以及业主的组织机构；与工程开工有关的条件；施工许可证、执照的办理情况；资金筹集情况；施工图纸及其交底情况。

(3) 承包商准备工作的内容包括：工地组织机构图表，参与工程的主要人员名单以及各种技术工人和劳动力进场计划表；用于工程的材料、机械的来源及落实情况；各种临时设施的准备情况，试验室的建立或委托实验室的资质、地点等情况；现场的自然条件、图纸、水准基点及主要控制点的测量复核情况；为监理工程师提供的设备准备情况；施工组织设计及施工进度计划；与开工有关的其他事项。

2. 会议召开及会议纪要

1) 会议召开

项目监理单位应参加第一次工地会议，并将会议内容整理成纪要文件，以备将来查阅。第一次工地会议纪要也是一种重要的监理资料，应予以足够的重视。

工程项目第一次工地会议应包括以下主要内容。

(1) 建设单位、承包单位和监理单位分别介绍各自驻现场的组织机构、人员及其分工。

(2) 建设单位根据委托监理合同宣布对总监理工程师的授权。

(3) 建设单位介绍工程开工准备情况。

(4) 承包单位介绍施工准备情况。

(5) 建设单位和总监理工程师对施工准备情况提出意见和要求。

(6) 总监理工程师介绍监理规划的主要内容。

(7) 研究确定各方在施工过程中参加工地例会的主要人员，召开工地例会周期、地点及主要议题。

　2) 会议纪要

　　监理工程师除应积极参加第一次工地会议外，还应将会议全部内容整理成纪要文件。第一次工地会议纪要的内容应包括：参加会议人员名单；承包商、业主和监理工程师对开工准备工作的详情汇报；与会者讨论时发表的意见及补充说明；监理工程师的结论意见。装饰装修工程施工监理过程中，应编制第一次工地会议纪要，其常用表格见表9.11。

表9.11　第一次工地会议纪要

单位工程名称				工程造价/万元		
建筑面积/m²		结构类型层数				
建设单位				项目负责人		
勘察单位				项目负责人		
设计单位				项目负责人		
施工单位				项目经理		
监理单位				总监理工程师		
会议时间	年　月　日	地　　点			主持人	
签到栏：						
会议内容纪要						
建设单位驻现场的组织机构、人员及分工情况：						
施工单位驻现场的组织机构、人员及分工情况：						
监理单位驻现场的组织机构、人员及分工情况：						
建设单位根据委托监理合同宣布对总监理工程师的授权：						
建设单位介绍工程开工准备情况：						
施工单位介绍施工准备情况：						
建设单位对施工准备情况提出的意见和要求：						
监理工程师对施工准备情况提出的意见和要求：						
监理工程师介绍监理规划的主要内容：						
研究确定的各方在施工过程中参加工地例会的主要人员：						
建设单位：						
施工单位：						
监理单位：						
召开工地例会周期、地点及主要议题：						

　　监理工程师应根据会议内容和开展情况如实编写会议纪要，经与会各方代表会签后分发各有关方。会议纪要的文字应简洁，内容应清楚，用词应准确；参加会议各方的名称应统一规定，不得混乱。

> **注意** 引例问题 2 第一次工地会议上建设单位根据监理中标通知书及监理公司报送的监理规划宣布项目总监理工程师的任命及授权范围不正确,对总监理工程师的授权应根据建设工程委托监理合同宣布。

9.4.2 监理例会及专题会议纪要

监理例会也称工地例会或经常性工地会议,是指项目开工后,按照协商的时间,由监理工程师定期组织召开的会议。专题会议则是为了解决工程施工中某一专门问题而组织召开的工地会议。

1. 监理例会的准备工作

监理例会是监理工程师对工程建设过程进行监督协调的有效方式,主要目的是分析、讨论工程建设中的实际问题,并作出决定。为了使经常性工地会议具有成效,会议召开前,参会者务必提前做好准备,尤其要做好会议资料的准备工作。

(1) 监理例会是由总监理工程师主持,按一定程序召开的。

(2) 监理例会应当定期召开,宜每周召开一次。

(3) 参加人包括:项目总监理工程师(也可为总监理工程师代表)、其他有关监理人员、承包商项目经理、技术人员、承包单位及其他有关人员。需要时,还可邀请业主代表和其他有关单位代表参加。

(4) 会议资料的准备。会议资料的准备是开好经常性工地会议的重要环节。

① 监理工程师应准备以下资料:上次工地会议的记录;承包商对装饰装修监理程序执行情况的分析资料;施工进度的分析资料;工程质量情况及有关技术问题的资料;合同履行情况分析资料及其他相关资料。

② 承包商应准备以下主要资料:工程进度图表;气象观测资料;实验数据资料;观测数据资料;人员及设备清单;现场材料的种类、数量及质量;有关事项说明资料,如进度和质量分析、安全问题分析、技术方案问题、财务支付问题、其他需要说明的问题。

2. 会议的召开

1) 会议参加者

经常性工地会议召开前,项目监理工程师应通知有关人员参加,主要人员不得缺席。

(1) 监理方参加者:总监理工程师(总监代表)、驻地监理工程师。

(2) 承包方参加者:项目经理(或副经理)、技术负责人及其他有关人员、分包商。

(3) 业主:业主代表参加。在某些特殊情况下,还可以邀请其他有关单位参加会议。

2) 会议召开程序

装饰装修工程经常性工地会议可按以下议题进行。

(1) 确认上次工地会议记录。对上次会议的记录若有争议,应确认各方同意的上次会议记录。

(2) 工程进度情况。审核主要工程部分的进度情况;影响进度的主要问题;对所采取的措施进行分析。

(3) 工程进度的预测。介绍下期的进度计划、主要措施。

(4) 承包商投入人力的情况。提供到场人员清单。

(5) 机械设备到场情况。提供现场施工机械设备清单。

(6) 材料进场情况。提供进场材料清单，讨论现场材料的质量及其适用性。

(7) 有关技术事宜。讨论相关的技术问题。

(8) 财务事宜。讨论有关计量与支付的任何问题。

(9) 行政管理事宜。试验情况；各单位间的协调；与公共设施部门的关系；监理工程安全状况等。

(10) 合同事宜。未决定的工程变更情况；延期和索赔问题；工程保险等。

(11) 其他方面的问题。下次会议的时间与地点、主要内容等。

3) 专题会议召开

除定期召开工地监理例会以外，监理工程师还应根据需要组织、主持召开一些专业性的协调会议。对于技术方面或合同管理方面比较复杂的问题，如加工订货会、业主直接分包的工程内容承包单位与总包单位之间的协调会、专业性较强的分包单位进场协调会等，一般采用专题会议的形式进行研究和解决。专题会议需要进行详细的记录，而这些记录只作为变更令的附件，或留档备查。专题会议的结论，监理工程师应按指令性文件发出。

(1) 工地专题会议应由总监理工程师根据工作需要组织召开。如果建设单位或承包单位提出建议，要求召开专题会议的，经总监理工程师审定同意后也可召开。

(2) 工地专题会议可以由总监理工程师主持，也可由其授权的专业监理工程师主持。各有关人员应予参加。

(3) 专题会议应针对工程施工中的某一专门问题展开讨论和研究，并最终形成处理意见，由监理工程师签认审核，专题会议的内容应整理成会议纪要的形式，由与会各方代表会签后印发各有关方。

3．会议纪要的编制

会议均应设有专人负责记录。会议纪要的内容一般应包括会议时间、地点及会议序号；出席会议人员的姓名、职务及单位；会议提交的资料；会议中发言者的姓名及发言内容；会议的有关决定。专题会议及工地例会常用表格见表9.12和表9.13。

表9.12　专题会议

工程名称			
会议名称		主持人	
会议时间	年　月　日	地　点	
签到栏：			
会议内容纪要：			

表 9.13　工地例会

工程名称				
会议名称			总监理工程师	
会议时间	年　月　日		地　点	

签到栏：

会议内容纪要：

检查上次例会议定事项的落实情况、分析未完事项原因：

检查分析工程项目进度计划完成情况，提出下一阶段进度目标及其落实措施：

检查工程量核定及工程款支付情况：

解决需要协调的有关事项：

其他有关事宜：

　　会议纪要要真实、准确，同时必须得到监理工程师及承包商的同意。同意的方式可以是在会议纪要上签字，也可以由项目监理机构起草，在下次工地会议上经与会各方代表会签，然后分发给有关单位。为了方便，常采用后一种方法。

9.5　装饰分部(子分部)工程施工形成的资料

　　建筑工程资料是在工程建设过程中形成的各种形式的信息记录，是对工程建设项目进行过程检查、竣工验收、质量评定、维修管理的依据，是建设档案的重要组成部分。为了简明扼要了解建筑装饰装修工程分项(子分部)工程形成的资料，查找方便，依据《建筑工程施工质量验收统一标准》及《建筑装饰装修工程质量验收规范》(GB 50210—2001)、《建筑工程资料管理规程》(DBJ 01—51—2003)等，以建筑装饰装修工程分项(子分部)工程为对象，编制了吊顶、门窗、涂饰、抹灰、轻质隔墙、饰面板、裱糊与软包、细部、幕墙和地面等分部(子分部)工程施工形成的资料整体构成情况，具体内容详见表9.14～表9.23。

1. 吊顶工程施工资料

　　吊顶工程施工资料见表9.14。

表 9.14　吊顶工程施工完成形成的资料明细

子　分　部	资料分类	应形成下列资料名称
暗龙骨吊顶工程	(1)施工技术资料	暗龙骨吊顶安装技术交底
	(2)施工物资资料	①材料、构配件进场检验记录 ②工程物资进场报验表(阶段性配套监理表格)
	(3)施工记录	隐蔽工程检查记录
	(4)施工质量验收记录	①暗龙骨吊顶工程检验批质量验收记录表(030401) ②暗龙骨吊顶分项工程质量验收记录表
	(5)分项/分部工程	施工报验表 (阶段性配套监理表格)
	(6)分户验收记录	暗龙骨吊顶工程质量分户验收记录表

第9章 建筑装饰装修工程资料编写

2．门窗工程施工资料

门窗工程施工资料见表9.15。

表9.15　门窗工程施工完成形成的资料明细

子 分 部	资料分类	应形成下列资料名称
木门窗制作与安装工程	(1)施工技术资料	木门窗制作与安装工程技术交底
	(2)施工物资资料	①材料、构配件进场检验记录； ②工程物资进场报验表 (阶段性配套监理用表)
	(3)施工记录	隐蔽工程检查记录
	(4)施工质量验收记录	①木门窗制作工程检验批质量验收记录表(030301)； ②木门窗安装工程检验批质量验收记录表(030301)； ③木门窗制作与安装工程检验批质量验收记录(030301)； ④木门窗制作与安装分项工程质量验收记录表
	(5)分项/分部工程	施工报验表(阶段性配套监理表格)
	(6)分户验收记录	木门窗安装质量分户验收记录表
金属门窗安装工程；塑料门窗制作与安装工程；特种门安装工程		
门窗玻璃安装工程	(1)施工技术资料	门窗玻璃安装技术交底
	(2)施工物资资料	①材料、构配件进场检验记录； ②工程物资进场报验表(阶段性配套监理表格)
	(3)施工质量验收记录	①门窗玻璃安装工程检验批质量验收记录表(030305)； ②门窗玻璃安装工程检验批质量验收记录(高 030305)； ③门窗玻璃安装分项工程质量验收记录表
	(4)分项/分部工程	施工报验表 (阶段性配套监理表格)

3．涂饰工程施工资料

涂饰工程施工资料见表9.16。

表9.16　涂饰工程施工完成形成的资料明细

子 分 部	资料分类	应形成下列资料名称
水性涂料涂饰工程	(1)施工技术资料	①混凝土及抹灰面乳液涂料工程技术交底； ②混凝土及抹灰面复层涂料工程技术交底
	(2)施工物资资料	①材料、构配件进场检验记录； ②工程物资进场报验表(阶段性配套监理表格)； ③水溶性内墙涂料试验报告
	(3)施工质量验收记录	①水性涂料涂饰工程检验批质量验收记录表(030801)； ②水性涂料涂饰工程检验批质量验收记录(高 030801)； ③水性涂料涂饰分项工程质量验收记录表

续表

子 分 部	资料分类	应形成下列资料名称
水性涂料 涂饰工程	(4)分项/分部工程	工程施工报验表(阶段性配套监理表格)
	(5)分户验收记录	水性涂料涂饰质量分户验收记录表

4．抹灰工程施工资料

抹灰工程施工资料见表9.17。

表9.17 抹灰工程施工形成的资料明细

子 分 部	资料分类	应形成下列资料名称
一般 抹灰 工程	(1)施工技术资料	①室内一般抹灰(顶板、墙面)技术交底；②混凝土外墙抹灰技术交底；③加气混凝土砌块墙抹灰技术交底
	(2)施工物资资料	①材料、构配件进场检验记录；②工程物资进场报验表(阶段性配套监理表格)；③水泥试验报告；④砂试验报告
	(3)施工记录	隐蔽工程检查记录
	(4)施工质量验收记录	①一般抹灰工程检验批质量验收记录表(030201)； ②高级抹灰工程检验批质量验收记录表(高030202)； ③一般抹灰分项工程质量验收记录表
	(5)分项/分部工程	施工报验表(阶段性配套监理表格)
	(6)分户验收记录	墙面一般抹灰工程质量分户验收记录表
装饰 抹灰 工程	(1)施工技术资料	水刷石、干粘石、斩假石抹灰技术交底
	(2)施工物资资料	①材料、构配件进场检验记录；②水泥试验报告；③砂试验报告；④工程物资进场报验表(阶段性配套监理表格)
	(3)施工记录	隐蔽工程检查记录
	(4)施工质量验收记录	①装饰抹灰工程检验批质量验收记录表(030202)； ②装饰抹灰分项工程质量验收记录表
	(5)分项/分部工程	施工报验表(阶段性配套监理表格)

5．轻质隔墙工程施工资料

轻质隔墙工程施工资料见表9.18。

表9.18 轻质隔墙工程施工完成形成的资料明细

子 分 部	资料分类	应形成下列资料名称
板材隔墙 安装工程	(1)施工技术资料	板材隔墙工程技术交底
	(2)施工物资资料	①材料、构配件进场检验记录； ②工程物资进场报验表(阶段性配套监理表格)；③耐碱玻璃纤维网格布试验报告
	(3)施工记录	隐蔽工程检查记录

子 分 部	资料分类	应形成下列资料名称
板材隔墙安装工程	(4)施工质量验收记录	①板材隔墙工程检验批质量验收记录表(030501); ②板材隔墙分项工程质量验收记录表
	(5)分项/分部工程	施工报验表(阶段性配套监理表格)

6. 饰面工程施工资料明细

饰面工程施工资料明细见表 9.19。

表 9.19　饰面工程施工完成形成的资料明细

子 分 部	资料分类	应形成下列资料名称
饰面板安装工程	(1)施工技术资料	①大理石、花岗石湿作(或干挂)工程技术交底; ②金属饰面板工程技术交底
	(2)施工物资资料	①材料、构配件进场检验记录; ②工程物资进场报验表; ③水泥试验报告; ④砂试验报告
	(3)施工质量验收记录	①饰面板安装工程检验批质量验收记录表(030601); ②饰面板安装分项工程质量验收记录表
	(4)分项/分部工程	施工报验表(阶段性配套监理表格)
饰面砖粘贴工程	(1)施工技术资料	①外墙粘贴面砖工程技术交底; ②陶瓷锦砖粘贴工程技术交底
	(2)施工物资资料	①材料、构配件进场检验记录; ②工程物资进场报验表(阶段性配套监理表格); ③水泥试验报告; ④砂试验报告; ⑤干压陶瓷砖试验报告
	(3)施工记录	隐蔽工程检查记录
	(4)施工质量验收记录	①饰面砖黏结工程检验批质量验收记录表(030602); ②饰面砖工程检验批质量验收记录(高 030502); ③饰面砖黏结分项工程质量验收记录表
	(5)分项/分部工程	施工报验表(阶段性配套监理表格)
	(6)分户验收记录	墙面饰面砖粘贴质量分户验收记录表

7. 裱糊和软包工程施工资料

裱糊和软包工程施工资料见表 9.20。

表 9.20　裱糊和软包工程施工完成形成的资料明细

子 分 部	资料分类	应形成下列资料名称
裱糊工程 (软包工程)	(1)施工技术资料	裱糊工程技术交底
	(2)施工物资资料	①材料、构配件进场检验记录; ②工程物资进场报验表(阶段性配套监理表格)
	(3)施工质量验收记录	①裱糊工程检验批质量验收记录表(030901); ②裱糊饰面工程检验批质量验收记录(高 030901); ③裱糊分项工程质量验收记录表
	(4)分项/分部工程	施工报验表(阶段性配套监理表格)
	(5)分户验收记录	裱糊工程质量分户验收记录表

8. 细部工程施工资料

细部工程施工资料见表 9.21。

表 9.21　细部工程施工完成形成的资料明细

子 分 部	资料分类	应形成下列资料名称
细部 工程	(1)施工技术资料	①橱柜制作与安装工程技术交底; ②窗帘盒、窗台板、散热器罩制作与安装工程技术交底; ③木门窗套制作与安装工程技术交底; ④护栏、扶手安装工程技术交底; ⑤木质花饰制作与安装工程技术交底
	(2)施工物资资料	①材料、构配件进场检验记录; ②工程物资进场报验表(阶段性配套监理表格)
	(3)施工记录	隐蔽工程检查记录表
	(4)施工质量验收记录	①橱柜、窗帘盒、窗台板和散热器罩制作与安装工程检验批质量验收记录表;②门窗套制作与安装工程检验批质量验收记录表;③栏杆、护栏和扶手制作安装工程检验批质量验收记录表;④装饰线、花饰制作与安装工程检验批质量验收记录表;⑤木橱柜制作与安装工程检验批质量验收记录表;⑥细部分项工程质量验收记录表
	(5)分项/分部工程	施工报验表 (阶段性配套监理表格)

9. 幕墙工程施工资料

幕墙工程施工资料见表 9.22。

表 9.22　幕墙工程施工完成形成的资料明细

子 分 部	资料分类	应形成下列资料名称
玻璃幕墙工程	(1)施工技术资料	①框架式玻璃幕墙工程技术交底；②点支式玻璃幕墙工程技术交底；③全玻璃幕墙工程技术交底；④幕墙基准线复核记录表
	(2)施工物资资料	①材料、构配件进场检验记录；②工程物资进场报验表(阶段性配套监理表格)；③钢化玻璃检验报告；④单、双组份硅酮结构胶性能检测；⑤硅酮结构胶相容性试验报告
	(3)施工记录	①幕墙淋水检查记录；②幕墙打胶检查记录；③幕墙打胶养护环境的温度、湿度记录；④双组份的混匀性试验记录及拉断试验记录；⑤交接检查记录；⑥隐蔽工程检查记录；⑦幕墙防火构造隐蔽工程验收记录；⑧幕墙防雷装置隐蔽工程验收记录
	(4)施工质量验收记录	①玻璃幕墙工程检验批质量验收记录表；②框架式、隐框玻璃幕墙工程检验批质量验收记录表；③全玻璃式玻璃幕墙工程检验批质量验收记录表；④单元式幕墙工程检验批质量验收记录表；⑤点支式玻璃幕墙工程检验批质量验收记录表；⑥玻璃幕墙分项工程质量验收记录表
	(5)分项/分部工程	施工报验表(阶段性配套监理表格)

10．地面工程施工资料

地面工程施工资料见表 9.23。

表 9.23　地面工程施工完成形成的资料明细

子分部	资料分类	应形成下列资料名称
灰土垫层工程	(1)施工技术资料	灰土垫层技术交底
	(2)施工物资资料	①材料、构配件进场检验记录；②工程物资进场报验表(阶段性配套监理表格)
	(3)施工记录	①土工击实试验报告；②回填土试验报告
	(4)施工质量验收记录	①灰土垫层工程检验批质量验收记录表；②灰土垫层分项工程质量验收记录表
	(5)分项/分部工程	施工报验表(阶段性配套监理表格)
找平层工程	(1)施工技术资料	找平层技术交底
	(2)施工物资资料	①材料、构配件进场检验记录；②工程物资进场报验表(阶段性配套监理表格)；③水泥试验报告；④砂试验报告
	(3)施工记录	隐蔽工程检查记录
	(4)施工质量验收记录	①找平层工程检验批质量验收记录表；②找平层分项工程质量验收记录表
	(5)分项/分部工程	施工报验表(阶段性配套监理表格)
	(6)分户验收记录	地面找平层质量分户验收记录表

子分部	资料分类	应形成下列资料名称
隔离层工程	(1)施工技术资料	隔离层工程技术交底
	(2)施工物资资料	①材料、构配件进场检验记录；②工程物资进场报验表(阶段性配套监理表格)；③防水涂料试验报告；④防水卷材试验报告；⑤防水卷材外观检查记录
	(3)施工质量验收记录	①隔离层工程检验批质量验收记录表；②隔离层分项工程质量验收记录表
	(4)分项/分部工程	施工报验表(阶段性配套监理表格)
	(5)分户质量验收记录	地面隔离层质量分户验收记录表
水泥砂浆面层工程	(1)施工技术资料	水泥砂浆面层技术交底
	(2)施工物资资料	①材料、构配件进场检验记录；②工程物资进场报验表(阶段性配套监理表格)；③水泥试验报告；④砂试验报告
	(3)施工质量验收记录	①水泥砂浆面层工程检验批质量验收记录表(030118)；②水泥砂浆面层分项工程质量验收记录表
	(4)分项/分部工程	施工报验表(阶段性配套监理表格)
	(5)分户质量验收记录	地面水泥砂浆面层质量分户验收记录表
大理石和花岗石面层工程	(1)施工技术资料	大理石、花岗石及碎拼大理石面层技术交底
	(2)施工物资资料；分项/分部工程	①材料、构配件进场检验记录；②工程物资进场报验表；③水泥试验报告；④砂试验报告，施工报验表(阶段性配套监理表格)
	(3) 分户质量验收记录	地面大理石和花岗石面层质量分户验收记录表
实木地板面层工程	(1)施工技术资料	实木地板面层技术交底
	(2)施工物资资料	①材料、构配件进场检验记录；②工程物资进场报验表
	(3)施工记录	隐蔽工程检查记录
	(4)施工质量验收记录	①实木地板面层工程检验批质量验收记录表(030114)；②实木地板工程检验批质量验收记录(高 030114)
	(5)分项/分部工程	施工报验表(阶段性配套监理表格)

9.6 本章小结

工程监理过程实质上是工程建设信息管理的过程。它是监理工程师控制三大目标的基础。本章详细介绍了装饰装修监理大纲、监理规划、监理实施细则的作用、编制要求和具体内容，监理日志、监理总结、监理竣工资料、会议纪要等文件的作用和具体的编制要求及内容。其目的是让监理人员明确装饰装修工程信息的基本构成和特点，明确装饰装修工程资料管理的基本工作内容和工作方法，明确国家在相关方面的有关规定，以便更好地应用信息文档资料为工程建设服务。本章内容条款性很强，在学习中只有及时对照各种文件、表格的编制范例进行全面理解，才能深刻体会其精神实质。

自 测 题

一、单选题

1. 下列说法中，符合监理规划的是(　　)。
   A. 由项目总监理工程师主持制定　　B. 监理规划是开展监理工作的第一步
   C. 监理规划是签订合同之前制定的　D. 监理规划相当于工程项目的初步设计

2. 由项目监理机构的专业监理工程师编写，并经总监理工程师批准实施的监理文件是(　　)。
   A. 监理大纲　　　　　　　　　　B. 监理规划
   C. 监理实施细则　　　　　　　　D. 监理合同

3. (　　)须经总监理工程师批准实施。
   A. 监理大纲　　　B. 监理方案　　　C. 监理规划
   D. 监理实施细则　　　　　　　E. 监理措施

4. 监理单位为承揽监理业务而编写的是(　　)。
   A. 监理大纲　　B. 监理规划　　C. 监理细则　　D. 监理计划

5. 监理规划是监理单位重要的(　　)。
   A. 存档资料　　B. 计划文件　　C. 监理资料　　D. 历史资料

6. 签订监理合同后，监理单位实施建设工程监理的首要工作是(　　)。
   A. 编制监理大纲　　　　　　　　B. 编制监理规划
   C. 编制监理实施细则　　　　　　D. 组建项目监理机构

7. 监理大纲、监理规划和监理实施细则之间互相关联，下列表述中正确的是(　　)。
   A. 监理大纲和监理规划都应依据签订的委托监理合同内容编写
   B. 监理单位开展监理工作均须编制监理大纲、监理规划和监理实施细则
   C. 监理规划和监理实施细则均须经监理单位技术负责人签字
   D. 建设工程监理工作文件包括监理大纲、监理规划和监理实施细则

二、多选题

1. 监理大纲的作用是(　　)。
   A. 指导项目监理机构全面开展监理工作
   B. 为监理单位承揽监理业务服务
   C. 为今后开展监理工作提出监理方案
   D. 具体指导各专业开展监理实务工作
   E. 编写监理规划的依据

2. 监理大纲、监理规划、监理实施细则的区别是(　　)。
   A. 监理细则是开展监理工作的依据而其他不是　　B. 编写的时间不同
   C. 主持编写人的身份不同　　D. 内容范围不同
   E. 内容粗细程度不同

3. ( )是编制监理规划的依据。
   - A. 施工组织设计文件
   - B. 施工分包合同
   - C. 监理大纲
   - D. 监理合同
   - E. 业主的正当要求

4. 监理工程师在设计阶段进行质量控制的工作有( )。
   - A. 协助业主编制设计任务书
   - B. 审查设计方案
   - C. 进行技术经济分析
   - D. 审查工程概算
   - E. 对设计文件进行验收

5. 下列关于建设工程监理规划编写要求的表述中，正确的有( )。
   - A. 监理工作的组织、控制、方法、措施等是必不可少的内容
   - B. 由总监理工程师组织监理单位技术管理部门人员共同编制
   - C. 要随建设工程的展开进行不断的补充、修改和完善
   - D. 可按工程实施的各阶段来划分编写阶段
   - E. 留有必要的时间，以便监理单位负责人进行审核签字

三、思考题

1. 编制监理规划的要求有哪些？其编制依据、内容是什么？
2. 监理大纲、监理规划、监理实施细则有什么联系和区别？监理大纲的作用有哪些？
3. 监理总结、监理竣工资料等文件的作用和具体的编制要求和内容分别是什么？
4. 如何记录监理日志、会议纪要？

四、案例分析

【背景材料】

1. 某工程项目，建设单位委托某监理公司负责施工阶段的监理工作。该公司副经理出任项目总监理工程师。总监理工程师责成公司技术负责人组织经营、技术部门人员编制该项目监理规划。参编人员根据本公司已有的监理规划标准范本，将投标时的监理大纲作适当改动后编成该项目监理规划，该监理规划经公司经理审核签字后，报送给建设单位。该监理规划包括以下8项内容。

(1)工程项目概况。(2)监理工作依据。(3)监理工作内容。(4)项目监理机构的组织形式。(5)项目监理机构人员配备计划。(6)监理工作方法及措施。(7)项目监理机构的人员岗位职责。(8)监理设施。

2. 在第一次工地会议上，建设单位根据监理中标通知书及监理公司报送的监理规划，宣布了项目总监理工程师的任命及授权范围。项目总监理工程师根据监理规划介绍了监理工作内容、项目监理机构的人员岗位职责和监理设施等内容。

(1) 监理工作内容。

监理工作主要包括下述内容。

① 编制项目施工进度计划，报建设单位批准后下发施工单位执行。
② 检查现场质量情况并与规范标准对比，发现偏差时下达监理指令。
③ 协助施工单位编制施工组织设计。
④ 审查施工单位投标报价的组成，对工程项目投资目标进行风险分析。

⑤ 编制工程量计量规则，依此进行工程计量。

⑥ 组织工程竣工验收。

(2) 项目监理机构的人员岗位职责。

本项目监理机构设总监理工程师代表，其职责如下。

① 负责日常监理工作，②审批《监理实施细则》，③调换不称职的监理人员，④处理索赔事宜，协调各方的关系。

监理员的职责如下。

① 进场工程材料的质量检查及签认。②隐蔽工程的检查验收。③现场工程计量及签认。

(3) 监理设施，监理工作所需测量仪器、检验及试验设备向施工单位借用；如果不能满足需要，指令施工单位提供。

【问题】

(1) 请指出该监理公司编制的监理规划中的不妥之处，并写出正确的做法。

(2) 请指出该监理规划内容的缺项名称。

(3) 请指出"第一次工地会议"上建设单位不正确的做法有哪些，并写出正确做法。

(4) 在总监理工程师介绍的监理工作内容、项目监理机构的人员岗位职责和监理设施的内容中，找出不正确的内容并改正。

第 10 章　监理综合实训

内容提要

本章通过相关实训活动，熟悉装饰装修工程监理工作过程，为将来顶岗实习奠定基础。

教学目标

- 通过监理实习，熟悉监理工作，了解监理程序，初步掌握现场对工程质量、进度、投资的控制过程，使学生专业知识与实践技能得到训练，满足学生毕业顶岗尽快适应监理岗位的要求。
- 掌握装饰装修工程监理规划的编制方法，熟悉监理规划的编制过程。

10.1　现场观摩监理工作及阅读监理日志

1.　实训目的

掌握监理职责，学习监理日志的记录方法。

2.　习教学的能力培养要求

(1) 观察监理工程师的工作，阅读并学习监理日志，明确监理日志的作用。对监理日志的内容有初步了解。

(2) 分清质量监理日志、进度控制监理日志、投资控制监理日志以及项目监理日志的编制内容，明确各监理日志的建立者，进而明确各专业、各级监理工程师的职责范围。

(3) 写一份监理日志，总结各专业、各级监理工程师的职责内容。

3.　实训准备

(1) 某装饰工程的施工现场。

(2) 备齐施工和监理资料。

(3) 确保在施工现场学生的安全。

(4) 以小组为单位分组阅读监理日志。

(5) 自带监理日志本。

4.　实训要点

(1) 由老师或班级集体联系 1～2 个装饰工程施工现场，分组前往现场观摩。

(2) 与现场监理工程师进行沟通交流，并观摩其工作。

(3) 阅读并学习监理日志，记录各专业各级监理工程师的工作内容。

(4) 总结回顾，写一份观摩日志。

5. **实训过程**

1) 注意事项

(1) 注意区分各专业各级别监理工程师的工作内容。

(2) 注意判断监理日志是否与施工现场的实际施工情况相符合,尤其是注意进度控制监理日志和质量控制监理日志。

2) 讨论与训练题

(1) 各级监理工程师的职责范围有哪些?

(2) 各专业监理工程师的工作是如何协调的?

(3) 监理日志和监理日记的区别是什么?

10.2　监理实习

1. 实习目的

工程监理实习是在完成专业基础课及"工程监理概论"、"建筑施工技术"、"工程概预算"等专业课程的学习后的监理岗位实习。目的是通过实习,熟悉施工现场的施工工艺,熟悉监理人员的日常监理工作,了解并掌握现场工程监理人员的职责、监理方法、监理技巧、监理程序,初步掌握现场对工程质量、进度的控制过程,使学生专业知识与实践技能得到训练,满足学生毕业后尽快适应工作岗位实际的需要。要求将监理过程中遇到的问题及实习内容记录在施工日志上,最终形成实习成果。

2. 实习教学的能力培养要求

(1) 监理专业生产实习中应注意理论联系实际的能力培养,应用已学知识,主动对施工现场进行调查和研究,并提出质疑。

(2) 要求学生勤于观察和分析,以锻炼学生观察事物及分析问题、解决问题的能力。

(3) 要求学生在施工现场亲自参与劳动,以达到动手能力与操作技能的锻炼。

(4) 在实习的各环节中,还应注意培养学生吃苦耐劳的敬业精神、严肃认真的科学态度、严谨求实的工作作风以及团结协作的集体主义精神,使学生的综合素质和能力得到全面的锻炼和提高。

3. 实习要点

完成一个装饰装修项目监理机构中监理员的全部工作内容及部分专业监理工程师的工作内容,在实习期间熟悉《建设工程监理规范》的前提下,完成以下部分内容。

(1) 熟悉装饰装修项目监理规划的编写,掌握监理实施细则的编写,了解监理机构的设置及岗位职责。

(2) 熟悉对承包单位提交的涉及本专业的计划(施工进度计划等)、方案(专项施工方案等)、申请(工程联系单等)、变更(工程变更等)的审查。

(3) 掌握专业分项工程、检验批验收及隐蔽工程验收。

(4) 熟悉装饰装修项目监理资料的收集、汇总及整理，熟悉如何编写监理月报。

(5) 熟悉进场材料、设备、构配件的原始凭证、检测报告等质量证明文件及其质量情况。

(6) 熟悉工程进度监理工作的主要内容，学习施工进度计划的编制，了解关于人员、设备、工期的计划安排，掌握关键工程、工序的作业计划，学会看施工网络图、横道图。

(7) 初步掌握现场试验检测项目及要求，熟悉检测手段及试验设备的使用方法。

(8) 对装饰装修工程质量监理方面，要求掌握现场旁站监理对质量控制的步骤、工序质量检查步骤。

(9) 了解施工阶段的监理资料主要包括哪些，掌握各种监理表格的使用和填写，掌握监理月报的编写要求。

(10) 掌握施工图纸的识图过程，学习现场对设计变更、质量缺陷及质量问题的处理方法。

(11) 熟悉现场对单位与分项工程的验收、资料记录，了解竣工验收内容。

(12) 对工程投资监理，应掌握工程量清单及工程量统计核算的方法。

(13) 熟悉监理工作程序，了解工程合同管理及资料的归档工作。

(14) 掌握检查承包单位投入工程项目的人力、材料、主要设备及其使用、运行状况，并掌握检查记录的编写。

(15) 按设计图及有关标准，熟悉施工单位的工艺过程或施工工序的检查过程和记录的编写，熟悉如何对加工制作及工序施工质量检查结果进行记录。

(16) 掌握监理会议召开、会议纪要的记录及编写要求。

(17) 熟悉专业监理工程师的职责要求，掌握监理员的职责要求。

(18) 熟悉监理日志和有关监理记录的填写。

(19) 熟悉监理工作程序中体现出的事前控制和主动控制。

(20) 了解监理费的花费情况。

(21) 掌握分包单位的审核程序及审核内容，掌握工程开工报审表审核的主要内容。

(22) 熟悉项目监理机构应进行工程进度控制的程序。

(23) 熟悉第一次工地会议的召开及组织，熟悉监理例会、专业性监理会议的召开及组织。

(24) 熟悉承包单位报送的拟进场工程材料、构配件和设备的审核程序及内容。

(25) 了解工程暂停令签发情况，熟悉工程延期及工程延误的处理情况。

(26) 了解项目监理机构应进行竣工结算的程序。

4. 实习小结

1) 实习小论文题目

为了有效地检查学生实习效果，参考以下题目完成一份实习小论文，题目自拟，要求字数在3000字左右。

(1) 监理规划编写内容及要求？监理实施细则的作用与编写特点？

(2) 监理工程师进行现场质量检验的方法有哪几类？其内容包括哪些方面？

(3) 图纸会审与设计交底要点分析。

(4) 监理工程师在设计变更管理中的作用。

(5) 对承包单位资质审核的内容及要点。

(6) 装饰装修工程施工质量预控是如何开展的？

(7) 装饰装修工程验收的组织管理及其规定。

(8) 装饰装修工程质量事故成因与处理程序。

(9) 装饰装修工程计量在工程管理中的作用。

(10) 框架结构房屋的装饰装修工程施工质量控制有哪些内容？

(11) 工程项目"三大控制"的对立统一关系如何理解？

(12) 施工阶段的进度控制是如何开展的？施工阶段的投资控制是如何开展的？

(13) 施工组织设计及施工方案审查中应注意的问题。

(14) 装饰装修工程的安全监理应注意的内容。

(15) 监理工程师的协调工作内容及方式。简述常用的类型及开展的情况。

(16) 施工阶段常用的质量控制手段有哪些？如何进行的？举例说明。

(17) 施工阶段常用的成品保护措施有哪些？如何进行的？举例说明。

(18) 在施工准备阶段应做哪些方面的质量控制工作？

(19) 现场中都做了哪些隐蔽验收内容？简述程序要点。

2)　监理实习日记

要求按监理日志的格式要求记录监理日志。

3)　监理实习总结

监理实习总结可从以下几方面总结。

(1) 监理实习情况简介。

(2) 监理实习项目的概要。

(3) 监理实习期间的专业知识收获要点。

(4) 监理实习工作的收获和体会。

10.3　编制某装饰工程监理规划

1. 实训目的

(1) 能力目标：通过综合实训，能够编制一般装饰装修工程监理规划，到监理单位后能直接顶岗，满足建设生产第一线对人才的需求。

(2) 知识目标：进一步熟悉装饰装修工程监理规划的编制内容及相关要求。

(3) 职业素养目标：培养一丝不苟、精益求精的工作态度；形成团结协作、高效和谐工作的团队精神。

2. 实训要点

1)　编制内容

每人提交一份完整的监理规划书(要求格式：字体宋体，小五号)，包括的内容如下。

(1) 工程项目概况。

(2) 监理工作的范围。

(3) 监理工作的内容。

(4) 监理工作的目标。

(5) 监理工作的依据。

(6) 项目监理机构的组织形式。

(7) 项目监理机构的人员配备计划。

(8) 项目监理机构的人员岗位职责。

(9) 监理工作的程序。

(10) 监理工作的方法及措施(投资目标控制、进度目标控制、质量目标控制、合同管理、信息管理、组织协调的方法及措施)。

(11) 监理工作制度。

(12) 监理设施。

2) 实训准备(教师提供)

(1) 业主与承建单位签订的施工合同及招投标文件。

(2) 业主与监理单位签订的工程监理委托合同及招投标文件。

(3) 业主提交的本工程项目施工图纸、报告等资料。

(4) 实训任务书。

3. 实训准备

通过监理实习收集相关资料，途径多样，可通过网络，也可把实习的监理企业已有的监理规划资料作为参考，重点掌握监理规划的依据和内容。

4. 实训过程

通过给出的综合实训任务书，分析监理规划的编制工作，掌握一般装饰工程监理规划的编制内容、深度与方法。对于不同的工程，应根据监理合同、施工现场实际来编制相应的监理规划书，以指导监理工作的开展。编制监理规划的综合实训任务，可在1周时间内，采取集中安排或课后作业的形式进行学习指导，用来培养学生编制一般工程监理规划书的能力。要求每5人组成一组，其中小组长担任项目总监理工程师角色，进行编制分工，在1周时间内，组织本组成员，收集资料编制一份监理规划。实训任务安排和成绩评定标准见表10.1。

表10.1 实训任务安排和成绩评定标准

序　号	方　法	说　明	主持人	分数/%
1	资料收集	任务提前1周下达，学生利用业余时间收集相关资料	学生个人	
2	职业素质作风	在1周的时间内保质保量地完成"虚拟工作任务"(含出勤、态度、精神)	学生个人团队	20
3	成果	××装饰工程监理规划书(教师指定的上缴时间内)	学生个人	40

续表

序 号	方 法	说 明	主持人	分数/%
4	评审	监理规划书编制完成后，小组交叉对不同小组同学的监理规划进行审核。由各小组长担任项目总监理工程师，负责组织和审核工作。要求1周的时间内完成	教师 小组长	20
5	测试	完成评审工作后，教师在1周的时间内以答辩的形式组织与综合训练相关的知识测试工作	教师	20

10.4 索赔报告书写

1. 实训目的

学习索赔报告规范，掌握索赔报告书写方法。

2. 实训教学的能力培养要求

要求根据所给出的案例，按要求书写一份索赔报告。要求索赔报告书写完整，理由合理充分，论证严谨；引用合同条文或补充协议条文要恰当。

3. 实训准备

案例分析：某办公楼装饰装修工程，施工过程中，由于甲方提供的大理石地面装饰材料没有按照合同规定按时到位，且具有连续性，持续时间比较长，造成了承包商人工和机械设备的窝工和闲置，造成浪费，并导致工期的延误。

4. 实训要点

(1) 认真阅读分析案例，确定索赔报告的题目。

(2) 对索赔事件进行陈述，叙述事件的起因、经过、事件过程中双方的活动及事件的结果。

(3) 总结索赔事件，引用相关条文，证明对方违反合同。

(4) 简要说明事件对承包商造成的成本增加和工期延长，得出结论，提出具体索赔要求。

5. 实训过程

1) 注意事项

(1) 索赔报告中引用的相关条款、条文应该正确。

(2) 索赔报告应该能够充分说明索赔事件是由于非承包商原因引起的，避免用含糊的语言。

(3) 注意数据的准确性和索赔价款计算的严格性。

2) 讨论与训练题

(1) 索赔报告包括哪几个部分？

(2) 索赔报告书写中应注意哪些问题？

参 考 文 献

[1]全国监理工程师培训教材编写委员会. 工程建设质量控制[M]. 北京：中国建筑工业出版社，2003.

[2]全国监理工程师培训教材编写委员会. 工程建设进度控制[M]. 北京：知识产权出版社，2003.

[3]全国监理工程师培训教材编写委员会. 工程建设投资控制[M]. 北京：知识产权出版社，2003.

[4]高诗墨. 室内监理200问[M]. 北京：机械工业出版社，2008.

[5]徐锡权，金从. 建设工程监理概论[M]. 北京：北京大学出版社，2008.

[6]周英才. 装饰工程施工[M]. 北京：高等教育出版社，2005.

[7]李向阳. 建筑装饰装修工程质量监控与通病防治图表对照手册[M]. 北京：中国电力出版社，2005.

[8]上官子昌. 装饰装修工程监理实务[M]. 北京：机械工业出版社，2008.

[9]雷艺君，钱昆润. 实用工程建设监理手册[M]. 北京：中国建筑工业出版社，2003.

[10]刘景园. 土木工程建设监理[M]. 北京：科学出版社，2005.

[11]孙加宝，孙滨. 工程建设监理实务[M]. 北京：化学工业出版社，2005.

[12]杨萍. 监理工程师执业指导[M]. 北京：中国建筑工业出版社，2006.

[13]危道军. 招投标与合同管理实务[M]. 北京：高等教育出版社，2005.

[14]蔡红. 建筑装饰工程招投标与合同管理[M]. 北京：高等教育出版社，2005.

[15]陈正，涂群岚. 建筑工程招投标与合同管理实务[M]. 北京：电子工业出版社，2006.

[16]全国造价工程师执业资格考试培训教材编审委员会. 工程造价计价与控制[M]. 北京：中国计划出版社，2003.

[17]北京土木建筑学会主编. 建筑工程监理表格填写范例细部版建筑装饰装修工程[M]. 北京：经济科学出版社，2007.

[18]GB 50319—2013《建设工程监理规范》[S].

[19]GB 50300—2001《建筑工程施工质量验收统一标准》[S].

[20]GB 50210—2001《建筑装饰装修工程质量验收规范》[S].

[21]GB 50209—2010《民用建筑工程室内环境污染控制规范》[S].

[22]JGJ 133—2001《金属与石材幕墙工程技术规范》[S].

[23]JGJ/T 139—2001《玻璃幕墙工程质量检验标准》[S].

[24]JTJ/T 29—2003《建筑涂饰工程施工及验收规程》[S].

[25]GB 50328—2001《建设工程文件归档整体规范》[S].

[26]GB 50500—2008《建设工程量清单计价规范》[S].

[27]工程监理企业资质管理规定. 中华人民共和国建设部令第158号，2007.

[28]注册监理工程师管理规定. 中华人民共和国建设部令第147号，2006.

[29]http://www.zgisjl.org，中国工程监理与咨询服务网.

[30]建设工程质量管理条例. 中华人民共和国建设部令第279号，2000.